有機電子デバイスのための導電性高分子の物性と評価

Physical Properties and Evaluation of Conductive Polymers for High Performance Organic Electronic Devices

《普及版／Popular Edition》

監修 小野田光宣

シーエムシー出版

巻頭言

21世紀に入り，環境・エネルギー・ライフサイエンス・バイオ・通信・ナノテクノロジーの時代といわれ，わが国でも重点分野と位置づけた政策がとられている。高度映像情報化社会を取り巻く環境はますます複雑となり，多種多様化し，インターネットを中心とした情報化技術の著しい進展に伴って，次世代エレクトロニクス技術へ向けた有機機能性薄膜の作製と評価，それらを用いた機能性薄膜素子の構築が極めて重要であることが指摘されている。機能の多様性と超微細加工による機能の集積化には，構造的にも準安定状態を多く持ち，多種多様性に富んでいる有機材料に多くの期待が寄せられ，電子の流れを制御する機能を個々の分子に持たせ，分子サイズの素子を実現する分子エレクトロニクスへの期待は大きい。今後，有機分子およびそれらで構成される構造体の持つ性質と特徴をあらゆる工学分野で活用するために必要となる工学体系として“有機分子素子工学”の展開が必要である。

一方，有機薄膜の電子素子，デバイス応用を考えた場合，有機分子を規則正しく配列制御することにより電気的・光学的性質などを分子レベルで制御でき，有機層の厚さが分子スケールに近づくにつれて界面の特異な性質が反映されるなど，従来予想もつかなかった機能を有する素子，デバイスを実現できる可能性を秘めている。機能を発現するということは，電界や光あるいは熱などの外部刺激や不純物などの外的因子と有機分子内のπ電子や双極子などが受動的，能動的に相互作用することを意味しており，界面の電子現象が機能発現の“からくり”と深く関与している。

本書は，上述のような観点から主鎖に共役系の発達した高分子，いわゆる導電性高分子を中心とした有機エレクトロニクス研究に関する現状と将来展望についてまとめたものである。特に，導電性高分子の合成，薄膜作製技術と評価方法，導電性高分子薄膜を用いた機能応用として，絶縁体，半導体あるいは金属としての利用，可逆なドーピング性の利用など，最新の話題を取り上げ，十分に解明されていなかった問題点や課題を浮き彫りにしながら開発状況と動向について紹介している。もちろん本書では，電子とイオン両方の流れを含んだ現象やデバイスを扱った導電性高分子のアイオントロニクスも紹介している。導電性高分子を用いた有機エレクトロニクス研究をさらに展開し，有機分子素子工学という新規な学問領域を進展させるためにも，この方面の研究開発に携わっている技術者や研究者の必読の書である。

終わりに，本書を執筆するにあたり貴重な時間を割いていただいた著者の方々，多数の助言をいただいた産官学の関係各位に対し心から感謝します。また本書の出版にあたって監修の機会を与えていただきました㈱シーエムシー出版の井口誠様をはじめ関係各位に対し厚くお礼申し上げます。

2012年３月

兵庫県立大学
小野田光宣

普及版の刊行にあたって

本書は2012年に『有機電子デバイスのための導電性高分子の物性と評価』として刊行されました。普及版の刊行にあたり，内容は当時のままであり加筆・訂正などの手は加えておりませんので，ご了承ください。

2018年12月

シーエムシー出版　編集部

執筆者一覧（執筆順）

小野田　光　宣	兵庫県立大学　大学院工学研究科　教授
橋　本　定　待	日本先端科学㈱　代表取締役
山　本　隆　一	東京工業大学　資源化学研究所　名誉教授
小　林　征　男	小林技術士事務所　所長
高　木　幸　治	名古屋工業大学　大学院工学研究科　准教授
松　下　哲　士	京都大学　大学院工学研究科　高分子化学専攻　助教
サンホセ　ベネディクトアルセナ	京都大学　大学院工学研究科　高分子化学専攻
赤　木　和　夫	京都大学　大学院工学研究科　高分子化学専攻　教授
小　泉　　　均	北海道大学　大学院工学研究院　物質化学部門　准教授
跡　部　真　人	横浜国立大学　大学院環境情報研究院　教授
多　田　和　也	兵庫県立大学　大学院工学研究科　准教授
清　水　　　博	㈱産業技術総合研究所　ナノシステム研究部門　招聘研究員
大　森　　　裕	大阪大学　大学院工学研究科　教授
岡　田　裕　之	富山大学　大学院理工学研究部　教授；自然科学研究支援センター　センター長
岩　本　光　正	東京工業大学　大学院理工学研究科　電子物理工学専攻　教授
鎌　田　俊　英	㈱産業技術総合研究所　フレキシブルエレクトロニクス研究センター　研究センター長
鳥　居　昌　史	㈱リコー　研究開発本部　先端技術研究センター　シニアスペシャリスト研究員

匂坂俊也	㈱リコー　研究開発本部　先端技術研究センター シニアスペシャリスト研究員
小長谷重次	名古屋大学大学院　化学・生物工学専攻　応用化学分野　教授
佐野健志	山形大学　有機エレクトロニクスイノベーションセンター　准教授
志水茉実	綜研化学㈱　機能性材料部
藤井彰彦	大阪大学　大学院工学研究科　電気電子情報工学専攻　准教授
福田武司	埼玉大学　大学院理工学研究科　物質科学部門　助教
鎌田憲彦	埼玉大学　大学院理工学研究科　物質科学部門　教授
前田重義	㈱日鉄技術情報センター　調査研究事業部　客員研究員
板倉義雄	㈱タッチパネル研究所　副社長
大澤利幸	神奈川県産業技術センター　化学技術部
戸嶋直樹	山口東京理科大学　工学部　応用化学科　教授, 先進材料研究所　所長
金藤敬一	九州工業大学　大学院生命体工学研究科　教授
奥崎秀典	山梨大学　大学院医学工学総合研究部　准教授
村上敏行	日本ケミコン㈱　技術本部　製品開発センター　第三製品開発部 二グループ　グループ長
工藤康夫	工藤技術コンサルタント事務所　代表
江上賢洋	テイカ㈱　大阪研究所　第一課長

執筆者の所属表記は，2012年当時のものを使用しております。

目　次

【開発編】

第1章　導電性高分子　橋本定待

第2章　有機金属重縮合法によるπ共役高分子の合成　山本隆一

第3章　導電性高分子における電気伝導とその評価法　小林征男

第4章　芳香族ヘテロ環の特徴を活かした共役系高分子の合成ならびに構造　高木幸治

第5章　液晶性を有する二置換ポリアセチレン誘導体の合成と性質

松下哲士，サンホセ　ベネディクトアルセナ，赤木和夫

第6章　導電性高分子の可溶化技術とドープ状態の安定性　**小泉　均**

第7章　超音波場，遠心場，超臨界流体ならびにイオン液体を反応場とする導電性高分子材料の電解合成　**跡部真人**

第８章　電気泳動堆積法による導電性高分子薄膜作製技術と機能応用

多田和也，小野田光宣

第９章　高せん断成形加工法による導電性ナノコンポジットの創製

清水　博

【応用編】

第10章　有機EL

第11章　有機薄膜トランジスタ

第12章　透明導電膜

第13章　光電変換素子

第14章　導電性高分子（ポリアニリン）による金属防食被覆　**前田重義**

第15章 導電性高分子フィルムのタッチパネルへの応用 板倉義雄

第16章 導電性高分子バッテリー 大澤利幸

第17章 導電性高分子の熱電変換機能 戸嶋直樹

第18章 アクチュエータ

第19章　コンデンサ

第20章　帯電防止コーティング

第21章　分子素子への展望と課題　**小野田光宣**

第1章　導電性高分子

橋本定待*

1　導電性高分子とは

導電性高分子または導電性ポリマーとは，電気伝導性を持つ高分子化合物の呼称である。共役したポリエン系がエネルギー帯を形成し伝導性を示すと考えられている。

導電性高分子の多くは一般に二重結合と単結合が交互に並んだ構造，つまりπ共役が発達した主鎖を持ち導電性はこの性質に起因する。すなわち導電性高分子の多くはπ共役系高分子である。

共役系高分子は共役を持つので一般の高分子とは異なり導電経路は有するものの，自由に動ける電荷移動体，つまりキャリアが存在しないため，それ自身では導電性を発現しない。しかし，シリコンなどの無機半導体のようにキャリアをドーピングし，自由に動けるキャリアを注入することで導電性を発現することができる。

このドーピングは電子受容体（アクセプタ）やアルカリ金属などの電子供与体（ドナー）などの適当な化学種を高分子に添加することで行われ化学ドーピングといわれる。

すでに導電性高分子は，我々が身近なところで使用している電子部品や液晶ディスプレイの材料として採用されている。2000年に白川教授が導電性高分子でノーベル化学賞を受賞され，その後10年以上経過した。代表的な導電性高分子としてポリアニリン，ポリピロール，ポリ(3,4-エチレンジオキシチオフェン)（PEDT）などを図1に示した[1)]。

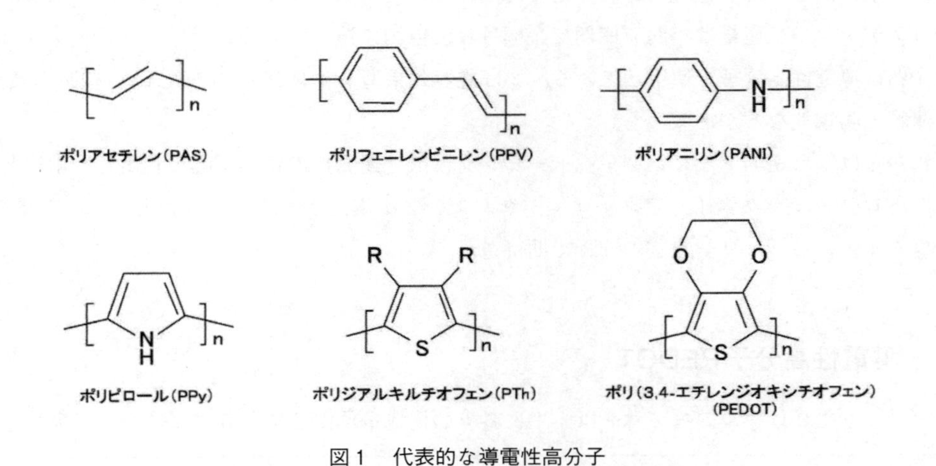

図1　代表的な導電性高分子

＊ Joji Hashimoto　日本先端科学㈱　代表取締役

2　導電性高分子の歴史

1970年代後半に白川教授らがドープしたポリアセチレンが約10^6S/cmと銅に匹敵する高い電気伝導度を示すことを見出して30年以上経過した。この値を凌駕する導電性高分子は見つかっていない。ポリアセチレンは空気中での安定性が極端に低いため工業用として使用できない。

現在導電性フィルムへ応用されているのは，ポリアニリンやポリピロールである。電子部品のキャリアテープや電子トレイなどの電子包材に使用されている。PEDT※はタンタル電解コンデンサの陰極やアルミ電解コンデンサの固体電解質また光学フィルムの帯電防止に使用されている。

3　導電性高分子の市場

導電性高分子の2011年の市場規模は，年間1200～1400トンと推定される（日本先端科学推定）。電解コンデンサ用途と光学フィルム用途で90％以上を占める。

導電性高分子は，広範囲な市場で使用される界面活性剤に比べて温度依存性が少なく，乾燥する冬場でも安定した効果を発揮することも大きな特徴である。界面活性剤と比較して割高なものの，需要が本格拡大期を迎えて量産効果が徐々に表れている。導電性高分子の塗膜の厚みは界面活性剤の５分の１～10分の１ですみ，塗膜速度も数倍に速められることから，顧客はトータルコストを大幅に抑えられる。近年導電性高分子メーカー数も増え，価格も１年前の半分に下がり競争も激化してきている。しかし，市場は今後10年以上拡大し成長が続くと思われる。

導電性高分子の実用の応用面については大きく２つに分類できる。①ドーピング状態の金属的な高い電気伝導度，②半導体領域においては半導体である。

①は導電性高分子を陰極材料として用いた固体電解コンデンサがある。2008年度には機能性高分子コンデンサの生産量は年間57億個で金額は1250億円に達している。全体のコンデンサに対して約20％は導電性高分子を使用している。②は電界効果型トランジスタ（FET），有機EL素子および薄膜太陽電池などがある。

これからは，可逆的ドーピング・脱ドーピング（酸化還元）の化学反応を利用した用途としてエレクトロクロミック素子，アクチュエータおよび２次電池がある。新分野として　熱電変換，リチウムイオンバッテリーなどの分野で期待されている。

4　導電性高分子PEDOT

チオフェンやピロールのモノマーは，主に各々の構成単位が２位と５位に結合する構造を持っ

※　基本的にEDOTとEDTという場合はEDTのモノマーを示し，PEDOTはPEDT/PSSのディスパージョンで有機ELや太陽電池業界で示されている。PEDTという用語は，1995年から電解コンデンサ業界でEDTモノマーと酸化剤から酸化重合して製造される機能性高分子コンデンサの材料として使われている。

ており，３位および４位における枝分かれ置換はπ共役系を切断し，導電性などの機能を失わせる。しかしモノマーの３位および４位に安定した置換基が導入されていれば，そのような３位と４位を通したポリマー形成は不可能になる。ポリピロールやポリチオフェンは，正の電荷を持つので正電荷安定効果を持つ-OR基などの置換基は，ポリマーの酸化状態を安定化する。

PEDTはチオフェンの３位と４位に電子供与性のアルコキシ鎖が導入されたモノマーから成る高分子である（図２）。

モノマーである3,4-エチレンジオキシチオフェン（EDOT）はチオ二酢酸から５段階で合成される（図３）。

PEDTの開発は，ドイツのバイエル社の子会社である写真フィルムのアグファア・ゲバルト社から水系で透明で耐熱性がある電子伝導性の帯電防止剤の開発があったことに始まる。そして1985年にDr. JonasらがPEDT

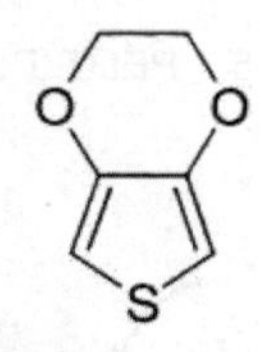

図２　EDTモノマー

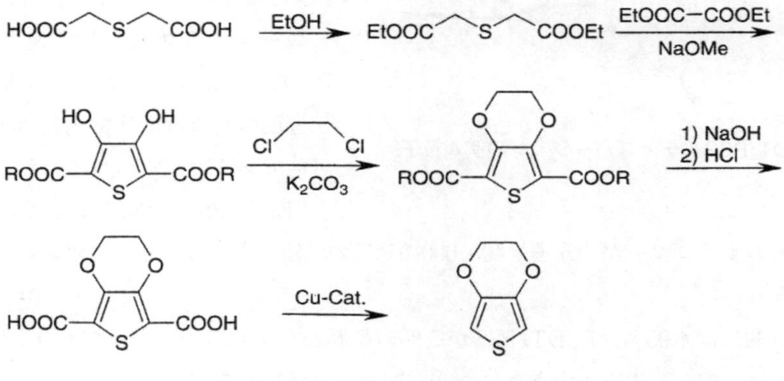

図３　EDTモノマーの合成ルート

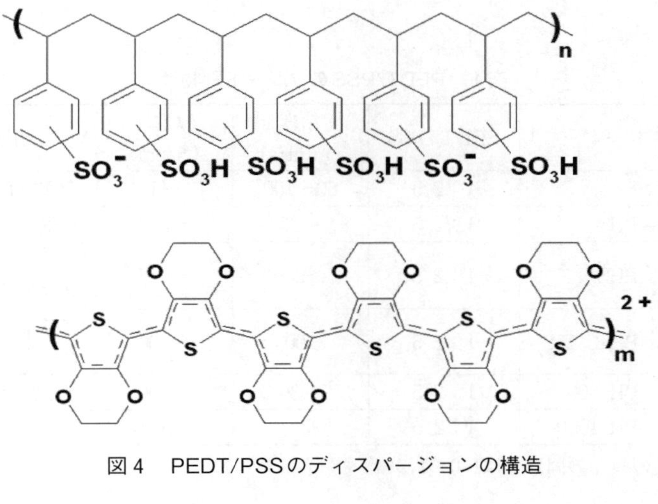

図４　PEDT/PSSのディスパージョンの構造

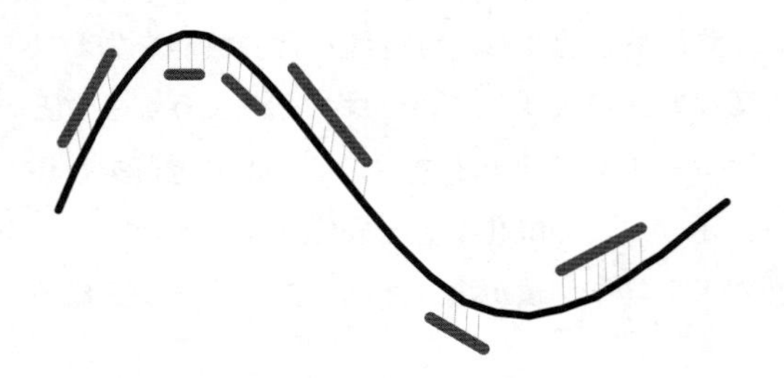

図5　PEDT/PSSのディスパージョンの２次構造

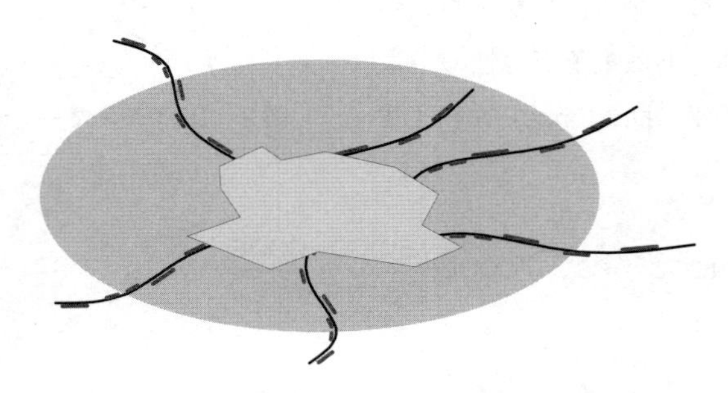

図6　PEDT/PSSのディスパージョンのゲル粒子

の合成に成功した。初期の研究では，PEDT粉末は，架橋できないにもかかわらず不溶性であることがわかった。

1988年にはラボスケールで生産可能になり，1990年には水溶液中で重合が可能なPEDTの製造法が発見されて以来，その応用性は比較的前進した。1994年にはこのポリマーディスパージョン（PEDT/PSS）の大量生産が始まりClevios P（旧Baytron P）という商品名で販売された。

PSS水溶液中の存在下で過硫酸カリウムを用いるEDOTモノマーの酸化重合によりPEDT/PSSのコロイド分散液が得られ容易にコーティング剤として使用でき，このPEDTとPSSの混合比を変えることで電気伝導度の異なるポリマーを合成することが可能である（図４）。

PEDT/PSSの構造としては，PEDTの1,000～2,500のオリゴマーが，分子量400,000のPSSの直鎖にきわめて強いイオン結合でくっついている（図５）。

またマクロ的には水95％，PEDT/PSSが５％の膨潤したゲル粒子になっており（図６），水が蒸発した乾燥後，縮合し半分の大きさになりパンケーキ状になる。

結論としてPEDTとPSSに簡単には分離できずPEDTとPSSはイオン結合による錯体という１

表1　PEDT/PSSのグレード別物性１

グレード	PEDT : PSS	粘度（mPa·s）	導電性（S/cm）	用途
Clevios P	1：2.5	60～100	～1	帯電防止
Clevios PH	1：2.5	＜25	～0.3	帯電防止
Clevios PHS	1：2.5	＞200	～0.3	印刷インク用 高固形分
Clevios P HC V4	1：2.5	200	～400	高導電 コーティング
Clevios PH 500	1：2.5	＜30	～500	光学用途
Clevios PH 1000	1：2.5	30	～1000	光学用途

すべての製品の固形分は1.0～1.3％[2)]

表2　PEDT/PSSのグレード別物性2

グレード	PEDT : PSS	固形分（%）	導電性（S/cm）	用途
Clevios P	1：2.5	1.3	～1	帯電防止
Clevios AI 4083	1：6	1.5	10～3	有機EL
Clevios CH 8000	1：20	3.0	10～5	有機EL

表3　高沸点溶剤添加による導電性向上効果

グレード	導電性　(S/cm)			
	添加前の導電性	+5% DMSO	+5% NMP	+5% EG
Clevios P	～1	80	98	99
Clevios PH	～0.3	65	32	53
Clevios P HC V4	～5～10	400	454	492

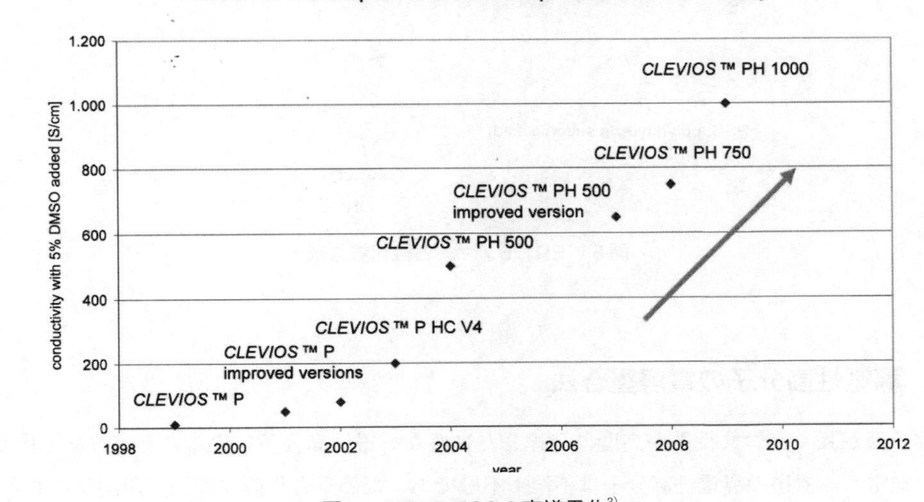

図7　PEDT/PSSの高導電化[3)]

分子構造をとっている。それが水中に分散している。

またDMSOやNMPやエチレングリコールなどの高沸点溶剤を5％後添加すると電気伝導度も2ケタ向上する（表3）。

Clevios PH 1000は1000 S/cmまで達成している。ITOの6000 S/cmまであとわずかである（図7）。

5　電解コンデンサ用途における酸化重合

酸化重合はEDTモノマーとパラトルエンスルホン酸鉄塩の酸化剤による直接重合である。タンタル高分子電解コンデンサの陰極またアルミ高分子電解コンデンサの固体電解質として1997年より応用されている（図8）。

EDTモノマーは固形分は100%，酸化剤のパラトルエンスルホン酸鉄塩は固形分は40%，溶剤は通常ブタノールであるが最近はエタノールに変わってきている。

固形分を高くすることができるためと重合の効率を上げるためである。

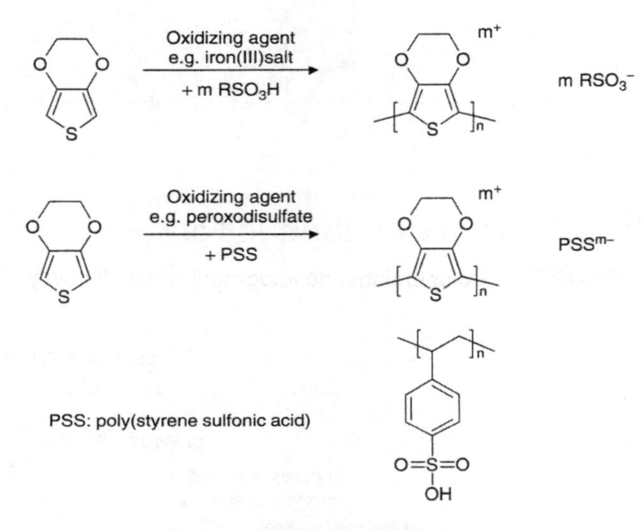

図8　EDTモノマーと酸化重合剤

6　導電性高分子の電解重合法

高分子鎖が長くかつ共役系が高度に発達した良質な導電性高分子を得ることは容易ではない。また，通常，無置換の導電性高分子は不溶，不融であるため重合後の成型加工が困難である。基礎研究を行う上でもさらに応用展開を図ることからもフィルム状で合成することが重要であるがその方法も限られている。電解重合法にはπ共役系高分子を直接フィルム状で合成できるという他の方法にない利点がある。また，その手法も基本的にはモノマーを含む電解液に電極を浸漬して通電するという極めて簡単なものであり，再現性が良く得られるフィルムは空気中で安定である。

7　ポリアニリンとポリピロール

ポリアニリンやポリピロールは，緑色や黒褐色に着色し高価であるのみならず溶融せず水や有機溶剤に不溶なため加工性に欠ける。ピロールなどをフィルム基材表面上で直接重合し導電性高分子の積層体を精製する方法があるが汎用的でない。導電性高分子を帯電防止剤として利用しやすい形，すなわち樹脂へのコートや練り込みを可能にするため導電性高分子骨格の変性やドーパント種の工夫を行い導電性高分子の水や汎用有機溶媒への分散性・溶解性を改善している。水への溶解性向上には導電性高分子にスルホン酸基やカルボキシル基の導入，有機溶媒への溶解性向上には導電性高分子の長鎖アルキル基や大きな置換基が導入される。また分子量の大きい有機化合物をドーパントとすることにより，導電性高分子の水や有機溶媒への分散性・溶解性を向上することが可能である。

市販されているコーティング剤としては，塩基状態のポリアニリンに機能性ドーパントであるカンファースルホン酸（CSA）やドデシルスルホン酸（DBSA）を，加えたm-クレゾールやキシレンに，可溶な有機溶媒可溶型ポリアニリン（Panipol）溶媒分散型ポリアニリンに有機酸をドーパントに用い，有機溶媒に高度に分散した溶媒分散型ポリアニリン（Ormecon）がある。

そのほか自己ドープ型導電性高分子である水溶性のスルホン化ポリアニリンが三菱レイヨンによって上市されている。ポリアニリンに比べて導電性は１～２ケタほど低いが帯電防止用途に十分な導電性は有している。

富士通研究所は半導体素子の帯電防止用に新材料を開発した。感光性ポリマーにポリアニリン系の導電性高分子を分子レベルで均一に分散したものでスルホン化ポリアニリンと推定される。ナノスケールの複合化技術で帯電防止性能と透明性を両立させることができたことからフォトリソグラフィーによってパターンを作製できるようになり世界最小サイズの20 μmレベルにまでパ

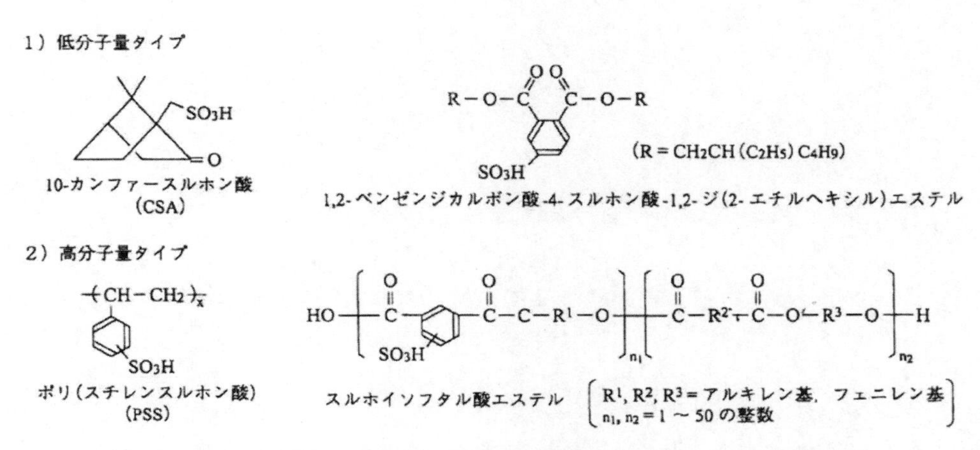

図９　導電性高分子の可溶化（擬似溶解を含む）に有効なドーパント例[4)]

ターンを微細化することに成功した。各種LSIの実装工程，ディスプレイ，ハードディスク，高密度CCDの製造工程など従来材では難しかった領域まで適用範囲を広げられるという。

8　高導電の導電性高分子

最近はヘレウス（旧H. C. スタルク）から1000 S/cm，アグファ・ケミカルからは750 S/cmのPEDT/PSSのディスパージョンが販売されている。

PEDT/PSSの非常にユニークな点は，DMSOやNMPやエチレングリコールなどの高沸点溶剤を５％後添加することにより，導電性が２ケタ上昇することである。１～10 S/cmのPEDT/PSSが100～500 S/cm以上になる。この理由として高沸点溶剤がPEDT/PSSのディスパージョンの粒子を相溶解して粒子間の接触面積が増大し，双極子モーメントの大きな高沸点溶剤がチオフェン環をスタックして導電性が向上する。また高沸点溶剤の後添加により配向を促し，結晶領域が広がり導電性が向上するのではないかと考えられる。この現象はPEDT/PSSにのみでポリアニリンやポリピロールには見られない珍しい現象である。アグファ・ケミカルは，PEDT/PSSのバインダーを含まないDry Powderを販売しており顧客が自分で溶剤に溶解して使うことができる。

文　　献

1）　橋本定待，工業材料，**59**(8)，22-25（2011）
2）　ヘレウス㈱のClevios HPより
3）　ヘレウス㈱のClevios HPより
4）　小長谷重次，プラスチックスエージ，**57**(8)，56-62（2011）

第2章　有機金属重縮合法によるπ共役高分子の合成

山本隆一*

1　はじめに

ポリチオフェン類，ポリフェニレン類，ポリピロール，ポリピリジン類などのπ共役高分子について，基礎と応用の両面から熱心に研究が進められている[1~3]。現在すでに実用化されている高分子としては，ポリチオフェン類，ポリピロールがあり，コンデンサ電極[4]や除電フィルムなどとして用いられている。また，π共役高分子の新しい発展方向としては，①ポリマー太陽電池，②ポリマートランジスタ，③ポリマーELなどが挙げられる。

すでに実用化されているπ共役高分子の多くは，チオフェン類やピロールの化学酸化や電気化学的酸化により合成されている。例えば，ポリピロールは(1)式に示す酸化重合により得ることができる[1]。

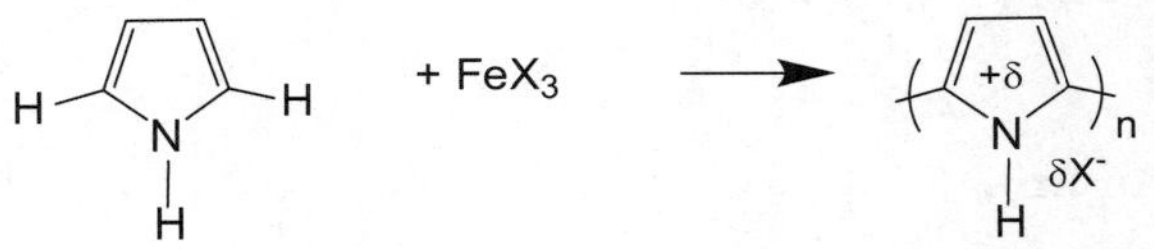

H　N(H)　H　+ FeX_3 ⟶ $-(\text{pyrrole}^{+\delta})_n-$　δX^-　(1)

図1　鉄(III)化合物によるピロールの酸化重合。HXがとれる。
XはRSO_3^-などのアニオン。ポリマーは繰返し単位当たり$+\delta$の電荷と
対アニオンを持ちp-ドープされた導電性を有する状態で得られる。

酸化重合法により合成されるπ共役高分子は，繰返し単位当たり$+\delta$の電荷を持つ高分子として得られることが多く，導電性機能を持つ材料として用いられている。

一方，有機金属重縮合法により，より多様なπ共役高分子を得ることができる[2,3,5]。この方法では，主に中性のπ共役高分子が得られ，太陽電池やトランジスタなどへの応用に向けての研究が多く進められている。高分子合成の基礎となる反応としては，ニッケル錯体やパラジウム錯体を用いるカップリング反応が主に用いられている。例えば，図2中の(2)〜(4)式で示すニッケル錯体を用いる重合法や，図3中の(5)，(6)式で示すパラジウム錯体を用いる重合法により，多様なπ共役高分子が合成されている。

$$\text{X-Ar-X} + \text{Mg} \longrightarrow [\text{X-Ar-MgX}] \xrightarrow{\text{Ni(II)-catalyst}} -(\text{Ar})_n- \quad (2)$$

＊ Takakazu Yamamoto　東京工業大学　資源化学研究所　名誉教授

$$X\text{-}Ar\text{-}X + Ni(0)L_m \longrightarrow -(Ar)_n- \tag{3}$$

Ar = *p*-phenylene基やthiophene-2,5-diyl基などの２価のアリーレン基や複素環基を表す。(2)式の反応では，MgX_2が生成する。

$Ni(0)L_m$ = ゼロ価ニッケル錯体（Lは2,2'-bipyridylなどの中性配位子を表す）。(3)式の反応では，NiX_2L_mが生成する。

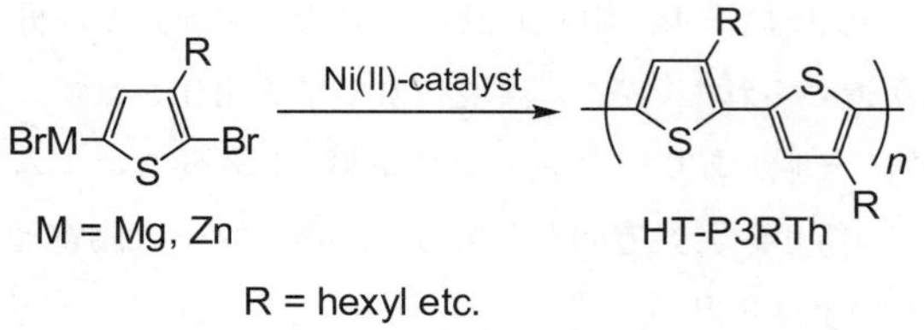

$$\text{BrM-(3-R-thiophene)-Br} \xrightarrow{\text{Ni(II)-catalyst}} \text{HT-P3RTh} \tag{4}$$

M = Mg, Zn

R = hexyl etc.

図２　ニッケル錯体を用いるポリ（アリーレン）-$(Ar)_n$-の合成（(2), (3)式）およびポリ(3-アルキルチオフェン)P3RThの合成（(4)式）

(4)式の重合では位置選択的重合が可能で，その場合には頭—尾型（head-to-tail型(HT型)）のHT-P3RThが得られる。Ni(II)触媒としては，$NiCl_2$(dppe)(dppe = 1,2-bis(diphenylphosphino)ethane）などの錯体が用いられる。

$$X\text{-}Ar\text{-}X + m\text{-}Ar'\text{-}m \xrightarrow{\text{Pd(II)-catalyst}} -(Ar\text{-}Ar')_n- \tag{5}$$

m = SnR_3 or $B(OR)_2$

$$X\text{-}Ar\text{-}X + HC \equiv C\text{-}Ar'\text{-}C \equiv CH \xrightarrow{\text{Pd(II)-catalyst}} -(Ar\text{-}C \equiv C\text{-}Ar'\text{-}C \equiv C)_n- \tag{6}$$

図３　パラジウム錯体を用いるπ共役高分子の合成

2　有機金属重縮合法で得られるπ共役高分子と酸化・還元機能

図２や図３に示す有機金属重縮合法により，多様なπ共役高分子を合成することができ，多くの研究が報告されている。図４に，著者らの研究室でこの様な有機金属重縮合法で合成してきたπ共役高分子の例を示す[5)]。

これらのπ共役高分子において，ピロールやチオフェンは電子供与性のユニットであり，ピロールの方が大きな電子供与性を持っている。また，エチレンジオキシチオフェン（EDOT）においては，チオフェンに電子供与性のアルコキシ基が結合しているので，チオフェンよりも電子供与性が大きくなっている。

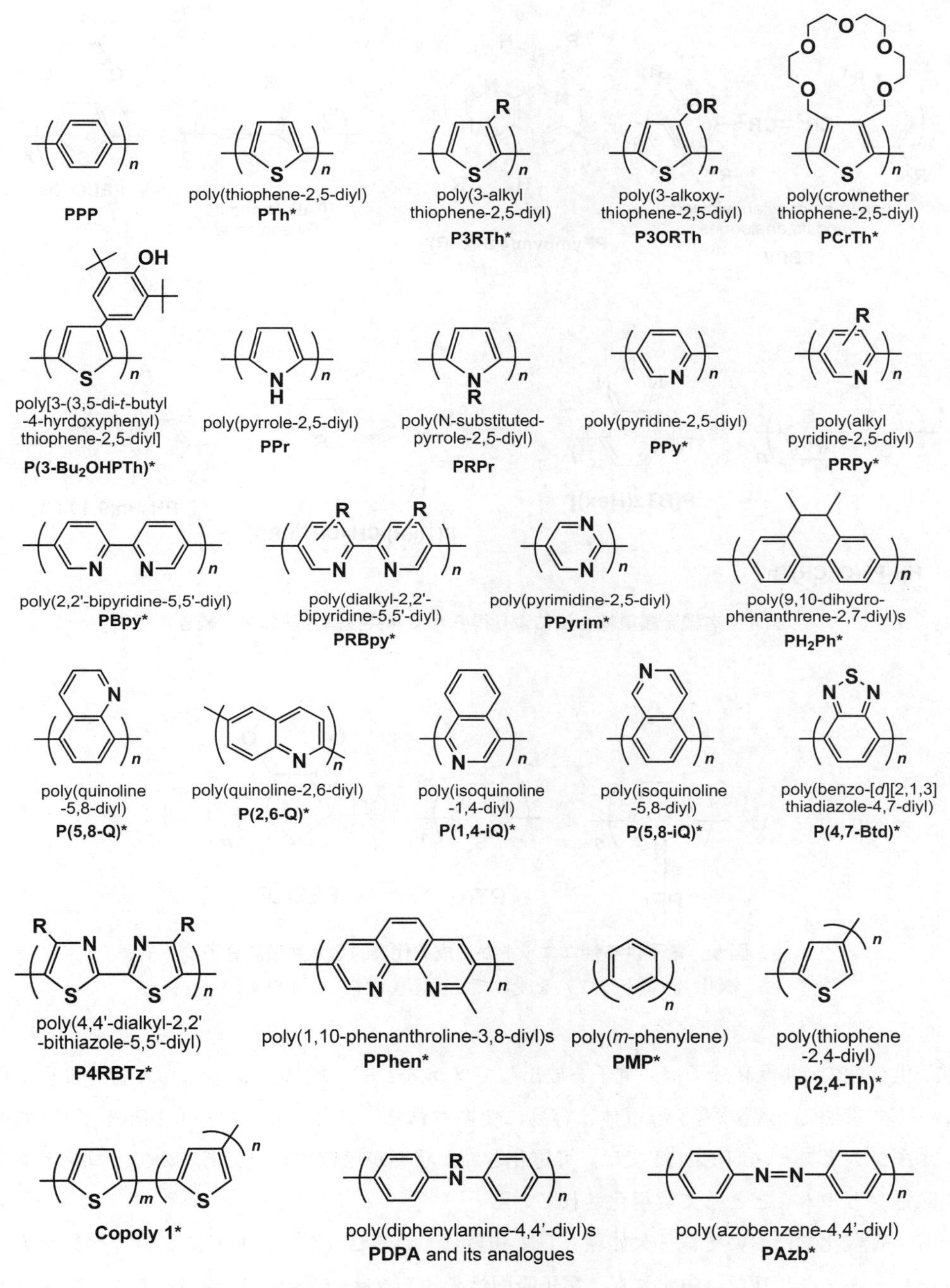

図4　有機金属重縮合法により得られるπ共役高分子の例
一部主鎖に沿うπ共役系を持たないものも示す。

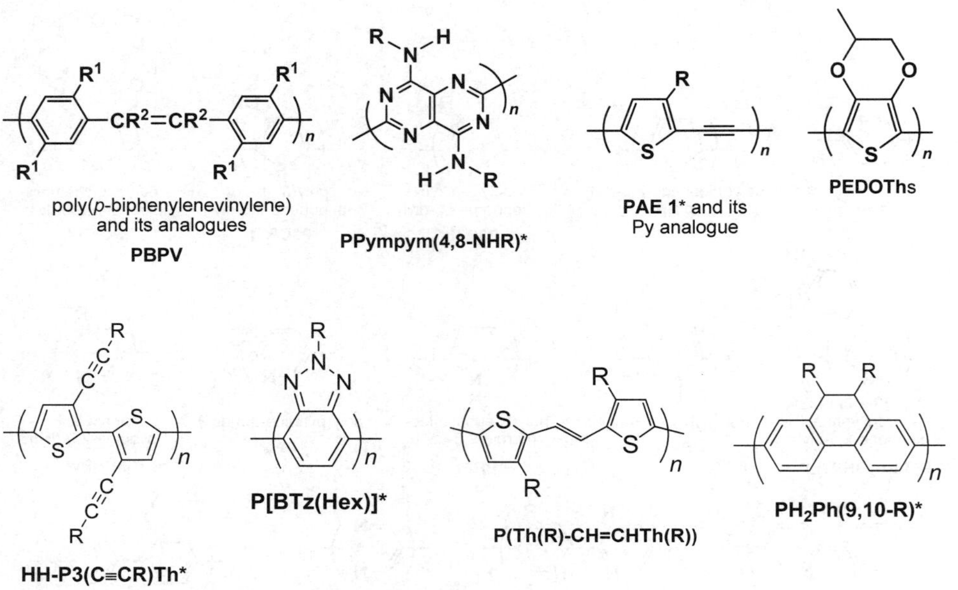

図４　有機金属重縮合法により得られるπ共役高分子の例（続き）

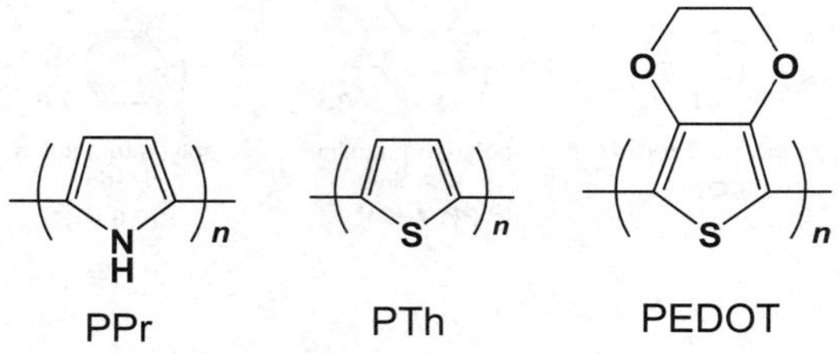

図５　電子供与性ユニットから成る代表的なπ共役高分子
酸化（p型ドープ）を受けて，p型導電体になりやすい。

電子供与性のπ共役高分子は，電子を放出してプラス（＋）の電荷を高分子中に持つようになるので（(1)式参照），p型の電子導電体に容易に変換される。またポリピロールPPrやポリ(エチレンジオキシチオフェン)PEDOTでは，導電化された状態が比較的安定であるので，コンデンサ電極や除電フィルムなどとして実用化されている。

一方，有機化学において電子欠如環として知られているピリジン，ピリミジン，ベンゾチアジアゾール，キノキサリン（いずれも，電子吸引性のイミン基 -C＝N- を持つ）やキノン類（電子吸引性のカルボニル基 -C＝O を持つ）は電子吸引性ユニットである。

そして，この様なユニットから成るπ共役高分子は還元（n型ドープ）により，電子を受入れてマイナス（－）の電荷を高分子中に持つようになるので，n型の電子導電体に変換される。高分子太陽電池や高分子トランジスタにおいては，優れたn型導電性π共役高分子が求められている。例

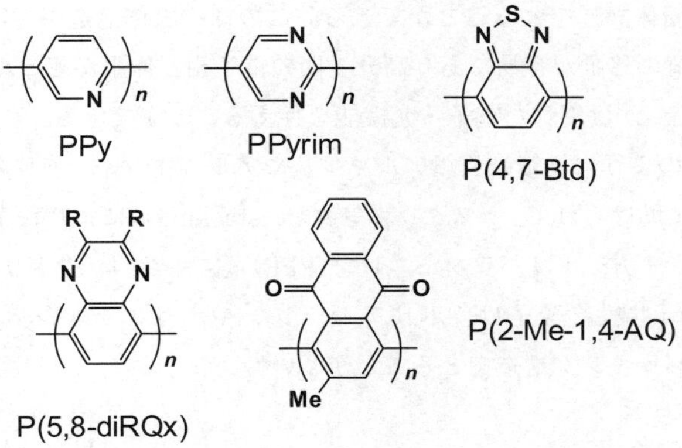

図６　電子受容性ユニットから成る代表的なπ共役高分子
還元（n型ドープ）を受けて，n型導電体になりやすい。

えば，太陽電池においては，多くの場合にn型層としてフラーレン類が用いられているが，優れたn型π共役高分子の開発により，新たな展開を行えるようになることが期待されている。

一般的に，芳香族環，複素環から成るπ共役高分子 $-(\mathrm{Ar})_n-$ の還元電位（E_{red}）と酸化電位（E_{ox}）は各構成ユニットの電子親和力（EA）およびイオン化ポテンシャル（IP）と密接な関係にある。

$$E_{\mathrm{red}} \text{ of } -(\mathrm{Ar})_n- = \mathrm{a}_{\mathrm{red}} + \rho_{\mathrm{red}} \times EA \text{ of H-Ar-H} \quad (7)$$

$$E_{\mathrm{ox}} \text{ of } -(\mathrm{Ar})_n- = \mathrm{a}_{\mathrm{ox}} + \rho_{\mathrm{ox}} \times IP \text{ of H-Ar-H} \quad (8)$$

EA＝電子親和力，IP＝イオン化ポテンシャル

また，電子供与性ユニットと電子受容性ユニットから成る共重合体では，図７に示すような電荷移動構造が主鎖に沿って生成しており，特徴ある電子・光機能を有する[2,3,5)]。そのために例えば，高分子太陽電池における利用可能な光の波長領域をコントロールするために，この様な電荷移動構造を持つπ共役高分子の合成が行われている。

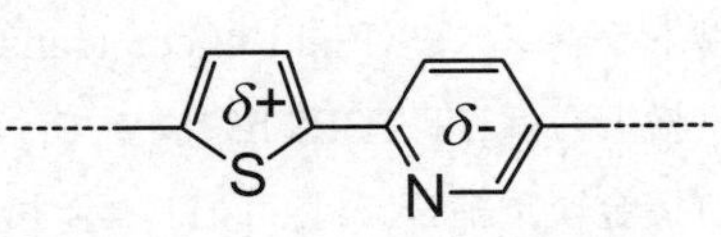

図７　主鎖に沿って生成した電荷移動構造

3　構造規則性π共役高分子の合成とパッキング構造

(2)〜(6)式で示す有機金属重縮合法では，各ユニットの結合位置が元のモノマー中のハロゲンの位置となるので，結合位置の制御されたπ共役高分子が得られる（(1)式に示す酸化重合では，α位の他にβ位での結合が混ざる可能性がある）。また，(4)式に示すように，選択的メタル化されたモノマーを用いると構造制御された（regioregularな）π共役高分子を得ることができる[1〜3,5〜7)]。

そして，HT-P3RTh（図２，(4)式参照）のように構造制御されたπ共役高分子は，自己集積に

より秩序ある結晶様固体構造をとることができる。この様な固体構造中では，非晶性π共役高分子固体中に比べて電荷の移動が容易であり高分子間の電子相互作用が起こるので，構造制御されたπ共役高分子のいくつかは優れた電子・光機能を与えることができる。

特に，HT-P3RThのように側鎖に長鎖アルキル基やアルコキシ基を有するπ共役高分子は側鎖どうしのパッキングに助けられて，πスタッキング（π-stacking）により秩序ある結晶様固体構造をとることができる。一方，ポリパラフェニレン（PPP）（図4参照）やポリチオフェン（PTh）などの側鎖を持たないπ共役高分子は，ポリアセチレンやポリエチレンと同様の，ヘリボーン（herringbone）型のパッキング構造をとることが多い[5]。

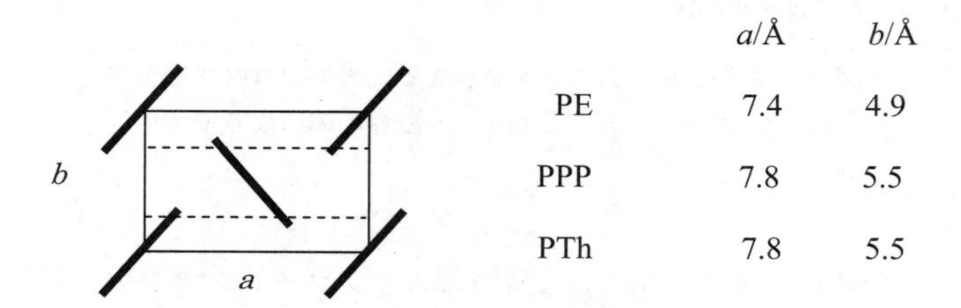

	a/Å	b/Å
PE	7.4	4.9
PPP	7.8	5.5
PTh	7.8	5.5

図8　無置換ポリパラフェニレン（PPP），ポリチオフェン（PTh）のパッキング構造
高分子鎖の分子軸の方向から見た図。Herringbone型のパッキング構造をとる。
PPP，PThの有効断面積はポリエチレン（PE）の場合とそれほど異ならない。

それに対して，頭一尾結合に制御されたポリ（3-アルキルチオフェン）HT-P3RTh[6～8]やHH-P3（C≡CR）Th[9]（図4参照）は図9，10に示す高分子の面どうしを向い合せたface-to-faceのパッキング構造をとる。

HT-P3RThは図9に示すような結晶性固体構造を持つので，このような固体構造をとることのできないHT型に制御されていないrand-P3RThよりも大きなキャリアーのモビリティ（電界効果型トランジスタ（Field effect transistor）におけるモビリティ）$\mu=0.1\,\mathrm{cm^2V^{-1}s^{-1}}$を示す[10]。また，横沢らはHT-P3RThについて，Chain-Growth重合により合成できることを示している[11,12]。

有機金属重縮合では，図11に示すπ共役高分子も合成することができる[13,14]。そして，このTh（R）-（π）-Th（R）型π共役高分子もスタッキングを行うことが知られている。-（π）-ユニットがチオフェン縮環ユニットである場合（図11中2番目に示す例）には，この高分子はスタッキング固体構造を持ち，約$0.5\,\mathrm{cm^2V^{-1}s^{-1}}$の高いキャリアーモビリティを示す。

4　おわりに

以上示したように，有機金属重縮合法により，多様な電子供与性π共役高分子，電子受容性π共役高分子を合成することができる。また，規則正しい構造を持ったπ共役高分子を合成することができる。そして，規則正しい構造を持ったπ共役高分子は分子間相互作用により秩序立った固体構

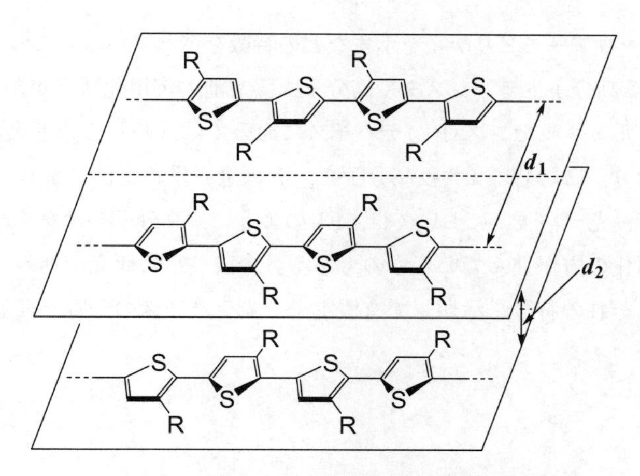

図9　HT-P3RThのパッキング構造

Face-to-faceのスタッキング構造をとると考えられる（2つのパッキング層のみを示す。上下にさらに層が積重なっている）。アルキル側鎖Rにより隔てられた高分子主鎖間の距離d_1はR鎖の長さと直線的な関係にある。πスタッキングの距離d_2は3.8～3.9Åであり，グラファイトのπスタッキング距離3.35Åよりも長くなっている（大きなS原子を含むためと考えられる）。そしてこの様な，πスタッキング構造においては，高分子鎖間に電子的相互作用があると考えられる。

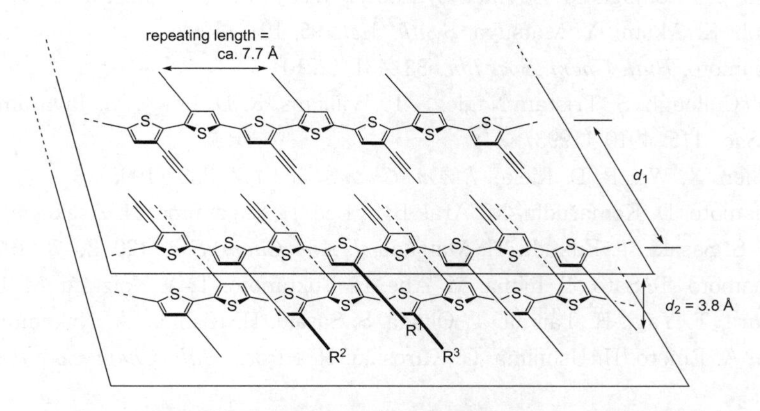

図10　頭―頭型HH-P3(C≡CR)Thのπスタッキングのモデル図

HH-P3(C≡CR)Thは1本の分子でも平面構造を持つと考えられる[5, 9]。側鎖の -C≡CR基（例えば，R^1～R^3）は丸太がパッキングする様に，丁度よくパッキングしてπ共役高分子のパッキングを助けると考えられる。

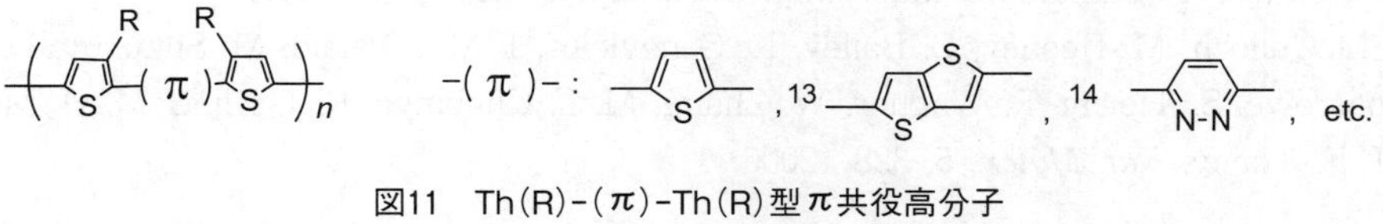

-(π)-: , 13 , 14 , etc.

図11　Th(R)-(π)-Th(R)型π共役高分子

造を示し，大きなキャリアーモビリティを示すなどの特徴を持っている。この様にして，得られたπ共役高分子を用いる高分子トランジスタや高分子太陽電池の実用化研究が多く進められている。

また，エレクトロルミネッセンス(EL)デバイスにおいては，むしろ分子集合を起こさないπ共役高分子が適しており，この様なπ共役高分子を，有機金属重縮合法により合成する研究も行われている。有機電子・光デバイスにおいては，ELのように，高分子ではなく低分子量化合物を用いるデバイスの実用化の方が進んでいるものもある。今後さらに研究が進み，低分子量化合物と高分子化合物のそれぞれの特徴を活かして有機電子・光デバイスの分野が発展していくものと期待される。

文　献

1) T. A. Skotheim, J. R. Reynolds, eds., Handbook of Conducting Polymers, 3rd ed., CRC Press, Boca Raton, FL (2007)
2) H. S. Nalwa, ed., Organic Conductive Molecules and Polymers, Vol. 2, John Wiley, Chichester, UK (1997)
3) Y. Chujo, ed., Conjugated Polymer Synthesis, Wiley-VCH, Weinheim (2010)
4) Y. Kudoh, K. Akami, Y. Matsuya, *Synth. Met.*, **95**, 191 (1998)
5) T. Yamamoto, *Bull. Chem. Soc. Jpn.*, **83**, 431 (2010)
6) R. D. McCullough, S. Tristam-Nagle, S. P. Williams, R. D. Lowe, M. Jayaraman, *J. Am. Chem. Soc.*, **115**, 4910 (1993)
7) T.-A. Chen, X. Wu, R. D. Rieke, *J. Am. Chem. Soc.*, **117**, 233 (1995)
8) T. Yamamoto, D. Komarudin, M. Arai, B.-L. Lee, H. Suganuma, N. Asakawa, Y. Inoue, K. Kubota, S. Sasaki, T. Fukuda, H. Matsuda, *J. Am. Chem. Soc.*, **120**, 2047 (1998)
9) T. Yamamoto, T. Sato, T. Iijima, M. Abe, H. Fukumoto, T.-A. Koizumi, M. Usui, Y. Nakamura, T. Yagi, H. Tajima, T. Okada, S. Sasaki, H. Kishida, A. Nakamura, T. Fukuda, A. Emoto, H. Ushijima, C. Kurosaki, H. Hirota, *Bull. Chem. Soc. Jpn.*, **82**, 896 (2009)
10) H. Shirringhaus, P. J. Brown, R. H. Friend, M. M. Nielsen, K. Bechgaard, B. M. W. Langeveld-Voss, A. J. H. Spiering, R. A. J. Janssen, E. W. Meijer, P. Herwig, D. M. de Leeuw, *Nature*, **401**, 685 (1999)
11) A. Yokoyama, T. Yokozawa, *Macromolecules*, **40**, 4093 (2007)
12) R. Miyakoshi, A. Yokoyama, T. Yokozawa, *J. Am. Chem. Soc.*, **127**, 17542 (2005)
13) H. Kokubo, T. Yamamoto, *Macromol. Chem. Phys.*, **202**, 1031 (2001)
14) I. McCulloch, M. Heeney, C. Bailey, K. Genevicius, I. MacDonald, M. Shkunov, D. Sparrowe, S. Tierny, R. Wagner, W. Zhang, M. L. Chabinyc, R. J. Kline, M. D. McGehee, M. F. Toney, *Nat. Mater.*, **5**, 328 (2006)

第3章　導電性高分子における電気伝導とその評価法

小林征男*

1　はじめに

導電性高分子の電気伝導は分子鎖内の伝導，分子鎖間の伝導およびフィブリル間の伝導が合算したものであり，構造の不規則性に大きく依存することが知られている。この不規則性は重合条件，ドーピング条件，エージングなど多くの因子によって左右される。導電性高分子は構造規則性（結晶性）の点からは，結晶領域を有するポリアニリン（PAN），ポリピロール（PPy）など結晶性ポリマーとアモルファスなPEDOT/PSSに分類される。ただ，結晶性ポリマーといっても，その結晶化度は低く，ドープ状態のPANおよびPPyでも高々50％である。PEDOT/PSSはX線回折では結晶パターンは観測されないものの，分子鎖が部分的に配向した領域は存在しているものと考えられている。電気伝導機構に関しては結晶性のものと非晶性のものとは分けて考える必要がある。

導電性高分子はドーピングによりその電気伝導度が絶縁体から金属並みに上昇し，キャリアはポーラロン，バイポーラロンを用いて説明され，これらのキャリアは格子との相互が強く，ナノスケールオーダーで局在化している。絶縁体―金属転移の機構に関しては電気伝導度の温度依存性，電流―電圧の非線形性，熱起電力の温度依存性，磁気抵抗効果など多面的な検討がなされているが，これらの手法のうちでも，電気伝導度の温度依存性は伝導機構を実験的に知る最も直接的な方法である。また，ナノサイズの導電性高分子の合成が容易になり，フィルムおよび粒状の形態のものに比較して，より電気伝導の本質に迫ることが可能となってきている。

本章では導電性高分子の構造モデル，電気伝導モデル，PEDOT/PSSフィルム，PPyナノチューブおよびPEDOT/PSSナノワイヤーの順に，主に電気伝導度の温度依存性より得られる伝導機構について紹介する。

2　導電性高分子の構造モデル[1)]とホッピング伝導機構

PANやPPyなどの結晶性導電性高分子は，電気伝導特性，反射率の周波数依存性，磁気特性などから結晶領域と非晶領域が共存し，結晶領域で分子鎖は配向していると考えられている（図1(a)）。結晶領域はロッド状あるいはコイル状の分子鎖で連結されている（図1(b)）。分子鎖が伸び共役鎖長が長くなっているロッド状分子鎖では，コイル状の分子鎖に比較してキャリアはより動きやすい。

---

*　Yukio Kobayashi　小林技術士事務所　所長

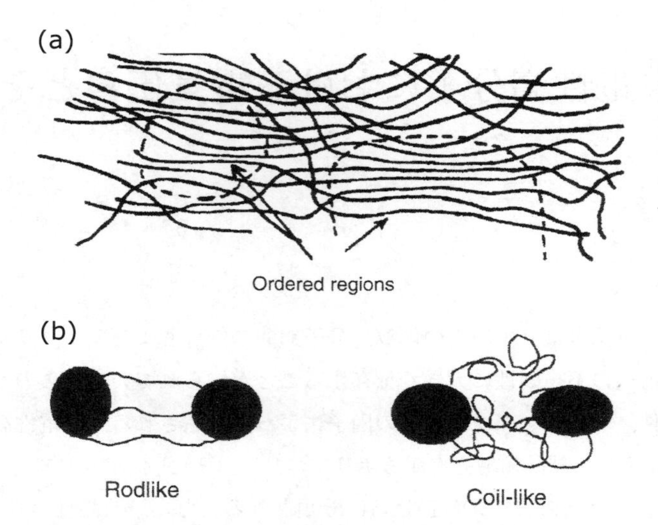

図1　(a)導電性高分子の構造モデル：規則性領域では分子鎖は配向している。(b)規則性領域間を結んでいる分子鎖：ロッド状は分子鎖が伸びて共役鎖が長く，コイル状では共役鎖が短い。

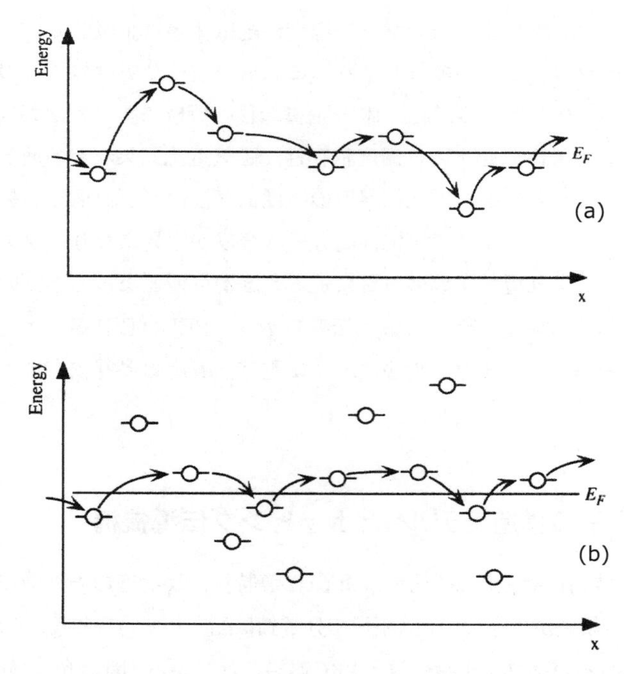

図2　(a)最近接ホッピング伝導：キャリア移動は最近接準位間でのホッピングによって行われる。(b)広範囲ホッピング伝導：キャリア移動はエネルギー準位の近い準位間で起こる。

不純物濃度の高い低次元物質のキャリア移動は一般的にホッピング伝導機構によって説明される[2)]。非晶領域の局在準位に存在する電子は，局在状態間の距離が近い場合トンネル効果で隣接する局在準位に飛び移ることが可能となるが，局在状態間のエネルギーが異なる場合には，そのエネルギー差（ΔE）に応じた熱励起過程が必要となる。このような熱励起過程を伴うトンネル現象による伝導がホッピング伝導である。高温時やフェルミレベル近傍の状態密度が低い場合には，キャリアは最近接準位間をホッピングし，電気伝導度は熱活性型の温度特性$\sigma(T) \propto \exp(-\Delta E/kT)$で表される（図2(a)）。一方，低温時やフェルミレベル近傍の状態密度が高い場合には，エネルギー差の大きい近傍の準位へのホッピングよりエネルギー差の小さい遠方の準位へのホッピングが優位になり，次節で述べる広範囲ホッピング伝導モデルが適用される（図2(b)）。

3　導電性高分子の電気伝導モデル[1)]

ここでは結晶性の導電性高分子に一般的に適用されている電気伝導度の温度依存性のモデルの概要を紹介するが，詳細については文献を参照されたい。

導電性高分子が絶縁体―金属転移を起こす領域での伝導機構に関しては，電気伝導度の温度依存性より，絶縁相（Insulator Regime），臨界相（Critical Regime）および金属相（Metallic Regime）の3つに区分する方法が提案されている。

絶縁相では，電気伝導度（σ）は温度（T）の低下とともに指数関数的に減少し，温度がゼロに近づくとσもゼロになる不規則性無機半導体に典型的な挙動を示す。伝導機構としてMottの広範囲ホッピング（Variable-Range-Hopping；VRH）（Mott-VRH）モデルが適用でき，電気伝導度の温度依存性は(1)式で表される。

$$\sigma(T) \propto \exp(T_{\mathrm{M}}/T)^{-1/(d+1)} \tag{1}$$

上式において，T_{M}は$T_{\mathrm{M}}=18/L_c^3N(E_F)k_B$で，$L_c$は局在長（局在準位のキャリアの波動関数の広がりの程度を表す），$N(E_F)$はフェルミエネルギーの状態密度，k_Bはボルツマン定数である。dはホッピングの次元数で，三次元ホッピングでは$\sigma(T) \propto \exp(T_{\mathrm{M}}/T)^{-1/4}$，一次元ホッピングでは$\sigma(T) \propto \exp(T_{\mathrm{M}}/T)^{-1/2}$となる。

極低温においてはキャリア―格子間相互作用が凍結され，キャリア間のクーロン相互作用が大きくなり，Mott-VRHからEfros-Shklovskii（ES）転移が起こる。このESの三次元VRHモデル（ES-VRH）では電気伝導度の温度依存性は(2)式で表される。

$$\sigma(T) \propto \exp(T_{\mathrm{ES}}/T)^{-1/2} \tag{2}$$

上式においてT_{ES}は$T_{\mathrm{ES}}=2.8\,\mathrm{e}^2/\varepsilon L_c k_B$で表され，$\varepsilon$は誘電率である。(2)式は一次元Mott-VRHモデルと同じ温度依存性を示すので，結果の解釈に当たっては両者を混同しないよう注意が必要である。

臨界相では，比較的高い温度では温度低下とともに$\sigma(T)/\sigma(300\,\mathrm{K})$は低下する非金属的挙動を示すが，$T\to 0$で$\sigma$はゼロにならず，ある有限の値を持ち金属的挙動を示す。この場合，電気伝導度の温度依存性には(3)式のパワー則が適用される。

$$\sigma(T) \propto T^{\beta} \tag{3}$$

ここで，$0.33 < \beta < 1.0$である。

金属相では，$\sigma(T\to 0)/\sigma(300\,\mathrm{K})$は増加し典型的な金属的挙動を示す。この場合，電気伝導度は高ドープ率の金属領域の抵抗と金属領域間のトンネル伝導の和として表される。

4 PEDOT/PSS系の電気伝導[3)]

PEDOT/PSSの電気伝導度の温度依存性に関しては(1)式のMott-VRHモデルを適用して整理している報告が多いが，次元を示すdの値は1（一次元）あるいは3（三次元）と一定していないが，前節の定義では絶縁相であることを示している。また，DMSOなどの高沸点極性溶媒で処理することにより電気伝導度は1,000 S/cmに達するが，電気伝導度の温度依存性はMott-VRHで整理でき，金属的挙動を示さない。

高沸点溶媒処理系に関しては，ソルビトールで処理して得られる高導電性PEDOT/PSSには一次

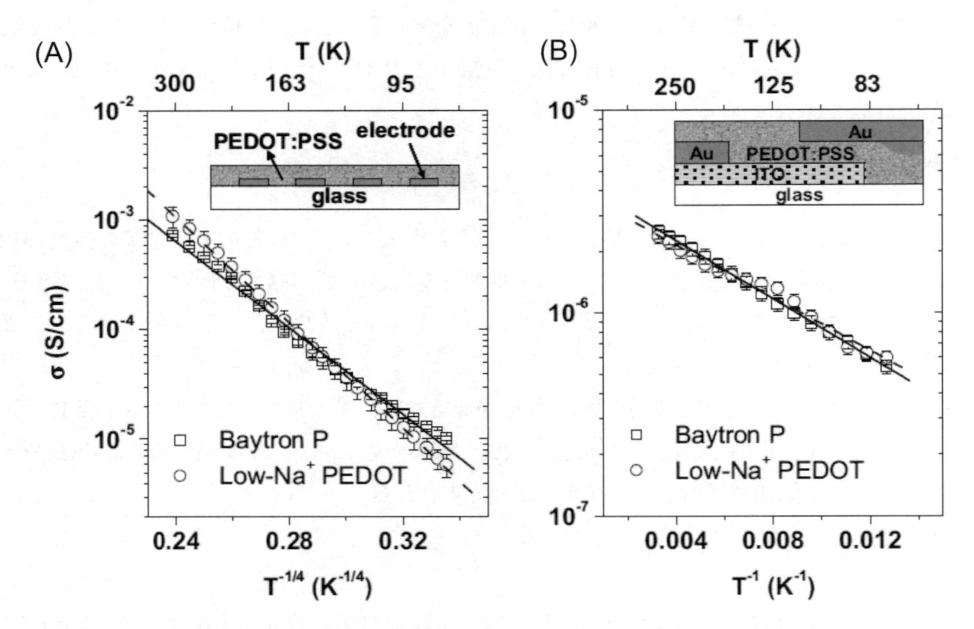

図3　スピンコート法で作製したPEDOT/PSS（Baytron P）フィルムの電気伝導度の温度依存性
(A)基板に平行方向の電気伝導度，(B)基板に垂直方向の電気伝導度。
（Low-Na^+PEDOT：Baytron Pの低濃度Naグレード）

元ホッピングモデルが，未処理の低導電グレードには三次元ホッピングが適用可能とする例もある[4]。また，スピンコートして得たPEDOT/PSSフィルムは，基板に平行方向の電気伝導度は垂直方向のそれより２桁高く，平行方向の電気伝導度の温度依存性は三次元ホッピングモデルが，垂直方向の電気伝導度はアレニウス活性型の熱励起ホッピングモデルが適用されるとの報告もある[5]（図３）。

以上のように，PEDOT/PSSの電気伝導に関しては未解明の点が多く，さらなる検討が必要である。

5　ナノオーダーの導電性高分子の電気伝導

最近，重合手法の開発によりナノサイズのワイヤー，ファイバーおよびチューブが比較的容易に合成できるようになってきた。多くのナノサイズの導電性高分子は結晶領域を持つものの，その大きさは数十nmより小さい。この数十nmという値はキャリアの局在長とほぼ同じで，高温でのキャリア間のクーロン相互作用が強くなり，バルクの導電性高分子とは異なった温度依存性を示す。

5.1　PPyナノチューブ[6]

鋳型を用いないテンプレートフリー重合で得た外径130～560 nmのドープPPyチューブの電気特性が報告されている。図４は外径と電気伝導度の関係を示している。外径が560～400 nmのものは低導電性で0.13～0.29 S/cmであるが，外径が130 nmと細くなると73 S/cmと高い電気伝導度を示す。外径の低下とともに，構造の規則性が向上し，局在準位のキャリアの波動関数の裾が

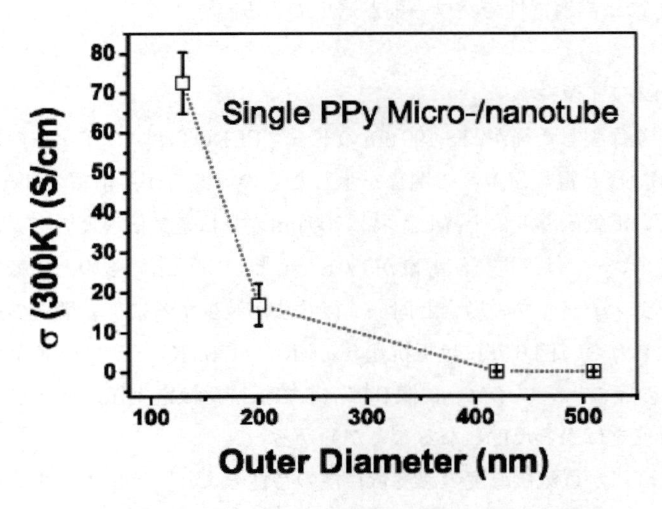

図４　PPyチューブの外径と電気伝導度（室温）の関係

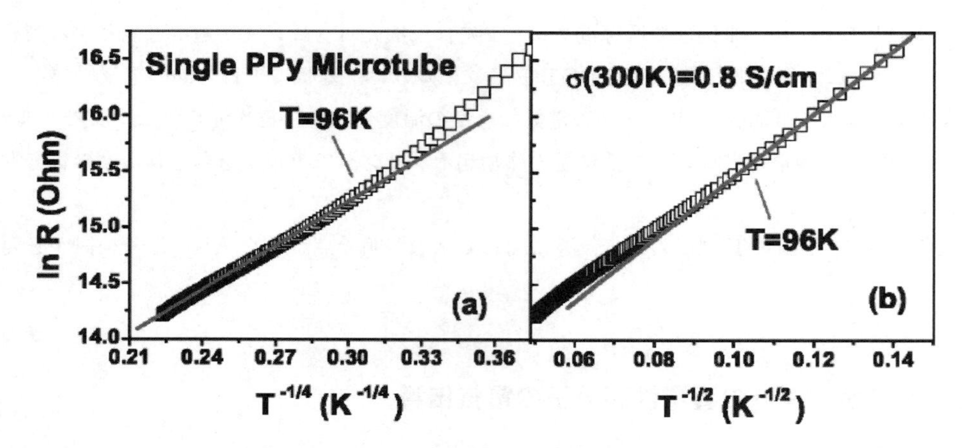

図5　PPyチューブの電気抵抗の温度依存性（σ_{RT}＝0.8 S/cm）
(a)$T=96$ K以上の温度では実測値（□）は$\ln R(T) \propto T^{-1/4}$の直線にフィットしている。(b)$T=96$ K以下の温度では$\ln R(T) \propto T^{-1/2}$の直線にフィットしている。

広がり，電気伝導度が増加していると考えられる。

図5はPPy（$\sigma=0.8$ S/cm）の電気伝導度と$T^{-1/4}$および$T^{-1/2}$の相関を見たものである。$T=96$ K以上の温度では$T^{-1/4}$に，96 K以下の温度では$T^{-1/2}$の直線に良くフィッティングしていることから，この温度でMott-VRHからES-VRHへ転移が起きていることが分かる。この転移温度はバルクPPyのT_{ES} 29～56 Kより大幅に高く，キャリア間のクーロン相互作用が強まっているためと考えられる。一方，電気伝導度が73 S/cmの高導電性PPyナノチューブはln(σ)とln(T)が直線相関を示し(3)式のパワー則が適用でき，指数βは0.488となる。

外径が560～400 nmのものは低導電性で，Mott-VRHからES-VRHへの転移が起こる絶縁相で，外径が130 nmのものは高導電性でパワー則が適用できる臨界相である。

5.2　PEDOTナノワイヤー[7)]

鋳型重合法により作製した径が25～190 nmのドープPEDOTナノワイヤーの電気特性が報告されている。図6(a)は径と電気伝導度の関係を示したものであるが，前項のPPyチューブと同様，径が減少するに従い電気伝導度は上昇し，特に100 nmからは電気伝導度の上昇が急峻で，最も細い25 nmのナノワイヤーでは，電気伝導度が550 S/cmと，190 nmのものと比較して約50倍も高くなっている。PPyナノチューブの場合と同様，径寸法が減少するに従い構造の規則性が向上することによると考えられる。図6(b)には抵抗比ρ(10 K)/ρ(300 K)とナノワイヤー径との関係を示した。30 nm以上の径のナノワイヤーに限れば，この抵抗比は電気伝導度と良い相関を示し，構造の不規則性の程度をはかる尺度となることが分かる。

ここで，Heegerら[1)]が電気伝導度の温度依存性の特性をより明確に表現する目的で導入した換算活性化エネルギー（reduced activation energy）$W(T)$について触れる。$W(T)$は$W(T)=-T$

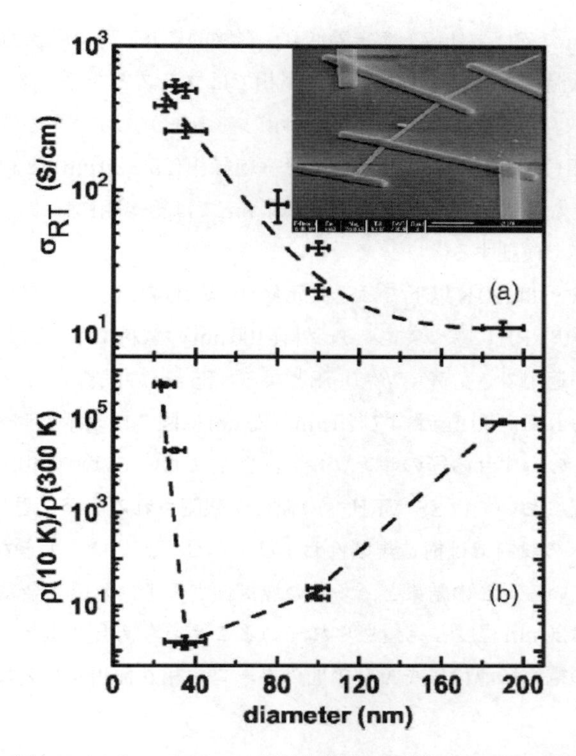

図６　(a)PEDOTナノワイヤーの電気伝導度（室温）とワイヤー径の関係
(b)抵抗比 ρ (10 K) / ρ (300 K) とワイヤー径の関係
(a)の挿入図：白金線を用いた４端子法での電気伝導度測定（SEM）

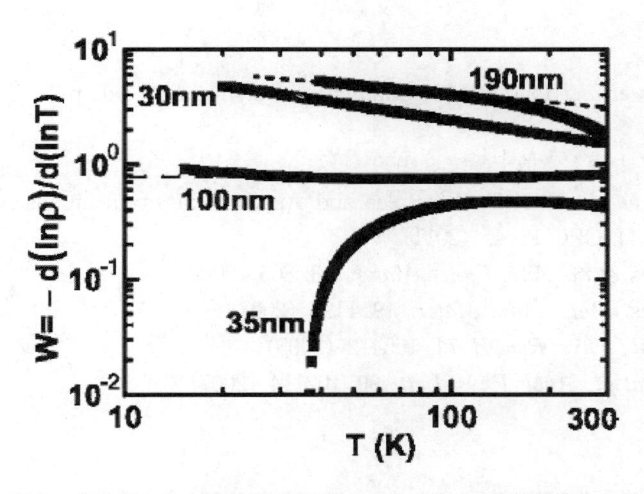

図７　径の異なる４種類のPEDOTナノワイヤーの換算活性化エネルギー $W(T)=-d(\ln\rho(T))/d(\ln T)$ のlog-logプロット
190 nmの破線は三次元Mott VRHモデル，100 nmの破線はパワー則，35 nmの曲線はEfros-Shklovskiiモデルに対応。

$(d\ln\rho(T)/dT) = -d(\ln\rho(T))/d(\ln T)$ で定義され，経験的に $W(T)$ の温度依存係数が絶縁相ではマイナス，臨界相では温度に依存せずまた，金属相ではプラスとなる。図７にPEDOTナノワイヤーの $W(T)$ の温度依存性をlog-logプロットで示してあるが，$W(T)$ の温度依存係数から，絶縁相(190 nm)→臨界相(100 nm)→金属相(35 nm)→絶縁相(25～30 nm) と径が小さくなるに従い伝導機構が変化し，最も電気伝導度の高い径25～30 nmでは絶縁相に転移していることになるが，以下で詳細にその内容を検証する。

190 nmのナノワイヤーは120 K以下では三次元Mott-VRHのホッピング伝導であることが分かる（図７の破線はMott-VRHに基づくもの)。外径100 nmの試料では W はほとんど温度に依存せず，(3)式のパワー則が適用でき，$W = \beta \approx 0.78$ となる。35 nmの試料では $T_C = 32$ Kで臨界相から金属相への転移が見られる。30 nmおよび25 nm（25 nmは図７に表示されていないが30 nmと同じ温度依存性を示す）のいずれの径のサンプルも，図７においては絶縁相であるMott-VRHの温度依存性を示し，低温においてはES-VRHへの転移が観測される。径にさほど差がない35 nmと30 nm（および25 nm）の試料では構造規則性およびドーピング率にも大きな違いがないが，温度依存性は全く異なっている。この結果と，多くの導電性高分子において金属ー絶縁体転移の近傍でキャリアの局在長は20 nm程度と見積もられていることを考え合せると，局在長に近い径を持つナノサイズの試料の電気伝導にはキャリア間のクーロン相互作用が重要な役割を果たしていると推定される。

文　　献

1） A. J. Heeger *et al.*, Handbook of Conducting Polymers, 2nd ed., p.27, Dekker New York (1998)
2） 近藤博基，名古屋大学博士論文（1999）
3） A. Elschner *et al.*, PEDOT: Principles and Applications of an intrinsically Conductive Polymer, p.144, CRC Press (2011)
4） A. M. Nardes *et al.*, *Adv. Funct. Mater.*, **18**, 865 (2008)
5） A. M. Nardes *et al.*, *Adv. Mater.*, **19**, 1196 (2007)
6） Y. Long *et al.*, *Phys. Rev. B*, **71**, 165412 (2005)
7） J. L. Duvail *et al.*, *Appl. Phys. Lett.*, **90**, 102114 (2007)

第4章　芳香族ヘテロ環の特徴を活かした共役系高分子の合成ならびに構造

高木幸治*

1　はじめに

溶液プロセスで薄膜作製可能な有機エレクトロニクス材料，特に共役系高分子は，電界効果トランジスタやバルクヘテロジャンクション（BHJ）太陽電池といった大面積フレキシブルデバイスの開発にとって，今や欠かせないものとなっている[1,2]。共役系高分子については，「次世代共役ポリマーの超階層制御と革新機能（平成17年度発足）」（代表：赤木和夫京都大学教授）が科研費の特定領域研究として実施され[3]，これに続き関連学会でも連続して活発な議論が行われてきた経緯がある。欧米やアジア諸国が当該分野において躍進を遂げつつある現在，我が国が後塵を拝さないためにも，共役系高分子を含む有機エレクトロニクス材料の革新的な合成技術の確立が喫緊の課題である。

共役系高分子の性能を左右する因子として，π電子系の化学構造が挙げられる。ポリチオフェン系材料において指摘されているように，芳香環の電子密度[4~7]，側鎖置換基[8~10]，結合様式[11~13]などが有効共役長，光吸収帯，エネルギーレベルを決定している。さらに，光電子デバイスでは薄膜として用いるため，基板表面処理，製膜条件，添加剤もキャリヤ移動度や光電変換効率に大きく影響する。特に，フラーレン誘導体をアクセプター分子とするBHJ太陽電池では，“Material”と“Processing”が噛み合わないと抜本的な性能向上には繋がらないが，理想的なバルクヘテロ構造を与えうる材料設計指針はなく，多くの場合，経験とカンに頼っているのが現実である[14]。かかる情勢において，“Processing”分野からの高い要請に応えるためにも，“Material”の合成技術を一層深化させることが肝要である。

現在，BHJ太陽電池の光電変換効率を改善するために，共役系高分子の基本構造となる新しいπ電子系（クロモフォア）の開発が重要視されており，世界中で熾烈な競争が繰り広げられている。一方で著者らは，このような低分子からのアプローチに加えて，重合化学を精査することも大切であると考えて研究を進めてきた。本章では，「ピリジン」の配位化学を利用することで頭尾構造を制御したポリチオフェン誘導体の合成，および「イミダゾール」が形成する分子内水素結合により立体配座が固定された共役系高分子の合成に関する最近の成果を解説する。

*　Koji Takagi　名古屋工業大学　大学院工学研究科　准教授

2　ピリジンを側鎖に有する頭尾構造が制御されたポリチオフェン誘導体の合成

2.1　背景

頭尾構造が制御されたポリチオフェンの新しい合成法がMcCulloughらによって見出され，これまでの酸化重合で合成するポリマーよりも高い電気伝導性を示すことが報告されて以来，頭尾構造の重要性が強く意識されるようになった[15～17]。続いて，頭尾構造に加えてポリマーの分子量までも制御したリビング重合系が開発され，ブロック共重合体の合成を可能にするなど大きなインパクトを与えた[18,19]。一方，ポリチオフェン側鎖をπ電子系で修飾することで，幅広い光吸収帯をもつ共役系高分子が得られ，BHJ太陽電池への応用が検討されているものもある[20,21]。著者らも，以前に二次元に共役系が広がったポリチオフェン誘導体を合成しているが，分子量や頭尾構造の制御という観点から満足いく結果は得られていなかった[22]。本研究では，頭尾構造の制御と光吸収帯の拡大に寄与することを期待して，チオフェンの３位にピリジンをもつ新規モノマーの重合を検討した[23]。

2.2　グリニャール交換反応と熊田カップリング重合

独自に設計した３位にピリジンをもつ2,5-ジブロモチオフェンモノマー（DBPyTh）に等量のイソプロピルマグネシウムクロリド（*i*-PrMgCl）を加えてグリニャール交換（GRIM）反応を行い，１M塩酸で反応を停止させた。ガスクロマトグラフィーと核磁気共鳴スペクトルから，モノマー転化率は85％であり，２位および５位の臭素が交換した生成物（それぞれaとb）が90：10で存在することが分かった（スキーム１）。ピリジンの代わりにベンゼンを置換した類似化合物においてGRIM反応を行ったところ，やはり２位がグリニャール交換した生成物が優先したが，その割合（71％）は高くなかった。ピリジン窒素がマグネシウムにキレート配位することが高い選択性の原因であり，これは分子軌道計算（Gaussian 03）によっても支持された。一方，重メタノールで反応を停止させることで，１時間以内であればグリニャールモノマー（主生成物A）が安定に存在できることが分かった。

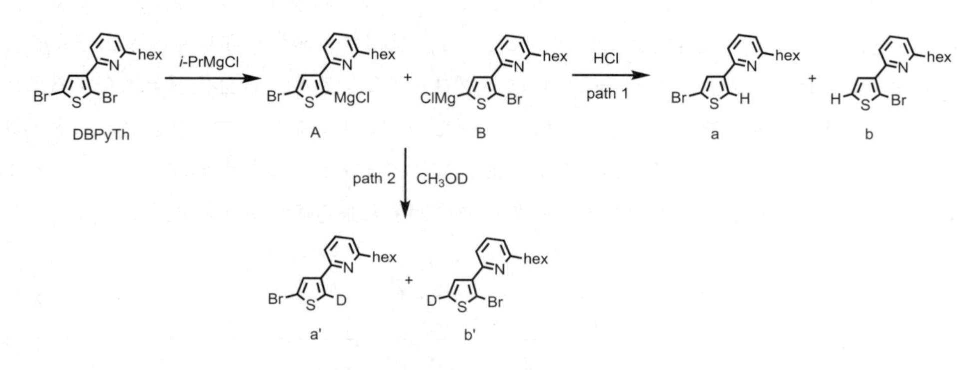

スキーム１　DBPyThのグリニャール交換反応

GRIM反応に続き，ジクロロ(1,3-ビス(ジフェニルホスフィノ)プロパン）ニッケル(Ni(dppp)Cl_2)を触媒（開始剤）とする熊田カップリング重合を行った。テトラヒドロフラン還流温度で円滑に重合が進み，良好な収率で対応するポリチオフェン誘導体を得た。分子量分布は幾分広いものの，DBPyThとニッケル触媒のモル比で分子量を制御できた（図1)。核磁気共鳴スペクトルから，高い割合で頭尾結合していることが分かったが，ガスクロマトグラフィーで重合の経時変化を追跡することでも頭尾構造の定量的評価を行った。重合後には，グリニャールモノマーAとBが90%と28%消費されており，頭尾結合が96%であると算出された。次に，マトリックス支援レーザー脱離イオン化飛行時間質量分析スペクトルにより詳細なポリマー構造を解析したところ，繰り返し単位の分子量（243.1）おきにピークが観測され，ポリマー両末端は水素であることが分かった。臭素／臭素末端に由来するピークが観測されなかったことより，グリニャールモノマーは逐次機構ではなく連鎖機構で重合していることが予想された。

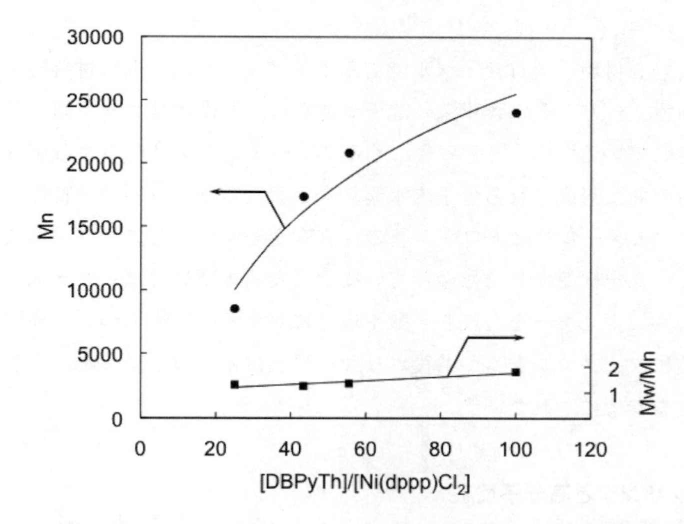

図1　ニッケル触媒の仕込み比（横軸）と生成ポリマーの分子量および分子量分布（縦軸）

2.3　電気光学特性

クロロホルム溶液でポリマーの吸収／蛍光スペクトルを測定したところ，それぞれの極大波長は447 nmと569 nmであった。トルエン溶液から得たスピンコート薄膜では，吸収極大波長が10 nmほど長波長シフトした程度であり，Fréchetらにより合成された3位に4-オクチルフェニル基をもつポリチオフェン誘導体[20]と比較して，短波長側にピークが見られた。硫黄と窒素がもつ非共有電子対の反発により，主鎖がねじれた立体配座をとるためではないかと推測される[24]。サイクリックボルタンメトリー測定では，酸化および還元開始電位が+0.91 Vと−0.71 Vに観測され，3位に導入したピリジンの電子求引性から，ポリ(3-ヘキシルチオフェン）と比較してアノード側にピークがシフトした。ここから算出された最高被占軌道(HOMO)／最低空軌道(LUMO)エネルギー準位は，それぞれ－5.31 eV/－3.76 eVであった。

2.4 まとめ

ピリジンのキレート配位を利用することで2,5-ジブロモチオフェン誘導体の位置選択的なグリニャール交換反応に成功した。ニッケル触媒の仕込み比により分子量制御が可能であり，96%と高い頭尾結合からなるポリチオフェン誘導体を合成できた。一方，電気光学特性は期待したものにはなっておらず，ポリマーの立体配座に原因があると考え，現在検討を行っている段階である。

3 イミダゾールを主鎖に有する分子内水素結合形成可能なポリアリーレン誘導体の合成

3.1 背景

2つの窒素を含む5員環ヘテロサイクルであるイミダゾールは，近年材料科学への応用が盛んに研究されている[25)]。一方，その興味深い電子構造から，共役ポリマー主鎖にイミダゾールを導入した例も報告されている[26,27)]。著者らも，イミダゾールとフェノールからなる交互共役ポリマーを合成し，両者の間に形成される分子内水素結合と共役ポリマーの光学特性について明らかにした[28)]。しかし，フェノール性ヒドロキシ基の含有率が65%にとどまっていることから，完全な水素結合ネットワークを構築するには至っていなかった。本研究では，フェノール性ヒドロキシ基を定量的に含む共役ポリマーを合成し，酸や塩基に対する応答性について検討した。なお，イミダゾールの2位にフェノールをもつ共役ポリマーにおけるプロトン移動を介した蛍光発光については，原著論文を参考にされたい[29)]。

3.2 鈴木カップリングと高分子反応

4,5-ジブロモ-2-オクチルイミダゾールと2,5-ジメトキシ-1,4-ベンゼンジボロン酸ピナコールエステルとの鈴木カップリング重合によりフェノール性ヒドロキシ基が保護されたポリマー(A)を得た（スキーム2）。核磁気共鳴スペクトルでは，メトキシ基に由来するシグナルが2山に別れて観測されたことから，イミダゾールのアミノプロトン（$pK_A=14.4$）と分子内水素結合しているものと，していないものの2種類が存在することが確認された。続いて，塩化メチレン中，0℃で三臭化ホウ素を作用させることで，メトキシ基をヒドロキシ基へと変換したポリマー(B)を合成した。核磁気共鳴スペクトルにおいて，メトキシ基に由来するシグナルが消失したこと，および2位のオクチル基の付け根のメチレンプロトンシグナルが低磁場側にシフトしたことから，ポリマーBでは，フェノール性ヒドロキシプロトンとイミダゾールのイミン窒素（$pK_{BH}=7.11$）とで新たな分子内水素結合が形成されたと考えられる。また，これらポリマーの比較対象として，全く分子内水素結合を形成しない1位をメチル化したポリマー(C)も合成した（図2）。

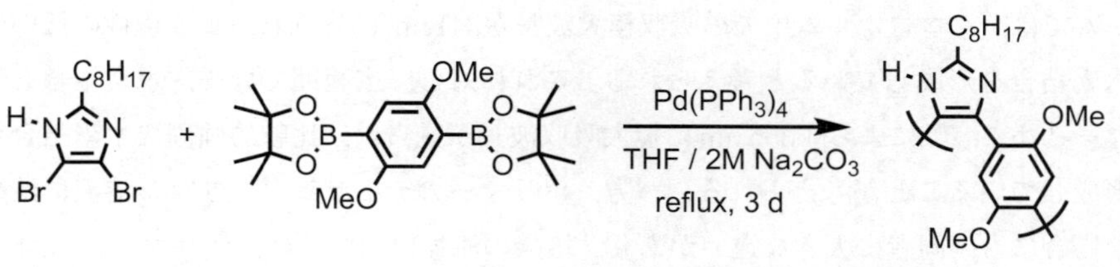

スキーム２　鈴木カップリング重合によるポリマーAの合成

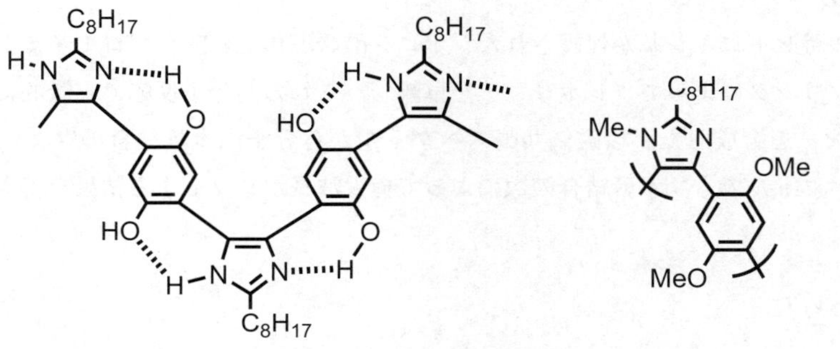

図２　ポリマーBにおける分子内水素結合の予想図（左）と
水素結合を形成しないポリマーCの構造式（右）

3.3　光学特性

３種類のポリマーの吸収／蛍光スペクトルをテトラヒドロフラン中で測定した。部分的に水素結合を形成するポリマーA（吸収極大：335 nm，蛍光極大：437 nm）と比較して，より広範囲で分子内水素結合を形成可能なポリマーBでは，吸収と蛍光いずれも長波長側にシフトした（吸収極大：355 nm，蛍光極大：451 nm）。また，全く分子内水素結合を形成しないポリマーCは，最も短波長側にピークが観測され（吸収極大：323 nm，蛍光極大：418 nm），予期した通り，分子内水素結合を形成することで，ねじれていた共役主鎖が平面に近づくことが確認できた（図３）。

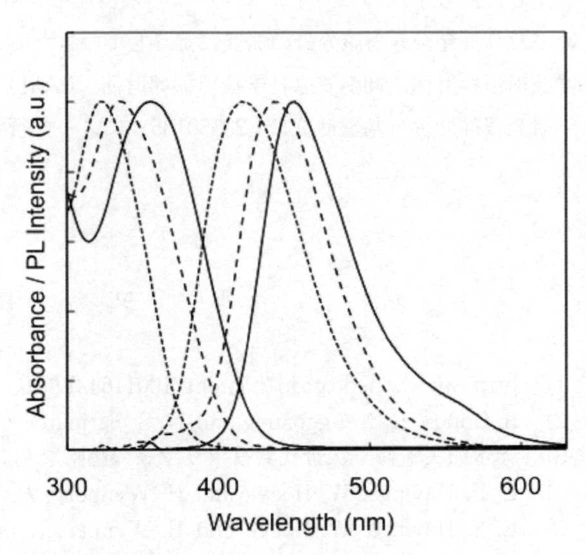

図３　テトラヒドロフラン中(10^{-5}M)での吸収／蛍光スペクトル（破線：ポリマーA，実線：ポリマーB，点線：ポリマーC）

ポリマーAでは，クロロホルム中での吸収極大波長が341 nmに見られ，より極性の低い溶媒中で安定な水素結合を形成していると考えられる。これに対し，広範囲で分子内水素結合を形成可能なポリマーBは，溶媒によらず355 nmに極大吸収波長が見られ，比較的強固な水素結合ネットワークを形成していることが考えられる。一方，ポリマーのテトラヒドロフラン溶液に酸や塩基を添加した場合にも，両者に大きな違いがあり，塩酸の添加においては，ポリマーAは343 nmへと吸収が長波長シフトし，ポリマーBは350 nmへと短波長シフトした。

3.4 まとめ

フェノール性ヒドロキシ基が保護されたジボロン酸誘導体と4,5-ジブロモイミダゾール誘導体の鈴木カップリングによってプレポリマーを単離し，これの高分子反応で定量的にヒドロキシ基を含むポリマーを合成した。核磁気共鳴スペクトルから分子内水素結合の存在が示唆され，吸収／蛍光スペクトルでも，水素結合の数によって極大波長がシフトする結果を得た。

4 おわりに

本章では，「ピリジン」の配位化学を利用することで頭尾構造を制御したポリチオフェン誘導体の合成，および「イミダゾール」が形成する分子内水素結合により立体配座が固定された共役系高分子の合成に関する最近の成果を解説した。それぞれ重合や構造に与える影響を明らかにし，芳香族ヘテロ環の特徴を明確にすることができた。現在，共役系高分子中に含まれるピリジンを利用した高分子反応や，イミダゾールの求核性を利用した剛直な骨格の共役系高分子の合成を進めており，今後も当該分野の発展に寄与していきたい。最後に，本研究の一部は，（公財）徳山科学技術振興財団，㈶小笠原科学技術振興財団，（公財）豊秋奨学会，ならびに㈱日本学術振興会科学研究費補助金（基盤研究C：23550135）によって行われたものであり感謝します。

文　献

1） http://www.nedo.go.jp/content/100116421.pdf
2） S. Günes, H. Neugebauer and N. S. Sariciftci, *Chem. Rev.*, **107**, 1324 (2007)
3） 赤木和夫監修，次世代共役ポリマーの超階層制御と革新機能，シーエムシー出版（2009）
4） E. E. Havinga, W. Hoeve and H. Wynberg, *Polym. Bull.*, **29**, 119 (1992)
5） E. E. Havinga, W. Hoeve and H. Wynberg, *Synth. Met.*, **55**, 299 (1993)
6） H. N. Tsao, D. M. Cho, I. Park, M. R. Hansen, A. Mavrinskiy, D. Y. Yoon, R. Graf, W. Pisula, H. W. Spiess and K. Müllen, *J. Am. Chem. Soc.*, **133**, 2605 (2011)
7） J. Hou, H.-Y. Chen, S. Zhang, G. Li and Y. Yang, *J. Am. Chem. Soc.*, **130**, 16144 (2008)

8)　A. Gadisa, W. D. Oosterbaan, K. Vandewal, J.-C. Bolsée, S. Bertho, J. D'Haen, L. Lutsen, D. Vanderzande and J. V. Manca, *Adv. Funct. Mater.*, **19**, 3300 (2009)
9)　L. H. Nguyen, H. Hoppe, T. Erb, S. Günes, G. Gobsch and N. S. Sariciftci, *Adv. Funct. Mater.*, **17**, 1071 (2007)
10)　W. D. Oosterbaan, V. Vrindts, S. Berson, S. Guillerez, O. Douheret, B. Ruttens, J. D'Haen, P. Adriaensens, J. Manca, L. Lutsen, D. Vanderzande, *J. Mater. Chem.*, **19**, 5424 (2009)
11)　Y. Kim, S. Cook, S. M. Tuladhar, S. A. Choulis, J. Nelson, J. R. Durrant, D. D. C. Bradley, M. Giles, I. McCulloch, C.-S. Ha and M. Ree, *Nat. Mater.*, **5**, 197 (2006)
12)　B. C. Thompson, B. J. Kim, D. F. Kavulak, K. Sivula, C. Mauldin and J. M. J. Fréchet, *Macromolecule.*, **40**, 7425 (2007)
13)　K. Sivula, C. K. Luscombe, B. C. Thompson and J. M. J. Fréchet, *J. Am. Chem. Soc.*, **128**, 13988 (2006)
14)　P. M. Beaujuge and J. M. J. Fréchet, *J. Am. Chem. Soc.*, **133**, 20009 (2011)
15)　R. D. McCullough and R. D. Lowe, *J. Chem. Soc., Chem. Commun.*, 70 (1992)
16)　R. S. Loewe, S. M. Khersonsky and R. D. McCullough, *Adv. Mater.*, **11**, 250 (1999)
17)　R. S. Loewe, P. C. Ewbank, J. Liu, L. Zhai and R. D. McCullough, *Macromolecule.*, **34**, 4324 (2001)
18)　M. C. Iovu, E. E. Sheina, R. R. Gil and R. D. McCullough, *Macromolecule.*, **38**, 8649 (2005)
19)　R. Miyakoshi, A. Yokoyama and T. Yokozawa, *J. Am. Chem. Soc.*, **127**, 17542 (2005)
20)　T. W. Holcombe, C. H. Woo, D. F. J. Kavulak, B. C. Thompson and J. M. J. Fréchet, *J. Am. Chem. Soc.*, **131**, 14160 (2009)
21)　K. Ohshimizu, A. Takahashi, Y. Rho, T. Higashihara, M. Ree and M. Ueda, *Macromolecule.*, **44**, 719 (2011)
22)　K. Takagi, C. Torii and Y. Yamashita, *J. Polym. Sci., Part A: Polym. Chem.*, **47**, 3034 (2009)
23)　K. Takagi, H. Joo, Y. Yamashita, E. Kawagita and C. Torii, *J. Polym. Sci., Part A: Polym. Chem.*, **49**, 4013 (2011)
24)　J. W. Park, D. H. Lee, D. S. Chung, D.-M. Kang, Y.-H. Kim, C. E. Park and S.-K. Kwon, *Macromolecule.*, **43**, 2118 (2010)
25)　M. Armand, F. Endres, D. R. MacFarlane, H. Ohno and B. Scrosato, *Nature Mater.*, **8**, 621 (2009)
26)　T. Yamamoto, T. Uemura, A. Tanimoto and S. Sasaki, *Macromolecule.*, **36**, 1047 (2003)
27)　M. Toba, T. Nakashima and T. Kawai, *J. Polym. Sci., Part A: Polym. Chem.*, **49**, 1895 (2011)
28)　K. Takagi, K. Sugihara, J. Ohta, Y. Yuki, S. Matsuoka and M. Suzuki, *Polym. J.*, **40**, 614 (2008)
29)　K. Takagi, K. Sugihara and T. Isomura, *J. Polym. Sci., Part A: Polym. Chem.*, **47**, 4822 (2009)

第5章　液晶性を有する二置換ポリアセチレン誘導体の合成と性質

松下哲士[*1]，サンホセ　ベネディクトアルセナ[*2]，赤木和夫[*3]

1　はじめに

従来，ポリマーは成形加工しやすい絶縁材料として用いられてきた。しかしながら共役ポリマーは，一重結合と多重結合を交互に繰り返すそのユニークな構造から，導電性や発光性を示すため，従来にない電気的および光学的性質をもつ材料として，基礎および応用の双方から多岐にわたり研究されている。特に，ポリマー発光ダイオード（PLED）やポリマー太陽電池を指向した応用研究が，芳香族共役ポリマーを中心として進められている[1)]。共役ポリマーの中でもポリアセチレン（PA）は，ドーピング状態で金属的な導電性を示すため興味深い[2)]。例えば，PAフィルムをヨウ素によりドーピングすると，10^4～10^5S/cmと銅に匹敵するほどの高い電気伝導度を示す。しかしながら，未ドープのPAフィルムは不溶不融であり，空気に曝すことで急激にその導電性が低減する。

ポリマーの側鎖にアルキル置換基を導入すると，アルキル鎖の長さに依存して，有機溶媒への可溶性が増す[3)]。しかしながら，置換PAの電気伝導度は，無置換のPAと比べて著しく低い。これは，置換基同士の立体障害により，共役主鎖の平面性が下がり，イオン化ポテンシャルの増大および電子親和力の減少を引き起こすためである。また，置換PAの主鎖がランダムに配向していることも，ポリマーの導電性を低下させる原因となる。

共役ポリマーの側鎖に液晶基を導入すると，有機溶媒に対するポリマーの溶解性は向上し，液晶基の自発配向に伴いポリマー主鎖も配向する。例えば，液晶基がPA側鎖に置換した液晶性一置換PAは，可溶性や空気中での安定性に加え，液晶性をもつ。図1は，液晶性置換PAの自発配向および外場による巨視的配向による，マルチドメインおよびモノドメイン形成の模式図である。側鎖型の液晶性ポリマーは，液晶基の自発的な配向によりマルチドメイン構造を形成する。さらに，ポリマーに対してせん断や電場，磁場などの外部応力を印加することで巨視的に配向し，モノドメイン構造を形成する。

これまでに，液晶基を有する一置換PA誘導体をはじめとして，ポリパラフェニレン（PPP），

＊1　Satoshi Matsushita　京都大学　大学院工学研究科　高分子化学専攻　助教
＊2　San Jose Benedict Arcena　京都大学　大学院工学研究科　高分子化学専攻　博士後期課程
＊3　Kazuo Akagi　京都大学　大学院工学研究科　高分子化学専攻　教授

ポリチオフェン（PT），ポリパラフェニレンビニレン（PPV），ポリピロール（PPy）やポリアニリン（PANI）誘導体などの液晶性共役ポリマーが合成されており，せん断応力や外部磁場印加による巨視的配向を達成している。巨視的に配向した共役ポリマーは，電気的異方性や蛍光二色性を発現する[4)]。共役ポリマーの配向制御は，本質的な電気的・光学的物性の評価の観点から非常に重要である。

一般的に，PPPやPTのような芳香族共役ポリマーと比べて，PAのような脂肪族共役ポリマーは蛍光性を示さないとされてきた[5)]。図2は，無置換PA，一置換PA，二置換PAの基底状態および低位励起状態のエネルギー準位を表している。無置換PAと一置換PAについて，$1B_u$と$2A_g$状態間の遷移は許容であるが，$2A_g$と$1A_g$状態間の遷移は禁制である。そのため，無置換PAや一置換PAは蛍光性を示さない。

一置換PAのもう一方の側鎖に置換基を導入すると，二置換PAとなる。この二つ目の嵩高い置換基の効果により，ポリエン主鎖近傍の立体障害は増し，励起状態間の相対的な位置が変化する。つまり，$1B_u$励起状態が$2A_g$励起状態よりも低い位置にシフトする。このシフトにより，$1B_u$励起状態から$1A_g$基底状態への電子遷移が可能となる。その結果，二置換PAは蛍光性を示す。

蛍光性を示す二置換PA誘導体の合成についてはいくつか報告されているが[6)]，二置換PA誘導体の巨視的配向による直線偏光蛍光の発現に関する報告例はない。そのため，もし直線偏光性を示す二置換PA誘導体が合成できれば，電気伝導性や光学的性質における異方性の発現が期待で

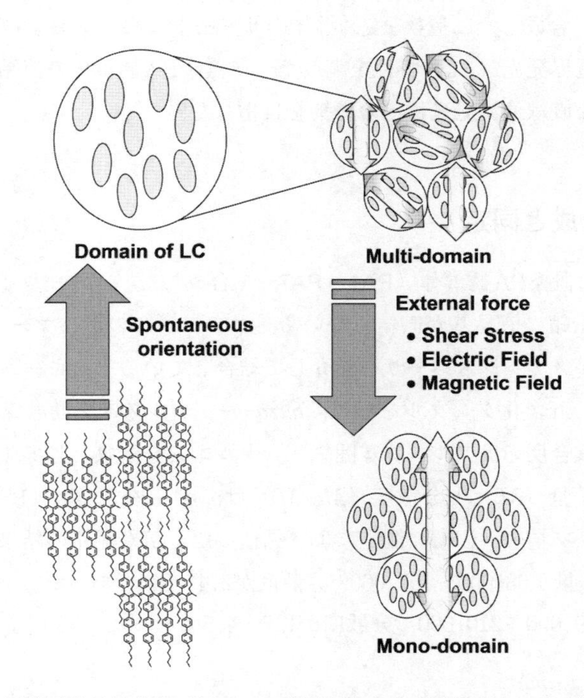

図1　側鎖型液晶性共役ポリマーの自発配向および外部応力による配向の模式図

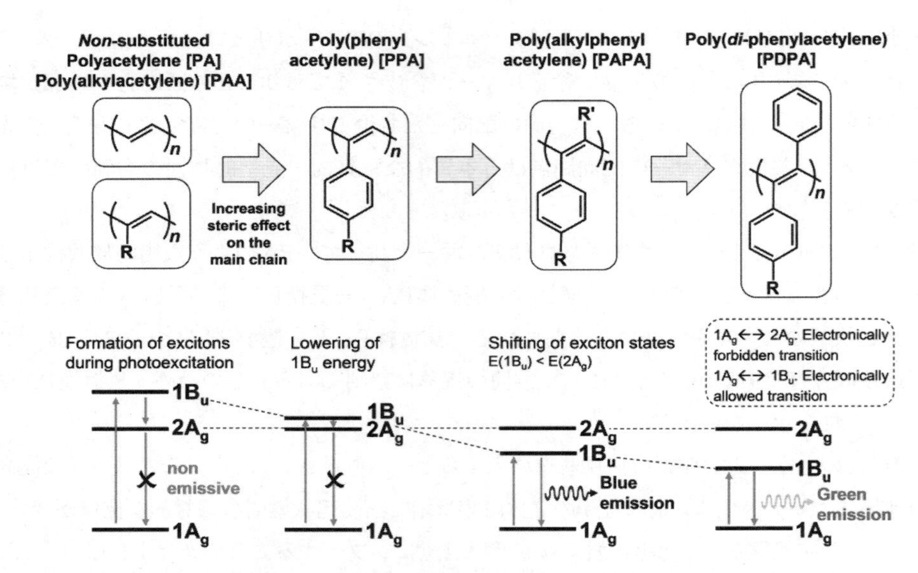

図２　無置換PA，一置換PA，二置換PAの基底状態および低位励起状態のエネルギー準位

きる。

本研究では，主鎖に液晶基が直結もしくはメチレンスペーサーを介して結合した二置換PA誘導体を合成した。次に，合成した二置換PA誘導体のサーモトロピックおよびライオトロピック液晶性や，蛍光および電界発光（EL）特性を調べた。二置換PA誘導体の液晶性と蛍光性を組み合わせることで，新たな直線偏光発光材料の構築を目指した[7]。

2　ポリマーの合成と同定

液晶基をもつ様々な二置換PA誘導体（**PA1**～**PA7**）を合成した。グループ１のポリマー（**PA1**～**PA4**）は，ポリエン主鎖に液晶基が直結している。グループ２のポリマー（**PA5**～**PA7**）は，ポリエン主鎖に液晶基がメチレンスペーサーを介して結合している（スキーム１）。

合成したモノマーは，五塩化タンタルを触媒，*tetra-n-*ブチルスズを助触媒とするメタセシス反応により重合した。重合反応はアルゴン雰囲気下，トルエンを溶媒として80℃で行った。

ポリマーの数平均分子量（M_n）と分散度（M_w/M_n）は，ポリスチレン（PS）を標準物質とするゲル浸透クロマトグラフィー（GPC）測定により見積った。GPC測定の結果から，グループ１のポリマーは数平均分子量が68,000～167,000，分散度が2.4～3.4であった。グループ２のポリマーは，数平均分子量が19,000～210,000，分散度が1.7～4.5であった（表１）。

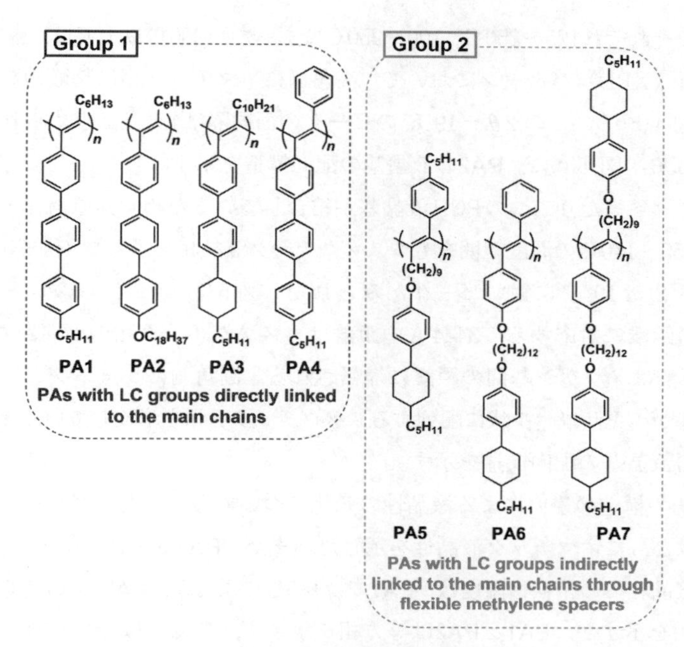

スキーム１　二置換PA誘導体の構造

表１　二置換PA誘導体の重合結果

$$R{-}C{\equiv}C{-}R' \xrightarrow[\text{Toluene, 80 °C, 24 h}]{TaCl_5,\ n\text{-}Bu_4Sn} {-}\!\!\left[C(R){=}C(R')\right]_n\!\!{-}$$

	M_n	M_w	M_w/M_n	D.P.*	Yield(%)
PA1	68,000	190,000	2.8	166	84
PA2	167,000	409,000	2.4	227	56
PA3	81,000	267,000	3.3	172	29
PA4	89,000	302,000	3.4	222	33
PA5	64,000	168,000	2.6	117	12
PA6	210,000	367,000	1.7	345	45
PA7	19,000	89,000	4.5	22	66

* Degree of polymerization.

3　液晶性

合成したポリマーは熱的に安定であり，エナンチオトロピックなサーモトロピック液晶性を示した。ポリマーの液晶相転移温度を図３に示す。偏光顕微鏡（POM）観察において，**PA2**はネマチック液晶相に特有なシュリーレン組織を示した（図４(a)）。このネマチック相の温度範囲は，昇温過程と降温過程でそれぞれ125～250℃，100～250℃であった。250℃以上では，熱分解が起こった。

PA2のX線回折（XRD）パターンにおいて，高角側にネマチック相に特徴的なブロードなピークがみられた（図4(b)）[8]。この $2\theta=19.6°$ のピークの面間隔は4.5Åと求められ，メソゲン基間の距離に帰属される。図4(c)に，**PA2**の液晶基の配向構造を示す。

PA7は，一ユニット当たり二つのPCH液晶基が結合しているため，昇温過程と降温過程でそれぞれ55～120℃と55～110℃の温度範囲をもつスメクチック液晶相を示した（図5(a)）。**PA7**のXRDパターンでは，5.2°と19.4°に鋭いピークがみられた（図5(b)）。これらのピークは，それぞれ34.4Åと4.6Åの距離に対応する。34.4Åの距離は，スメクチック相の層間距離に帰属される。一方，4.6Åの距離はメソゲン基間の距離に帰属される。高角側にシャープなピークがみられることから，液晶基がヘキサゴナル状に配列するスメクチックB相を形成していると考えられる[9,10]。図5(c)に，**PA7**の液晶基の配向構造を示す。

次に，ポリマーの構造の違いによる液晶性の変化について考察した。グループ1のポリマーでは，**PA1**と**PA2**はともにネマチック液晶性を示した。また，**PA3**はスメクチック液晶性を示した。ガラス状態から液晶相への相転移温度は，**PA1**では185℃であるが，**PA3**では110℃と低下した。特に，**PA3**は等方相を示すが，**PA1**と**PA2**は等方相を示さず，高温では分解した。降温過程における液晶温度範囲は，**PA1**では170～250℃であるが，**PA2**では100～250℃と広くなった。そのため，ポリマーに長鎖アルキル基もしくは嵩高いシクロヘキシル基を導入することで，液晶相は安定化すると考えられる。一方，**PA4**はサーモトロピック液晶性を示さなかった。これは，ポリマーの剛直性に起因する。**PA4**は重合度が高く，主鎖にフェニル基とターフェニル基が直結しているため，スチルベン部位に基づく剛直な側鎖を与えている。

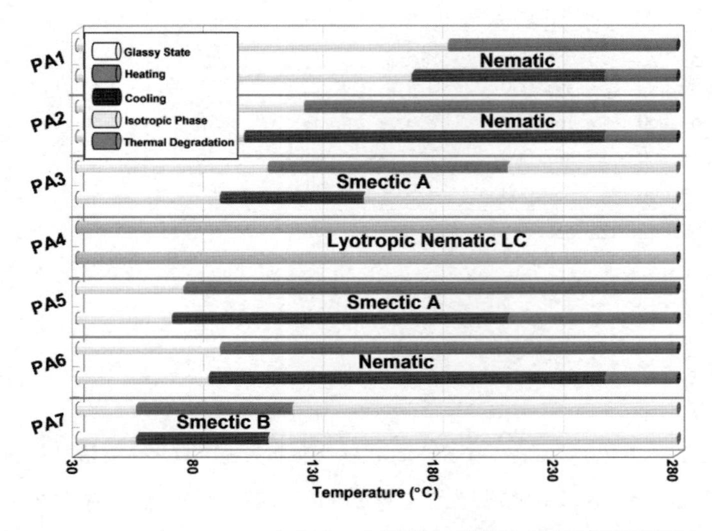

PA1	G 185 N over G 170 N 250
PA2	G 125 N over G 100 N 250
PA3	G 110 S_mA 210 I G 90 S_mA 150 I
PA4	Lyotropic nematic LC observed
PA5	G 75 S_mA over G 70 S_mA 210
PA6	G 90 N over G 85 N 250
PA7	G 55 S_mB 120 I G 55 S_mB 110 I

Heating process
Cooling process

G: Glassy state, N: Nematic phase, Sm: Smectic phase, I: Isotropic phase

図3　二置換PA誘導体の液晶相転移温度

グループ２のポリマーのガラス状態から液晶相への転移温度は，**PA6**(90℃)＞**PA5**(75℃)＞**PA7**(55℃)の順であった。**PA6**は，一ユニット当たり二つのフェニル基が主鎖に直結しているため，主鎖の剛直性が増し，より高い転移温度を示したと考えられる。一方，**PA7**は側鎖に二つのPCH液晶基をもつため，より低い転移温度を示したと考えられる。

ここで注目すべきこととして，**PA4**はサーモトロピック液晶性を示さなかったが，主鎖が剛直であることと，比較的高い重合度をもつことから，ライオトロピック液晶性を示した。このライオトロピック液晶は，ポリマーのトルエン溶液（10～15 wt％）から調製した。図６は，発現したライオトロピック液晶のPOM像である。ネマチック液晶に特徴的な光学組織を示している。**PA4**のXRDパターンでは，17.6°にブロードなシングルピークがみられた。このピークの面間隔は5.0 Åと求められ，メソゲン基間の距離に帰属された。

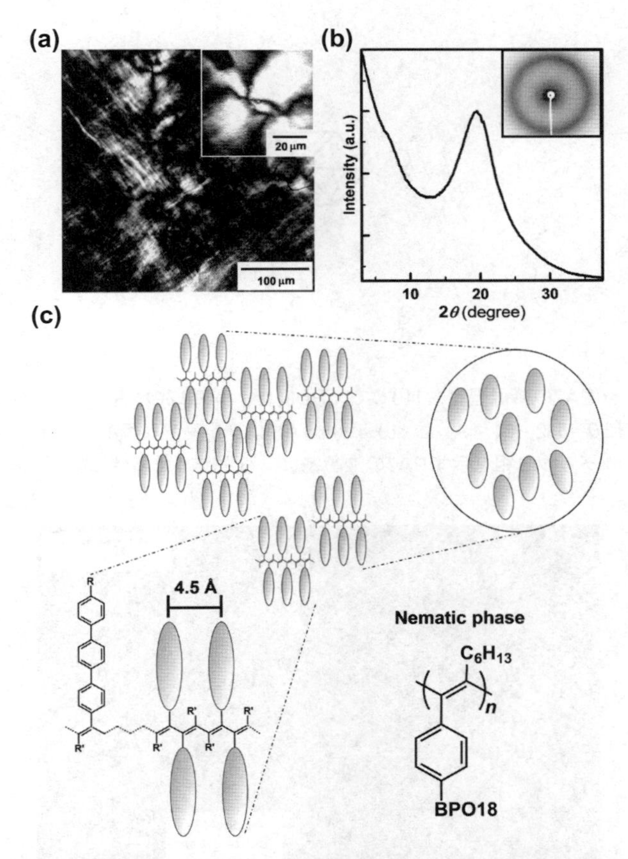

図４　(a)**PA2**の降温過程，120℃での偏光顕微鏡（POM）像。挿入図は，ネマチック液晶相のシュリーレン組織を示す。(b)**PA2**のＸ線回折（XRD）パターンでは，ブロードな反射を $2\theta=19.6°$（4.5 Å）に示す。挿入図は，**PA2**のラウエパターン。(c)ネマチック液晶相を示す**PA2**の液晶基の配置。

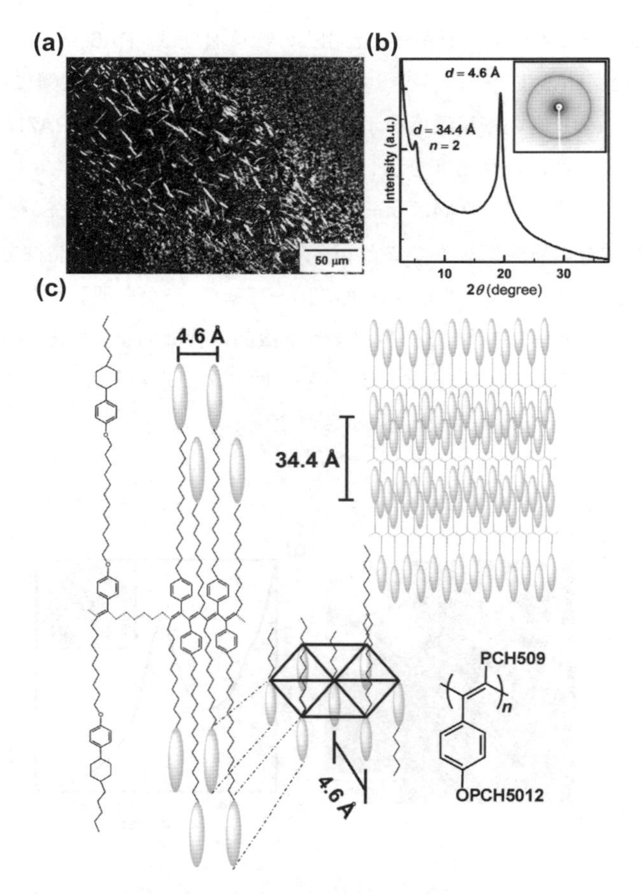

図5　(a)**PA7**の降温過程，110℃でのPOM像。(b)**PA7**のXRDパターンでは，2θ=5.2°(34.4 Å)と，19.4°(4.6 Å)にシャープな反射を示す。(c)スメクチックB相を示す**PA7**の液晶基は，ヘキサゴナル状に配列する。

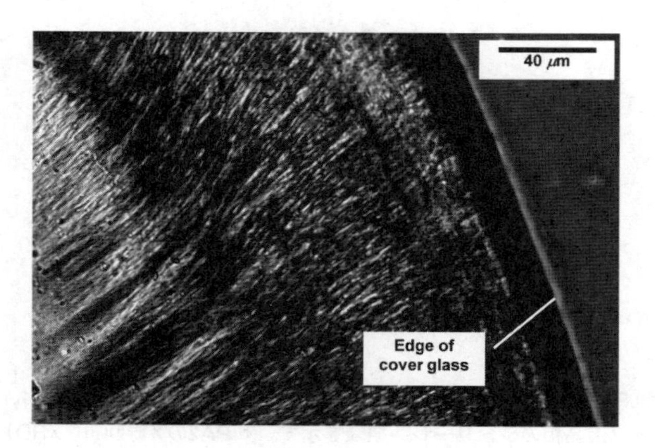

図6　**PA4**のPOM像は，室温でライオトロピックネマチック液晶相を示す。このライオトロピックネマチック液晶は，**PA4**のトルエン溶液（10〜15 wt%）から調製した。

4　光学的性質

表２に，ポリマーのクロロホルム溶液およびキャストフィルムにおける紫外可視吸収および蛍光スペクトルの測定結果を示す。主鎖に*p*-ターフェニル基が直結した**PA1**は，ポリエン主鎖のπ-π^*遷移による吸収バンドを300 nmから400 nmに示した（図７(a)）。**PA6**は，三本の吸収バンドを280,380,430 nmに示し（図７(b)），これらはそれぞれPCH部位，*trans*-スチルベン構造，ポリエン主鎖の吸収バンドに帰属された。

図７に，ポリマーの蛍光スペクトルを示す。**PA1**，**PA2**，**PA3**は青色の蛍光を示し，それらの最大蛍光波長はおよそ480 nmであった。**PA4**は黄緑色の蛍光を示し，最大蛍光波長は520 nmであった。**PA4**では，ポリエン主鎖に直結している二つのフェニル環が主鎖に摂動を与えており，この摂動により$1B_u$励起状態が下がり，バンドギャップが小さくなるため（図２），結果的に蛍光バンドはレッドシフトしたと考えられる。**PA5**と**PA7**は青色蛍光（471～475 nm）を示し，主鎖に二つのフェニル基が結合した**PA6**は緑色蛍光（497 nm）を示した。また，**PA6**の蛍光バンドは，キャストフィルムにおいて513 nmまでレッドシフトした。二置換PA誘導体は，溶液状態とキャストフィルム状態間の蛍光シフトが小さいため，ELデバイスにおける発光材料として有用である。

ポリマーの溶液における蛍光量子収率を，硫酸キニーネの1.0 M硫酸溶液を標準試料として評価した。表２に示すように，**PA1**の蛍光量子収率は38%，**PA5**の蛍光量子収率は16%であった。このことから，主鎖に直結した*p*-ターフェニル基は，良好な液晶性のみならず，効率的な発光にも寄与していると考えられる。ポリマーのキャストフィルムでの絶対量子収率を積分球法により測定したところ，５～36%であった。

表２　二置換PA誘導体の最大吸収波長（λ_{max}），発光波長（$E_{m,max}$），励起波長（$E_{x,max}$）および蛍光量子収率（Φ）

	λ_{max}(nm)		$E_{m,max}$(nm)		$E_{x,max}$(nm)		Φ	
	In $CHCl_3$	In film	In $CHCl_3$	In film	In $CHCl_3$	In film	In $CHCl_3$[a]	In film[b]
PA1	291	294	484	478	270	289	38	31
PA2	298	301	481	472	275	310	29	24
PA3	269	274	481	470	285	310	24	22
PA4	298	300	520	542	273	366	22	19
PA5	276	277	475	433	329	335	16	36
PA6	279	272	497	513	389	371	26	5
PA7	279	278	471	429	310	310	30	12

[a] Using quininesulfate as standard sample.
[b] Using integrating-sphere method.

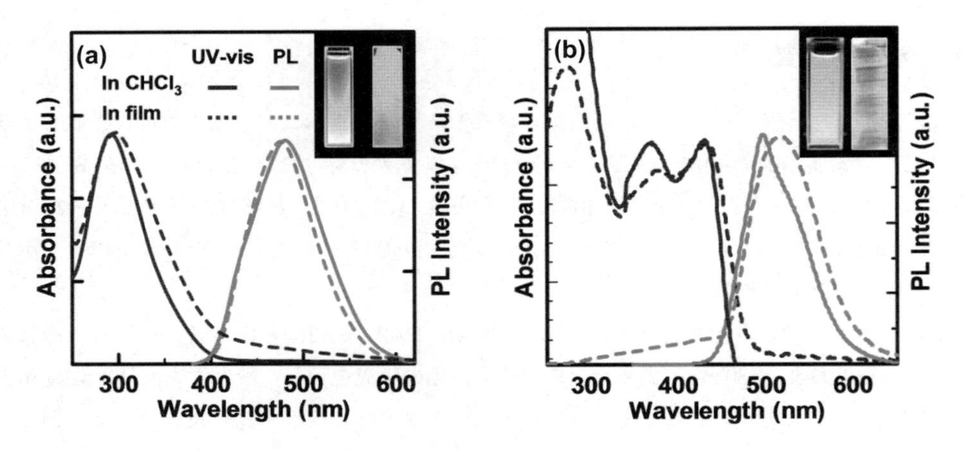

図７　(a)**PA1**，(b)**PA6**の溶液およびキャストフィルムでの紫外可視吸収および蛍光スペクトル。挿入図は，溶液（左）およびキャストフィルム（右）の蛍光写真。

5　直線偏光蛍光

巨視的に配向したポリマーフィルムを，ラビング法により作製した。石英基板上のポリマーを液晶温度範囲まで加熱し，ガラス棒を用いてラビングし，室温まで徐冷することで試料を作製した。**PA4**においては，ライオトロピック液晶状態のポリマーをラビングし，測定試料とした。表３に，ポリマーの蛍光における二色比を示す。二色比は，垂直方向に対する平行方向の偏光蛍光強度（$I_{//}/I_{\perp}$）もしくは平行方向に対する垂直方向の偏光蛍光強度（$I_{\perp}/I_{//}$）で定義される。

ラビングにより配向したポリマーについて，三つのパターンの配向および蛍光挙動がみられた（図８）。ポリマーの配向挙動は，その主鎖骨格や側鎖の液晶基の構造に関連していると考えられる。二置換PA誘導体では，主鎖と側鎖はともに液晶メソゲンとして振る舞うことができるため，主鎖と液晶基の相互関係により，ポリマーの配向挙動が決まる。一方，ポリマーの蛍光挙動は，フェニル基が直結したポリエン主鎖の構造により決まる。

まずケース１では，**PA2**を例にとると，ラビング方向に対して平行方向の蛍光強度（$I_{//}$）よりも，垂直方向の蛍光強度（$I_{\perp}$）の方が高かった（図８(a)）。その時の二色比は，1.6であった。**PA2**の配向フィルムのXRDパターンでは，ラビング方向と平行の子午線方向に*p*-ターフェニル基に由来する反射がみられた（図８(b)）。このこと

表３　二置換PA誘導体の蛍光二色比

Polymers*		Dichroic ratio
Group 1	PA1	1.8
	PA2	1.6
	PA3	1.5
	PA4	2.2
Group 2	PA5	1.2
	PA6	2.4
	PA7	1.6

*Aligned films of **PA1**～**PA3** and **PA5**～**PA7** were prepared in thermotropic LC states, and that of **PA4** was prepared in lyotropic LC state.

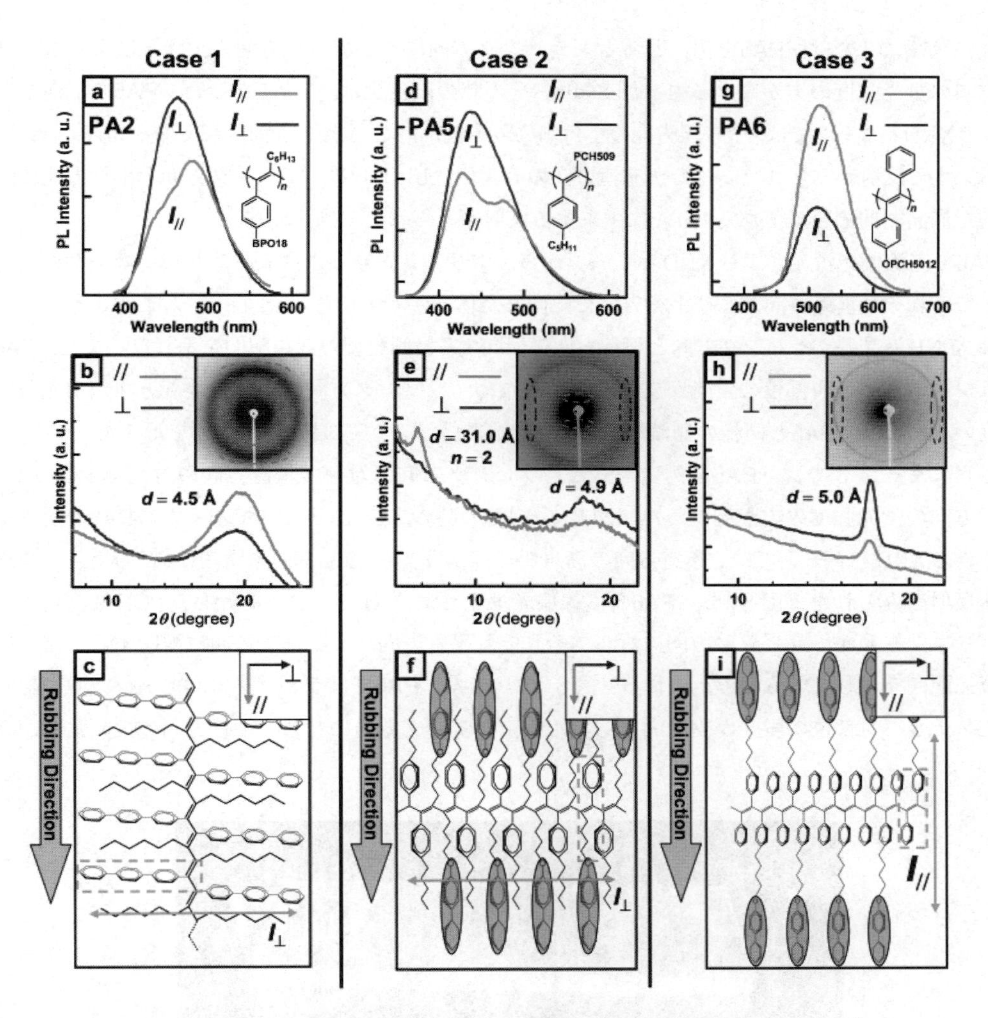

図８　(a)配向したPA2の直線偏光蛍光スペクトル。(b)配向したPA2のXRDパターン。4.5Å(2θ=19.6°)の面間隔は，側鎖のp-ターフェニル液晶基間の距離に対応する。挿入図は，配向したPA2フィルムのラウエパターン。(c)PA2の配向構造。(d)配向したPA5の直線偏光蛍光スペクトル。(e)配向したPA5のXRDパターン。31.0Å(n=2, 5.7°)および4.9Å(18°)の面間隔は，それぞれ主鎖の層間距離および側鎖のPCH液晶基間の距離を示す。(f)PA5の配向構造。(g)配向したPA6の直線偏光蛍光スペクトル。(h)配向したPA6のXRDパターン。5.0Å(17.8°)の面間隔は，側鎖のPCH液晶基間の距離に対応する。(i)PA6の配向構造。(c), (f), (i)の破線で囲まれた部分は，ポリマーの支配的な蛍光部位を示す。

から，p-ターフェニル基およびポリエン主鎖が，それぞれラビング方向と垂直方向および平行方向に配向していると考えられる（図８(c)）。また，PA2ではp-ターフェニル部位の蛍光が支配的であるため，ラビング方向に対して垂直方向の蛍光強度が高い。PA1とPA3は，PA2と同様の主鎖型の液晶配向挙動および直線偏光蛍光挙動を示した。

次にケース２では，**PA5**を例にとると，ラビング方向に対して平行方向の蛍光強度よりも，垂直方向の蛍光強度の方が高かった（図８(d)）。その時の二色比は，1.2であった。**PA5**の配向フィルムのXRDパターンでは，子午線方向の小角側（2θ =5.7°）に，主鎖の層間距離である31 Å（n＝２）に由来する反射がみられた。また，赤道方向の高角側（18.0°）に，ラビング方向と平行方向に配向した液晶基間の距離である4.9 Åに由来する反射がみられた（図８(e)）。

PA5の直線偏光蛍光およびXRDパターンから，ポリエン主鎖および液晶基が，ラビング方向に対してそれぞれ垂直方向および平行方向に配向した構造が考えられる（図８(f)）。このように**PA5**では，PCH液晶基がラビング方向と平行方向に配向する，側鎖型の液晶配向を示した。また，**PA5**ではフェニルビニル部位の蛍光が支配的であるため，ラビング方向に対して垂直方向の蛍光強度が高い。**PA7**は，**PA5**と同様の側鎖型の液晶配向挙動および直線偏光蛍光挙動を示した。

さらにケース３では，**PA6**を例にとると，ラビング方向に対して垂直方向の蛍光強度よりも，平行方向の蛍光強度の方が高かった（図８(g)）。その時の二色比は，2.4であった。**PA6**の配向フィルムのXRDパターンでは，赤道方向の高角側（17.8°）に，液晶基間の距離である5.0 Åに由来する反射がみられた（図８(h)）。**PA6**の直線偏光蛍光およびXRDパターンから，PCH液晶基およびポリエン主鎖が，ラビング方向に対してそれぞれ平行方向および垂直方向に配向する，側鎖型の液晶配向を示していると考えられる（図８(i)）。また，**PA6**ではラビング方向と平行方向に配向したスチルベン部位の蛍光が支配的であるため，ラビング方向に対して平行方向の蛍光強度が高

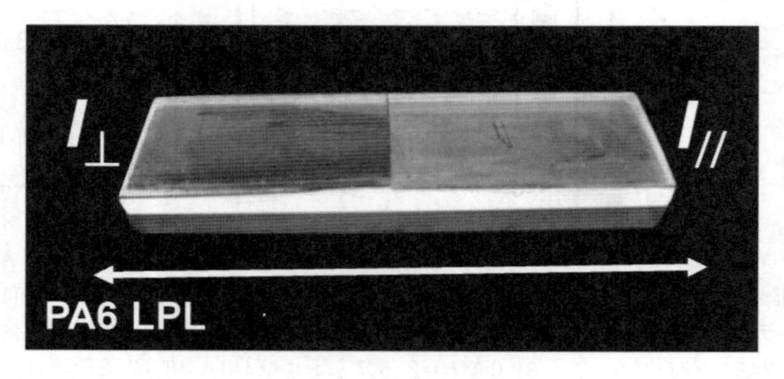

図９　PA６の直線偏光蛍光写真

二枚の偏光板を，配向方向に対して平行方向（明るい）および垂直方向（暗い）に配置している。白い矢印は，配向方向を示している。

表４　二置換PA誘導体の配向および蛍光挙動の三つのパターン

	Polymers	Alignment type	Dominant emission
Case 1	PA1, PA2, PA3	Main chain	Terphenylvinyl moiety or biphenylcyclohexylvinyl moiety（$I_{\perp}$）
Case 2	PA5, PA7	Side chain	Phenylvinyl moiety（$I_{\perp}$）
Case 3	PA4, PA6	Side chain	Stilbene moiety（$I_{//}$）

い。図９に，PA6の偏光板存在下での直線偏光蛍光写真を示す。PA4は，PA6と同様の側鎖型の液晶配向挙動を示し，スチルベン部位に由来する蛍光が支配的であった。表４は，二置換PA誘導体の巨視的配向挙動および蛍光挙動の関係を示している。

ポリマーの蛍光二色比は，1.2～2.4と比較的低い値を示した。二色比が低い原因として，液晶側鎖だけでなくフェニル基が直結したポリエン主鎖も外力に対してメソゲンとして振る舞うことが挙げられる。本二置換PA誘導体では，液晶側鎖とポリエン主鎖はほぼ直交しており，側鎖と主鎖の外部応力による配向は実質上お互いに相殺されるため，配向の度合いが低下したと考えられる。

6　EL特性

ポリマーの光学的性質をもとに，それらのEL特性を調べた。まず，PA1とPA2をポリマー発光層として，ITO/PEDOT-PSS[poly(3,4-ethylenedioxythiophene)-poly(styrenesulfonate)]/PA

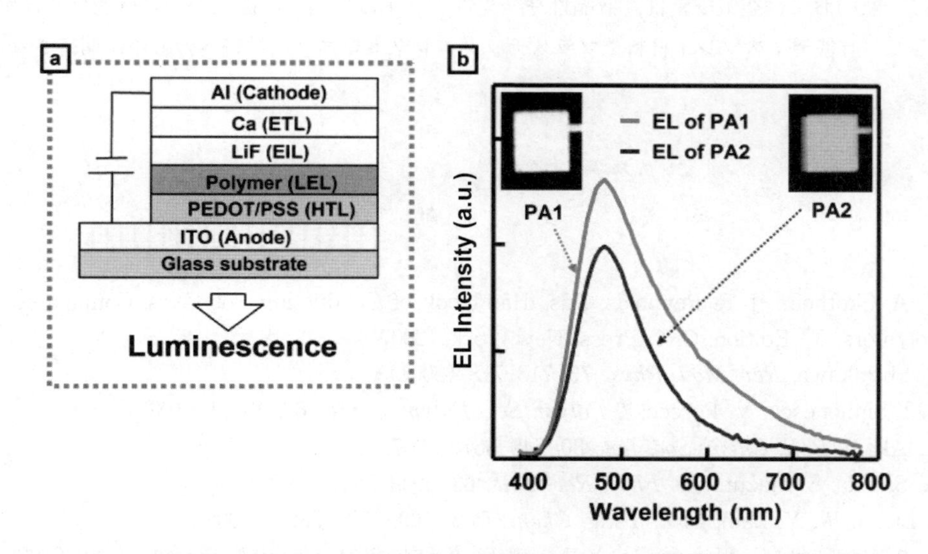

図10　(a)二置換PAを発光層とした電界発光（EL）デバイスの模式図。(b)PA1とPA2のELスペクトル。挿入図は，PA1(左)とPA2(右)のEL。

表５　PA1とPA2のEL特性

	Thickness (nm)	Turn-on voltage (V)	$E_{m,max}$ (nm)	Chromaticity coordinates (x, y)	Maximum luminance (cd/m^2)	Maximum current efficiency (cd/A)	Maximum power efficiency (lm/W)
PA1	83	6.9	480	(0.26, 0.33)	220	0.16	0.07
PA2	91	8.4	480	(0.21, 0.30)	50	0.24	0.08

層/LiF/Ca/Al（図10(a)）の構成でELデバイスを作製した。ポリマーは480 nmにELバンドを示し（図10(b)），CIE（Commission International de l'Eclairage）座標は，**PA1**では（0.26, 0.33），**PA2**では（0.21, 0.30）と，良好なEL特性を示した（表5）。

7　結言

液晶性二置換PA誘導体を合成し，それらの熱的および光学的性質を評価した。合成したポリマーは，エナンチオトロピックなサーモトロピック液晶性もしくはライオトロピック液晶性を示した。また，ポリマーの構造に依存して，青色や緑色に発光し，良好な蛍光量子収率やEL特性を示した。さらに，ポリマーを液晶状態においてラビングすることにより得られた巨視的配向フィルムは，直線偏光蛍光を発現した。巨視的配向フィルムの直線偏光蛍光スペクトルおよびXRDパターンから，ポリマーの配向構造について考察し，三つのパターンの配向および蛍光挙動に分類した。従来PAは空気中で酸化されやすく，また蛍光性を示さないとされてきたが，本二置換PA誘導体は，熱的および空気安定性，液晶性や発光性を有するため，高性能かつ多機能型共役ポリマーとして，有機ディスプレイ材料やプラスチックエレクトロニクス材料への応用が期待される。

文　　献

1） T. A. Skotheim, J. R. Reynolds, Eds., Handbook of Conducting Polymers, Conjugated Polymers, 3rd Edition, CRC Press, New York（2007）
2） H. Shirakawa, *Rev. Mod. Phys.*, **73**, 713-718（2001）
3） C. I. Simionescu, V. Percec, *J. Polym. Sci., Polym. Symp.*, **67**, 43-71（1980）
4） K. Akagi, *Bull. Chem. Soc. Jpn.*, **80**, 649-661（2007）
5） A. Shukla, S. Mazumdar, *Phys. Rev. Lett.*, **83**, 3944-3947（1999）
6） J. Liu, J. W. Y. Lam, B. Z. Tang, *Chem. Rev.*, **109**, 5799-5867（2009）
7） B. A. San Jose, S. Matsushita, Y. Moroishi, K. Akagi, *Macromolecules*, **44**, 6288-6302（2011）
8） V. P. Shibaev, L. Lam, Eds., Liquid Crystalline and Mesomorphic Polymers, Springer-Verlag, New York（1994）
9） V. P. Shibaev, N. A. Platé, in *Advances in Polymer Science*, M. Gordon, N. A. Platé, Eds., Springer-Verlag, New York, **60**, pp.173-252（1984）
10） S. Kumar, Ed., Liquid Crystals: Experimental Study of Physical Properties and Phase Transitions, Cambridge University Press, Cambridge, pp.65-94（2001）

第6章　導電性高分子の可溶化技術とドープ状態の安定性

小泉　均*

1　導電性高分子の可溶性

導電性高分子は，軽量で安価，フレキシブルで大面積の電子デバイスを実現できる材料として期待されている。このような期待に応えるために望まれる導電性高分子の性質の1つに可溶性がある。可溶なら，溶媒に溶解させ，インクジェットプリントなどのリソグラフィーなどに比べ安価なプロセスを用いて，デバイスの作製が可能となる。しかし，ポリアセチレン，ポリチオフェン，ポリピロールなどの多くの導電性高分子は，不溶不融の加工性の悪い固体であり，様々な方法により可溶化の試みがなされてきた。しかし，可溶化は，電気的性質を変えたり，導電性の安定性を低下させたりするなど，導電性高分子自体の性質にも影響を与える。本章では，様々な可溶化技術を紹介するとともに，代表的可溶性導電性高分子の1つであるポリ(3-アルキルチオフェン)（P3AT）について，その導電性状態の不安定性の原因について，筆者らの考えを述べる。

2　側鎖導入による可溶化

2.1　ポリ(3-アルキルチオフェン)

導電性高分子が，不溶不融なのは，主鎖間の相互作用が強いためといわれている。そのため，側鎖を導入して，相互作用を弱め，可溶化しようとすることが行われてきた。

ポリチオフェンは，不溶不融の固体であるが，チオフェン環の3位に，ブチル以上のアルキル基を側鎖として結合させたポリ(3-アルキルチオフェン)（P3AT）は，クロロホルムやテトラヒドロフランなどいくつかの溶媒に可溶となる。また，加熱により溶融する[1]。

P3ATの最初の合成は，ほぼ同じ時期に，3つの研究グループにより，独立に行われた[2~5]。Elsenbaumerらは図1(a)のようなニッケル触

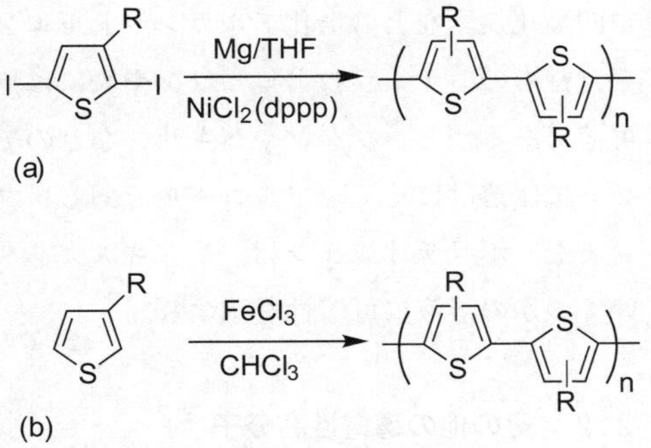

図1　ポリ(3-アルキルチオフェン)の合成
Rはアルキル基を表す。

＊ Hitoshi Koizumi　北海道大学　大学院工学研究院　物質化学部門　准教授

表1　ポリ(3-ヘキシルチオフェン)およびポリ(3-ドコシルチオフェン)の様々な溶液に対する溶解性[6)]

溶媒	Poly(3-hexylthiophene)			Poly(3-docosylthiophene)		
	室温	50℃	室温[a)]	室温	50℃	室温[a)]
ヘプタン	△	△	△	×	○	○[b)]
ヘキサン	△	△	△	×	○	○[b)]
ジ-n-ブチルエーテル	△	△	△	×	○	○[b)]
四塩化炭素	○	○	○	○	○	○
p-キシレン	○[b)]	○	○	○	○	○
1-ブタノール	×	×	×	×	×	×
テトラヒドロピラン	○	○	○	○[b)]	○	○
トリクロロエチレン	○	○	○	○	○	○
トルエン	○[b)]	○	○	○[b)]	○	○
1,4-ジオキサン	△	△	△	×	×	×
2-ブタノン	△	△	△	×	×	×
アニソール	○	○[b, c)]	○[b)]	×	○[b, c)]	○[b)]
クロロホルム	○	○	○	○	○	○
ジクロロメタン	○[b)]	○	○	×	○	○
N, N-ジメチルアニリン	○	○	○	○	○	○

○：溶解，×：不溶，△：少し溶解。
a) 試料を50℃で溶解後，室温に戻す。
b) 少量の沈殿物。
c) 試料は80℃で均一に溶解。

媒を用いたカップリング反応でP3ATを合成した。一方，Sugimotoらは，図1(b)に示すような塩化第二鉄（$FeCl_3$）を酸化剤として用いた酸化重合で合成した。Satoらは，電気化学的酸化により，重合を行っている。

どのような溶媒なら可溶で，どのような溶媒に不溶かは重要な問題であるが，詳しく調べた研究は以外と少ない。Onodaらは，poly(3-hexylthiophene）とpoly(3-docosylthiophene）について，15種の溶媒について，その可溶性について調べている[6)]。その結果を表1に示す。クロロホルムや四塩化炭素などの塩化アルカン，トルエンや*p*-キシレン，ジメチルアニリンなどのベンゼン環を含むもの，テトラヒドロピランや表には無いがテトラヒドロフランのような環状エーテルには可溶であるが，ヘプタンやヘキサンなどのアルカンやジブチルエーテル，1,4-ジオキサン，ブタノンには溶けにくく，アルコールである1-ブタノールには全く溶けないと報告されている。

また，ポリチオフェンは，アルキル基以外にもアルコキシなどを側鎖に導入することにより，いくつかの溶液に可溶性を示す[7~9)]。

2.2　その他の導電性高分子

ポリピロールの側鎖に，アルキル基を導入した図2(a)のポリ(3-アルキルピロール)（P3APy）も，溶媒に可溶である[10,11)]。また，ドーピング後の電導度の安定性は，P3ATより優れている。しかし，P3APyが研究や開発に使用されている例は非常に少ない。これは，モノマーの合成が煩雑なこと，純粋な3-アルキルピロールが得られないことなどが理由であると思われる[12)]。

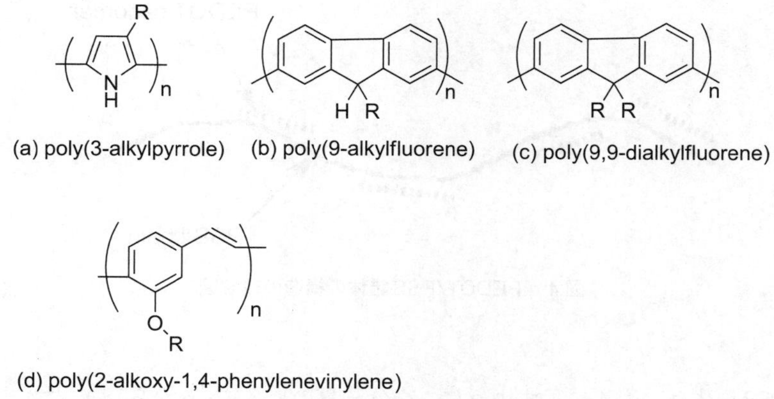

図2　様々な可溶性導電性高分子の化学構造
Rはアルキル基を表す。

また，フルオレンの9位に，図2(b)および(c)のように，1つあるいは2つのアルキル基を導入したものも，いくつかの溶媒に可溶であり，加熱により溶融する[13)]。

図2(d)に示すようなポリフェニレンビニレンの2位にアルコキシ基を導入したものも，主な溶媒に溶解する[14)]。他の導電性高分子についても，側鎖へのアルキル基やアルコキシ基などの導入により可溶性を持たせたものが報告されている。

3　ドーパントによる可溶化

3.1　PEDOT/PSS

図3(a)に示すpoly(3,4-ethylenedioxythiophene)（PEDOT）は不溶不融であるが，図3(b)のpolystyrene sulfonic acid（PSS）と水溶液中で合成されたものは，水に分散する[15)]。Bayer社により開発されBaytron™という商品名で販売されていたが，現在は，Heraeus Clevios社により，Clevios™という商品名で販売されている。

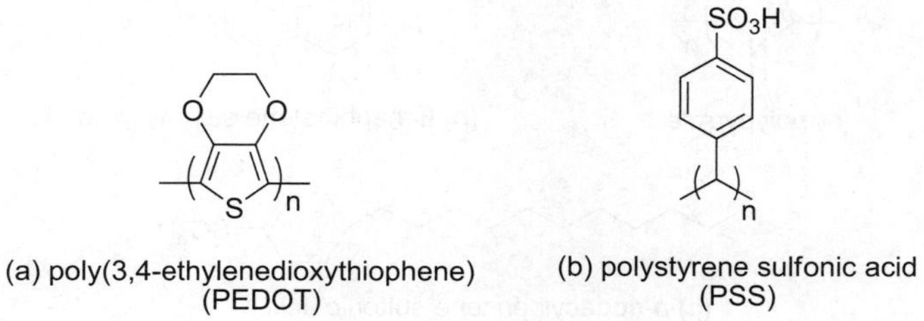

図3　(a)ポリ(3,4-エチレンジオキシチオフェン)（PEDOT）と
(b)ポリスチレンスルホン酸（PSS）の化学構造

PEDOT oligomer
PSS chain

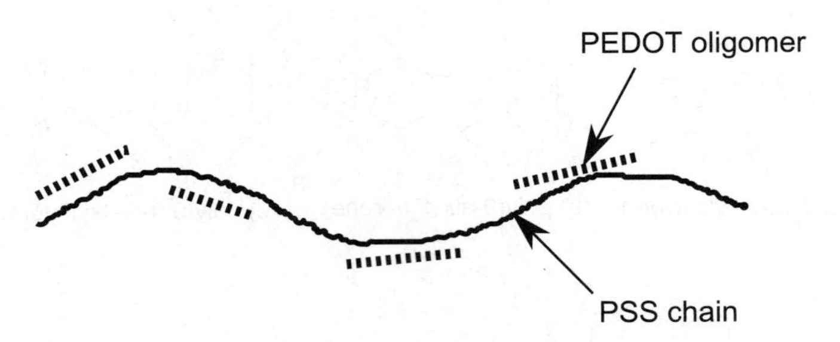

図4　PEDOT/PSS錯体の構造の概念図

PEDOT/PSS錯体は，図4に示すように，高分子量のPSSに，6から18モノマー単位の短いPEDOTのオリゴマーが貼りついているような構造であり，これが数十nmのゲル粒子となって，水に分散している。

透明で，分散液を塗れば，PEDOT/PSSの導電性層が形成されることから，帯電防止コーティングや有機ELなどへの利用が試みられている[15)]。

3.2　溶解性ポリピロール

ピロールを，図5(b)のβ-ナフタレンスルホン酸や図5(c)の*p*-ドデシルベンゼンスルホン酸などをドーパントとして一緒に，アンモニアサルペートなどで酸化重合することにより，*m*-クレゾールなどに可溶な図5(a)のポリピロールとなる[16)]。重合したすべてのポリマーが溶解するわけではなく，溶媒に溶解し，溶解するもののみを分離して，溶液として使用する。さらに*p*-ドデシルベンゼンスルホン酸を余計に加えると四塩化炭素やキシレン，クロロホルムなどにも溶解するようになる[16)]。

また，筆者が試しに合成し，電導度を調べたところ，空気中ではある程度の電導度を示すが，真空中に置くと電導度がかなり下がる。電導度の下がった試料を空気中に戻すとまた，元の電導度に回復する。空気中の成分，たぶん酸素が電導度に何らかの寄与をしていると思われる。

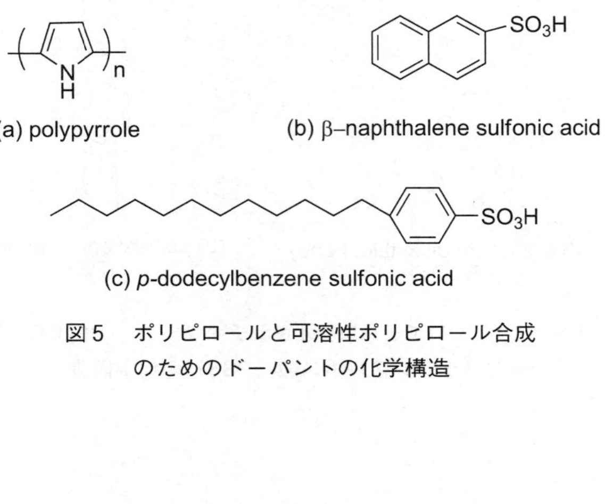

N
H
n
SO3H
(a) polypyrrole
(b) β–naphthalene sulfonic acid
SO3H
(c) p-dodecylbenzene sulfonic acid

図5　ポリピロールと可溶性ポリピロール合成のためのドーパントの化学構造

3.3　溶解性ポリアニリン

ポリアニリン（図6(a)）も通常のドーパントでは，不溶であるが，*p*-ドデシルベンゼンスルホン酸（図5(c)）をドーパントとすると，長いアルキル基の効果により，トルエンやキシレン，デカリン，クロロホルムなどに溶解するようになる[17]。なお，未ドープならポリアニリンは，1-メチル-2-ピロリドン（図6(b)）に溶解する。

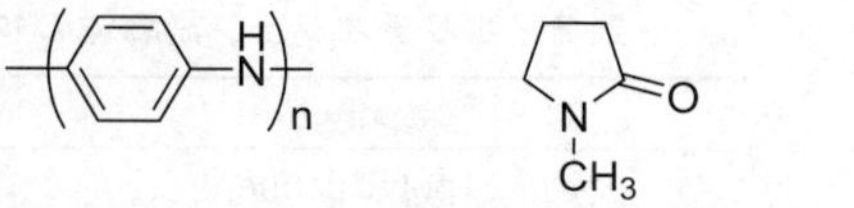

H N n　N O CH_3

(a) polyaniline　(b) 1-methyl-2-pyrrolidone

図6　ポリアニリンと未ドープのポリアニリンを溶解する溶媒である1-メチルピロリドンの化学構造

4　ブロックコポリマーによる可溶化

PEDOTとポリエチレングリコールのブロックコポリマーを合成することにより，溶媒可溶な導電性高分子が作られている[18]。図7にその化学構造の例を示す。AEDOTRON™という商品名で，TDA Research社が開発し，Aldrichによって販売されている。

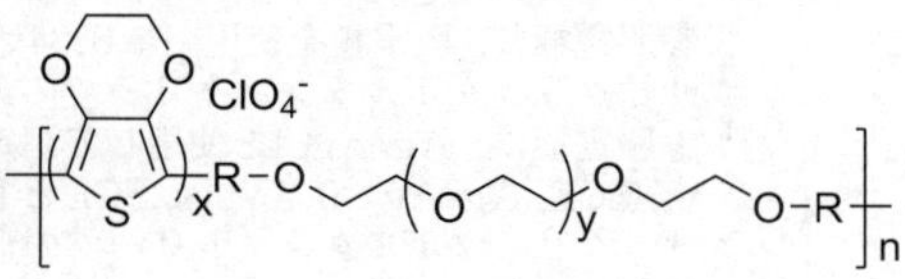

O O ClO_4^- S x R-O O y O O-R n

図7　過塩素酸をドープしたPEDOTとポリエチレングリコールからなるブロックコポリマーの化学構造

PEDOT/PSSでは，ドーピングに使われていないスルホン基が多数あり，強酸性で，吸湿性がある。一方，このブロックコポリマーは，強酸性ではなく，炭酸プロピレンやニトロメタンなどの極性非プロトン性溶媒に可溶である。

5　溶媒可溶化によるポリチオフェンの性質の変化

いろいろな方法により，不溶不融の導電性高分子の可溶化が行われることを説明した。しかし，可溶化により変化するのは溶解性だけではなく，その電子状態や固体状態のモルフォロジーなどにも変化を及ぼし，光吸収スペクトルや電導度およびその安定性にも変化を与える。主にポリチオフェンについて，そのような変化の例を挙げる。

5.1　側鎖導入によるポリチオフェン誘導体の電子状態の変化

表2に，いろいろな側鎖を導入したポリチオフェン誘導体の固体フィルムのπ-π^*の光吸収スペクトルのピーク波長と酸化電位を示す[7,19~24]。特に電子供与性の強いアルコキシ基を導入したポリ(3-オクチロキシチオフェン）の光吸収のピーク波長は，かなりレッドシフトし，酸化電位は低下する[7]。一方，アルキル基の水素を電子吸引性の強いフッ素で置換したパーフルオロアルキル基を導入したポリ(3-パーフルオロオクチルチオフェン）は，光吸収のピークがブルーシフトし，酸化電位が高い[24]。また，ポリ(3-シクロヘキシルチオフェン）の酸化電位も少し高いが[23]，これ

表2　ポリチオフェン誘導体のπ-π^*遷移の光吸収スペクトルのピークと酸化電位

polymer	λmax（neutral）/nm	Epp[a]/V vs. Ag/Ag^+
polythiophene	468[19]	0.68[b,20]
poly(3-octylthiophene)[21]	450	0.70
poly(3-octyloxythiophene)[7]	615, 635	0.62, 0.49[c]
poly(3-phenylthiophene)[22]	537	0.63
poly(3-cyclohexylthiophene)[23]	420	0.75[d]
poly[3-(3-perfulorooctyl)thiophene][24]	328	1.18[e]

[a] サイクリックボルタンメトリーで求めた最初の酸化の電流のピークポテンシャルとポテンシャルを負の向きに戻す際の電流のピークポテンシャルの平均値。
[b] 参照電極に，Pt電極を使用，Pt 0.34 V vs. SCE, Ag/Ag^+0.3 V vs. SCE, として換算した値。
[c] サイクリックボルタンメトリーでの最初の酸化のアノード電流のピークのポテンシャル。
[d] 参照電極に，Ag/AgClを使用して測定されたものをAg/Ag^+電極の場合にAg/AgCl 0.047 V vs. SCE, Ag/Ag^+ 0.3 V vs. SCEとして換算した値。
[e] サイクリックボルタンメトリーでの最初の酸化のアノード電流のピークのポテンシャル，参照電極不明。

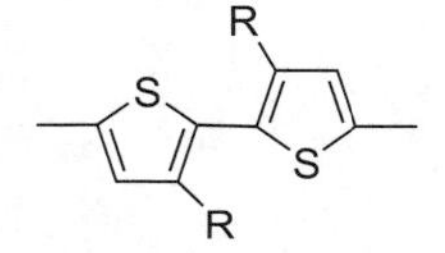

(a) head-to-head

(b) tail-to-tail

(c) head-to-tail

図8　3位に側鎖を持つチオフェンの重合時の結合の種類

は，側鎖の立体障害により，チエニル環の間の平面性が乱れ，共役長があまり長くないためと思われる。

また，重合の立体規則性によって，電導度が大きく変わる。3-アルキルチオフェンの間の結合の仕方には，図8に示すような側鎖同士が近いhead-to-head(H-H)，側鎖が離れたtail-to-tail(T-T)，側鎖が同じ方向に並ぶhead-to-tail(H-T）の3つのつながり方がある。酸化重合などで，重合すると特に3つのうちどのように結合するか決まらない。しかし，酸化重合でも立体障害の少ないH-T結合が多く生成する。

McCulloughら[25,26]やRiekeら[27~29]は，それぞれ，有機化学的なカップリング法を工夫して，H-Tの割合がほぼ100%に近いP3ATの合成に成功している。このような立体規則性の良いP3ATは，$FeCl_3$を用いて酸化重合により合成したP3ATに比べ，ドーピング後，数十倍の高い電導度を示す[30]。これは，立体規則性により，隣合う高分子鎖のチエニル環同士がうまく重なった構造をとれるようになるためであると解釈されている。

5.2　側鎖導入による導電性状態の不安定化

ポリ(3-アルキルチオフェン）は，ポリチオフェンの電導度が安定なのと違い，ドーピング後，その電導度が1日でドーパントや環境により，数分の1から数桁減少する[31]。一方，ポリ(3-アルキルピロール）もピロールに比べ，ドーピング後の電導性状態が不安定になるが，その減少は，

200日で半分位になる程度である[11]。次節で述べるが，これは，ポリ(3-アルキルチオフェン）とポリ(3-アルキルピロール）の酸化電位の差によると思われる。

6　ポリ(3-アルキルチオフェン）の導電性劣化機構

ドーピング後のP3ATは，時間単位で減少する。この導電性劣化機構については，1980年代半ばから，数多くの研究が行われてきた。導電性の劣化は，ドーパント[3,31~34]，アルキル基側鎖の長さ[31,35]，温度[32,36,37]，ガス雰囲気[37~39]，架橋度[40,41]に依存する。しかし，様々な機構が提案されたが，その導電性劣化機構については，十分明らかになっていなかった。

我々は，数年前，電導度，ドーピング後の光吸収スペクトル，電子スピン共鳴（ESR）を詳細に比較することにより，この導電性劣化の機構として，図9に示すようなアルキル基のα位のプロトンがカチオン（ポーラロン）から抜ける機構を提案した[42]。また，この機構により劣化しないと予想されるポリ(3-アルコキシチオフェン）について，確かに，その導電性の劣化が抑制されることを報告した[9]。

ヨウ素でポリ(3-オクチルチオフェン)（P3OT）をドーピングすると，未ドープのものに比べ，7桁程度電導度は上昇するが，それに伴い，0.66 eVと1.51 eVにピークを持つポーラロンの吸収が時間とともに減少する。一方，ESRスペクトルの形は一本線で，線幅なども変化しないが，その強度は時間とともに増加する。ポーラロンの光吸収スペクトルのピークの吸光度とスピン密度を比較したものを図10に示す。

スピンの無い状態から常磁性種に時間とともに変化する。これは，ドーピング後の光吸収スペクトルがポーラロンの吸収を示していることから[43]，ポーラロンが対になり，一重項となったものから[43]，ポーラロンが減少して，スピンを持つ孤立したポーラロンが増えるためと考えた。

スピン密度の減少量は，モノマー単位あたり，約0.02である。一方，ドーピングしたP3OT中のヨウ素原子の量を蛍光エックス線で測定すると，およそ0.054となり，スピンの減少量は，およそヨウ素原子の3分の1となる。

ヨウ素は，ドーピングによりI_3^-の形でP3OT中に存在し[19]，これに対し1つのポーラロンがで

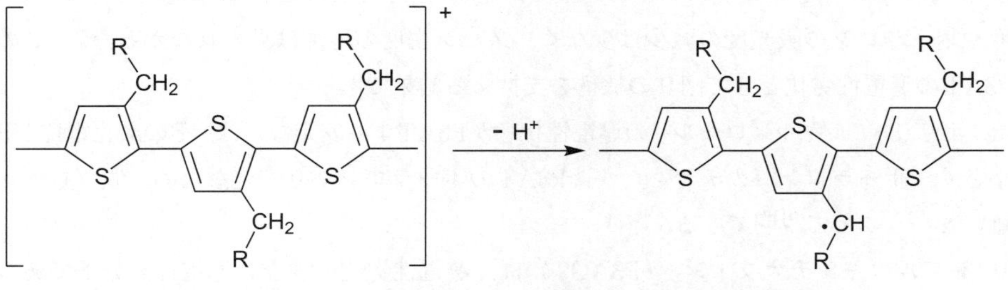

図9　ポリ(3-アルキルチオフェン）のカチオンからの脱プロトン

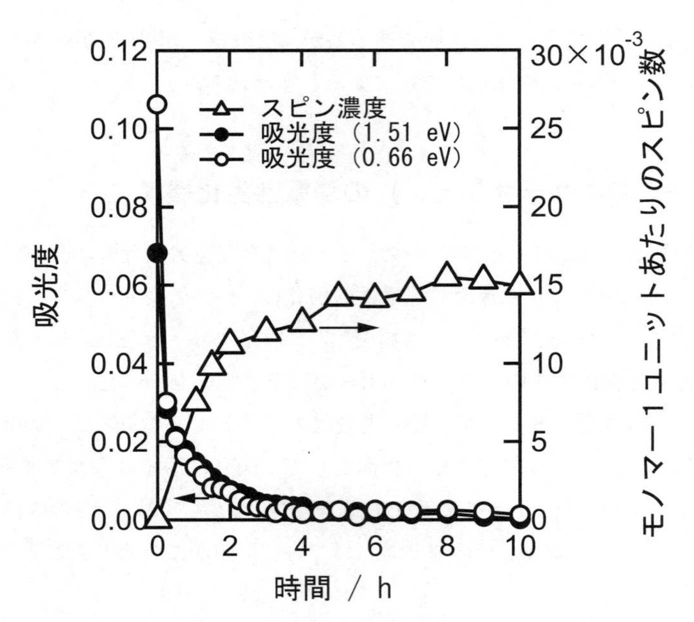

図10　ヨウ素でドーピング後のポーラロンのピークの吸光度（○，●）とスピン密度（△）の時間依存性

きると考えられるから，上のスピンの減少量とヨウ素の濃度比は，対になってスピンを持たない状態から，ポーラロンが減少して，スピンを持つ孤立したポーラロンが増えるためという考えと一致する。

このように，アルキル基のα位からプロトンが抜けやすいのは，α位からプロトンが抜けると比較的安定なポリエニルラジカルとなるためである。似たような反応として，アルキル基のついた芳香族カチオンから塩基へのプロトン移動によるベンジルタイプのラジカルの生成が知られている[44~46]。

このような機構で，導電性の劣化が起こるなら，α位に水素を持たない側鎖のポリチオフェン誘導体を用いれば，導電性の劣化が少ないと予想される。実際，そのようなポリマーの１つであるポリ(3-オクチロキシチオフェン)（P3OOT）を用いて，P3OTと同様の実験を行ったところ，電導度やポーラロンの吸光度の減少は少なく，スピン密度の増加は見られなかった[9]。このことは，P3ATの導電性劣化として図９の機構を支持する結果である。

また，ポリ(3-アルキルピロール）の導電性状態がP3ATより安定なのは，その酸化電位がP3ATより小さく，ポーラロン（カチオン）が，P3ATのポーラロンより安定なため，脱プロトンが起こり難いということで説明できる。

ポリ(3-アルコキシチオフェン）（P3AOT）は，導電性劣化の少ない導電性高分子であることがわかったが，欠点は，$FeCl_3$を用いた酸化重合では十分大きい分子量のものが得られず，水分により分解したりして取扱いが面倒なグリニヤール試薬と，高価なニッケル触媒を用いたグリニヤールメタセシス法で重合しないと十分大きな分子量のものが得られないことである[7,9]。

安価で扱いやすい酸化重合などを用いて高分子量のP3AOTを重合する方法を開発することやα位に水素を持たず，立体障害の少ない側鎖を持つポリチオフェン誘導体を開発することが，今後の課題である。

文　　献

1) K. Yoshino, S. Nakajima, M. Onoda and R. Sugimoto, *Synth. Met.*, **28**, C349 (1989)
2) R. L. Elsenbaumer, K. Y. Jen and R. Oboodi, *Synth. Met.*, **15**, 169 (1986)
3) K. Y. Jen, G. G. Miller and R. L. Elsenbaumer, *J. Chem. Soc., Chem. Commun.*, 1346 (1986)
4) M. Sato, S. Tanaka and K. Kaeriyama, *J. Chem. Soc., Chem. Commun.*, 873 (1986)
5) R.-i. Sugimoto, S. Takeda, H. B. Gu and K. Yoshino, *Chem. Express*, **11**(1), 635 (1986)
6) M. Onoda, P. Love, R.-i. Sugimoto and H. Nakayama, 姫路工業大学工学部研究報告, **45**, 41 (1992)
7) G. Koeckelberghs, M. Vangheluwe, C. Samyn, A. Persoons and T. Verbiest, *Macromolecules*, **38**, 5554 (2005)
8) F. Tanaka, T. Kawai, S. Kojima and K. Yoshino, *Synth. Met.*, **102**, 1358 (1999)
9) K. Hatakeyama, H. Koizumi and T. Ichikawa, *Bull. Chem. Soc. Jpn.*, **82**(2), 202 (2009)
10) H. Masuda and K. Kaeriyama, *J. Mater. Sci.*, **26**(20), 5637 (1991)
11) K. Kaeriyama and H. Masuda, *Synth. Met.*, **41**(1-2), 389 (1991)
12) R. X. Xu, H. J. Anderson, N. J. Gogan, C. E. Loader and R. McDonald, *Tetrahedron Lett.*, **22**(49), 4899 (1981)
13) M. Fukuda, K. Sawada, S. Morita and K. Yoshino, *Synth. Met.*, **41**(3), 855 (1991)
14) Y. Liu, P. M. Lahti and F. La, *Polymer*, **39**(21), 5241 (1998)
15) S. Kirchmeyer and K. Reuter, *J. Mater. Chem.*, **15**(21), 2077 (2005)
16) T. A. Skotheim and J. R. Reynolds, in Conjugated Polymers, Theory, Synthesis, Properties, and Characterization, Ch. 8, CRC Press (2007)
17) Y. Cao, P. Smith and A. J. Heeger, *Synth. Met.*, **48**, 91 (1992)
18) S. Sapp, S. Luebben, Y. B. Losovyj, P. Jeppson, D. L. Schulz and A. N. Caruso, *Appl. Phys. Lett.*, **88**, 152107 (2006)
19) S. Hayashi, S. Takeda, K. Kaneto, K. Yoshino and T. Matsuyama, *Jpn. J. Appl. Phys.*, **25**(10), 1529 (1986)
20) G. Zotti and G. Schiavon, *Synth. Met.*, **31**, 347 (1989)
21) R. Valaski, L. M. Moreira, L. Micaroni and I. A. Hummelgen, *Braz. J. Phys.*, **33**, 392 (2003)
22) M. Onoda, H. Nakayama, S. Morita and K. Yoshino, *J. Appl. Phys.*, **73**(6), 2859 (1993)
23) W. A. Goedel, N. S. Somanathan, V. Enkelmann and G. Wegner, *Makromol. Chem.*, **193**,

1195 (1992)
24) L. Li, K. E. Counts, S. Kurosawa, A. S. Teja and D. M. Collard, *Adv. Mater.*, **16**(2), 180 (2004)
25) R. D. McCullough, R. D. Lowe, M. Jayaraman, P. C. Ewbank, D. L. Anderson and S. Tristram-Nagle, *Synth. Met.*, **55**, 1198 (1993)
26) R. D. McCullough, R. D. Lowe, M. Jayaraman and D. L. Anderson, *J. Org. Chem.*, **58**, 904 (1993)
27) T. A. Chen and R. D. Rieke, *J. Am. Chem. Soc.*, **114**(25), 10087 (1992)
28) T.-A. Chen and R. D. Rieke, *Synth. Met.*, **60**(2), 175 (1993)
29) T. A. Chen, R. A. O'Brien and R. D. Rieke, *Macromolecules*, **26**(13), 3462 (1993)
30) R. D. McCullough, *Adv. Mater.*, **10**(2), 93 (1998)
31) Y. Wang and M. F. Rubner, *Synth. Met.*, **39**(2), 153 (1990)
32) M. T. Loponen, T. Taka, J. Laakso, K. Vakiparta, K. Suuronen, P. Valkeinen and J.-E. Österholm, *Synth. Met.*, **41**(1-2), 479 (1991)
33) M. Ahlskog, *Synth. Met.*, **72**(2), 197 (1995)
34) J.-L. Ciprelli, C. Clarisse and D. Delabouglise, *Synth. Met.*, **74**(3), 217 (1995)
35) C.-G. Wu, M.-J. Chan and Y.-C. Lin, *J. Mater. Chem.*, **8**(12), 2657 (1998)
36) G. Gustafsson, O. Inganäs, J. O. Nilsson and B. Liedberg, *Synth. Met.*, **26**(3), 297 (1988)
37) Y. Wang and M. F. Rubner, *Macromolecules*, **25**(12), 3284 (1992)
38) G. Gustafsson, O. Inganäs and J. O. Nilsson, *Synth. Met.*, **28**(1-2), 427 (1989)
39) Q. Pel, O. Inganäs, G. Gustafsson and M. Granström, *Synth. Met.*, **55**(2-3), 1221 (1993)
40) L. Szabo, G. Čík, J. Sitek and M. Seberíni, *Synth. Met.*, **88**(1), 79 (1997)
41) L. Szabo, G. Čík and J. Lensy, *Synth. Met.*, **78**(2), 149 (1996)
42) H. Koizumi, H. Dougauchi and T. Ichikawa, *J. Phys. Chem. B*, **109**(32), 15288 (2005)
43) Y. Furukawa, *J. Phys. Chem.*, **100**(39), 15644 (1996)
44) K. Sehested and J. Holcman, *J. Phys. Chem.*, **82**(6), 651 (1978)
45) E. Baciocchi, T. Del Giacco and F. Elisei, *J. Am. Chem. Soc.*, **115**(26), 12290 (1993)
46) H. Koizumi, S. Fukamura, T. Ichikawa, H. Yoshida and J. Kubo, *Radiat. Phys. Chem.*, **50**(6), 567 (1997)

第7章　超音波場，遠心場，超臨界流体ならびにイオン液体を反応場とする導電性高分子材料の電解合成

跡部真人*

1　はじめに

芳香族化合物の酸化重合によって生成する導電性高分子は多様な化学的，物理的有用特性を有することから機能性材料として広範な分野で注目されており，また，一部は実用化もされている[1~3]。導電性高分子材料のこのような特性・機能は薄膜化によって一層顕著に発現される場合が多く，そのため導電性高分子膜の製造技術は産業上極めて重要である。これら導電性高分子を膜材料として得るためには，一般に電解重合法が用いられる。しかしながら，その他の物理的構造や秩序性は膜材料の合成時に非蓋然的に決定され，また電解重合の駆動エネルギー（電気化学エネルギー）自身の制御，すなわち電流密度や電極電位の制御による重合膜構造の制御範囲も狭い。さらには多くの導電性高分子は溶媒に対して不溶であることから合成後の成形加工も困難となってしまう。つまり，高分子膜合成過程と膜構造制御過程を同時に行ういわば構造制御型電解重合法の開発は非常に重要な課題といえる[3]。

一方，超音波や遠心力などの力学エネルギーは電解重合を直接駆動させるものではないが，電気化学エネルギーに重畳して印加すれば，電気化学エネルギーだけでは不可能な重合膜物性の制御が達成される。また，特異なメディア効果を有するイオン液体や超臨界流体の利用も，重合膜物性の新規制御法として期待できるものである。

本章では構造制御型電解重合法の開拓を念頭に置き，著者らが実施した特殊な環境場や媒体を利用した導電性高分子材料の電解合成を中心に紹介したい。

2　超音波照射場における導電性高分子の電解合成

超音波の化学効果は光波（電磁波）などとは異なり音波のエネルギーが分子レベルで反応種を直接的に励起することによるものではない。このことは，例えば数十kHzの超音波の水中での波長が数cm程度であることからも超音波が化学反応を直接駆動するには不十分であることは自明である。超音波の顕著な化学効果は事実上，キャビテーションという二次的現象に起因するものである[4]。このキャビテーション現象とは疎密波である超音波を液体中に照射し，その出力を上げていくことで音圧の低圧部が液体の分子間力に打ち勝つほど十分陰圧になったときにキャビテ

＊　Mahito Atobe　横浜国立大学　大学院環境情報研究院　教授

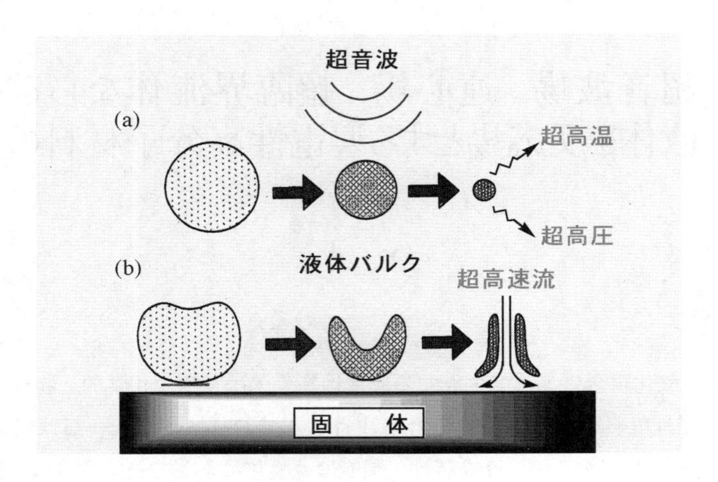

図1　超音波キャビティの圧壊による極限状態の発現
(a)液体バルク中，(b)固体表面上。

ィと呼ばれる小さな気泡が生じ，これが液体中の圧力変化に伴って膨張・収縮を数回繰り返したのちに圧壊する現象である（図1(a)）。このわずか数マイクロ秒の断熱的な圧縮の際には，キャビティとその周辺は局所的に数千度・数百～数千気圧という極限状態になる。また液体バルク中とは異なり固体表面が存在する場合には，その表面付近でのキャビティの圧壊は固体側からの圧力が液体バルク側からの圧力よりも小さいために非対称に圧壊し，固体表面に向かう超高速流（線流速にして数百m s^{-1}程度にも達する）が生じる（図1(b)）。これらはいずれも化学反応にとって魅力的な反応場であるが，不均一系化学反応においては，とくに物質移動過程を支配する超高速流の寄与が大きい。このため，典型的な固液不均一系反応である電気化学反応では，特異な超音波効果が大いに期待される。電気化学における超音波利用では電気めっきの分野で50年以上の実績があり，めっき層内部の構造欠陥の減少，めっき層の光沢化，基板電極への密着性の向上，均質めっきといった有益な超音波効果が多数見出されている[5,6]。陽極上に導電性高分子膜を形成する電解重合は電析反応という観点から電気めっきと等価なプロセスとみなすことができるものであり，電気めっきと類似した超音波の寄与が期待される。

そこで著者らは超音波照射下において典型的なモノマーであるアニリン，ピロール，チオフェンの電解酸化重合を実施した[7,8]。

図2には超音波照射下と非照射下それぞれにおいて陽極上に形成されたアニリン重合膜のSEM写真を示した。これら重合膜はいずれも50回の電位掃引重合により作製したものであるが，非照射下において得られた重合膜は粒塊が絡み合ったスポンジ状のものであるのに対し，照射下重合によるものはこの倍率では粒塊が確認できないほど緻密で，また基盤電極の研磨痕が確認できるほど薄い膜であることが明らかとなった。同様の超音波照射による重合膜の均一化・緻密化はピ

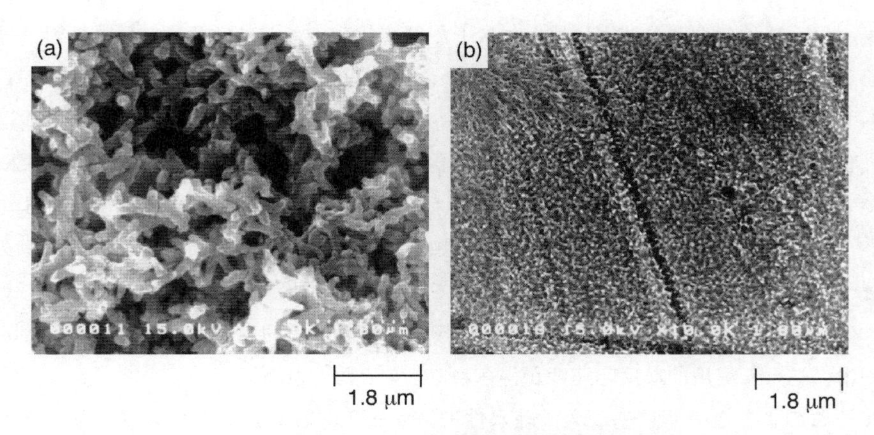

図２　アニリン重合膜のSEM写真
重合方法：電位掃引重合。電解液：0.1 M アニリン/4M HCl水溶液。掃引回数：50回。掃引速度：100 mV s^{-1}。(a)非照射下作製，(b)超音波照射下作製（20 kHz，17 W）。

表１　超音波照射下および非照射下それぞれにおいて作製された各種重合膜の物性

ポリマー	超音波照射	膜厚／μm	重量密度／$\times 10^{-2}$ cm^{-3}	電気化学的容量密度／C cm^{-3}
ポリアニリン	無	19	2.6	100
ポリアニリン	有	0.7	12	230
ポリチオフェン	無	26	2.2	14
ポリチオフェン	有	0.6	11	88
ポリピロール	無	1.2	6	140
ポリピロール	有	0.7	10	210

ロールおよびチオフェン重合膜においても観測され，超音波効果の普遍性も確認された（表１参照）。

さらに，前述の超音波照射によるキャビテーション高速流が効果発現の役割を担っていることも実験的にも明らかにされている[9]。

3　超音波乳化法を利用した環境調和型電解重合法

水は極性，沸点，粘度，安全性，価格などの点から最良の電解媒体であるが[10]，必ずしも水に可溶な導電性高分子モノマーは多くはない。このため，電解重合の多くは電解液に高電気抵抗，高価格，可燃性，有毒である有機溶媒を用いなければならない。また，これらの水に難溶なモノマー（液体）はエマルション状態でしばしば電解重合されるものの機械攪拌などで形成される液滴のサイズは通常μmオーダー以上であることから，電極との直接的な電子移動は困難を伴う。一方，界面活性作用を有する支持電解質を用いて反応基質をミクロエマルション状態（10～100 nm程度）とすれば電極と液滴との電子移動を直接的に行うことも可能となる[10]。しかしながら，同時に大量の界面活性剤などの使用に伴うコストや環境負荷，さらには煩雑な分離精製過程といった問題が新たに生じてしまう。

ところで，超音波の特異な作用効果としては，前述のキャビテーションによる物質輸送促進の他にも乳化作用が良く知られている。超音波乳化法は界面活性剤などの乳化剤を用いずに短時間の処理で安定した乳化状態が得られることを最大の特徴としており，環境にも優しい乳化技術といえる[11,12]。また，最近の研究では超音波乳化法により形成する液滴のサイズがnmオーダーに達することも明らかにされている[13,14]。したがって，超音波乳化法を利用することで反応基質相はnmサイズにまで細分化され，液滴―電極間の接触面積が飛躍的に増大するため，直接的な電子移動が円滑に進行し実用的な反応速度が得られるものと思われる。

そこで，このような着想に基づき，疎水性モノマーである3,4-エチレンジオキシチオフェン（EDOT）の電解酸化重合をモデル反応に選定し，著者らは超音波乳化法を利用した水電解液中での電解重合を実施した[15,16]。

まずはじめに，界面活性作用のない$LiClO_4$を支持電解質として含む水電解液に対して各種乳化処理を施し，それぞれの溶液の乳化状態を追跡した（図３）。その結果，比較実験として行った機械撹拌処理（1500 rpm）により生成したエマルション液滴は30分ほどで消失したのに対し，ステップ型ホーン振動子による超音波処理（20 kHz，22.6 W cm^{-2}）にて生成したエマルション液滴は数時間経過後も安定に存在することが明らかとなった。引き続き，前述の条件で乳化させた溶液および未処理の溶液をそれぞれ用いて電位掃引重合を実施したところ，図４に示すサイクリックボルタモグラムが得られた。未処理の溶液中ではほとんど重合が進行せず（図４(a)），機械撹拌処理を施した溶液中では若干重合が進行したものの掃引回数を重ねるにつれて重合膜の成長速度は大幅に減少した（図４(b)）。これは本実験で行った電位掃引時間すなわち重合反応時間が約75分

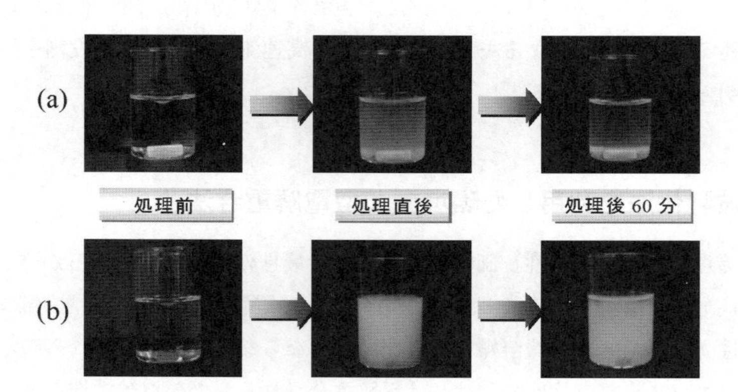

図３　各種乳化処理（(a) 機械撹拌処理，(b)超音波処理）前後における電解液の様子
電解液：7.5 mmolのEDOTモノマーを含む1.0 M $LiClO_4$水溶液（50 ml），乳化処理時間：60秒，超音波発生装置：ステップ型ホーン振動子，超音波出力：22.6 W cm^{-2}，超音波周波数：20 kHz，機械撹拌速度：1500 rpm。

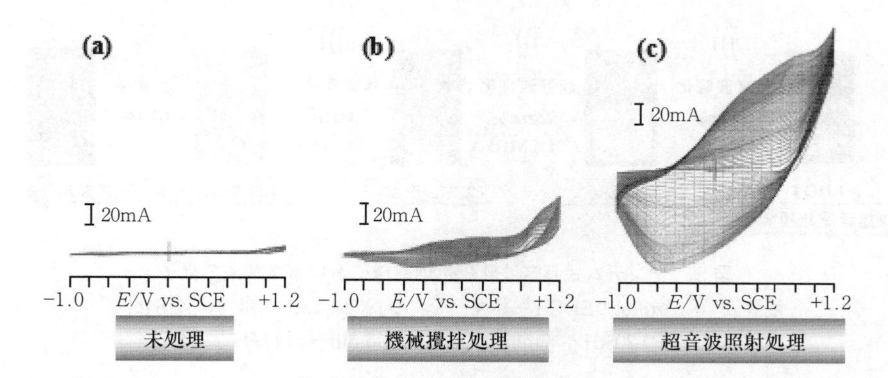

図4　未処理(a)および乳化処理（(b)機械攪拌処理，(c)超音波処理）を施した1.0 M $LiClO_4$ 水電解液におけるEDOTの電位掃引重合法によるサイクリックボルタモグラム

陽極：白金板 1 × 1 cm^2，陰極：白金板 2 × 2 cm^2，電位掃引範囲：−1.0〜1.2 V vs SCE，掃引速度：50 mV s^{-1}，掃引回数：50回。

であるため，図3で述べたエマルションの安定性が大きく影響したものと思われる。これに対して，超音波乳化処理を施した溶液中では掃引回数に依存することなく，設定重合時間の最後まで円滑な重合の進行が確認された（図4(c)）。これらの差は先に示したエマルションの寿命が大きく影響を及ぼしており，本系ではモノマー液滴—電極間での直接的な電子授受により重合が進行していることも別途実験から明らかにされた。

前述のように，著者らは超音波のもつ乳化作用を利用してEDOTモノマーの水電解液中での安定なエマルションを形成させ，このものの電解重合が円滑に進行することを見出した[15,16]。しかしながら，20 kHz単独の超音波照射により乳化した際のエマルション液滴は数百nm程度にとどまり，得られたエマルション溶液を用いて電解酸化重合により作製したPEDOTフィルムは，粒径の大きな導電性高分子コロイドから構成されていることから，透明性や導電性に乏しく，透明導電膜材料に応用するには課題が残る。そこで，この液滴サイズをさらに数十nmまで微細化することができれば，得られる重合膜のパッキング性が向上し，高い電気伝導性と高い透明性を兼備した透明導電膜を作製できるものと着想した。このような着想に基づき，次に著者らは周波数の異なる超音波を逐次的に照射することによりEDOTモノマー液滴の微細化を行った[17]。まずはじめに，EDOTモノマーおよび支持電解質として$LiClO_4$を含む水電解液に対して異なる周波数の超音波装置を用いて逐次的な超音波照射を行った。図5に示すようにEDOTモノマーを含む水溶液に20 kHzの超音波照射を施すと白濁したエマルション水溶液を得ることができた。引き続き，このエマルション溶液に，さらに1.6 MHz→2.4 MHzと逐次的に超音波処理（タンデム式）を施すとエマルション液滴は大幅に微細化され，可視光の散乱が全くない極めて透明性の高いエマルション溶液が得られた。このような透明エマルション溶液は，高周波の超音波を単一で照射しただけでは得られず，タンデム式の超音波処理が必須であった。さらに，このEDOTエマルション

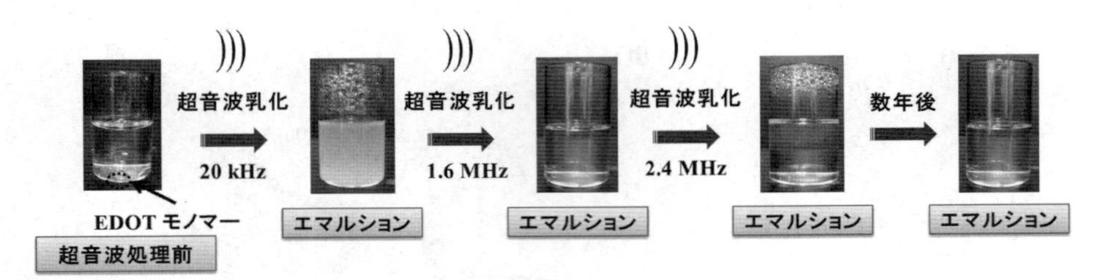

図5　タンデム式超音波乳化処理前後における電解液の様子
電解液：0.5 mmolのEDOTモノマーを含む1.0 M $LiClO_4$水溶液（25 ml），
乳化処理時間：20 kHz，5min→1.6 MHz，5min→2.4 MHz，5min。

溶液には界面活性剤や分散剤が一切含まれていないにもかかわらず，数年経過後でも依然透明性を保ったまま安定に存在している。

続いて，各種超音波乳化処理条件下におけるモノマー液滴の粒径および粒径分布を動的光散乱法により分析した。その結果，20 kHz単独の超音波照射を施すと平均粒径351 nmの液滴が分散したエマルション水溶液を得ることができた。この溶液には可視光の波長よりも大きな380 nm以上のエマルション液滴も含まれるため，可視光は一部散乱され溶液は白濁したものとなった。これに対し，このエマルション溶液に，逐次的な超音波処理（タンデム式）を施すと2段階の超音波照射（20 kHz→1.6 MHz）によって得られたエマルション液滴では平均粒径208 nmとなり，3段階の超音波照射（20 kHz→1.6 MHz→2.4 MHz）によって得られたエマルション溶液ではさらなる液滴の微細化がみられ平均粒径は82 nmとなった。

次に，超音波乳化法により得られたエマルション溶液を用いてITO電極上で定電位重合を施し，透明導電膜の作製を行った。なお，比較検討として常用されているアセトニトリルを電解媒体とした電解重合も同様の電解条件により実施し，それぞれ作製した重合膜の物性評価（SEM観察，電気伝導度測定，光透過測定）を行った。

SEM観察結果より，アセトニトリル中で作製した重合膜と超音波乳化処理を用いて作製した重合膜の表面形態は大きく異なっていることが確認できた。アセトニトリル中で得られた重合膜は大きな粒塊から構成されており，さらに，ネットワーク状の構造を有していることが明らかとなった。20 kHz単独の乳化処理工程を用いて作製した重合膜はアセトニトリル中で作製したものよりも小さな粒塊によって構成されていることが確認できたが，それでも1 μmを超える粒塊が多くみられる結果となった。これに対し，3段階の逐次的な超音波乳化処理工程を用いて作製した重合膜は，20 kHz単独の条件下で作製した重合膜よりもさらに小さな粒塊から構成されており，また非常にパッキング性に富んだ構造であることが確認できた（図6）。さらに，タンデム式超音波乳化液を用いて作製した重合膜は他の重合膜よりも透明性および電気伝導性が高いことも確認された（可視光の透過性：85%以上，電気伝導度：300 S cm^{-1}）。

このように，タンデム式超音波乳化法は，高い透明性と高い電気伝導性を兼備した透明導電膜

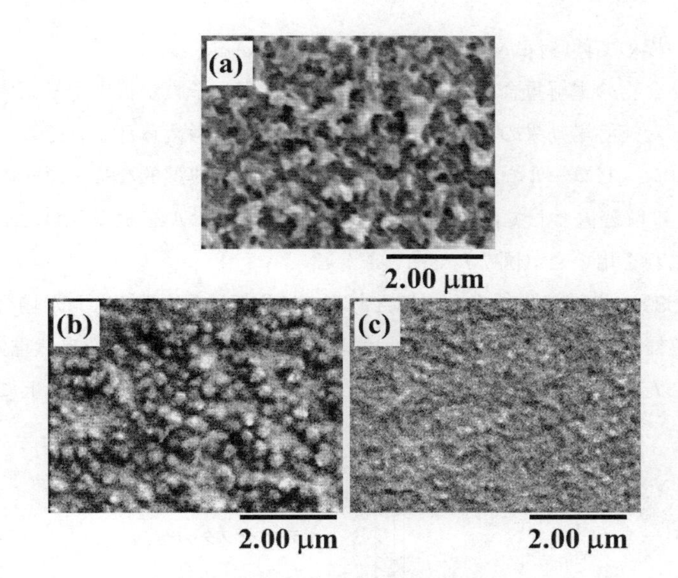

図6　PEDOT電解重合膜のSEM写真

電解重合膜作製時における電解条件：(a)0.5 mmolのEDOTモノマーを含む1.0 M Bu_4NClO_4/MeCN溶液（25 ml），(b)，(c)0.5 mmolのEDOTモノマーを含む1.0 M $LiClO_4$水溶液（25 ml），超音波乳化処理（乳化処理条件：(b)20 kHz，(c)20 kHz→1.6 MHz→2.4 MHz）。

の作製において優れた手法であるといえ，透明電極やディスプレイ関連の光学フィルムへの応用が期待できるものといえる[17]。

4　遠心場における導電性高分子の電解合成

近年，宇宙開発の進展とともに微小重力場における研究が，材料工学，流体工学，生体科学，さらには電気化学といった極めて幅広い領域に及んでおり，多大な関心が集められている。これら微小重力環境を利用した研究を通じて我々は，重力加速度が $1\,g = 9.8\,m\,s^{-2}$ という地球が誕生する際の偶然によって決定された値以外をとりうることを知り，さらに，重力加速度が本来は連続可変なパラメータであることを改めて認識するに至った。

しかしながら，宇宙実験の実施には莫大な費用を要するため気軽に利用することが難しく，また，重力場効果をより包括的に捉えるためには微小重力場のみならず高重力場における反応挙動を精査することも重要となる。

地上において容易に大きな加速度を得る手段としては，遠心加速機の利用が挙げられる。実際，晶析技術への遠心場（高重力場）利用は活発に行われており，加速度を大きくしていくと，結晶に導入される成長縞と呼ばれる不純物のミクロな不均一性が消失したり，添加した不純物が均一に分布するなどの極めて興味深い実験結果も報告されている[18]。

一方，芳香族化合物の電解重合もまた電極上に導電性高分子膜が析出する固体析出反応であることから，前述した遠心場効果の利用は極めて有効であると考えられる。そこで，著者らは遠心場においてアニリン，ピロールならびにチオフェンといった典型的なモノマーの電解重合を実施した[19,20]。なお，電解装置としては市販の遠心加速機と電解セルを組み合わせた「遠心場電解装置」を構築し，これを用いた（図７）。

図８にはおよそ300 gの遠心場のもと電極Ａあるいは電極Ｂを作用極とした場合におけるアニリン重合（50回電位掃引重合）時のサイクリックボルタモグラム（CV）を自然重力下である１gのものと併せて示した。図４のCV曲線におけるピーク電流はいずれも作用極上に析出した重合膜

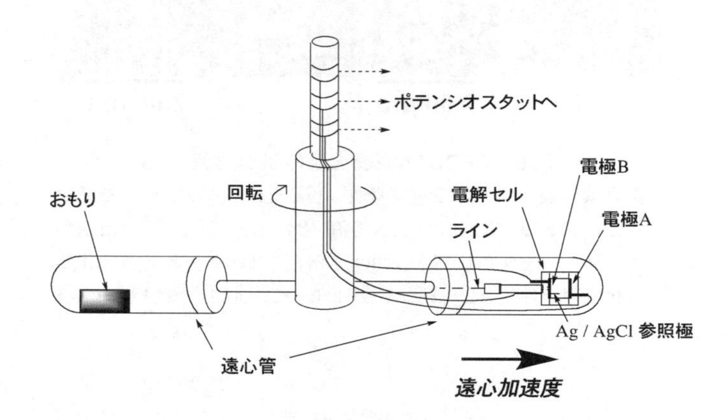

図７　遠心場電解装置

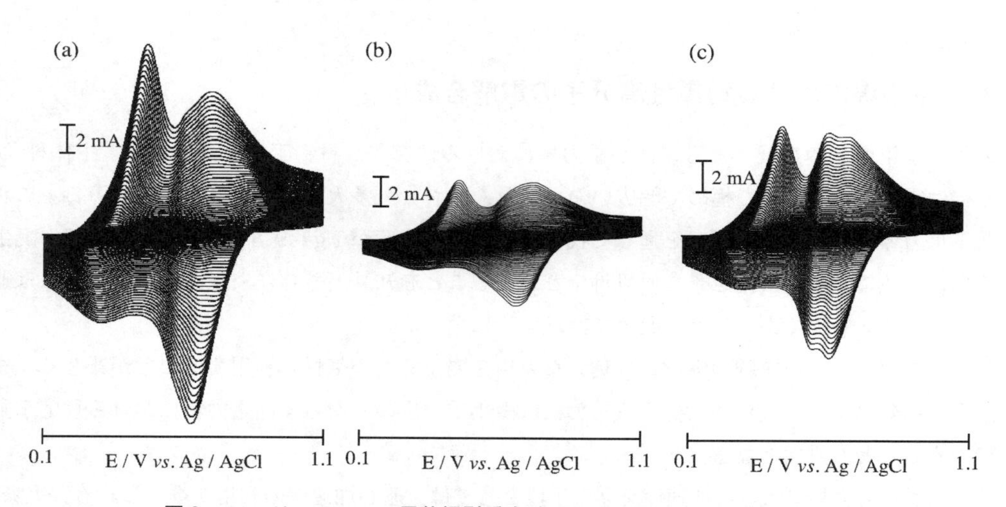

図８　アニリンモノマー電位掃引重合時のサイクリックボルタモグラム
電解液：0.1 M アニリン/4M HCl水溶液。掃引回数：50回。掃引速度：100 mV s^{-1}。
(a)電極Ａ：315 g，(b)電極Ｂ：290 g，(c)電極Ａ：1g。

のレドックス応答に対応しているため，この電流値は析出量の指標とみなせる。したがって，遠心場では電極Aを作用極とした場合（図8(a)）において自然重力下である1g（図8(c)）よりも重合析出が加速し，電極Bを作用極とした場合（図8(b)）には，逆に重合析出が減速したことになる。

このように電解重合に及ぼす遠心場の効果は等方性を有する静水圧などとは異なり，作用電極の向きに対する依存性があることが明らかにされた。また，このような遠心場の異方的な作用効果は表面形態や密度といった膜物性においても発現することもわかった。

これら電解重合に及ぼす遠心場の異方的効果は重合成長過程にあるオリゴマーの沈降によって説明できるものである。つまり，遠心力方向に逆対する電極Aでは，電解液よりも高密度であるオリゴマーが，遠心力によって電極側に捕捉されることで重合析出が促進されるが，遠心力方向に正対する電極Bでは，オリゴマーが電解液バルク側に追いやられ，重合析出が遅延したものと考えられる。

さらに，このような遠心場効果を2種類のモノマーによる共重合反応に応用することで，生成ポリマー中の各モノマー・ユニット比を制御できることも明らかにされた。つまり，例えばアニリンと*o*-アミノベンゾニトリルそれぞれのモノマーを1：1の比で仕込んだ電解液において電極Aを作用極とし，重合を行うと遠心加速度の増加に伴い，密度の大きな*o*-アミノベンゾニトリルのユニット比が生成重合膜中では増加し，逆に電極Bを作用極とした場合では減少した（図9）[21]。このような遠心場を利用した共重合比の制御効果はピロール／チオフェン共重合系においても確認されている[22]。

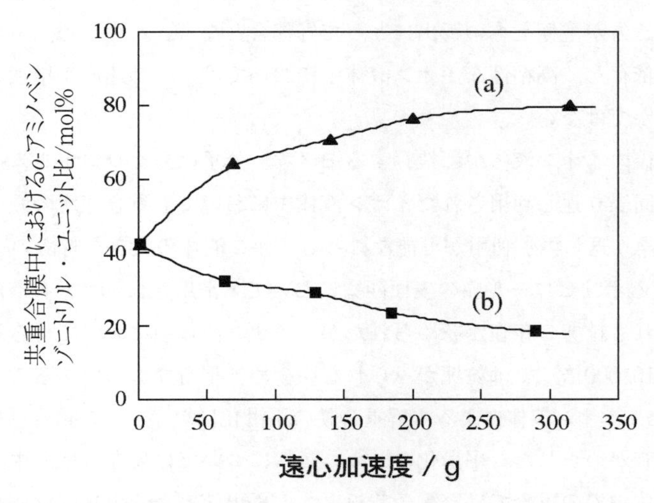

図9　共重合膜中における*o*-アミノベンゾニトリル・ユニット比
重合方法：定電流重合（電流密度：10 mA cm^{-2}，通電量：10 C）。電解液：0.25 M アニリン＋0.25 M *o*-アミノベンゾニトリル/1 M $HClO_4$水溶液。(a)電極A，(b)電極B。

5　イオン液体中における導電性高分子の電解合成

室温で安定な液体となる常温溶融塩（イオン液体と呼ばれる）は不揮発性・不燃性で，極性が高く多くの物質を溶解でき，しかもリサイクルが可能であることから従来の有機溶媒の代わりとなるグリーンな反応メディアとして有機・高分子合成の分野で近年特に注目されている[23,24]。また，イオン液体は単なる有機溶媒の代替メディアに留まらず，反応促進や生成物選択性の向上，材料物性の改善にも寄与するといった特異な効果も多数見出されている。さらにイオン液体は非常に良好な伝導性も兼備していることから電解メディアとしての使用も最近になって活発化してきている[25~27]。このような事実を鑑みれば，イオン液体が導電性高分子などの電解合成メディアとしても利用可能であることが推察されるであろう。

実際これまでに，ポリアレーン，ポリアニリン，ポリピロール，ポリチオフェンなどの導電性高分子がクロロアルミナート系イオン液体中において電解合成されている[25,28]。しかしながら，この種のイオン液体を構成しているアニオンは，水分に対し極めて不安定な$AlCl_4^-$であり，その取り扱いにはグローブボックスを用いるなどの十分な注意が必要とされる。また，$AlCl_4^-$は導電性高分子のドーパントとしての役割も担っていることから，陽極上に堆積した重合膜の導電性はその加水分解の進行に伴い激減してしまう。

これに対し，著者らはTfO^-のような安定なアニオンを有するイミダゾール系イオン液体を電解メディアに用いることで安定なポリピロール膜が円滑に電解合成（電位掃引酸化重合）できることを見出した（図10）[29~31]。さらに，その重合析出速度は従来用いられる水や有機溶媒中でのものよりも速いことも明らかとなった。

一般にピロールなどの電解重合では，重合成長過程のオリゴマーの拡散速度が遅く，電極界面近傍に滞留している方が電極上への析出にとって好都合となる。このため，重合析出速度は電解液の粘性に大きく依存し，高粘性なイオン液体中においては，その速度が増加したものと考えられるが，理由は定かではない。

また，重合終了後のイオン液体中に残存するモノマー分子は，クロロホルム抽出により容易に分離除去され，5回繰り返し利用されたイオン液体中においても重合速度の減少はみられなかった[29]。このように繰り返し再生利用が可能なこともイオン液体の大きな特徴の一つといえる。

一方，SEMによるポリピロール膜の表面観察において，常用される水や有機溶媒中で得られた膜表面には，いずれも粒塊の存在が認められたが，イオン液体中において得られたポリピロール膜は，この倍率（10,000倍）では粒塊がみられない極めて平滑なものであることが明らかとなった（図11）[30]。また，イオン液体による電解重合膜の平滑化はチオフェン重合系においても観察され，その普遍性が確かめられた。平滑化のメカニズムについては現在も検討中ではあるが，前述のようにイオン液体中での重合では，電極基板上への析出核となるオリゴマーや低分子量ポリマーが電極界面近傍に滞留しているため，核形成が電極面全体にわたり進行したものと考えられる。

イオン液体中で得られたポリマーフィルムの電気化学的容量密度も常用される水や有機溶媒中

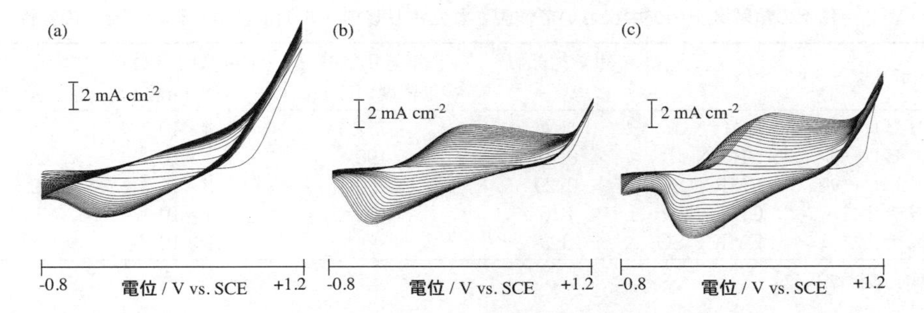

図10　種々の電解メディア中におけるピロール（0.1 M）の電位掃引重合時のサイクリックボルタモグラム

掃引速度：100 mV s^{-1}。掃引回数：20回。電解重合メディア：(a)0.1 M $EMICF_3SO_3/H_2O$, (b)0.1 M $EMICF_3SO_3/CH_3CN$, (c)$EMICF_3SO_3$(neat)。

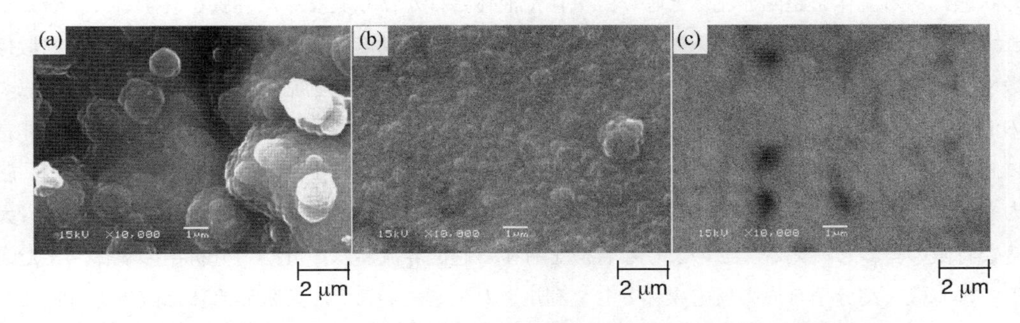

図11　種々の電解メディア中において作製されたポリピロール膜のSEM写真

電解重合メディア：(a)0.1 M $EMICF_3SO_3/H_2O$, (b)0.1 M $EMICF_3SO_3/CH_3CN$, (c)$EMICF_3SO_3$（neat)。

で得られたものに比べ，大幅に向上することがわかった（表２）[29, 30]。一方，イオン液体中で作製したポリマーフィルムは基板電極に対して強固に付着しており，フィルム状で剥離することが困難であったことから，４端子法による伝導度の測定は実現しなかった。このため，精密な値とはいい難いが，ポリマーフィルムを削り取ったサンプルを用いて２端子法による伝導度測定を実施したところ，その値は常用されるメディア中で作製されたものに比べ３～５桁も向上することが明らかとなった。電解重合によって形成される導電性高分子膜のドーパントは支持電解質を構成するアニオンが担っており，このため，イオンのみから構成されるイオン液体中ではドーパントアニオンが多量に存在することとなる。したがって，このような特殊な環境が導電性高分子のドープ過程において非常に有利に働いたものと推測される。実際，常用される溶媒系での電解重合においても支持電解質の濃度を増加させることで重合膜のドープ率と伝導度は向上する。しかしながら，それらの値はイオン液体中で合成したものには到底及ぶことはなかった。

表2　種々の電解メディア中において作製されたポリピロールおよびポリチオフェンの物性

ポリマー	メディア	粗さ指標値[a] ／－	電気化学的容量密度／C cm^{-3}	電気伝導度／S cm^{-1}	ドーピングレベル／％
ポリピロール	H_2O	3.4	7.7	1.4×10^{-7}	22
ポリピロール	CH_3CN	0.48	190	1.1×10^{-6}	29
ポリピロール	$EMICF_3SO_3$	0.29	250	7.2×10^{-2}	42
ポリチオフェン	CH_3CN	8.6	9	4.1×10^{-8}	－
ポリチオフェン	$EMICF_3SO_3$	3.3	45	1.9×10^{-5}	－

[a] 膜圧の標準偏差。

6　超臨界流体中における導電性高分子の電解合成

すべての物質には臨界点が存在し，臨界温度および臨界圧力を超えると超臨界状態となる。その状態にある流体を超臨界流体と呼び，気体や液体とはかなり異なった性質を有することが知られている。例えば，超臨界流体の密度は液体の値に近く，粘度は気体とあまり変わらず，拡散係数や熱伝導率は気体と液体の中間に位置する。その結果，流体の動粘度（＝粘度／密度）は三つの流体の中では最小となる。つまり，超臨界流体は小さな温度や濃度差によって自然対流が非常に起こりやすくなる（物質や熱が移動しやすい）ので，大きな移動速度が期待できる。また，圧力や温度を少し変化することによって超臨界流体の性質を連続的かつ容易に可変できることも大きな特徴の一つといえる。このような特徴を有する超臨界流体は，分離・分析用の媒体，また最近では有機・高分子合成の反応媒体として利用されてきている[32)]。超臨界流体は臨界点付近において密度，粘度あるいは溶解度などが大きく変化するので，とりわけこれを合成反応の制御に利用するケースが多く見受けられる。

一方，典型的な固一液不均一系反応である電解合成反応では，超臨界流体の有する高い拡散力は極めて魅力的なものと考えられる。有機電解反応は物質移動と電子移動の二つの直列した過程から構成されている。一般にものづくりを指向した電解合成では電気化学測定などとは大きく異なり大電流を流すことが多く，反応の律速過程は物質移動過程にある。このため，電極反応速度は対流や反応基質の拡散性などに依存することになり，超臨界流体などのような高拡散性を有する媒体中では極めて高い反応速度が期待される。

超臨界流体を電解合成の反応媒体として用いることを試みたのはSilvestriらが最初である[33)]。しかしながら，ここで用いられた媒体は低極性の超臨界二酸化炭素であったため支持電解質がほとんど溶解せず，電解合成の媒体としては不適であったと報告している。この問題を解決するため，徳田らはアセトニトリルを超臨界二酸化炭素の共溶媒とすることで電解カルボキシル化反応が効率的に進行することを報告している[34)]。

これに対し，著者らは温和な臨界条件（臨界温度：25.9℃，臨界圧力：4.82 MPa）を有し，しかもその誘電率が10 MPa以上の圧力下において酢酸エチルやTHFといった電解媒体にも利用されている有機溶媒と同等にまで上昇するトリフルオロメタンに注目し，これをポリピロール，ポリチオフェンの電解合成に利用した[35)]。

その結果，超臨界フルオロホルム（$scCHF_3$）中におけるピロールおよびチオフェンの重合析出速度は，常用される水中やアセトニトリル中の場合に比べ2～10倍程度速いものであった。また，SEM観察から$scCHF_3$中において得られたポリピロール膜，ポリチオフェン膜は，いずれも極めて平滑なものであることもわかった（図12）。

さらに，$scCHF_3$中において作製した重合膜は，アセトニトリル中で重合したものに比べ薄いものであったが，その電気化学的容量密度は10倍程度高いものであることも明らかにされた（表3）。

また，配線材料やフラットパネルディスプレイなどの電子放出源としての応用が期待されている導電性高分子ナノシリンダーの作製においても本電解重合技術は極めて有効である[36)]。導電性高分子ナノシリンダーの合成には，図13に示すようなナノ細孔を有する鋳型を配した電極を利用するテンプレート電解重合法が用いられるが[37)]，従来の液体媒体中ではナノ細孔へのモノマーの

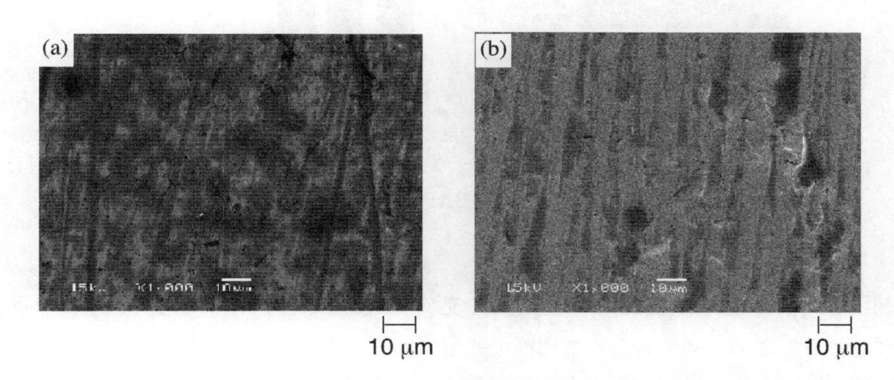

図12　超臨界フルオロホルム（$scCHF_3$）中において作製された(a)ポリピロール膜および(b)ポリチオフェン膜のSEM写真

反応温度：50℃。反応圧力：15 MPa。掃引速度：100 mV s^{-1}。掃引回数：20回。電解重合メディア：(a)10 mM ピロール/40 mM $TBAPF_6/scCHF_3$，(b)10 mM チオフェン/40 mM $TBAPF_6/scCHF_3$。

表3　アセトニトリルおよび超臨界フルオロホルム中において作製されたポリピロールおよびポリチオフェンの物性

ポリマー	メディア	粗さ指標値[a] ／－	平均膜厚 ／μm	電気化学的容量密度／C cm^{-3}
ポリピロール	CH_3CN	0.11	3	19
ポリピロール	$scCHF_3$	0.03	0.4	150
ポリチオフェン	CH_3CN	0.12	1.4	13
ポリチオフェン	$scCHF_3$	0.04	1.1	120

[a] 膜圧の標準偏差。

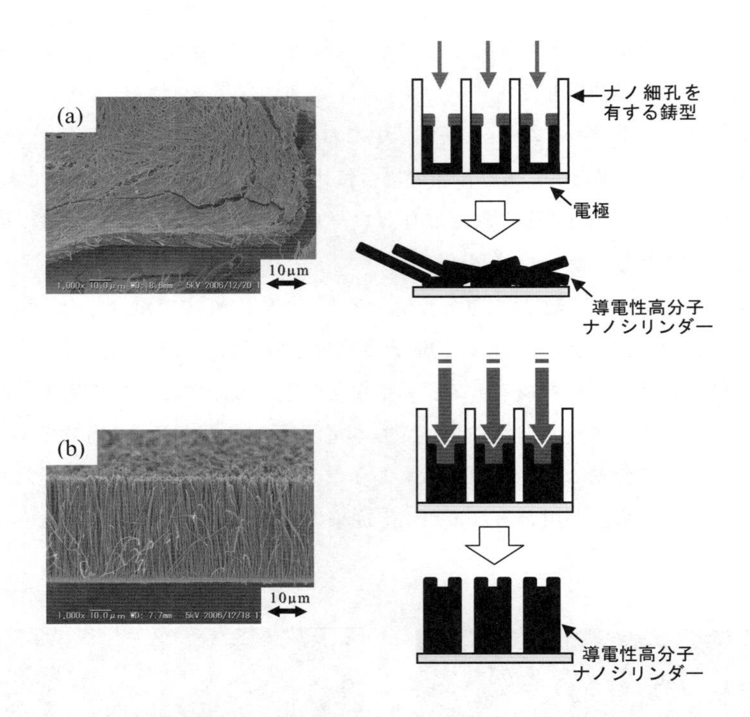

図13　鋳型除去後のポリチオフェンナノシリンダーのSEM写真
電解重合メディア：(a)10 mM チオフェン/50 mM $TBAPF_6$/CH_3CN,
(b)10 mM チオフェン/50 mM $TBAPF_6$/$scCHF_3$。

輸送が制限されるため，細孔内部への重合物の充填が困難となり，結果として低密度な重合材料となってしまう。このため，鋳型を溶解除去してしまうとナノシリンダー自体が倒壊してしまう(図13(a))。これに対し，超臨界トリフルオロメタン中では重合析出速度がアセトニトリル中の10倍近くにもなり，しかも鋳型を溶解除去してもポリチオフェンナノシリンダーの倒壊は全く見受けられなかった（図13(b)）。これは超臨界流体の有する高い拡散性により，鋳型細孔内部にまでモノマーが十分に供給された結果と解釈される。

7　おわりに

本章で紹介した特殊反応場を利用する電解重合技術はいずれも原理的側面の特異性からみて，他をもって代替できない要素を多分に含んでおり，重合膜物性，さらには電解重合そのものの制御のための方法論として極めて魅力的なものと考えられる。それにもかかわらず，技術としての発達度，利用度のいずれにおいてもまだまだ未熟な点が多い。このことは，さらなる発展のための潜在力と余地が極めて大きいともいえ，今後の展開が大いに期待される。

また，超音波照射下や超臨界流体中において電解合成された緻密な導電性高分子膜は電気化学的耐久性，ドーピング／脱ドーピング特性などにおいても著しい物性改良が認められており[38)]，電池やキャパシタなどの電気化学的要素部品の高容量密度化のための技術に結びつくことも期待される[39)]。

文　献

1) 直井勝彦，末松俊造，門間聰之，跡部真人，電気化学および工業物理化学，**70**，894（2002）
2) 吉野勝美監修，ナノ・IT時代の分子機能材料と素子開発，エヌ・ティー・エス（2004）
3) 東レリサーチセンター調査研究部門編，導電性ポリマー技術の最新動向，東レリサーチセンター（1999）
4) T. J. Mason, Sonochemistry, Oxford University Press, Oxford（1999）
5) 千葉淳，電気化学および工業物理化学，**67**，930（1999）
6) J. P. Lorimer, T. J. Mason, *Electrochemistry*, **67**, 924（1999）
7) M. Atobe, S. Fuwa, N. Sato, T. Nonaka, *Denki Kagaku*（presently *Electrochemistry*）, **65**, 495（1997）
8) M. Atobe, T. Nonaka, *Trans. MRS-J*, **25**, 81（2000）
9) M. Atobe, T. Kaburagi, T. Nonaka, *Electrochemistry*, **67**, 1114（1999）
10) 徳田昌生，電気化学および工業物理化学，**70**，33（2002）
11) M. K. Li, H. S. Fogler, *J. Fluid Mech.*, **88**, 499（1978）
12) M. K. Li, H. S. Fogler, *J. Fluid Mech.*, **88**, 513（1978）
13) K. Kamogawa, M. Abe, Encyclopedia of Surface and Colloid Science, Marcel Dekker, New York（2002）
14) K. Kamogawa, G. Okudaira, M. Matsumoto, T. Sakai, H. Sakai, M. Abe, *Langmuir*, **20**, 2043（2004）
15) R. Asami, M. Atobe, T. Fuchigami, *J. Am. Chem. Soc.*, **127**, 13160（2005）
16) R. Asami, T. Fuchigami, M. Atobe, *Langmuir*, **22**, 10258（2006）
17) K. Nakabayashi, F. Amemiya, T. Fuchigami, K. Machida, S. Takeda, K. Tamamitsu, M. Atobe, *Chem. Commun.*, **47**, 5765（2011）
18) L. L. Regel, W. R. Wilcox, Eds., Materials Processing in High Gravity, Plenum Press, New York（1994）
19) M. Atobe, S. Hitose, T. Nonaka, *Electrochem. Commun.*, **1**, 278（1999）
20) M. Atobe, A. Murotani, S. Hitose, Y. Suda, M. Sekido, T. Fuchigami, A.-N. Chowdhury, T. Nonaka, *Electrochim. Acta*, **50**, 977（2004）
21) M. Atobe, M. Sekido, T. Fuchigami, T. Nonaka, *Chem. Lett.*, **32**, 166（2003）
22) A. Murotani, M. Atobe, T. Fuchigami, *J. Electrochem. Soc.*, **152**, D161-D166（2005）
23) 大野弘幸監修，イオン性液体，シーエムシー出版（2003）

24） 北爪智哉，ファインケミカル，**30**(17)，5（2001）
25） 跡部真人，淵上寿雄，イオン性液体中での有機電解反応（II編，第12章），有機電解合成の新展開（分担），p.229，シーエムシー出版（2004）
26） 淵上寿雄，跡部真人，高分子錯体アニュアルレビュー，12（2002）
27） 淵上寿雄，跡部真人，マテリアル インテグレーション，**16**(5)，20（2003）
28） N. Koura, H. Ejiri, K. Takeishi, *J. Electrochem. Soc.*, **140**, 602（1993）
29） K. Sekiguchi, M. Atobe, T. Fuchigami, *Electrochem. Commun.*, **4**, 881（2002）
30） K. Sekiguchi, M. Atobe, T. Fuchigami, *J. Electroanal. Chem.*, **557**, 1（2003）
31） 渕上寿雄，跡部真人，化学と工業，**57**，605（2004）
32） 超臨界流体の最新応用技術，エヌ・ティー・エス（2004）
33） G. Silvestri, S. Gambino, G. Filardo, C. Cuccis, E. Guarino, *Angew. Chem., Int. Ed. Engl.*, **20**, 101（1981）
34） 徳田昌生，電気化学および工業物理化学，**67**，993（1999）
35） M. Atobe, H. Ohsuka, T. Fuchigami, *Chem. Lett.*, **33**, 618（2004）
36） M. Atobe, S. Iizuka, T. Fuchigami, H. Yamamoto, *Chem. Lett.*, **36**, 1448（2007）
37） C. R. Martin, *Science*, **266**, 1961（1994）
38） M. Atobe, H. Tsuji, R. Asami, T. Fuchigami, *J. Electrochem. Soc.*, **153**, D10-D13（2006）
39） J.-E. Park, M. Saikawa, M. Atobe, T. Fuchigami, *Chem. Commun.*, 2708-2710（2006）

第8章　電気泳動堆積法による導電性高分子薄膜作製技術と機能応用

多田和也[*1]，小野田光宣[*2]

1　はじめに

現在では，導電性高分子はシリコンなどと同様の半導体的な性質を示すとともにしなやかさを持つ高分子材料である，とみなされているが，研究開発の当初は溶媒への可溶性や加熱による可融性を持ったものが得られておらず，自立した膜として得るためには，条件を絞り込んだ上で電解重合法などを用いる必要があった。その後，ポリ(3-アルキルチオフェン）のように側鎖として比較的長いアルキル基を導入することで可溶性・可融性を付与できることが知られてからは，もっぱらこれらの可溶性高分子の溶液から製膜することで，物性の評価やデバイスの試作が行なわれている[1,2]。その際，実験室レベルで使用される薄膜作製法は，スピンコート法であることが多い。スピンコート法は安価な装置を用いることができ，それほど習熟していない者でも，比較的容易に均一かつデバイス作製などに適した膜厚100 nm程度の薄膜を再現性良く得ることができるという特徴を持つ一方，そのような薄膜を得る際には10 g/l程度の比較的濃厚な溶液を基板の上にたっぷりと塗布することが必要であり，しかもその溶液のほとんどは製膜中に基板外へ吹き飛ばされてゴミと化すという，材料利用効率の悪さでも知られている。そこで，手軽でありながら，より材料利用効率の高い薄膜作製法の開発が望まれる。

このような状況に鑑み，筆者は産業的には自動車の防塵塗装などに利用されているなどいわゆる「枯れた」製膜技術とみなされることも多いが，それまで導電性高分子の分野で検討されることのなかった電気泳動堆積法を導電性高分子製膜に応用することを試みてきた。本章では，その基礎的な事項と最近の成果について述べる。

2　電気泳動堆積法

懸濁液は分散媒とそれに分散されたコロイド微粒子から成っている。一般に界面の面積が小さいほど安定となるためにコロイド微粒子は凝集・沈殿する傾向にあるが，コロイド微粒子表面に電荷が生じている場合はクーロン力により反発するために懸濁液が安定化する。このような安定な懸濁液中に電界を印加すると，コロイド微粒子の表面電荷が電界によって加速されるため，粒

＊1　Kazuya Tada　兵庫県立大学　大学院工学研究科　准教授

＊2　Mitsuyoshi Onoda　兵庫県立大学　大学院工学研究科　教授

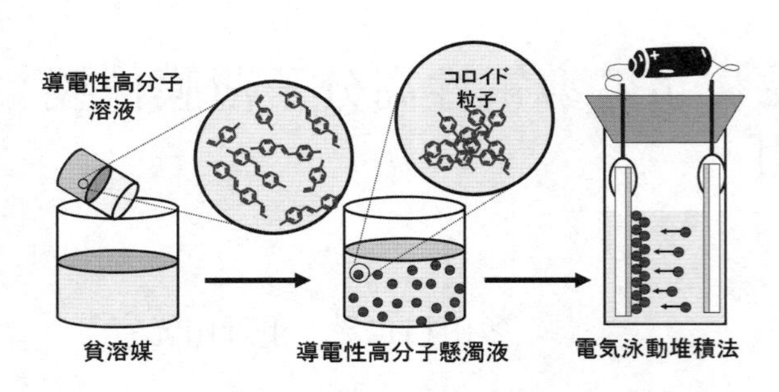

図1　電気泳動堆積法による導電性高分子製膜の流れ

子の流れが生じることになる。このような力を電気泳動力といい，電気泳動堆積法はこれを利用したものである。以上の原理からもわかるように，分散媒は理想的には誘電体である。図1に示す製膜方法の概略図からは，この方法は導電性高分子の電解重合法と用いる系は似ているようにみえるが，電解重合法では電解液というイオン導体中に電圧を印加する点で，原理的に大きく異なる。

すなわち，電解液中に電圧を印加した場合はイオンの移動が生じ，これが電極界面近傍の単分子層程度の厚みへの電界の集中をもたらす。即ち電極間の電位分布としては，電極近傍で大きな電位降下が生じ，電極から離れたところではほぼ一定という形となり，この電極界面近傍に集中した電位降下によって分子への電子の注入あるいは引き抜きが行なわれる。このようにして，例えば目的物質の原料であるピロールを含む電解液から目的物質であるポリピロールを得る，といった物質変換を本質的に伴うのが電解重合法を含む電解合成法である。一方，電気泳動堆積法の場合には，理想的には分散媒中の電界は電極間で一定であり，あらかじめ調製された目的物質の微粒子を電気泳動力によって電極上に引き寄せて集めるだけで物質変換は本質的な役割を果たさない。両者の違いは電極間に印加する電圧にも反映され，電解重合法では高々数V程度であるが，電気泳動堆積法では100 Vを超えることも珍しくない。

これまでに電気泳動堆積法（Electrophoretic deposition）でセラミックスなどの無機材料や有機系の塗膜などを製膜したと主張する研究が多く報告されている[3]。これらの中には，懸濁液の安定化を目的として分散媒中に塩が添加されているものもあり，電気泳動が製膜機構の主役であるとみなせないものも含まれるようである。代表的な例でいえば，自動車の防塵塗装の分野で広く知られている電着塗装法は，詳細な検討の結果，電解液中の水の電気分解による局所的なpH変化によって引き起こされる樹脂の析出を利用したものであることが報告されており，電気泳動が主役の製膜法とはいいがたいと考えられる[4]。しかしながら，詳細なメカニズムが解明される以前には電気泳動堆積法と呼ばれていたこともあり，いまだに誤解が解けていない面もあるようである[5]。

3　電気泳動堆積法によるナノ構造化導電性高分子薄膜

当初，筆者が電気泳動堆積法を用いることによって得られると期待したのは，特異な表面モルフォロジーであった。つまり，製膜原理からも明らかなように導電性高分子のコロイド微粒子を集積して膜が得られるのであるから，当然その表面モルフォロジーも微粒子の形状を反映してナノ構造化されたものとなる，というわけである。

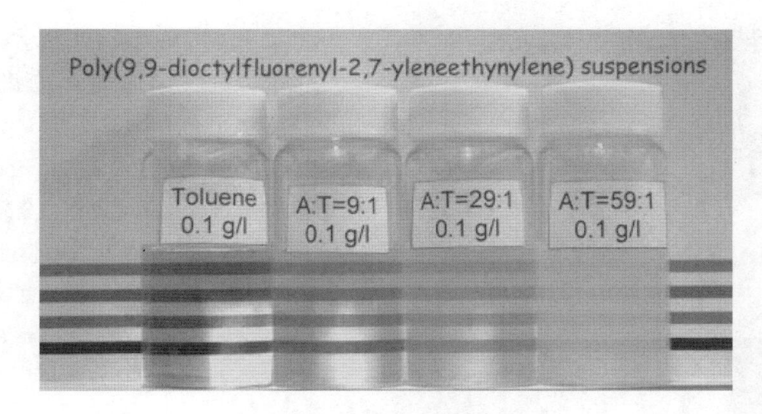

図2　導電性高分子懸濁液の例

A：Tはアセトニトリル：トルエン比を示す。(K. Tada *et al*., *Jpn. J. Appl. Phys*., **42**, L1279 (2003) より引用。Copyright 2003 The Japan Society of Applied Physics)

製膜の流れを図1に示した[6)]。電気泳動堆積法で導電性高分子膜を作製するためには，目的となる導電性高分子の懸濁液を調製することが必要である。有機ナノ結晶の調製法として再沈法が使えることが知られていたため，この方法を試みた。典型的な調製方法を例示すると以下のようである。導電性高分子を1 g/l程度の濃度でトルエンなどの良溶媒に溶かした溶液を作り，これを過剰量のアセトニトリルなどの貧溶媒中に注入する。このとき，導電性高分子は固体の微粒子となり，良溶媒と貧溶媒からなる分散媒中に分散される。ポリ(3-アルキルチオフェン）のように溶液状態と固体状態で光吸収スペクトルや蛍光スペクトルが大きく変化する導電性高分子の場合，溶液と懸濁液のスペクトルは大きく異なることになる。その後，懸濁液を液体の光吸収スペクトルなどを測定するのに用いる，いわゆる光路長1 cmの角セルに入れ，電極としてガラス板上に製膜されたITO透明電極を用い，電極間隔5 mm，DC50 V程度の電圧を印加することで，一方のITO電極上に目的とする導電性高分子膜が得られる。堆積される電極は，コロイド微粒子の表面電荷の極性に依存する。一旦乾燥した後はスピンコート膜などと同様に比較的強固に電極上に付着する。これは，分散媒に含まれるトルエンの効果であると考えられる。

懸濁液の写真の一例を図2に示す[7)]。この例では，懸濁液中の良溶媒と貧溶媒の比を変えることによって，コロイド粒子径をある程度制御できることを示している。すなわち，貧溶媒の比率が高いほど，粒径が大きくなる傾向がみられた。図3に示すこれらの懸濁液から作製した電気泳動堆積膜の原子間力顕微鏡像からは，ナノ粒子が集積した膜の表面形状と共に，膜を構成する微粒子の粒径の増大を確認することができる。

4　ナノ構造化導電性高分子薄膜の機能応用

このような表面形状を持つ膜は，表面積が大きいためセンサ材料や電極材料としても興味深い

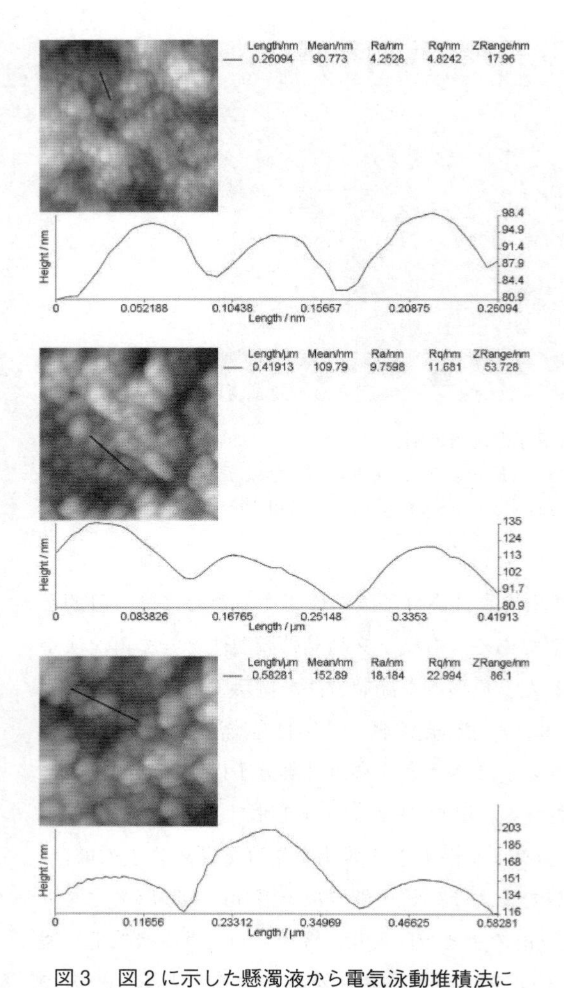

図3　図2に示した懸濁液から電気泳動堆積法によって作製した膜の原子間力顕微鏡像

(K. Tada *et al.*, *Jpn. J. Appl. Phys.*, **42**, L1279 (2003)より引用。Copyright 2003 The Japan Society of Applied Physics)

が，これまで発光素子に関する研究を行なってきた経験から，電気泳動堆積膜を用いた発光素子を試作した。ピンホールによる電気的な短絡が生じることを危惧したが，実際には図4に示すように発光が確認できた[8]。すなわち，これらの膜は微視的には多孔質膜であるが，巨視的にはピンホールフリーであるとみなせる。一方，スピンコート膜などで製膜した場合と違い，発光面は著しく不均一なものとなった。これは微視的な厚みの変化を反映しているためである。もちろんのことながら，このような発光素子はディスプレイ用途には向かない。しかしながら，このような発光パターンは自然の乱雑さに起因するものであり，同じものを再現することは非常に困難であるため，セキュリティ用途への展開が図れるのではないかと考えた。

すなわち，スマートカードなどと呼ばれる高機能カードもハードウェア的には大量生産された単一の工業製品であり，セキュリティ確保の手段はそこに書き込まれたデータに基づくあくまで情報科学・数学的なものである。このようなセキュリティでは解読に要する時間が非常に長いことが安全性を担保しているが，計算機の能力が爆発的に向上しつつあることを考えると，安全性の確保もいささか心許ない。また，何らかの手段でデータを不正に入手し複製することで他人のカードに偽装する，「なりすまし」による不正アクセスを本質的に防ぐことはできない。そこで，図4のような物理的に固有性を持つデバイスを「人工指紋デバイス」としてICカードに埋め込み，あらかじめ固有情報を登録しておくことによって，カード情報の複製による「なりすまし」の検出・防止に役立てることが考えられる。

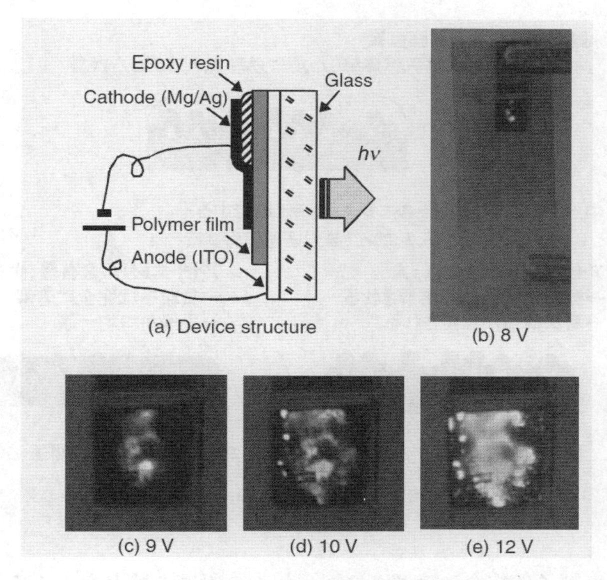

図4　電気泳動堆積法によって作製した膜を用いた発光素子の例
(a)は素子構造，(b)は全体図，(c)～(e)は異なった電圧での発光面の拡大図を示す。発光面の大きさは約3 mm×約3 mm。(K. Tada *et al*., *Jpn. J. Appl. Phys*., **42**, L1093 (2003)より引用。Copyright 2003 The Japan Society of Applied Physics)

5　電気泳動堆積膜の平坦化

上記の例からもわかるように，ナノ構造化膜が得られるということは電気泳動堆積法の大きな特徴の一つであるが，スピンコート法などで実現されるような平坦かつ緻密な膜の方が，発光素子や光起電力素子などといった電子デバイスへの応用に適していることも事実である。電気泳動堆積法は，そのほかに，スピンコート法などと比べて一桁以上低濃度の溶液を用いて製膜できることや，材料利用率が条件によっては90%を超える，原理的に堆積時間が面積に依存しないなど，様々な特徴を有する。そこで，電気泳動堆積法を用いて平坦かつ緻密な膜を得ることが望まれる。

長らくその方法は判明しなかったものの，わかってしまえば当然ともいえる方法でそのような膜を得ることができた[9]。すなわち，前述のように導電性高分子懸濁液を調製する際に，比較的大量の良溶媒を添加すればよい。この方法で平坦かつ緻密な膜が得られるメカニズムの概略を図5に示す。まず，電気泳動堆積法で製膜した直後は，電極上に集積したコロイド微粒子が良溶媒と貧溶媒の混合物である分散媒に覆われた状態となっている。このとき，良溶媒にトルエンを，貧溶媒にアセトニトリルを用いているため，貧溶媒の方が速く蒸発し，トルエンが濃縮されることになる。濃縮されたトルエンは導電性高分子を溶解するが，トルエンの量が少なければ微粒子間の境界部分のみが溶解され，ナノ構造が保持されるのに対し，膜全体を被覆するほどトルエンの

電気泳動堆積法による製膜直後
➡コロイド微粒子が集積した膜に分散媒が充満した状態

乾燥中，アセトニトリルはトルエンよりも速く蒸発する
➡濃縮されたトルエンは高分子を溶解する

アセトニトリル含有量：大
→微粒子表面のみ溶解される
→高次構造が保持される

アセトニトリル含有量：少
→微粒子は完全に溶解
→平滑かつ均一膜

図5　表面モルフォロジーとアセトニトリル含有量の関係

量が多い場合には，微粒子が完全に溶解され，平坦かつ緻密な膜となる。このような方法で得られた膜に電極を取り付けて作製した発光素子は，均一な発光面を持つことが明らかとなった。

6　光起電力材料への展開

導電性高分子にC_{60}をわずか数mol％ドーピングするだけで劇的な蛍光の消光と大幅な光伝導性の増大が起こることが見出されて以来，このような導電性高分子／フラーレン複合体を光起電力素子に応用しようとする研究が盛んに行なわれている。これらの現象は，導電性高分子のHOMOとLUMOが，フラーレンのそれらよりも高いエネルギーを持つため，導電性高分子内で生成した励起子のうち電子が効率よくフラーレン側に移動するという，光誘起電荷移動の機構で説明される[10,11]。電子の授受の観点から，導電性高分子はドナー，フラーレンはアクセプターと呼ばれる。光起電力素子への応用という観点からは，ドナーおよびアクセプターが共に複合体全体に網を伸ばした形をとらないと電荷輸送経路が寸断されるため，高効率が望めない。ところが，C_{60}やC_{70}といったフラーレン類は比較的良く溶解するトルエンの場合でも2 g/l程度と，通常使われる有機溶媒への可溶性が高くなく，スピンコート法で要求される10 g/l程度の濃度の実現が困難となるため，通常はC_{60}-PCBMやC_{70}-PCBMなどと呼ばれる可溶性を高めたフラーレン誘導体が用いられる[12]。

一方，電気泳動堆積法を用いた場合，濃度が0.1 g/l程度と低い溶液から調製した懸濁液を用いても，製膜が可能である。このような観点から，導電性高分子MEHPPVと無修飾C_{60}との複合膜を作製することができた[13]。当初は膜の多孔質性のために光起電力効果を調べることはできなかったが，前述の平坦化法を適用することにより，光起電力効果を評価することも可能になっている[14]。しかしながら，現状では光電変換効率は10^{-3}％台と非常に低いものにとどまっている。

7　おわりに

本章では導電性高分子の製膜法としての電気泳動堆積法とその応用について述べた。材料利用率などの面で非常に魅力的な製膜手法であると考えており，近年では有機エレクトロニクスの分野でこの手法を取り入れる研究例も増えているようである[15,16]。しかしながら，コロイド微粒子の帯電機構が不明であり，また同一物質であっても製造ロットによって安定な懸濁液が得られる場合と得られない場合があるなど，本質的な部分で不明なことも多く，確立された手法とはいいがたいのが現状である。ここでは述べなかったが，電気泳動堆積時に流れる電流波形から導電性高分子のコロイド微粒子の電気泳動移動度を見積もるなど，基礎的な検討も行なっており[17,18]，上記の疑問を解決するための足がかりが得られれば，と考えている。

文　　献

1） 吉野勝美，導電性高分子のはなし，日刊工業新聞社（2001）
2） 吉野勝美，小野田光宣，高分子エレクトロニクス，コロナ社（1996）
3） L. Besra and M. Liu, *Prog. Mater. Sci.*, **52**, 1（2007）
4） 古野伸夫，大藪権昭，色材，**44**, 359（1971）
5） ㈶電気技術者試験センター，平成17年第三種電気主任技術者試験「機械」問12　（この設問は両者を混同していると考えられる）
6） K. Tada and M. Onoda, *Adv. Funct. Mater.*, **12**, 420（2002）
7） K. Tada and M. Onoda, *Jpn. J. Appl. Phys.*, **42**, L1279（2003）
8） K. Tada and M. Onoda, *Jpn. J. Appl. Phys.*, **42**, L1093（2003）
9） K. Tada and M. Onoda, *J. Phys. D: Appl. Phys.*, **41**, 032001（2008）
10） S. Morita, A. A. Zakhidov and K. Yoshino, *Solid State Commun.*, **82**, 249（1992）
11） N. S. Sariciftci, L. Smilowitz, A. J. Heeger and F. Wudl, *Science*, **258**, 1474（1992）
12） G. Yu, J. Gao, J. C. Hummelen, F. Wudl and A. J. Heeger, *Science*, **270**, 1789（1995）
13） K. Tada and M. Onoda, *Adv. Funct. Mater.*, **14**, 139（2004）
14） K. Tada and M. Onoda, *Jpn. J. Appl. Phys.*, **49**, 061602（2010）
15） S. Somarajan, S. A. Hasan, C. T. Adkins, E. Harth and J. H. Dickerson, *J. Phys. Chem. B*, **112**, 23（2008）
16） P. Brown and P. V. Kamat, *J. Amer. Chem. Soc.*, **130**, 8890（2008）
17） K. Tada and M. Onoda, *J. Phys. D: Appl. Phys.*, **42**, 172001（2009）
18） K. Tada and M. Onoda, *J. Phys. D: Appl. Phys.*, **42**, 132001（2009）

第9章　高せん断成形加工法による導電性ナノコンポジットの創製

清水　博*

1　はじめに

カーボンナノチューブ（CNT）は，1991年に飯島らによって発見されて以来，多くの研究者によって研究が進められている[1)]。CNTはアスペクト比が極めて大きく，柔軟で弾性に富み，軽く，金属材料よりも電気伝導性・熱伝導性に優れるなど，様々な分野での応用の可能性を持っており，幅広く産業を支える鍵物質として期待されている。特に，高い導電性を有するCNTを高分子などのバインダー中に分散させれば容易に導電性材料を作製できることが期待される。しかしながら，CNTを高分子中に微視的分散させることは容易ではない。即ち，CNTは水にも有機溶媒にも溶けないという大きな技術的問題を抱えている。このような状況で，筆者らは高分子中でCNTを均一かつ微視的に分散させる研究を進め，多様な高分子／CNT系ナノコンポジット材料の創製を図ってきた。本章では高せん断成形加工法によりCNTを高分子中に微視的分散させ，導電性ナノコンポジットを創製した例について紹介する。

2　高分子／CNT系ナノコンポジット創製の鍵

通常，CNTや金属酸化物粒子などナノサイズレベルのフィラーを高分子中でナノオーダーかつ均一に分散させるには，フィラー（ナノ粒子）間の凝集力を低減化させる必要がある。これらナノ粒子の凝集力には，静電気力，Van der Walls力，双極子力などがあり，凝集力は粒子径や空隙率が小さい程大きくなる。したがって，高分子中でナノサイズフィラーや粒子を均一に分散させるためには，以下の2通りの手法が必要になる。

①　機械的エネルギー（衝撃・圧縮・せん断）の付与

凝集力に勝る機械的エネルギーを高分子／フィラー系に付与して分散性を高める。

②　フィラーと高分子間の親和性の向上

ナノサイズフィラーの表面修飾や界面活性剤の添加により親和性を向上させる。

上記①の手法としては，粒子間の凝集力に勝る，機械的エネルギー，例えばせん断応力（高分子の粘度×せん断速度）を材料系に付与してフィラーを高分子中に分散・配置させる方法が考えられる。CNT間の凝集力に勝るせん断応力が付与されれば，CNT同士の凝集が解かれ，高分子

---

*　Hiroshi Shimizu　㈱産業技術総合研究所　ナノシステム研究部門　招聘研究員

と相互作用しながら分散していく。このような考えに基づく機械的な分散手法①について次節で紹介する。

一方，上記②の手法はCNTなどのフィラーを化学的に表面修飾するか，もしくは界面活性剤を添加して高分子との親和性の向上を図るものであるが，紙面の都合上，②の技術については割愛する。

3　高せん断成形加工法による高分子中へのCNTのナノ分散化とナノコンポジット創製

3.1　高せん断成形加工法の概要

㈱産業技術総合研究所（以下，産総研と略）では高分子ブレンド系にせん断流動場，高圧場などの外部場を加えた状態で“その場”相挙動解析を行ってきた。その解析結果から高せん断流動場などの非平衡状態を利用することにより非相溶性高分子ブレンドのナノ混合化が実現できると予想した[2)]。従来市販されていた成形加工機では，十分なせん断速度が得られないため，1000 sec^{-1}以上の高せん断速度を発生できるプロトタイプの微量型高せん断装置（製品名：HSE3000 mini）を2003年に㈱井元製作所（京都）と共同で開発した。この装置においては最高のスクリュー回転数3000 rpm出力時に4400 sec^{-1}のせん断速度に到達する。本微量型高せん断装置を用いて，多様な材料系に適用したところ，様々な高分子ナノマテリアルの創製に成功を収めることができた[3〜21)]。その後，2009年には処理能力に優れ無人運転も可能な全自動小型高せん断成形装置（製品名：NHSS2-28）を㈱ニイガタマシンテクノ（新潟）と共同開発した（図１）。図１には装置概観写真と一緒に本装置の心臓部である帰還型スクリューを示した。このスクリュー中心部には細い穴（帰還穴）

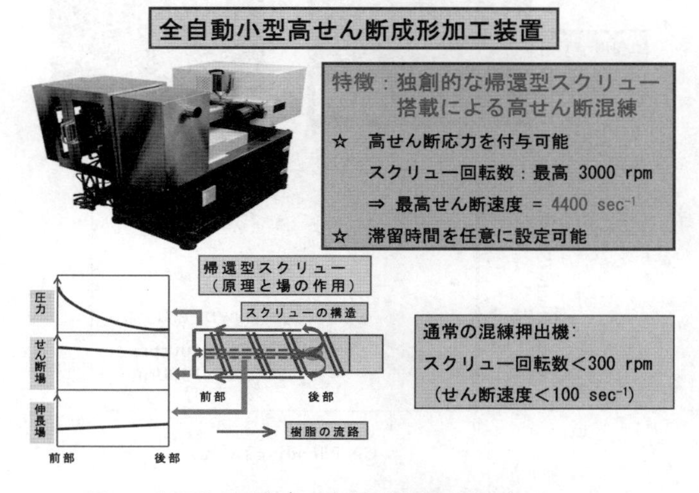

図１　全自動小型高せん断成形装置と帰還型スクリュー

が開いており，スクリュー先端部まで到達した試料のうち，スクリュー中心部にある試料はせん断速度がゼロとなるので帰還穴を通ってスクリュー根元部まで戻される工夫がされている。また，このスクリュー構造から帰還穴の部分では試料が伸長場を付与されることは明らかであり，試料混練部ではせん断流動場だけでなく圧力も付与され，複合的な場が作用していることが示唆される。

3.2　高分子／CNT系導電性ナノコンポジット[18)]

本項では高分子として熱可塑性樹脂であるポリフッ化ビニリデン（PVDF）に多層CNTをナノ分散化した例について紹介する。図2(a)にPVDFにCNTを2wt％添加した系のSEM写真を示す。この図においてスクリュー回転数として100 rpmと1000 rpmの場合を示した。前者ではCNTが凝集したまま樹脂中に存在するが，後者の高せん断下混練ではCNTが1本ずつ微細に分散しているのが分かる。このような分散構造の違いにより，この系の導電性にも違いが出てくる。即ち，凝集が解かれナノ分散した系では，より少量のCNT添加により導電性が急激に上昇するが，凝集して分散が悪い系ではより多くのCNT添加により導電性が増加していくことが分かる（図2(b)参照）。絶縁領域から導電領域への閾値は，ナノ分散した系では，およそ1.5wt％と非常に小さな値であるが，凝集したままの分散が悪い系ではその閾値はおよそ2.5wt％となっている。このように分散性の良し悪しは，電気伝導度の挙動において閾値などに大きく影響を及ぼすことが分かる。

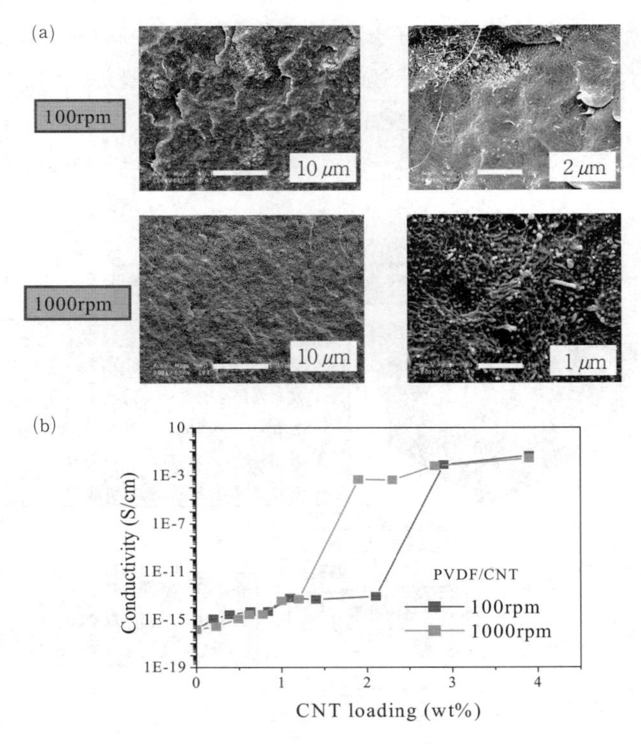

図2　PVDF/CNT系のSEM写真(a)とCNT添加量－電気伝導度の関係(b)

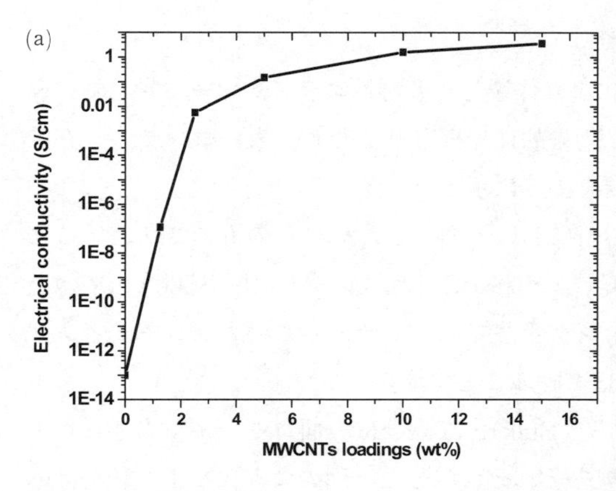

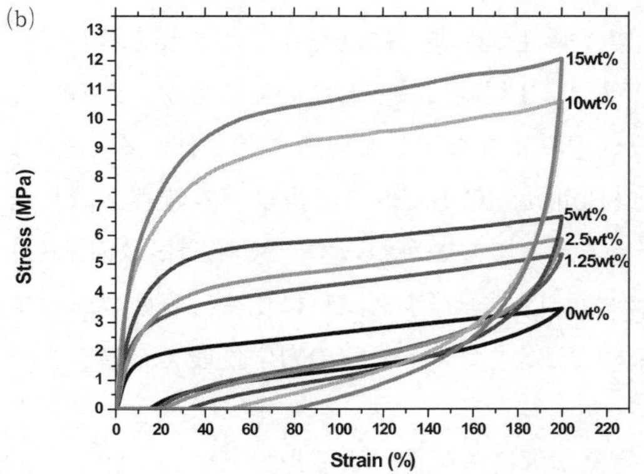

図3　SEBS/CNT系におけるCNT添加量と電気伝導度の関係(a)とCNT添加量をパラメータとしたときのSEBS/CNT系の回復ひずみ(b)

3.3　伸縮自在電極の構築に向けた高導電性エラストマーの創製[19)]

熱可塑性エラストマーとしてSEBS(poly[styrene-*b*-(ethylene-*co*-butylene)-*b*-styrene])を用いてCNTをナノ分散させることにより，新規な高導電性エラストマー材料の創製に成功した例について紹介する。この系におけるCNT添加量と電気伝導度との関係を図3(a)に示す。図のように，この系では最終到達電気伝導度は数S/cmレベルまで達している。さらに，この系で特徴的なのは，CNT添加量が多くなっても，比較的その残留ひずみ（もしくは回復ひずみ）が良好であり，図3(b)に示されるようにエラストマーとしての優れた性能を保持していることが分かる。

さて，この系ではCNT添加量が5％程度と少ない場合には延伸すると電気伝導度が低下してしまうが，添加量が15%の場合には試料を50%延伸しても電気伝導度はそのまま維持されることが分かった（図4）。このような特性を有する導電性ナノコンポジットは伸縮自在な電極材料への応用が可能だと思われる。

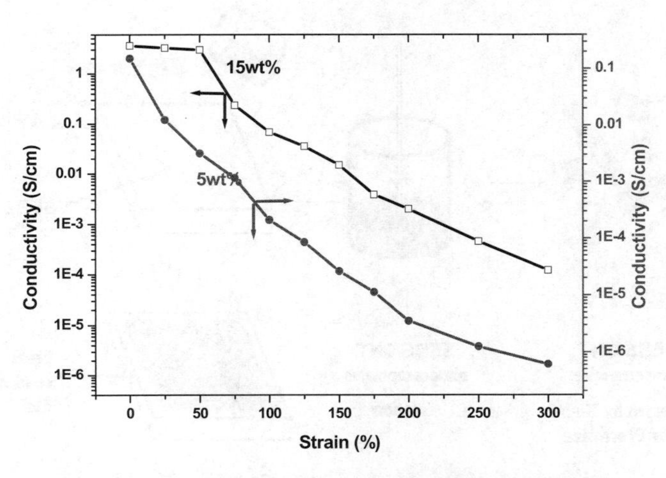

図4　SEBS/CNT系を延伸したときの電気伝導度変化

3.4　表面コーティング手法による高導電性化[20]

本項では，3.3項において高せん断成形加工法により作製した導電性エラストマーに対して，導電性だけでなく，エラストマー本来の性能をより効果的に発揮させるため，表面コーティング手法を加味した例について紹介する。本手法の概要を図５に示す。

図５において左側のSEBS/CNTの作製は，3.3項において紹介した材料そのものである。ここでは，その導電性エラストマーをトルエンに溶解し，それをSEBSのシート（厚さ500 μm）の上にキャストして作製する，いわゆる表面コーティング手法である。今後，この表面コーティングにより作製された導電性エラストマーをSC-SEBSと呼ぶことにする。

図６(a)にはSEBS単体，バルクナノコンポジット（Bulk），ならびに表面コーティングされたナノコンポジット（SC-SEBS）の応力―ひずみ曲線をそれぞれ示した。図のようにバルク試料は応力―ひずみ曲線において急峻な立ち上がりを示して，弾性率が非常に高くなったことを示しているが，エラストマー本来の優れた伸び（破断伸び）が１/３程度に減少していることが分かる。これに対してSC-SEBSはSEBS単体と同一の応力―ひずみ特性を示していることが分かる。また，図６(b)にはSEBS単体，バルクナノコンポジット（Bulk），SC-SEBSの回復ひずみ特性を示したが，ここでもバルク試料では回復ひずみが悪くなっているにもかかわらず，SC-SEBSはSEBS単体と同一の回復ひずみ特性を示していることが分かる。即ち，バルク試料に比べ，表面コーティング手法により作製されたSC-SEBS試料は，本来のSEBSエラストマーの力学性能を完璧なまでに維持していることが分かる。

次に，本材料開発の他方の大きな目標である，電気伝導度の延伸による影響について図７に示した。図からも明らかなようにバルク試料では，160％までの延伸により，その電気伝導度は３桁以上低下してしまうが，SC-SEBSでは同様の延伸処理を施しても極めて高い導電性が保持される

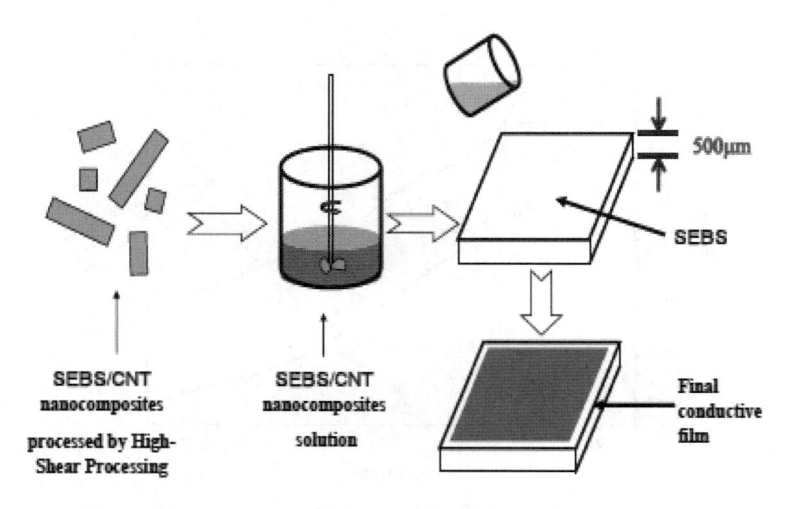

図５　表面コーティング手法による高導電性エラストマーの作製

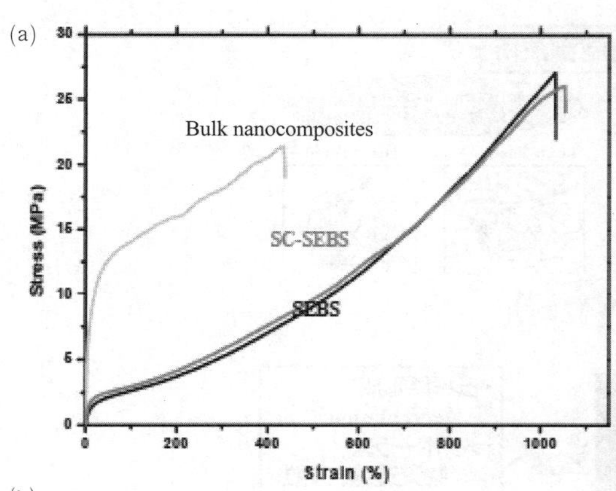

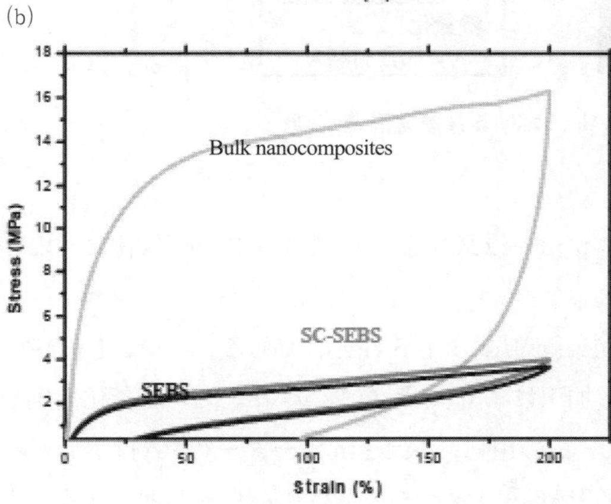

図６　SEBS単体，バルクナノコンポジット，表面コーティングされたナノコンポジット（SC-SEBS）の応力―ひずみ曲線(a)と回復ひずみ特性(b)

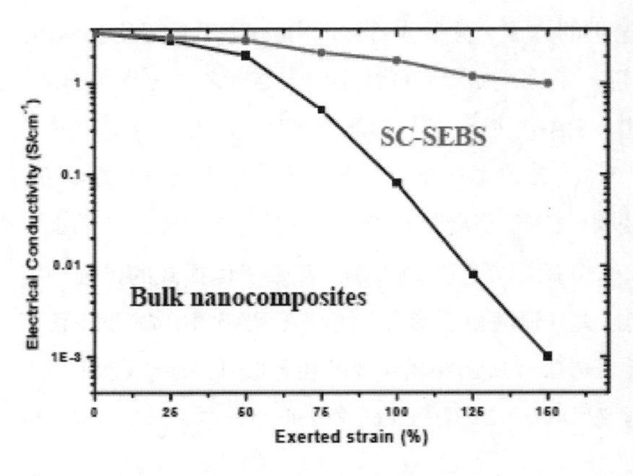

図７　バルクナノコンポジットと表面コーティングされたナノコンポジット（SC-SEBS）を延伸したときの電気伝導度変化

ことが分かった。このように，バルク試料として作製するだけでなく，表面コーティング手法を取り入れることにより，導電性エラストマーとして，エラストマー本来の力学性能を100％維持すると共に，延伸させた場合にもその電気伝導度の減少率を極力抑えられることが分かった。今後，このような導電性エラストマーが伸縮自在な電極材料として利用されることが期待される。

3.5　階層構造構築による三元系導電性材料の創製[21)]

本項では高分子ブレンド系における“共連続構造”の形成とCNT添加を組み合わせた三元系材料において精緻な階層構造制御を“one step”で行い，この系の物性を著しく向上させた例について紹介する。共連続構造はポリマーブレンド系のブレンド組成，組成間の溶融粘度比により一義的に決まり，自己集合的に形成されることが分かっている。図８に三元系ナノコンポジットにおいて共連続構造を制御する意義を示した。すなわち，共連続構造を形成することにより多様な材料開発に応用できることが分かる。例えば，高分子ブレンドにおける一方の連続相に選択的に電気を伝えるようにCNTを分散すれば，より少ない添加量で導電性が発現する導電性材料ができる。すなわち，伝導路形成（Percolation）に資する材料構築が可能となる。また，この共連続構造を形成している一方の連続相を溶媒などで除去することにより，他方の成分ポリマーだけから成る三次元的なメゾポーラス構造を創製することができ，サイズに合致した物質だけを透過させる分離膜・フィルターな

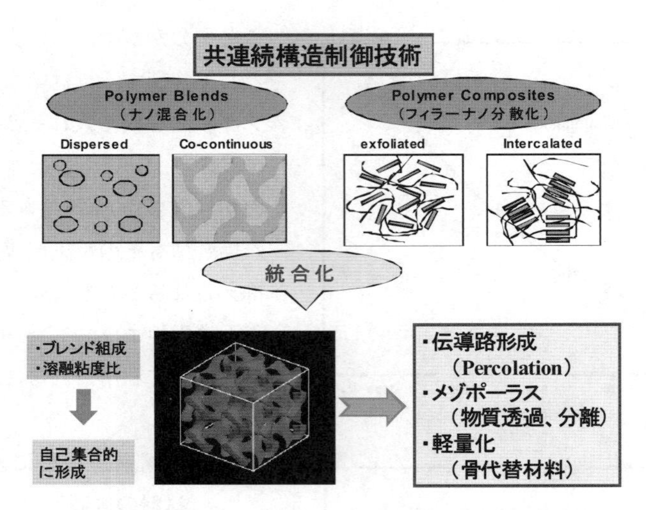

図8　三元系ナノコンポジットにおける共連続構造制御

どへの応用展開が広がる。同様に，このようなメゾポーラス構造の形成は材料の軽量化につながる。

共連続構造制御の例となるブレンド系とはPVDFとポリアミド6（PA6）である。すでにPVDF／ポリアミド11（PA11）ブレンド系の高せん断成形加工により，我々はこの系でナノ混合化を実現している[3~8]。このナノ混合化においては，PVDF相の中に，数十nmオーダーのPA11ドメインが密に形成されている。このブレンド系をPVDF/PA6系に変えても，高せん断成形加工することにより，同じようにPVDF相の中に，数十nmオーダーのPA6ドメインが密に形成される。さらに，本ブレンド系においてはPVDF/PA6＝50/50ブレンド組成のあたりでCNTを添加することにより，その高次構造が"海一島構造"から"共連続構造"に変わる。しかも，添加されたCNTは親和性の違いを如実に反映して，PA6相にのみ選択的にナノ分散する。即ち，CNTをPVDF単体，もしくはPA6単体に分散させるよりも少ない量（半分）で，導電性を向上させることができる。加えて，この系を高せん断成形することにより，PA6相のかなりの部分がPVDF相にナノドメインとして入り込む。したがって，低せん断下では，このようなナノドメインが形成されないが，高せん断下では，量的に少なくなったPA6連続相にCNTが高密度でナノ分散していく。このような構造が実際に形成されていることはTEMにより確認できているが，ここでは模式的に描いて示す（図9(a)）。図から，ナノドメインの有無により連続相を形成しているPA6相中のCNT密度に大きな差異ができていることは明白である。このようにPA6相が連続相となり，かつCNT同士も重なり合いながらパーコレーションを形成するので，この系では"ダブルパーコレーション"構造が構築されている。

この構造を反映して，高せん断成形加工したナノコンポジット系では，図9(b)に示されるように，極めて少ないCNT添加量（閾値0.8 wt％）でこの系の電気伝導度が向上していることが分か

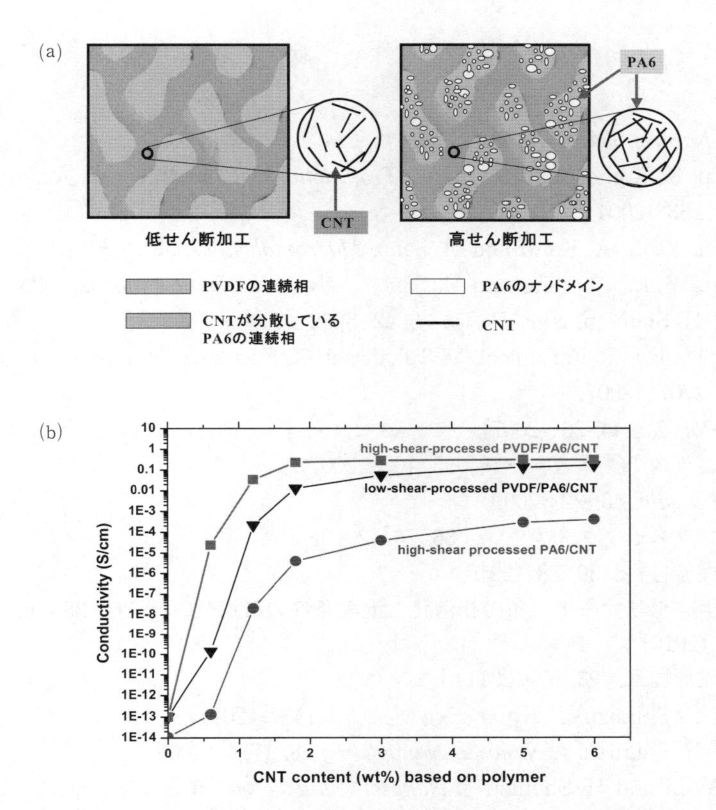

図9　PVDF/PA6/CNT＝50/50/5ナノコンポジットにおいて形成された構造の模式図(a)とCNT添加量―電気伝導度との関係(b)

る。この図では比較のためにPA6/CNT系のそれも示したが，その違いは明瞭であり，同じCNT添加量でもその最終到達電気伝導度は高せん断成形加工したものより4桁程低い。このように高分子ブレンド系にCNTを添加し，高せん断成形加工を行うことにより，高分子ブレンド系における共連続構造形成とナノ混合化を同時に実現するだけでなく，CNTの選択的分散も可能にした。

4　おわりに

高分子／CNT系ナノコンポジット創製において重要となる高分子中へのCNTの機械的分散技術の優位性としての高せん断成形加工法について紹介した。また，当該技術を用いて創製される導電性ナノコンポジットの具体例について紹介した。高せん断成形加工法はCNTをはじめとする各種ナノサイズフィラーの高分子へのナノ分散化に極めて有効であることから，ナノコンポジット材料創製技術としての利用が期待される。本章がこの分野の発展に少しでも貢献できることを祈念している。

文　献

1) S. Iijima, *Nature*, **354**, 56 (1991)
2) H. Shimizu, K. Komori and T. Inoue, *Transactions of the Materials Research Society of Japan*, **29**, 263 (2004)
3) H. Shimizu, Y. Li, A. Kaito and H. Sano, *Macromolecules*, **38**, 7880 (2005)
4) H. Shimizu, Y. Li, A. Kaito and H. Sano, *J. Nanosci. Nanotechno.*, **6**, 3923 (2006)
5) Y. Li and H. Shimizu, *Eur. Polym. J.*, **42**, 3202 (2006)
6) Y. Li, H. Shimizu, T. Furumichi, Y. Takahashi, T. Furukawa, *J. Polym. Sci. Part B: Polym. Phys.*, **45**, 2707 (2007)
7) 清水博，*Polyfile*, **44**, 26 (2007)
8) 清水博，プラスチックスエージ，**53**, 102 (2007)
9) 清水博，*Polyfile*, **46**, 22 (2009)
10) 清水博，プラスチックスエージ，**56**, 76 (2010)
11) 清水博，機能材料，**30**, 18 (2010)
12) 清水博，ナノポリマーアロイの相溶化と混練条件の最適化，pp.364-385, pp.395-405，技術情報協会 (2010)
13) 清水博，成形加工，**23**, 97 (2011)
14) Y. Li and H. Shimizu, *Polymer Eng. Sci.*, **51**, 1437 (2011)
15) Y. Li and H. Shimizu, *J. Nanosci. Nanotechno.*, **8**, 1714 (2008)
16) L. Zhao, Y. Li and H. Shimizu, *J. Nanosci. Nanotechno.*, **9**, 2772 (2009)
17) M. Miyauchi, Y. Li and H. Shimizu, *Environ. Sci. Technol.*, **42**, 4551 (2008)
18) G. Chen, Y. Li and H. Shimizu, *Carbon*, **45**, 2334 (2007)
19) Y. Li and H. Shimizu, *Macromolecules*, **42**, 2587 (2009)
20) Y. Li, L. Zhao and H. Shimizu, *Macromol. Rapid Commun.*, **32**, 289 (2011)
21) Y. Li and H. Shimizu, *Macromolecules*, **41**, 5339 (2008)

第10章　有機EL

1　ポリマー有機EL

大森　裕*

1.1　まえがき

有機EL（electroluminescence）は発光材料を選択することにより種々の発光色が得られ，可視光域をすべてカバーすることができる。高輝度，高効率な有機材料が多く開発され，ディスプレイのみならず照明としても盛んに研究開発が行われている。有機ELは電流注入で発光するので，むしろ有機発光ダイオード（LED：Light Emitting Diode）と呼ぶのがふさわしく，駆動電圧も低いためにモバイル機器への用途にも適している。有機ELに用いられる材料は低分子材料[1]と高分子材料[2~8]に大きく分けられる。前者は主として真空プロセスで成膜する材料が多いが，後者は溶液プロセスで成膜できる材料が開発されている。有機ELの特徴は，印刷技術を使って比較的容易に大面積に作製でき，またプラスチック基板を用いることにより柔らかく自由に折り曲げることができるフレキシブルな素子ができることにある。したがって，ディスプレイのみならず大面積を要する照明の用途としても，作製プロセスが容易な利点を活かしてポリマー発光材料などを用いた有機ELの応用分野に適している。高分子発光材料の中で，ポリアルキルフルオレン系の材料は比較的安定で，比較的発光効率が高く，共重合体など多くの材料が開発されている。

本節では，主に印刷技術で作製するポリアルキルフルオレン系の材料を用いたポリマー有機ELの素子作製例と発光特性を紹介する。

1.2　有機EL用高分子発光材料

有機ELに用いられる材料は低分子材料とπ共役高分子などの導電性高分子とに大きく２つに分類される。前者は主として真空プロセスで，後者は溶媒に可溶な高分子を用いることにより溶液プロセス（印刷プロセス）で素子作製が行われることが多いが，低分子材料で溶媒に可溶な材料も開発されている。有機ELの素子作製には発光材料の他に，発光層に電子を注入するための電子輸送材料，正孔を注入するための正孔輸送材料が用いられる。例えば，正孔輸送性の高分子をホスト材料として，電子輸送性の低分子材料と発光材料を添加して発光層を形成し，電子輸送性と正孔輸送性の両極性を持つ導電性層として印刷プロセスで素子作製に用いることもある。有機ELに用いられる代表的な発光材料を，低分子材料，高分子材料，燐光材料[9~11]の３つに分類して表１に示す。

有機ELに用いられる高分子は，その骨格によりポリパラフェニレンビニレン誘導体[2,3]（poly（*p*-

＊　Yutaka Ohmori　大阪大学　大学院工学研究科　教授

phenylenevinylene) : PPV)，ポリチオフェン誘導体[6] (polythiophene : PAT)，ポリフルオレン誘導体[7] (polyfluorene : PF)，ポリパラフェニレン誘導体[8] (poly(1,4-*p*-phenylene) : PPP) などに分類される。図１に有機ELの素子作製に用いられる電荷輸送材料も示しており，正孔輸送層に用いられる高分子材料，例えばカルバゾール誘導体 (poly(vinylcarbazole) : PVCz) をホスト材料として発光色素，特に燐光材料[9~11]と呼ばれる三重項励起子から燐光発光する高効率な発光材料をドープすることにより高輝度で高効率な有機ELが得られる。水溶性のスルフォン酸(poly(ethylene dioxythiophene)/poly(sulfonic acid) : PEDOT/PSS) は高分子正孔輸送層として，発光層との積層構造を形成して，しばしば用いられる。

表１　有機EL発光材料

低分子材料
Alq_3[1]
高分子材料
PPV[2]
MEH-PPV[3]
P3AT[6]
PDAF[7]
PPP[8]
燐光材料
PtOEP[9]
$Ir(ppy)_3$[10]

PPV[2]は高分子を用いて，最初に低電圧で黄色の有機ELが報告された材料であるが，高分子の状態では不溶となるため，前駆体を基板上に溶液プロセスで成膜した後に熱処理を行って安定な高分子にする必要がある。高分子の状態で可溶なポリパラフェニレンビニレン誘導体 (poly(2-methoxy,5-(2'-ethylhexoxy)-1,4-phenylenevinylene) : MEH-PPV)[3]，やpoly(arylene vinylene)[4,5]などが開拓され，熱処理を経ずにスピンコート法により簡単に高分子の薄膜が作製できるようになった。ポリアルキルチオフェン(P3AT)[6]，ポリジアルキルフルオレン(PDAF)[7]なども同様にアルキル基を付与することにより溶液プロセ

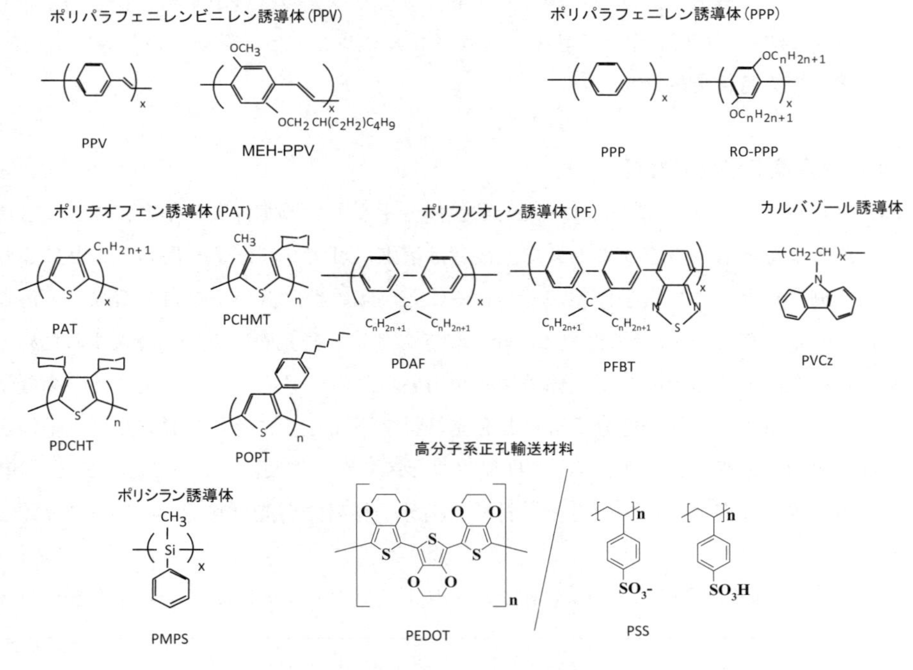

図１　有機ELに用いられる高分子材料

スで高分子の薄膜が作製でき，スピンコート法により有機ELを作製した報告がなされている。

フルオレン骨格を持つ材料は多く開発されており，異なる側鎖を付与するか，共重合体を形成することにより発光波長を調整することができる。共役長が異なる高分子はエネルギーバンド構造も変化し，禁止帯幅が変化する。主鎖骨格は同じでも側鎖の違いや，共重合体を形成することにより発光波長を制御でき，青色から赤色までの発光が実現される。図2(a)に6種のポリアルキルフルオレン系高分子，poly(9,9-dioctylfluorenyl-2,7-dyl)(F8)，poly[(9,9-dioctylfluorenyl-2,7-diyl)-co-(1,4-benzo-{2,1',3}-thiadiazole)](F8BT)，poly(9,9-dioctylfluorene-co-bithiophene)(F8T2)，poly[9,9-dioctyl-fluorene-co-N-(4-butylphenyl)-diphenylamine](TFB)，poly[9,9-di-(2-ethylhexyl)-fluorenyl-2,7-diyl](PF2/6)，poly[(9,9-dihexyl-2,7-(2-cyanodivinylene)-

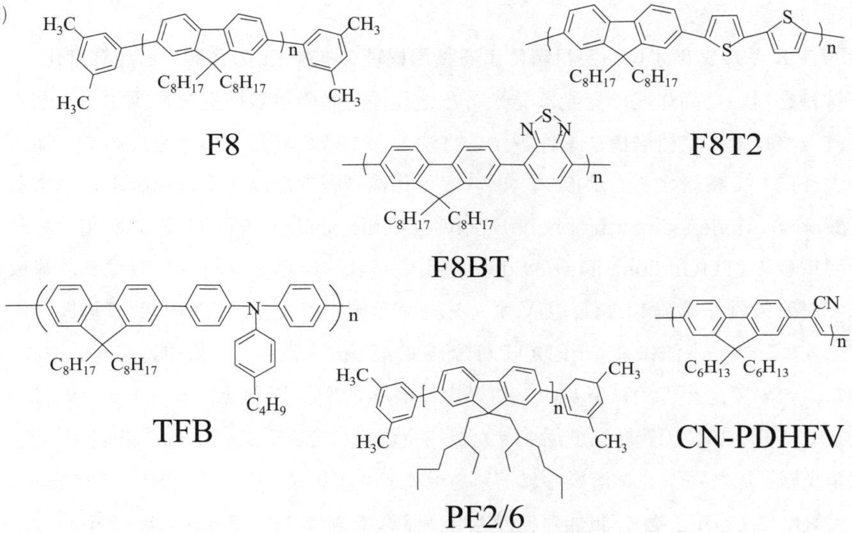

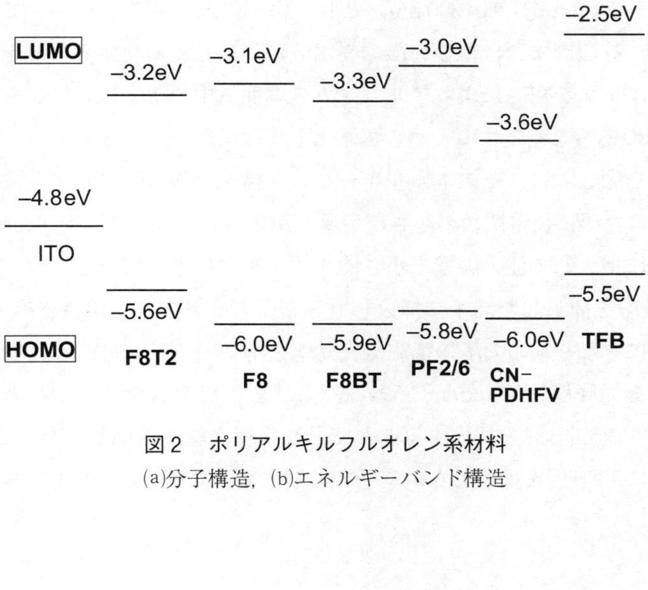

図2　ポリアルキルフルオレン系材料
(a)分子構造，(b)エネルギーバンド構造

fluorenylenyl-2,7-diyl)](CN-PDHFV)の分子構造を示す。それらポリアルキルフルオレン系の高分子は共役長が異なり，したがって禁止帯幅も異なるために発光波長も異なる。それらの高分子のエネルギーバンド構造を図2(b)に示す。また，近紫外域にEL発光を示す材料としてポリシラン系の材料が報告されている[12]。

また，F8はtoluene蒸気で処理することや，1,2,4-trichlorobenzeneで溶かしゲル状態を作製し，熱転写によりβ層と呼ばれる配列が制御された薄膜を作製することができる[13]。このβ層を持つF8を発光層とすることにより，アモルファス状態のF8を発光層とする有機ELに比べて発光効率が高く，発光の応答の速い有機ELが作製される。それぞれの禁止帯幅に対応した波長のブロードな発光が得られ，アモルファス層のF8を発光層とする素子では430 nm，β層のF8では450 nm，F8BTでは540 nm，F8にF8BTを5 wt%ドープした素子では530 nmに発光を示す。

1.3　ポリアルキルフルオレン系材料による積層構造の有機ELの作製[14]と高輝度化

高分子材料を用いた高輝度の発光は発光層と正孔輸送層の積層構造を形成することによって得られる。溶液プロセスで積層構造を作製する方法としては，異なる溶媒を用いて下地の高分子が溶けないようにして積層する。溶液プロセスで正孔輸送層を形成するには図1に示す水溶性のスルフォン酸poly(ethylenedioxythiophene)/poly(sulfonic acid):PEDOT/PSSが用いられる。陽極として透明電極のITO(Indium-Tin-Oxide)が用いられ，ITOをコートしたガラス基板上を有機溶媒中にて超音波洗浄を施した後，UVオゾン洗浄を施す。まず，ITOガラス基板上に正孔注入層として，スピンコート法によりPEDOT:PSSを約45 nm成膜し，大気中にて160℃，20分間加熱乾燥させた。続いて，その上にトルエン溶媒中に溶解させたTFBをスピンコートにより15 nm成膜し，大気中にて80℃，10分間熱乾燥させた後，窒素中にて200℃，70分間加熱し固着させた。その後に，発光層としてキシレン溶媒中に溶解させたF8BTをインターレイヤー上に塗布して60 nm成膜し，大気中にて80℃，20分間加熱乾燥させ，陰極構成はCsF(3 nm)/Al(2 nm)/Ag(200 nm)またはAl(2 nm)/CsF(3 nm)/Ag(200 nm)とし，約10^{-4} Paの真空下において真空蒸着法により形成する。最後に，有機層または電極に酸素や水分が侵入して劣化することを低減するため，封止用のガラス板とエポキシ樹脂によりアルゴンガス雰囲気中で素子に封止を施した。発光面積は4 mm^2または高速の応答を測定するための素子としては0.3 mm^2とした。

素子構造の一例を図3(a)に，そのエネルギーバンド構造を図3(b)に示す。陰極には発光層に電子を容易に注入するために仕事関数の小さな金属が用いられるが，ここで1 nm程度の薄膜のCsFを金属電極との間に挿入して注入障壁を小さくする工夫がなされている。

図4(a)に，TFB層を挿入した素子，挿入しない素子のそれぞれの電流密度―印加電圧―発光輝度特性，図4(b)にそれぞれの素子の電流発光効率を示す[14]。図4(a)に示す様にTFB層を挿入しない素子では最大発光輝度1,600 cd/m^2であるのに対し，TFB層を挿入した素子の最大発光輝度57,000 cd/m^2であり，TFB層を挿入することで発光輝度が約36倍向上したことがわかる。また，図4(b)に示すようにTFB層を挿入しない素子では最大電流効率0.41 cd/Aであるのに対し，TFB

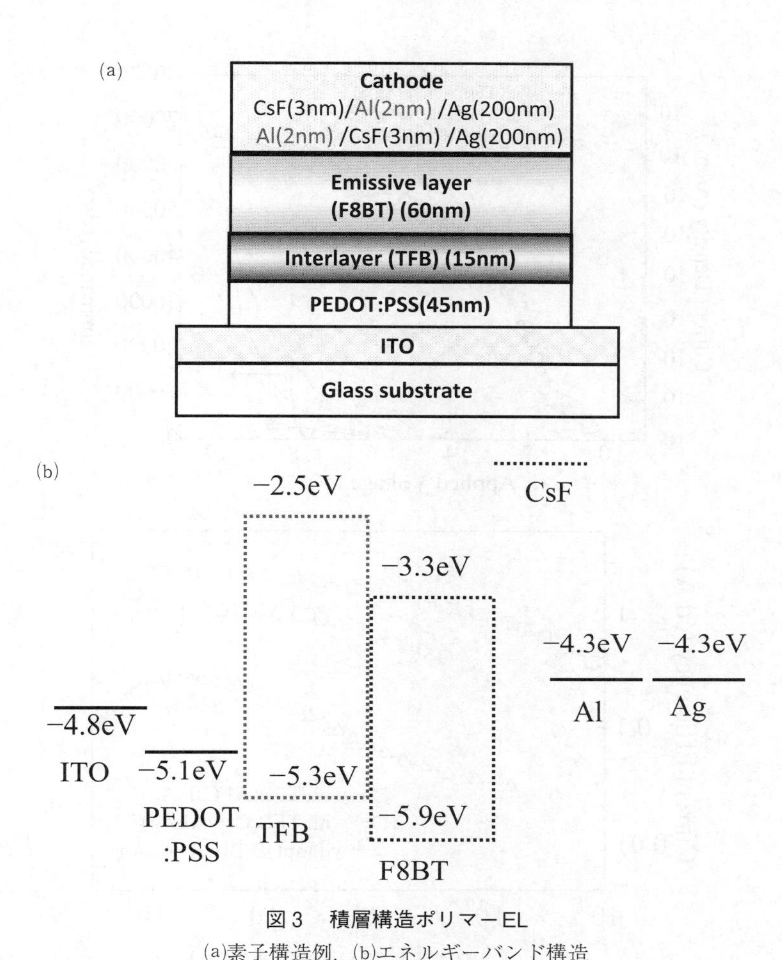

図３　積層構造ポリマーEL
(a)素子構造例，(b)エネルギーバンド構造

層を挿入した素子の最大電流効率３cd/Aであり，TFB層を挿入することで最大電流効率が約１桁向上し，特に低電流域で大きく向上したことが示される。このことは，図３(b)のエネルギーバンド構造に示す様にTFBのHOMO準位が−5.3eV，PEDOT:PSSは−5.1eV，F8BTは−5.9eVとなっておりPEDOT:PSSとF8BTに間のHOMO準位を有するため注入障壁を緩和し，有機層への正孔注入を改善したことが原因と考えられる。さらにTFBのLUMO準位は−2.5eVであるためにF8BTとのLUMO準位との間にエネルギー障壁ができ，電子が陽極に流れるのを阻止し，発光層内に電子を蓄積する電子ブロック層としても働いていると考えることができる。そのため，発光層内でのキャリアバランスが改善し，キャリアの再結合確率が上がったために効率が向上したと考えられる。陰極の構成に関しては，CsF層が直接ポリマー層に接しないことで効果的に電子注入が行われることが判明した。

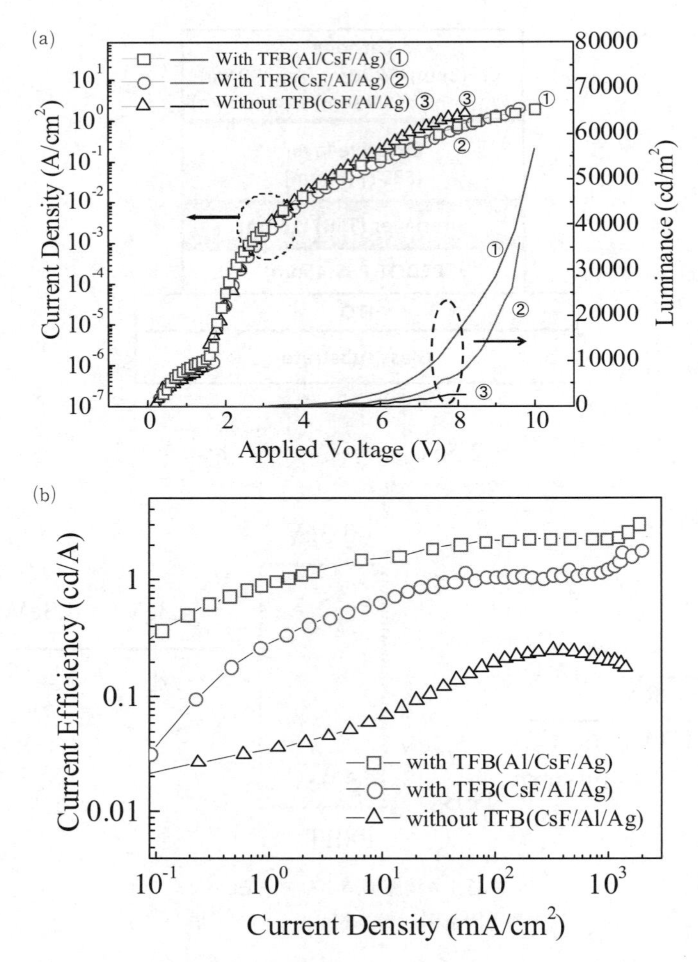

図4　積層構造ポリマーELの発光特性[14]

(a)電流密度－印加電圧－発光輝度特性，(b)電流発光効率特性

1.4　ポリフルオレン系高分子を用いた白色有機ELの作製

ポリフルオレン系高分子を用いて照明用途としての白色発光有機ELを作製した。その素子特性について述べる。

F8に対してF8BTを5 wt％ドープした有機EL素子ではF8BTからの黄色発光が得られるが，F8BTの濃度を少なくすることにより白色発光が得られる。図5(a)にF8：F8BT＝100：0.3の割合にドープした発光層からの発光スペクトルを示す。尚，注入電流は25 mA/cm^{2}の時の発光スペクトルを示している。PFOからは青色発光が得られ，F8BTからの黄色発光が混合され，CIE（Commission Internationale de l'Éclairage）色度座標で表示すると（0.34, 0.38）の白色発光が得られる。発光層がPFO, F8BT, PFO：F8BT＝100：0.3のそれぞれの有機ELの発光色をCIE色

(a)

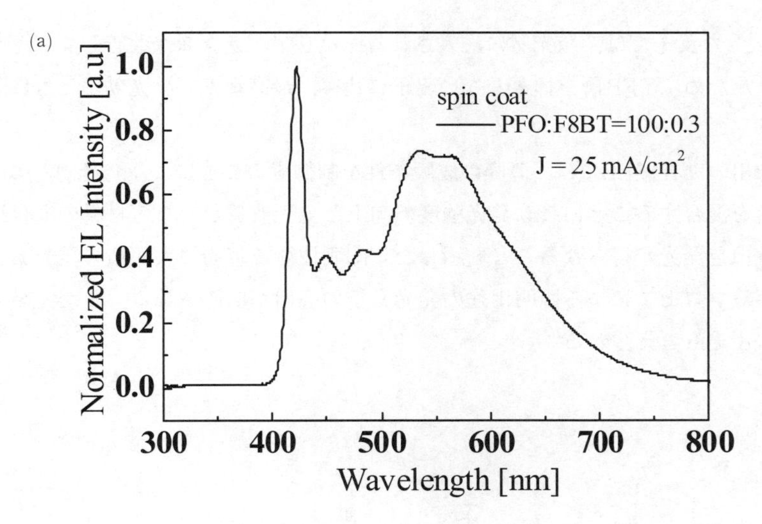

(b)

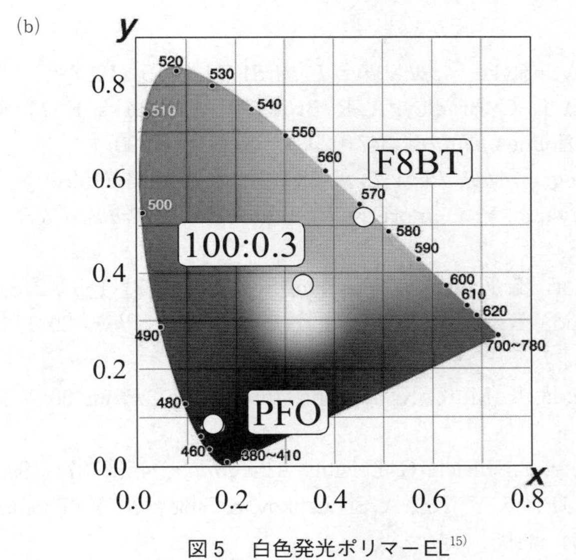

図5　白色発光ポリマーEL[15)]
(a)発光スペクトル，(b)CIE色度座標表示

度座標で示すと図5(b)のようになる。白色発光を挟んでF8BTの黄色発光とF8の青色発光があり，その混合した発光により白色が得られている。また，F8BTを発光層とする素子は高速の応答を示し，100 MHzの電圧パルス信号に対応した100 MHzの光信号が得られる[14)]。画像信号を光信号に変換して画像信号を送ることが可能である。有機ELを用いて画像信号を電気信号から光信号に変換することが可能であり，白色照明光に光信号を重畳させた信号伝送への応用が期待できる。

1.5　まとめ

ポリアルキルフルオレン系のポリマーELの発光強度を増す試みとして，インターレイヤーとしてTFB層を挿入した素子では，発光層に注入されるキャリアバランスが改善し，キャリアの再結合確率が上がったためにTFB層を挿入しない素子に比べ，最高輝度，発光効率ともに著しく改善した。

高分子材料を用いた有機ELでは，薄膜の成膜条件を制御することにより発光効率の向上が得られ，高分子材料を混合することにより発光強度の向上と発光波長が異なる材料の混合比を適当に選ぶことにより白色発光が得られることを示した。印刷技術で容易に大面積の発光素子の作製が可能となり，溶液プロセスによる照明用途の発光素子の応用が期待される。また，高速の応答を用いた通信への用途も考えられる[16)]。

文　献

1) C. W. Tang, S. A. VanSlyke, *Appl. Phys. Lett.*, **51**, 913–915 (1987)
2) J. H. Burroughes, D. D. C. Bradley, A. R. Brown, R. M. Marks, K. Mackay, R. H. Friend, P. L. Burns, A. B. Holmes, *Nature*, **347**(6293), 539–541 (1990)
3) D. Braun, A. J. Heeger, *Appl. Phys. Lett.*, **58**(18), 1982–1984 (1991)
4) M. Onoda, H. Nakayama, Y. Ohmori, K. Yoshino, *IEICE Trans. Electron.*, **E77–C**(5), 672–678 (1994)
5) M. Onoda, Y. Ohmori, T. Kawai, K. Yoshino, *Synth. Met.*, **71**(1–3), 2181–2182 (1995)
6) Y. Ohmori, M. Uchida, K. Muro, K. Yoshino, *Jpn. J. Appl. Phys.*, **30**(11 B), L1938–L1940 (1991)
7) Y. Ohmori, M. Uchida, K. Muro, K. Yoshino, *Jpn. J. Appl. Phys.*, **30**(11 B), L1941–L1943 (1991)
8) G. Grem, G. Leditzky, B. Ullrich, G. Leising, *Adv. Mater.*, **4**, 36–37 (1992)
9) M. A. Baldo, D. F. O'Brien, Y. You, A. Shoustikov, S. Sibley, M. E. Thompson, S. R. Forrest, *Nature*, **395**, 151–154 (1998)
10) M. A. Baldo, S. Lamansky, P. E. Burrows, M. E. Thompson, S. R. Forrest, *Appl. Phys. Lett.*, **75**, 4–6 (1999)
11) R. J. Holmes, S. R. Forrest, Y.-J. Tung, R. C. Kwong, J. J. Brown, S. Garon, M. E. Thompson, *Appl. Phys. Lett.*, **82**(15), 2422–2424 (2003)
12) A. Fujii, K. Yoshimoto, M. Yoshida, Y. Ohmori, K. Yoshino, H. Ueno, M. Kakimoto, H. Kojima, *Jpn. J. Appl. Phys.*, **35**(7), 3914–3917 (1996)
13) H. Kajii, D. Kasama, Y. Ohmori, *Jpn. J. Appl. Phys.*, **47**(4), 3152–3155 (2008)
14) H. Kajii, T. Kojima, Y. Ohmori, *IEICE Trans. Electron.*, **94–C**(2), 190–192 (2011)
15) 大森裕，高圧ガス，**48**(9), 5–11 (2011)
16) Y. Ohmori, H. Kajii, *Proc. IEEE*, **97**(9), 1627–1636 (2009)

2　フレキシブル化を目指した導電性高分子有機EL素子と応用

岡田裕之*

2.1　はじめに

大面積，フレキシブル化可能，超軽量，超薄型の特徴を持つ有機デバイスの研究開発が有機EL素子[1)]を中心に行われており，曲面ディスプレイ，広告表示，発光カード，発光シール，発光タグなど，様々な用途へ向けたプロトタイプが試作されている。これら新しいデバイスの作製法としては，徐々に印刷技術への移行が起こっており，インクジェットプリント（IJP）[2~6)]，スクリーン印刷[7)]，マイクログラビア[8)]，レーザパターニング[9)]，スタンプ[10)]，ラミネート[11~13)]，スリットコーティング[14)]など，様々な技術が開発されプロセスへ導入されている。このなか，非接触印刷，短タクトタイム，高材料利用率，高精細フルカラー，大面積対応可能の点から，IJP法が有望視されている。しかしながら，有機デバイス作製での課題も山積しており，乾燥に伴う膜不均一性の改善，微小突起が無くダークスポット低減可能なフィルムと透明電極，そして高耐バリア性フィルムなどが有り，それらの課題解決でプリンタブルなフレキシブル有機ELパネルが可能となる。

これまでは，IJP法[15~17)]に加え，スプレイ法[18, 19)]，ペイント法[20)]，ローラー法[21)]などの塗布・印刷技術を報告してきた。今回，導電性高分子を用いた有機EL素子に的を絞り，自己整合IJPラミネート有機EL素子，バリア膜形成技術とラミネート型両面発光有機EL素子[22~25)]技術を紹介する。

2.2　自己整合IJP法による有機EL素子

IJPによる有機EL素子の試作で，上下電極の短絡防止を考える。例として，アクティブマトリクスIJP方式では，トランジスタ形成後に絶縁性のバンク形成とパターニングを行い，その後IJP法により発光層を印刷形成し，最後に全面に陰極形成を行っていた。ここで，バンク形成に伴うプロセス低減と，バンク開口部とIJP時の印刷位置ずれに伴うパネル短絡の防止が課題であった。本点を解決する技術として開発しているプロセス簡略印刷法の，「自己整合」IJP法と脱蒸着プロセスの光シールについて概説する。

図1に，自己整合IJPプロセスを示す。先ず，ITO基板上全面に，絶縁膜を塗布する。続いて，発光材料が溶解したインクを作製し，IJPを行う。このとき，溶媒に絶縁膜も溶けることで開口され，乾燥過程で発光部が形成される。最後に，全面の陰極形成で有機EL素子が完成する。本プロセスの特徴は，第1に，開口部形成の必要が無い，第2に，パネルが歩留り向上する，第3に，自由な位置に塗り分けできる，点である。

以下，低コスト化を目指し，パターニングに自己整合IJPを，また蒸着などの物理気相成長プロセス無しのラミネートプロセスで，簡単な有機EL素子を実現している。

図2に，ラミネート法で試作した光シールと自己整合IJPとラミネートによる光シールの発光

*　Hiroyuki Okada　富山大学　大学院理工学研究部　教授；自然科学研究支援センター
センター長

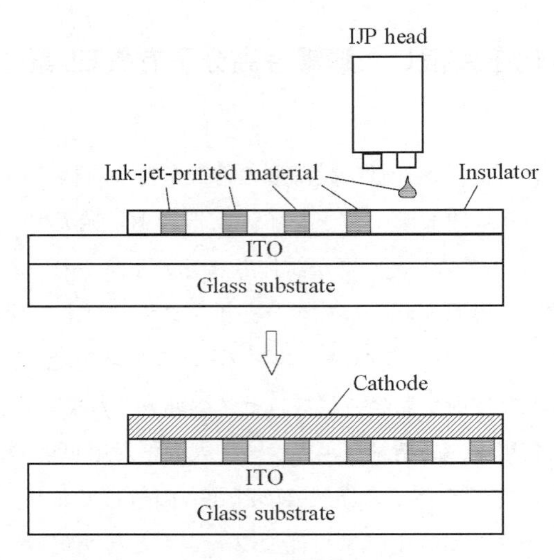

図1　自己整合IJP有機EL作製法

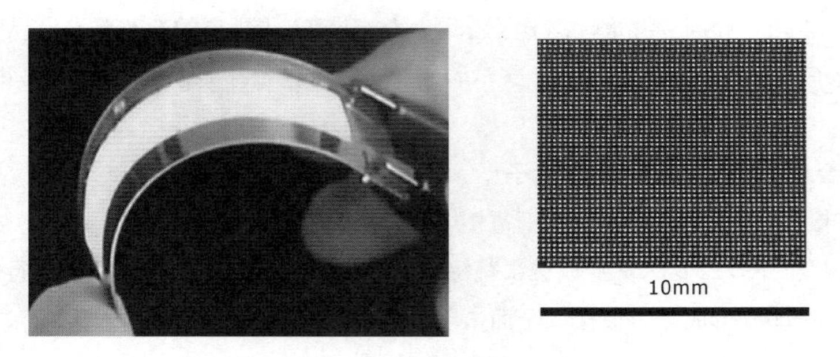

図2　ラミネート法による光シールとIJPシール発光例

ドット拡大写真を示す。ITO付PEN基板上に，ホール注入バッファ層PEDOT，絶縁膜隔壁cycloolefinを成膜後，発光polyfluoreneポリマーをIJP法で形成した。その後，PENフィルム上にMgAg陰極を形成した基板を貼合せ有機EL素子を作製した。特性は，最高輝度6,160 cd/m^2，発光ドット直径62 μmが得られた。これまで，20×80 mm^{2}以上の比較的大面積基板にわたり，良好な発光が得られている。

2.3　DLCバリア形成技術

フレキシブル有機素子の実現にはバリア膜形成が必要であり，有機EL素子上へ直接成膜するバリア膜としてダイアモンドライクカーボン（DLC）を検討した[25)]。DLC堆積条件は，ガス$CH_4$30 sccm，ガス圧50 mTorr，電力20 W，室温，膜厚400 nm（45 min）で，抵抗率2.0×10^9 Ωcm，接触角82.3°，比誘電率4.8，表面ラフネス2.3 nmを得た。2 mm角のα-NPD/Alq_3素子で評価を

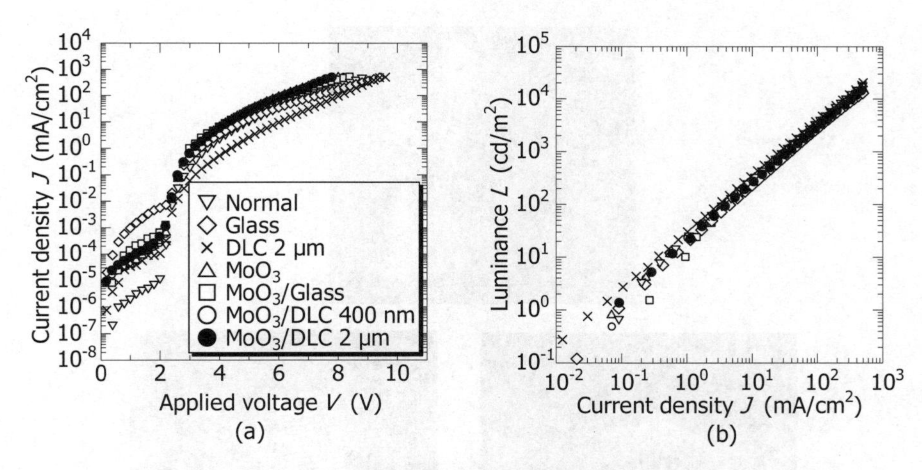

図3　DLC膜，MoO_3/DLC積層膜を持つ有機EL素子特性

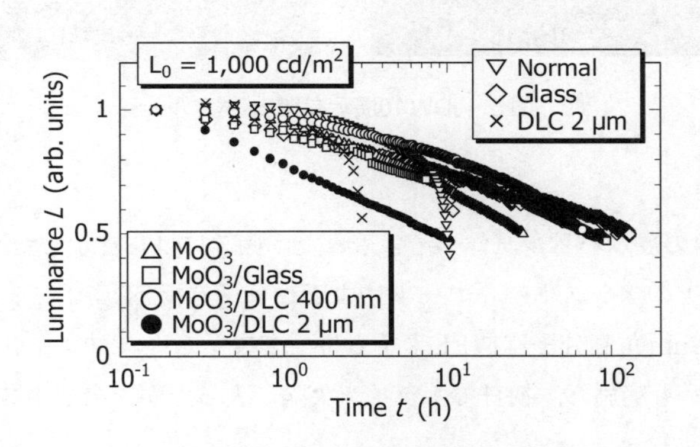

図4　DLC膜，MoO_3/DLC積層膜を持つ有機EL素子の信頼性

行い，図3に示すデバイス特性を得た。また，図4には信頼性評価結果を示す。その結果，DLCの有無で，有機ELデバイスの初期特性の変化が無く良好な特性が得られた。しかしながら，信頼性を評価すると，有機EL素子上に直接DLC膜を堆積したデバイスでは，デバイスの低電流駆動信頼性がバリア無しのデバイスと比較して低くなった。そこで，デバイスに何らかのダメージが入り，特性劣化になったものと考え，ダメージ低減用絶縁膜としてMoO_3を20 nm蒸着した。その結果，DLCを堆積する二重絶縁膜積層構造の採用で，ガラス封止と同等の信頼性（初期輝度1,000 cd/m^{2}で80 h）となった。

良好なバリア膜完成を受け，100 mm角PENフィルム上に16×16のパッシブマトリクス有機EL素子を作製し，International Display Workshop'10（IDW'10）でパネル展示を行った。大面積化では，圧力条件を200 mTorrと高くして広い面積での均一性改善を図り，かつ表面ラフネスの改善（0.34 nm）を得た。これにより，それまで2 mm角のデバイス試作で評価していたレベルを，

図５　IDW'10展示有機ELパネル

２ヶ月間で100 mm角の展示パネル試作へ漕ぎ着けた。図５には，展示したパネルの写真を示す。当日は，50 mm基板上のアシストバーコートによる高分子有機EL素子，レジスト隔壁を持つスピンコートによる50 mm角高分子有機EL素子も併せて展示した。フレキシブルパネルについては，曲げ状態での展示も実施し，初日で１ライン欠陥が入ったが，会期中３日間にわたって発光させることができた。

2.4　両面発光ラミネート有機EL素子

これまで，当研究室では，両面に異なる発光表示が可能な二層積層有機EL素子である両面発光デュアルドライブエミッション素子を提案・試作してきた[26]。今回は，より簡単な作製法としてラミネートを適用した両面発光有機EL素子を試作した。

図６には，試作したデバイス構造と，ラミネートで実施した温度，圧力の時間シーケンス例を示している。実験では，ITO付きガラス基板上に正孔注入層として導電性ポリマー（PEDOT）をスピンコート法により形成し，大気中でベークする。その後，発光層（polyfluorene系材料）をスピンコート法により成膜した。続いて，両面に陰極AlLiを形成したPENフィルムを，発光層付陽極間に挟み込みラミネートした。最後に，封止効果を高めるため，エポキシ樹脂を側面に塗布し素子を完成させた。素子構造は，Glass/ITO(200 nm)/PEDOT(50 nm)/PFO(120 nm)/AlLi(50 nm)/PEN/AlLi(50 nm)/PFO(120 nm)/PEDOT(50 nm)/ITO(200 nm)/Glassである。

図７には，輝度―電流密度（L-J）特性を示す。上部，下部ともに3,000 cd/m^2以上の発光輝度

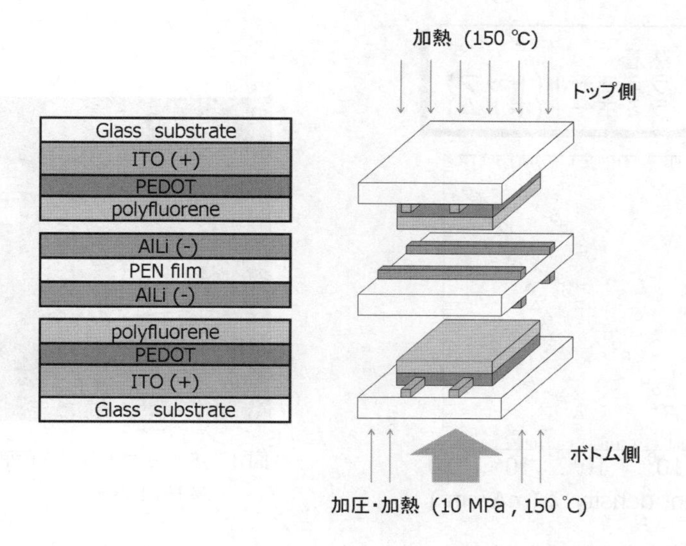

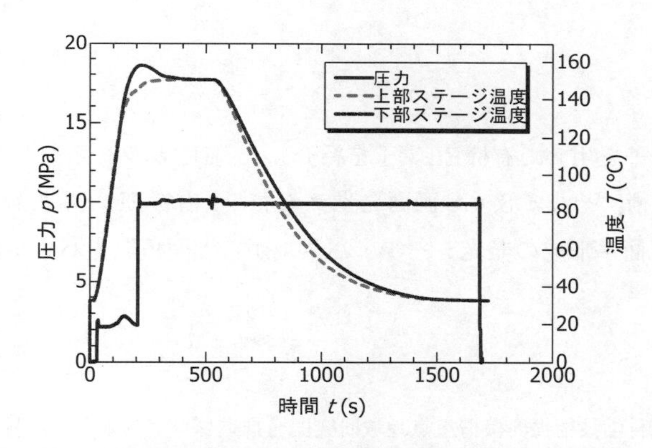

図６　両面発光有機EL素子の構造とラミネート条件

を得た。上部素子のリークは，ラミネートで陰極が発光層に押し付けられ，薄くなった陰極のエッジ部でリークするためと思われる。陰極の表面処理や発光層の膜厚の最適化で，リーク電流の軽減が期待される。温度および圧力条件の最適化で，良好に発光する条件が得られ，均一発光が実現できた。

図８には，50 mm角基板上に試作した８×８マトリクス両面発光ラミネート有機EL素子の発光写真を示す。右上の発光写真が，パネルの後ろに設置した鏡の像であり，これまで依頼講演などでは駆動したパネルの動画を示しているが，両面ともにわたり良好な発光が得られた。

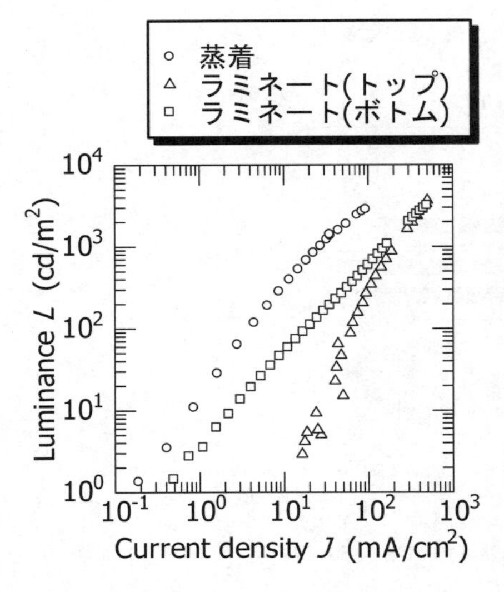

図7　両面発光有機EL素子の特性

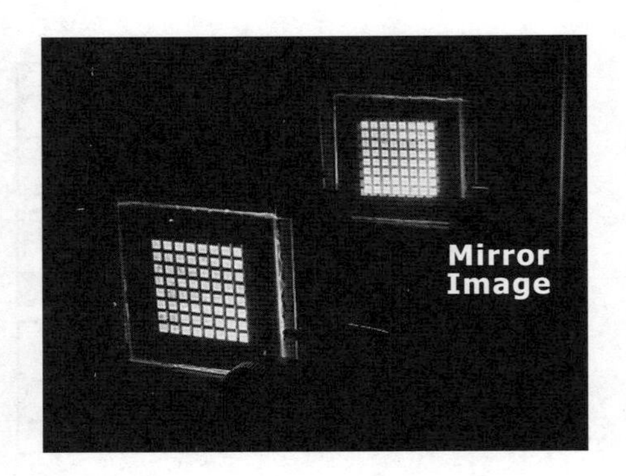

図8　8×8マトリクス両面発光ラミネート有機EL素子

2.5　まとめ

今回，導電性高分子を用いた有機EL素子を紹介した。IJPとラミネートの組合せによる有機EL素子，バリア形成技術，そして8×8両面発光ラミネート有機ELパネルも発表してきた。これらの延長線上として，簡単形成の発光シール・パネルから大面積発光パネルまで，興味深い用途展開が期待できる。

謝辞

本研究の一部は，㈱科学技術振興機構重点地域研究開発推進プログラム，文部科学省知的クラスター創成事業の成果となります。また，地域新生コンソーシアム【ものづくり革新枠】「自己整合技術を用いた有機光高度機能部材の開発」，そして地域イノベーション創出研究開発事業「自己整合技術を用いた有機光テープモジュールの開発」のプロジェクト成果であり，関係各位に感謝致します。

文　　献

1) C. W. Tang and S. A. VanSlyke, *Appl. Phys. Lett.*, **51**, 913 (1987)
2) T. R. Hebner, C. C. Wu, D. Marcy and J. C. Sturm, *Appl. Phys. Lett.*, **72**, 519 (1998)
3) J. Bharathan and Y. Yang, *Appl. Phys. Lett.*, **72**, 2660 (1998)
4) T. R. Hebner and J. C. Strum, *Appl. Phys. Lett.*, **73**, 1775 (1998)
5) K. Yoshimori, S. Naka, M. Shibata, H. Okada and H. Onnagawa, Proc. 18th. Int'l Display

Res. Conf., 213 (1998)
6) T. Shimoda, M. Kimura, S. Miyashita, R. H. Friend, J. H. Burroughes, C. R. Towns, SID'99 Int'l Symp. Dig. Tech. Pap., 372 (1999)
7) K. Mori, T. Ning, M. Ichikawa, T. Koyama and Y. Taniguchi, *Jpn. J. Appl. Phys.*, **39**, L942 (2000)
8) 甲斐，榊，井口，関根，湊，第48回春季応物，1287 (2001)
9) S. T. Lee, B. D. Chin, M. H. Kim, T. M. Kang, M. W. Song, J. H. Lee, H. D. Kim, H. K. Chung, M. B. Wolk, E. Bellmann, J. P. Baetzold, S. Lamansky, V. Savvateev, T. R. Hoffend Jr., J. S. Staral, R. R. Roberts, Y. Li, SID'04 Int'l Symp. Dig. Tech. Pap., 1008 (2004)
10) N. Nüesch, Y. Li and L. J. Rothberg, *Appl. Phys. Lett.*, **75**, 1799 (1999)
11) 上見，中，岡田，女川，平成９年物理・応物北陸支部合同講演会，Ⅱ-26 (1997)
12) T-F. Guo, S. Pyo, S.-C. Chang and Y. Yang, *Adv. Func. Mater.*, **11**, 339 (2001)
13) M. Miyagawa, R. Koike, M. Takahashi, H. Bessho, S. Hibino, I. Tsuchiya, M. Harano, M. Endo and Y. Taniguchi, *Jpn. J. Appl. Phys.*, **46**, 7483 (2007)
14) T. Shimizu *et al.*, SID'03 Int'l Symp. Dig. Tech. Pap., 1290 (2003)
15) R. Satoh, S. Naka, M. Shibata, H. Okada, H. Onnagawa and T. Miyabashi, *Jpn. J. Appl. Phys.*, **43**, 7395 (2004)
16) R. Satoh, S. Naka, M. Shibata, H. Okada, H. Onnagawa, T. Miyabashi and T. Inoue, *Jpn. J. Appl. Phys.*, **45**, 1829 (2006)
17) K. Matsui, J. Yanagi, M. Shibata, S. Naka, H. Okada, T. Miyabashi and T. Inoue, *Mol. Cryst. Liq. Cryst.*, **471**, 261 (2007)
18) T. Echigo, S. Naka, H. Okada and H. Onnagawa, *Jpn. J. Appl. Phys.*, **41**, 6219 (2002)
19) T. Echigo, S. Naka, H. Okada and H. Onnagawa, *Jpn. J. Appl. Phys.*, **44**, 626 (2005)
20) M. Ooe, R. Satoh, S. Naka, H. Okada and H. Onnagawa, *Jpn. J. Appl. Phys.*, **42**, 4529 (2003)
21) T. Kitano, S. Naka, M. Shibata and H. Okada, *Proc. SPIE*, **6655**, 66551I (2007)
22) H. Okada, K. Matsui, M. Yamanaka, S. Naka, M. Shibata, M. Ohmori, S. Ueno, N. Kurachi, M. Sawamura, M. Hattori, T. Inoue, T. Miyabayashi, Y. Takao, S. Hibino, I. Tsuchiya, H. Bessho, K. Ohara, K. Ikeda, H. Mizuno, M. Ohama, M. Hoshino, S. Ayukawa, R. Miyasato, N. Tsutsui and N. Miura, Proc. Int'l Display Workshop '07, 125 (2007)
23) M. Ohmori, S. Ueno, N. Kurachi, M. Sawamura, M. Hattori, T. Inoue, T. Miyabashi, Y. Takao, S. Hibino, I. Tsuchiya, H. Bessho, K. Ohara, M. Ohama, S. Ayukawa, R. Miyasato, N. Tsutsui, N. Miura, M. Yamanaka, S. Naka, M. Shibata and H. Okada, *Jpn. J. Appl. Phys.*, **47**, 472 (2008)
24) T. Minami, R. Satoh, H. Okada and S. Naka, *Jpn. J. Appl. Phys.*, **50**, 01BC12 (2011)
25) H. Butou, H. Okada and S. Naka, *Jpn. J. Appl. Phys.*, **50**, 062103 (2011)
26) T. Miyashita, S. Naka, H. Okada and H. Onnagawa, *Jpn. J. Appl. Phys.*, **44**, 3682 (2005)

第11章　有機薄膜トランジスタ

1　導電性高分子トランジスタの評価技術

岩本光正*

1.1　はじめに

有機薄膜トランジスタ中で導電性高分子が持つ機能を十分に活かすためには，キャリアの挙動を評価する技術を確立することが重要である。もちろん，その基本は，キャリア（電子，ホール）のデバイス中での動きに関連した，「注入」，「蓄積」，「輸送」に関する挙動の評価である。ところで，半導体層として用いられる材料の多くは，キャリア密度が低く，熱平衡状態への移行に時間がかかるなど，導体というよりも誘電体としての性質が色濃い。そのため，有機デバイス中のキャリアの挙動を解析するためには，有機材料の持つ誘電体的な側面に目を向ける必要がある[1,2]。たとえば，有機トランジスタでは，電極より注入するキャリアがその動作を律していることが多いが，これは，材料が誘電的な性質を持つ結果である[3]。したがって，電極から注入するキャリアによる誘電現象として，キャリア挙動の解析を試みることも有益となる[4]。有機トランジスタでは，電極から注入したキャリアは，半導体層と絶縁体層の界面に蓄積され，次いで，界面に沿って輸送される。したがって，界面での電荷蓄積を界面誘電現象として捉えることにより，トランジスタ動作の新しい評価技術を構築できることになる。界面で電荷が蓄積する現象は，Maxwell-Wagner（MW）効果として，半導体物理が誕生する以前より電磁気学を手掛かりとして知られていたものである[5,6]。そこで以下では，まず，電磁気学的に誘電体工学の立場から有機トランジスタのキャリアの評価技術について考えることにする[7,8]。その理由は，導電性高分子トランジスタの評価においても，半導体として扱うよりも電磁気学的に扱うことがより一般的であるからである。

次いで，ここでは電極から注入するキャリアが過剰キャリアであることに注目する。過剰なキャリアは，ガウスの法則に従って材料内に電界を発散し誘電現象を誘起する。そして，発生する分極を電界誘起光第2次高調波法（EFISHG法）により直接観測することにより，キャリアの移動度が評価できることや，TOF法（time of flight法）によって電極に誘導される電荷量変化に着目して間接的に移動度が評価できることについて述べる。

1.2　MW効果と有機電界効果トランジスタの動作

1.2.1　MW効果と電荷蓄積

電流が異なる物質の界面を横切って流れるとき，界面に電荷が蓄積される。物質の持つ誘電率εと導電率σの比，$\tau=\varepsilon/\sigma$は緩和時間を表すが，界面を隔てた物質の緩和時間が異なると，界面

* Mitsumasa Iwamoto　東京工業大学　大学院理工学研究科　電子物理工学専攻　教授

に電荷が蓄積される。これがMW効果である[5~8]。したがって，有機電界効果トランジスタ（FET）の半導体層とゲート絶縁層の界面に電荷が蓄積される現象は，MW効果の結果と捉えることができる。２層の材料（誘電率ε_1，導電率σ_1，厚さd_1および誘電率ε_2，導電率σ_2，厚さd_2の材料）で構成された試料に，電圧V_gを加え，一定の電流密度jの電流が流れる場合には，２層界面には，MW効果により，単位面積あたり

$$q_s = j\,\Delta\tau = \left(1 - \frac{\tau_1}{\tau_2}\right) C_2 V_g \tag{1}$$

の電荷が蓄えられる。ただし，$\tau_1 = \varepsilon_1/\sigma_1$，$\tau_2 = \varepsilon_2/\sigma_2$で，$C_2 = \varepsilon_2/d_2$である。絶縁体層と半導体層の２層で構成された場合には，一つの層の導電率σ_2が他の層の導電率σ_1よりも極めて小さく，$\tau_1 \gg \tau_2$であり，$q_3 = C_2 V_g$となる。つまり，導電率の低い層に電圧がすべて加わった状態で界面に蓄積される。有機トランジスタは，ゲート絶縁層と半導体層の界面に集められた電荷を制御する素子である。つまり，MW効果によって集められる電荷を界面に沿って移動させる機構を基本とする素子である。

1.2.2　MW効果と有機トランジスタの特性

２層の試料が，有機電界効果トランジスタ（FET）の有機半導体層およびゲート絶縁層に相当する場合を考える。定常状態では，$x = 0$および$x = L$の位置の界面の電位は，それぞれ，V_{gs}および$V_{gd} = V_{gs} - V_{ds}$となる。仮に，$x = 0$から$x = L$の間で，電位が直線的に変化しているとすると，$V(x) = V_{gs} - V_{ds}x/L$であるから，ゲート絶縁膜には，平均で$V_{gs} - V_{ds}/2$の電圧が加えられる。実際の有機トランジスタでは，トラップなど様々な原因によって，ある閾値以上の電圧を加えない限り界面に電荷が蓄積されない場合がほとんどである。この閾値電圧をV_{th}とすれば，絶縁層に加えられる電圧の平均値は，$V_{gs} - V_{th} - V_{ds}/2$となる（$V_{th}$：閾値電圧）。したがって，界面に蓄積される全電荷量Q_sは，

$$Q_s \approx C_2 L W\left(V_{gs} - V_{th} - \frac{1}{2}V_{ds}\right) \tag{2}$$

となる。ただし，Lはチャネル長，Wはチャネル幅である。以上のようにしてMW効果により蓄積される電荷Q_sが，ソース—ドレイン間に加えられる平均電界$\bar{E}(= V_{ds}/L)$によって，ソースからドレイン電極に運ばれるとすれば，FETを流れる電流$I_{ds} = Q_s \mu \bar{E}/L$は，$\mu$を移動度とすると，

$$I_{ds} \approx WC_2\left(V_{gs} - V_{th} - \frac{1}{2}V_{ds}\right)\mu\frac{V_{ds}}{L} = \mu\frac{WC_2}{L}\left[(V_{gs} - V_{th})V_{ds} - \frac{1}{2}{V_{ds}}^2\right] \tag{3}$$

と書ける[7,8]。このような状況は，グラジュアル・チャネル近似モデル[9]として知られる状態のトランジスタの特性である。なお，半導体層が純粋な半導体特性を示す場合にも，$x = 0$から$x = L$の間で，電位が直線的に変化している場合には(3)式が得られる。

しかし，有機トランジスタでは，現実には電流I_{ds}は，キャリアの輸送のされ方や，有機膜内に形成される電界分布などに依存する。仮に，注入された電荷によって空間電荷電界が形成され，こうした中を注入された電荷が有機半導体の界面に沿って輸送されて定常状態が形成されるとす

ると，電位分布は，

$$V(x) = V_{gs} - V_{ds}\sqrt{1 - x/\mathrm{L}} \tag{4}$$

となる[10)]。つまり，電位分布は，直線状態からずれた場所に依存したものとなる。この場合，流れる電流は(3)式とは異なったものとなる。しかし，電流の式は(3)式の係数が若干変わるだけである[10)]。なお，電界誘起光第２次高調波法（EFISHG法）を用い，実際に(4)式に従う電位分布が見出されている[10, 11)]。

以上の例からも明らかなように，界面に形成される電位分布は，キャリアの挙動に関係するので，界面に形成される電位・電界分布を直接評価し，EFISHG法やTOF法によりその挙動を追いかけることが重要であることが分かる。

1.2.3　キャリアのチャネル走行時間

キャリアの輸送について考察するためには，過渡状態のキャリア挙動の考察は欠かせない。すなわち電極に電圧を加えた直後より，ゲート絶縁層界面に沿ってどのように電荷が拡がって蓄積され，定常状態に至るかについての考察である。1.2.1，1.2.2項で述べたように，界面では，MW効果により電荷の蓄積が起きる。したがって，電圧を加えた時の電荷の輸送過程は，ゲート絶縁膜と有機膜の界面に電荷を蓄積しながらの過程となる。通常の有機FETの構造は，チャネル長が数十μmに対して，有機半導体層の厚さは数十nmであることが大半である。そのため，ソース（ドレイン）—ゲート間に加えられた電圧は，ほとんどがソースあるいはドレイン電極下に加えられると見られる。つまり，トランジスタ内では，電荷は，まず，ソースから有機半導体と絶縁層の界面に引き込まれる。次いで，蓄積された電荷が，界面に沿って次第にドレイン側へと移動し，最終的に定常状態に到達すると見られる（図１(a)）。すなわち，ソース—ゲート間の電位差によって，まず電極下の界面に注入電荷が蓄積されるが，その後，界面に沿う方向に電荷の輸送が進むことになる。デバイスの応答時間はこの状況を反映している。こうした状況を等価回路を用いて考えると，図１(b)に示すように，チャネル層の抵抗Rとゲート絶縁層のキャパシタCからなる梯子型回路を電荷が蓄積される過程として記述される[12)]。

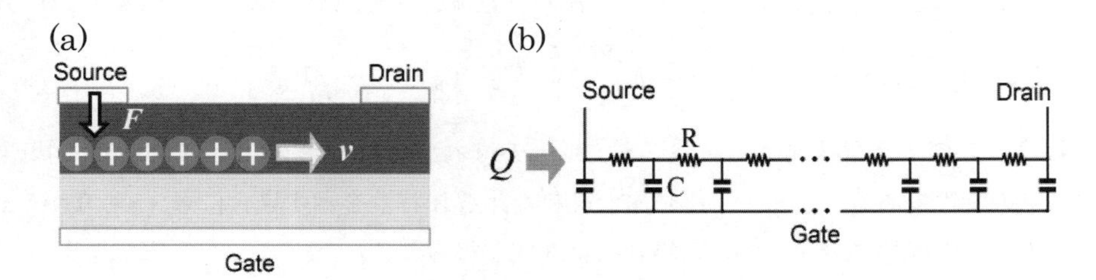

図１　(a)ソース電極からのホールの注入と界面に沿った電荷の移動，(b)梯子型等価回路

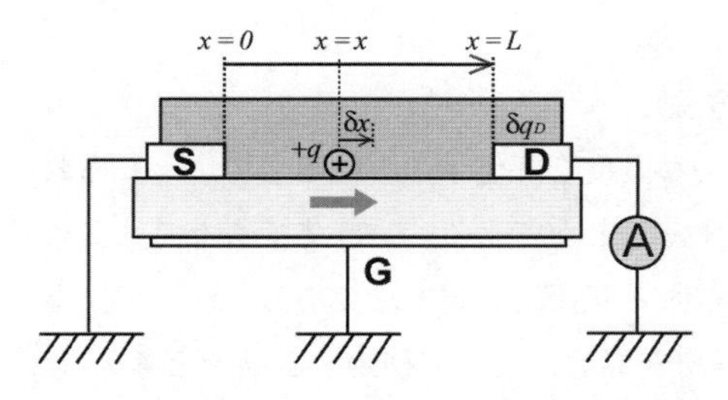

図２　ソース電極から注入した一つの電荷＋qが界面に沿って移動する

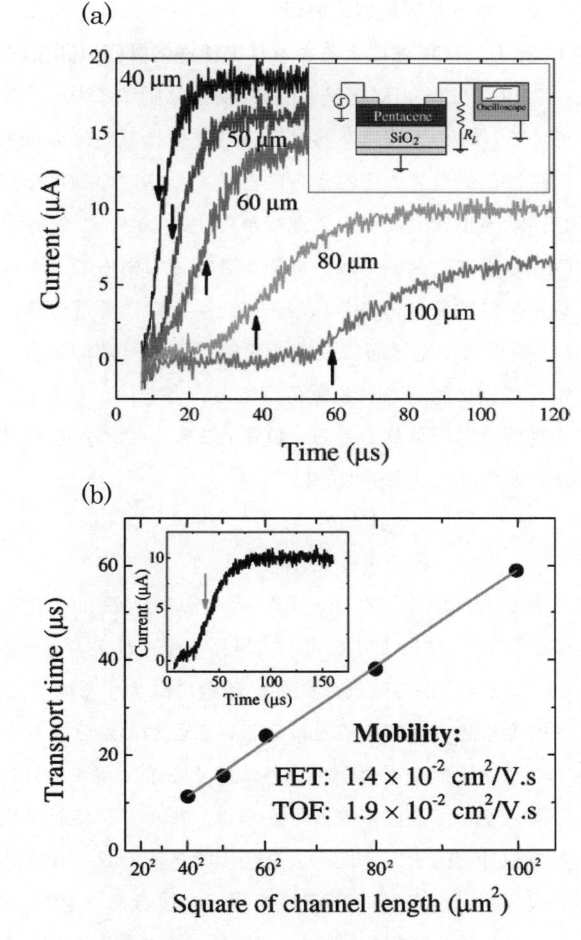

図３　OFETデバイスのTOF測定
(a)測定結果，(b)走行時間とチャネル長Lの関係

そこで，MW効果としてのキャリア輸送という立場から考えてみる。界面への過剰キャリアの蓄積に伴って，キャリア注入の起きたチャネル領域での導電率は，電極からのキャリア注入が進むとともに，$\sigma = en_0\mu$から$\sigma = e(n_0 + n_{inj})\mu \approx en_j\mu$へと次第に変化していく。ただし，$n_0$は有機層の注入前の励起キャリアによるキャリア密度，n_{inj}は，注入キャリア密度である。キャリアがチャネルを覆い尽くした後では，グラジュアル近似の下では$en_j \approx C(V_{gs} - V_{th} - V_{ds}/2)/h$である。$h$は電荷層の厚さである。したがって，チャネルコンダクタンスは，$G = en_j\mu Wh/L$，絶縁層容量$C = C_gWL$として，

$$t_r = C/G \approx \frac{1}{\mu} \cdot \frac{L^2}{V_{gs} - V_{th} - V_{ds}/2} \tag{5}$$

近似される[12]。これがキャリア走行時間に相当する。ここで，走行時間は，ドレインとソース間の電圧が0であっても成立することに注意したい。言い換えると，注入キャリアは，ゲート―ソース間に加えられた電界で引き込まれるが，界面に沿った伝搬は界面への電荷蓄積過程で律せられることを示している。実際，$V_{ds} = 0$としても，ほぼ(5)式に従ってキャリアが界面に蓄積されることが，次項図３で示すように，時間分解SHG法による測定から確かめられている。なお，(5)式から，キャリアがソースからxの距離だけ移動する場合にかかる時間tは，Lをxで置き換えて考えると，$x \propto \sqrt{t}$となる。つまり，キャリアは界面に沿って拡散現象と同じように拡がっていくことがわかる[13]。

1.3　キャリア輸送の評価

1.3.1　TOF法によるキャリア輸送の評価（間接的方法）

TOF法は，MIM構造試料のI層を移動するキャリアの移動度を評価する方法として広く知られている。この方法は，容易にOFET構造試料にも拡張することができる。言うまでもなく，この方法は電気信号の応答から内部のキャリアの動きを推定する間接的測定方法である。そこで，図2に示すように，ソース電極から注入した一つの電荷$+q$が界面に沿って移動する場合を考える。OFET構造においては，電極が3電極であることから，電荷の移動に伴い，ソース，ゲート，ドレインに電荷が誘導される。また，その誘導電荷量は位置に著しく依存する。とくにチャネル長Lが有機層や絶縁層に較べて非常に長いFETの場合には，電荷がソース電極側にあるときはドレイン電極に誘起される電荷はほとんどない。しかし，ドレイン電極に近づくにつれ電荷$+q$による電荷が誘導されてくる。位置xにある電荷がδxだけ移動したときのドレイン電極における電荷量の変化δq_Dは，近似的に[14]

$$\delta q_D \approx -\frac{q}{\pi(L-x)}\delta x \qquad (6)$$

と導くことができる。(3)式から，δq_Dの時間的変化を過渡電流$I=\delta q_D/\delta t$として観測する場合，つまりTOF法により(3)式中に現れるキャリアの速度$\delta x/\delta t=v$を観測する場合，(6)式の係数がドレイン$x=L$から離れるに従い急激に減少するので，過渡電流波形からチャネル走行中のキャリアの振る舞いを知ることは難しいことがわかる。しかし，キャリアが電極近くまで来ると急激にドレイン電極に電荷が誘導されてくるので，キャリアの走行時間t_rは求められることになる。言い換えると，過渡電流波形からは，キャリア走行時間t_rは推定可能であることがわかる。すなわち，TOF法を用いれば，t_rを評価できるので，(5)式を用いて移動度の評価が可能となる。

図3(a)は，実際にTOF法を用いた場合のペンタセンFETの結果を示している。実験は，ゲートとドレイン電極を短絡し，V_{gs}のパルス電圧を加えたものである。同図に見られるように過渡電流は，電荷がドレイン電極に到達する付近で急激に増加する。また，立ち上がり時間とチャネル長の関係は図3(b)のようになり，(5)式に従って，走行時間が変化していることがわかる。また。図3(b)の傾きから移動度が評価される。図中にはTOF法で求められた移動度と，FET特性から得られた値が記されている。以上のような計測は，導電性高分子トランジスタの場合においても何ら変わるところはない。

なお，TOF法においては，電圧パルスを加えた過渡特性から走行中のキャリアの様子やキャリア種を区別することが困難であることに注意したい。

1.3.2　EFISHG法によるキャリア輸送の評価（直接的方法）

TOF法は，キャリアがチャネル領域を走行する際に電極に誘導される電荷量が変化することに着目しこれを評価する方法である。そのため，チャネル内の実際のキャリアの走行の様子を知ることはできない。対して，EFISHG法は，キャリアの移動に伴って発生する分極現象を捉える方法であり，以下に述べるように，キャリアの走行の様子を直接に評価することが可能となる。

⑴　キャリアとEFISHGの発生

電極からの注入したキャリアは，有機FET内に空間電荷電界を形成する。そこで，まず，SHGによりどのようにして電界評価が可能となるかについて考える。

ガウスの法則によれば，過剰な電荷密度ρ_sが有機材料内にある場合，

$$\nabla \cdot \vec{E} = en_{inj} / \varepsilon \tag{7}$$

が成立する。ここで，n_{inj}とは，前項で触れた注入キャリア密度のことである。このキャリア密度は，キャリア注入に伴ってチャネル内へと拡がっていく。ところで，en_{inj}は過剰なキャリアであるから，⑺式に示したように，有機FET内に電界を形成する。したがって，この電界を評価することで，有機FET内を走行するキャリアの挙動を評価できることになる。

EFISHG測定とは，電界によって誘起される分極により，レーザ光を照射したときに発生するSHGに注目して，有機材料内に形成される電界分布を評価する方法である[15~17]。フタロシアニンやペンタセンのように中心対称性の分子で構成された分子系であっても，空間電荷などによる局所的な零でない電場$E(0)$が存在すると，この電場により電子雲に非対称性が生じて実効的な誘起双極子が発生し，SHGが誘導される[18]。もちろん，ポリチオフェンなどの導電性高分子においても事情は同じである。角周波数ωのレーザを照射すると，⑻式で記述される２次の非線形分極$P(2\omega)$が形成される。

$$P(2\omega) = \chi^{(3)} E(0) E(\omega) E(\omega) \tag{8}$$

そして，この非線形分極$P(2\omega)$の２乗に比例した次式のSHG光$I(2\omega)$が発生する。

$$I(2\omega) \propto \left| \chi^{(3)} E(0) E(\omega) E(\omega) \right|^2 \tag{9}$$

したがって，⑼式で記述されるSHG光に着目すれば，有機材料内に発生している電界$E(0)$が計測できる。つまり，発生するSHG強度を有機FET内に形成される電界と結ぶことで，電界の評価が可能となる。そして，さらに電極から注入する電荷（⑺式）と電界を関連づけることにより，注入キャリアの挙動を評価することが可能となる。また，EFISHG法では，⑻式の非線形分極を直接評価するので，キャリアの輸送が直接に評価できることになる。

なお，SHGは２光子過程で発生するので，いわゆるフォトキャリアの発生が無視でき，非破壊な電界測定が実現される。また，２光子過程の発生は材料に固有であり，入射レーザ光の波長を適宜選択することで，多層膜中の特定の層のからのSHG光のみを取り出すこともできる。そのため，有機FET中の半導体層を移動するキャリアの挙動が直接に観測できることになる。

⑵　EFISHG法によるキャリア挙動の評価

⑻式で示したように，有機材料内に局所的な電界が生ずると，これが原因となって材料は分極し，SHG光が発生するようになる。したがって，キャリアが移動する過程は，ガウス則によってキャリアから発生する電界により有機材料中に形成される分極が伝搬する過程であると捉えるこ

とができる。そのため，局所電界が時間とともに進展していく様子をSHG像として可視化することにより，キャリアの伝搬の様子が評価できることになる。つまり分極の伝播過程を可視化することにより，キャリアの輸送が可視化される。波長可変レーザ光源としてYAGレーザ励起のパラメトリック発振器（optical parametric oscillator : OPO）を用い，FETのチャネル部分にレーザを直接照射して，キャリアの輸送過程が可視化されている[19~21]。

図4にSHG測定に用いる光学系の概略図を示す。OPOから出力された基本光は偏光素子およびSH光を遮断するフィルターを透過した後，ハーフミラーを通過後に対物レンズによって集光されてサンプルに照射される。FETのチャネル部分をレーザで直接照射して測定が行われる。SHG測定に使用するレーザはパルスレーザであり，外部トリガによりパルスタイミングを自由に制御できるため，素子動作用のパルス状電圧（素子駆動用パルス）をレーザパルスと同期させ，かつそのタイミングを時間的にずらしていくことで，時間分解計測が可能となり，キャリア輸送を追いかけることが可能となる。

図5は，$V_{ds} = V_{gs} = -100$ Vのパルス電圧を加えた時のSHGの像である。時間とともにSHG像が変化していくことがわかる。図は，$t = 0$, 100, 200, 400 nsの時のSHG像である。まず，$t = 0$ nsの場合SHG信号がソース電極端にほぼ集中して発生していることが確認できる。これは，$t = 0$ nsでは注入開始直後であるため，ホールがまだ電極近傍にのみ蓄積しており，電界もソース近傍に集中しているためである。遅延時間を増加させていくと，チャネルからのSHG像に関して大きな

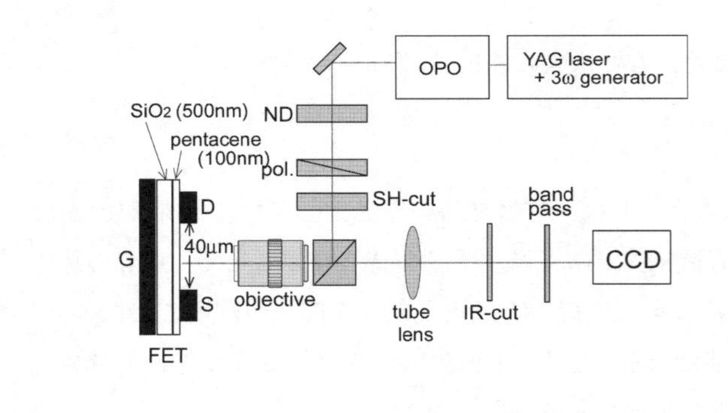

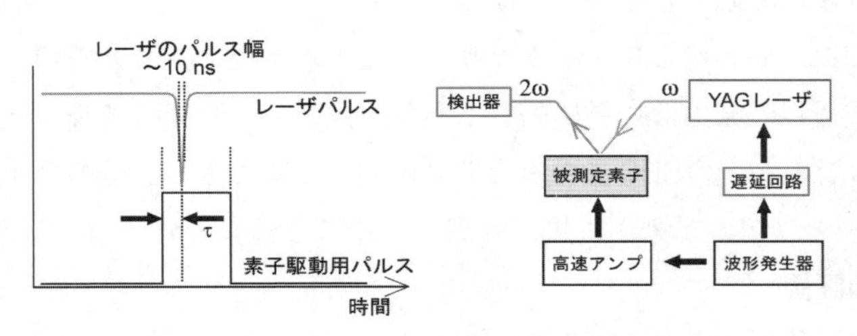

図4　時間分解測定の模式図
遅延時間τを変化させながら，測定を繰り返す。これにより，素子内部における電界の時間発展の様子がわかる。

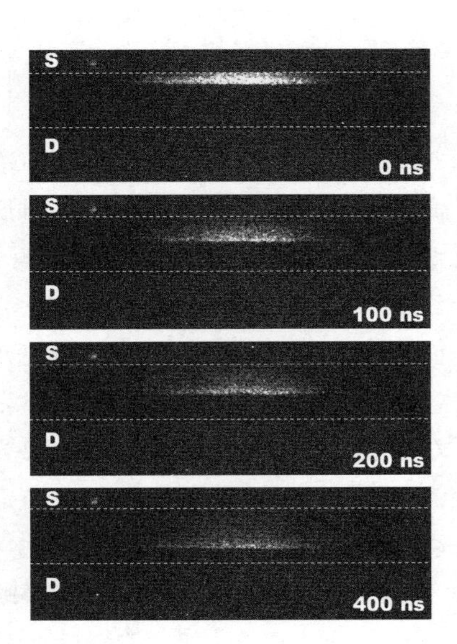

図5　ソース電極への正電圧パルス印加によって観測される，チャネル部からのSHG像の一例（時間依存性）

変化が観測される。

図から明らかなように$t=100$, 200 nsと時間経過とともに，SHGの発光帯が電極端から離れていき，チャネル中心部へと移動していく様子が確認できる。また，注入電極端においては，$t=0$ nsにおいて観測されていたSHG信号が完全に消失していることも観測できる。ペンタセン／金界面において，金電極からペンタセンのHOMOに容易にホールが注入される。その結果，正電圧パルス印加後，短時間でホール注入が完了し，チャネル中を電荷シートが拡がっていくと予想できる。つまり，図で示したようなSHG像の変化は，注入された電荷が素子中を移動していく様子を捉えていると結論することができる。

図6は，$V_{ds}=V_{gs}=-100$ Vのパルス電圧を加えたときに観測されたFETチャネル内のSHG強度波形の時間発展である。図のようにSHGは時間とともに，ソースからドレイン電極に向かって移動している。図中に，SHGのピーク値を示す場所と時間の関係を示した。梯子型回路を用いて推定したように，キャリアの先端位置は時間に対して$x \propto \sqrt{t}$の関係を満たしながら移動している。$\sqrt{t}$の依存性は，キャリアの拡散過程としてよく観測されるものであるが，この結果は，拡散ではなくキャリアが界面に電荷を蓄積しながら進んでいくためである。

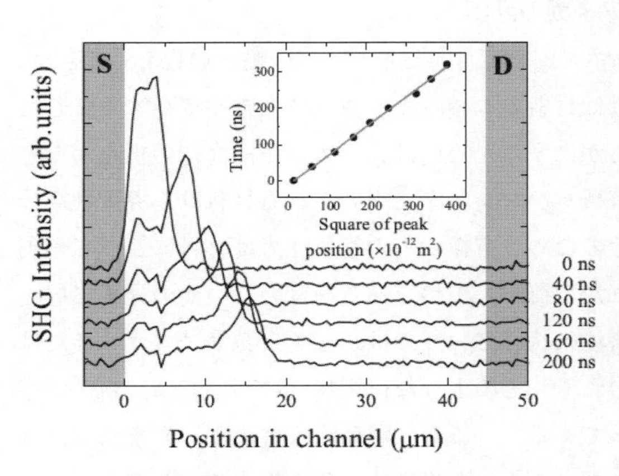

図6　$V_{ds}=V_{gs}=-100$ Vのパルス電圧を加えたときのキャリア輸送の様子

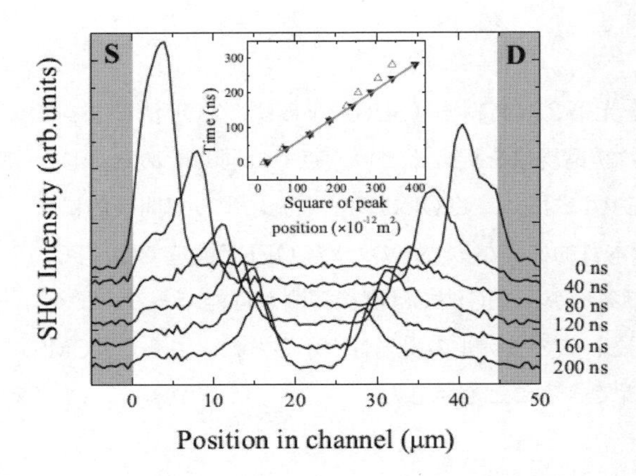

図7　$V_{ds}=0$，$V_{gs}=-100$ Vのパルス電圧を加えたときのキャリア輸送の様子

なお，このようなキャリアの挙動は，拡散とドリフトを考慮した電流連続の式と，ポアソン方程式を同時に満たすように解くことでも推定できる。ここでは詳細を記述しないが，実際に本実験で用いているFETを2次元でモデル化し，数値計算によってデバイス中におけるキャリアの時間発展を再現すると，

$$\mu = \frac{\gamma \cdot x^2}{V_{gs} \cdot t} \tag{10}$$

なる関係が得られる[13,22,23]。この式からわかるように，キャリアの先端は時間の平方根に比例して移動する。なお，実験からもこの時間依存性を支持する結果が得られている。

図7は，V_{ds} = 0 V，V_{gs} = −100 Vのパルス電圧を加えたときに観測されるSHGの波形の時間発展である。図6と同様なSHGの時間発展が，ソースおよびドレイン電極の両側から観測されている。ところで，この測定ではV_{ds} = 0 Vである。すなわち，ドレイン—ソース間の電圧は零であり，ソース—ドレイン間の平均電界がキャリア輸送にかかわることはない。この結果は，(5)式で示したように，過渡的なOFETのキャリア輸送にはV_{gs}が大きな関与をしていることを示している。なお，TOF法によりこのような実験条件ではキャリアの輸送を観測することは不可能であることは言うまでもない。

以上のように，有機FET中のキャリア輸送はSHGにより直接に観測することが可能であり，これによってキャリア輸送が明確にできる。

1.4 有機半導体のエネルギー構造とキャリア挙動の評価

これまで，EFISHG法やTOF法を用いてチャネル内を走行するキャリアの輸送過程を見てきた。ところで，注入キャリアのデバイス内での挙動は材料のエネルギー構造に大きく依存する。したがって，有機素子内部のキャリアの挙動を明らかにするためには，エネルギー構造の視点からもキャリア挙動を理解することが重要である。有機トランジスタで用いられる材料は，導電性高分子材料も含めて通常はキャリア密度が低い。そのため，電極からの電荷注入は材料にとって過剰なものとなる。言い換えると，材料に注入された電荷が，1つ，あるいはいくつかの分子に局在していると仮定すると，デバイス動作時の電荷注入状態というのは，分子自身がアニオンまたはカチオンといった荷電状態に相当すると考えられる。そのような荷電状態においては，中性状態と比較して分子構造やエネルギー準位が異なってくる。つまり，電荷注入により，光学的には吸収スペクトルや屈折率の変化が発生する。つまり，こうした光学的変化を捉えることで，エネルギー構造的な側面からキャリア注入の情報が得られる。電荷変調分光（CMS）イメージング法がその手段として考案されている[24)]。

1.5 まとめ

OFET中のキャリア輸送に伴う過渡的現象を光第2次高調波（SHG）ならびにTOF法によって評価する方法についてまとめた。両者はともに誘電現象を捉えるという点では同じである。しかし，SHGが直接キャリアの動きをプローブするのに対して，TOFは変位電流によって間接的にキャリアの動きを推定する方法であるという点で本質的に異なる。そのため，OFET構造では，TOF法でキャリア輸送過程を観測することは困難であるが，SHG法では直接観測が可能である。また，MW効果として，OFETのキャリア輸送を検証し，このモデルの妥当性が示された。さらに，CMS法などの採用によりエネルギー的側面から解析できることも示した。

文　献

1） 岩本光正，応用物理学会 有機分子バイオエレクトロニクス分科会，講習会資料―わかりやすい有機エレクトロニクス―：応用物理学会編，1（2006）
2） 岩本光正，応用物理学会 有機分子バイオエレクトロニクス分科会，有機デバイスの基礎と応用―ソフトエレクトロニクス実現を目指して：応用物理学会編，9（2008）
3） M. A. Lampert and P. Mark, Current Injection in Solids, Academic Press, New York（1970）
4） 岩本光正，間中孝彰，林銀珠，田村亮祐，表面科学，**29**, 105（2008）
5） たとえば，岡小天，固体誘電体論，岩波書店（1960）
6） 岩本光正，電気電子物性，オーム社（2011）
7） R. Tamura, E. Lim, T. Manaka and M. Iwamoto, *J. Appl. Phys.*, **100**, 114515-1（2006）
8） E. Lim, T. Manaka, R. Tamura and M. Iwamoto, *Jpn. J. Appl. Phys.*, **45**, 3712（2006）
9） S. M. Sze, Physics of Semiconductor Devices, 2nd ed., Wiley, New York（1981）
10） M. Weis, T. Manaka and M. Iwamoto, *J. Appl. Phys.*, **105**, 024505（2009）
11） E. Lim, D. Yamada, M. Weis, T. Manaka and M. Iwamoto, *Chem. Phys. Lett.*, **477**, 221（2009）
12） M. Weis, J. Lin, D. Taguchi, T. Manaka, M. Iwamoto, *Jpn. J. Appl. Phys.*, **49**, 71603（2010）
13） T. Manaka, F. Liu, M. Weis, M. Iwamoto, *Phys. Rev. B*, **78**, 121302（2008）
14） M. Weis, J. Lin, D. Taguchi, T. Manaka and M. Iwamoto, *J. Phys. Chem. C*, **113**, 18459（2009）
15） T. Manaka, E. Lim, R. Tamura, D. Yamada and M. Iwamoto, *Appl. Phys. Lett.*, **89**, 072113（2006）
16） T. Manaka, M. Nakao, D. Yamada, E. Lim and M. Iwamoto, *Opt. Express*, **15**, 15964（2007）
17） D. Yamada, T. Manaka, E. Lim, R. Tamura and M. Iwamoto, *J. Appl. Phys.*, **103**, 084118（2008）
18） Y. R. Shen, The Principles of Nonlinear Optics, Wiley, New York（1984）
19） T. Manaka, E. Lim, R. Tamura and M. Iwamoto, *Nat. Photonics*, **1**, 581（2007）
20） M. Iwamoto, T. Manaka, T. Yamamoto and E. Lim, *Thin Solid Films*, **517**, 1312（2008）
21） M. Iwamoto, T. Manaka, M. Weis and D. Taguchi, *J. Vac. Sci. Technol. B*, **28**, C5F12（2010）
22） T. Manaka, F. Liu, W. Martin and M. Iwamoto, *J. Phys. Chem. C*, **113**, 10279（2009）
23） T. Manaka, F. Liu, M. Weis and M. Iwamoto, *J. Appl. Phys.*, **107**, 43712（2010）
24） T. Manaka, S. Kawashima and M. Iwamoto, *Appl. Phys. Lett.*, **97**(11), 113302（2010）

2　導電性高分子を用いたトランジスタ特性

鎌田俊英*

2.1　半導体のキャリア伝導機構

導電性高分子材料を半導体活性層に用いたトランジスタにおいて，その特性を制御していくためには，まずは材料の基本的な半導体特性を理解する必要がある。ここでは，導電性高分子が半導体特性を示すためのキャリア伝導機構について示す。

物質に電場を印加すると，物質の中をキャリアが移動することにより，電気が流れる。この際，キャリアがイオンの場合はイオン伝導，電子または正孔である場合は電子伝導と呼ぶ。通常，電気の流れやすさは下式で表される。

$$I = \sigma E \tag{1}$$

$$\sigma = ne\mu \tag{2}$$

ここで，Iは電流，Eは電界の強さ，σは導電率，nは単位体積あたりのキャリア数，eは電子電荷，μはキャリアの移動度である。

物質は，この電子伝導特性の違いにより，金属，半導体，絶縁体に分類される。金属と半導体は，主として導電率の温度依存性の違いによって区別される。温度の上昇とともに導電率が増大するのが半導体で，温度の低下とともに導電率が上昇するのが金属と定義されている。半導体の導電率の温度依存性は(3)式で表されている。

$$\sigma = \sigma_0 \exp\left(\frac{-E_a}{kT}\right) \tag{3}$$

ここで，E_aは活性化エネルギーで，真性半導体の場合には，$E_a = E_g/2$で与えられる。また，kはボルツマン定数，Tは絶対温度，E_gはエネルギーギャップである。半導体と絶縁体との違いには，厳密な定義はないが，おおよそ導電率が10^{-10}Scm^{-1}以下となると絶縁体とみなされる。ただし，半導体の主たる特性は，導電率よりはキャリアの移動度で評価されることが多い。

高分子をはじめとした有機材料は，一般にキャリアが物質中に局在化する傾向にあるので，多くのものが絶縁体である。しかし，π電子共役系などを有する分子にあっては，半導体的な性質を示すものがあり，さらには多成分系材料にするなどして材料内のキャリア数を制御すると金属的な性質を示すようになるものもある。

半導体材料には，電子が伝導キャリアとなるn型半導体と，正孔が伝導キャリアとなるp型半導体とがあるが，有機半導体材料の場合，n型半導体材料は酸化反応に敏感で，大気中など酸素が存在する条件下では材料が酸化されやすく安定性が低いため，一般にその半導体素子としての性能評価を行うことが容易ではない。このため，有機半導体材料を用いてトランジスタ性能が検討

＊　Toshihide Kamata　㈱産業技術総合研究所　フレキシブルエレクトロニクス研究センター　研究センター長

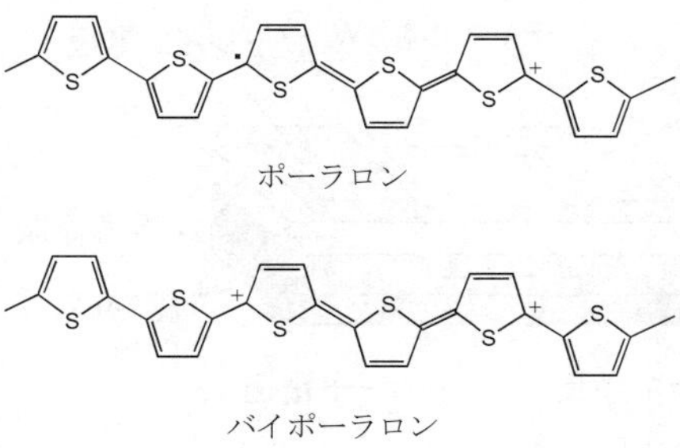

ポーラロン

バイポーラロン

図１　ポリチオフェンのポーラロン

されるものは，p型半導体材料が用いられていることが多い。

トランジスタなどの半導体素子においては，半導体材料は通常固体状態で用いられるため，固体としての物質の構造が素子性能に大きく影響する。固体状態としては，結晶，多結晶，非晶質に大別されるが，半導体のキャリアの伝導機構は，このような固体状態の違いによってその主要なものが異なってくる。結晶状態にある場合，その伝導機構は，主としてバンド伝導理論により説明される。有機半導体材料の場合，無機半導体のバンド構造とは若干異なってくる点などが指摘されているが，概ねバンドモデルでその伝導機構が説明される。一方，非晶質の場合には，主としてホッピングによる伝導が支配的となる。キャリア伝導が，ホッピングモデルに従う場合，バンドモデルに従う場合よりも半導体性能は劣ってくる。有機半導体材料の場合，分子間でのキャリア移動がホッピング伝導に基づくものが多いため，より重要な伝導機構となっている。多結晶の場合には，両機構がともに働き，特に結晶粒間の境界における障壁の状態が伝導機構を左右する大きな要因となっている。高分子半導体の場合，結晶性というのがイメージしづらいところもあるが，実際には芳香環などのπ電子共役系部位が構造秩序性の高い状態にある時，結晶性の伝導と近いものが得られる。また，高分子半導体には，バンドモデルやホッピングモデルなどの主要な伝導機構とは別に，さらに荷電素励起による伝導が働いている。媒質中に伝導電子などの荷電粒子が存在すると，その周りに電気分極が誘起され，ポーラロンと呼ばれる荷電素励起が発生する。主鎖がπ共役系芳香環で構成されている化合物においては，キノイド構造が現れることで，このようなポーラロンが発生する。さらに，電気分極が誘起された状態をバイポーラロンと呼んでいる（図１）。ポーラロンもバイポーラロンも，高分子主鎖中を移動するので，これにより電流が流れるのである。高分子半導体におけるキャリア伝導は，電場変調スペクトルなどを通して，主としてこうしたポーラロンやバイポーラロンによる機構が支配的であるとの解析がなされている[1)]。

2.2　高分子トランジスタ構造

高分子材料も半導体特性を示すことから，それを用いた半導体素子の検討も数多くなされている。半導体素子としては，ダイオード，発光素子などとともにトランジスタとしての性能検討がよくなされている。高分子半導体材料を活性層に用いたトランジスタとしては，電界効果トランジスタ（Field Effect Transistor : FET）が最も代表的な例として挙げられる。図２に，代表的な高分子FETの構造を示す。基板上にゲート電極を形成し，その上からゲート絶縁層を形成する。絶縁層上に，活性層としての高分子半導体層を設け，そこにソースとドレイン電極を形成する。ここで示したFET素子は，トップコンタクト構造と呼ばれる電極配置になっているが，この他にソースとドレイン電極がゲート絶縁層上に形成され，その上から半導体活性層を形成するボトムコンタクト構造と呼ばれる電極配置や，ゲート電極を最後に形成させるトップゲート構造と呼ばれる電極配置などがある。

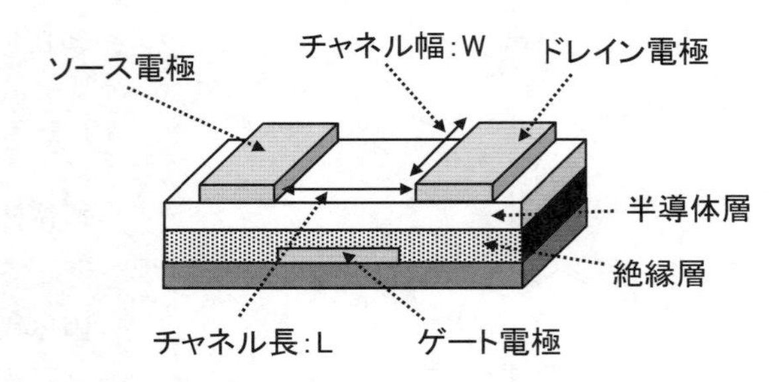

図2　代表的な高分子電界効果トランジスタ（FET）の構造

FETの動作原理は，ゲート電極からゲートバイアスV_Gを印加すると，ソースとドレイン間に流れるドレイン電流I_{DS}が変調されるというものである。例えば，ゲートにソースに対して負の電圧V_Gが印加されると，活性層の絶縁層との界面に正孔が誘起されて，正孔のチャネルが形成される。これにより，ソースとドレイン間の抵抗が減少し，ソースとドレイン間に電流I_{DS}が流れる。この時のI_{DS}は，次式で得られる。

$$I_{DS}=\frac{WC_i\mu}{L}\left\{(V_G-V_{th})V_{DS}-\frac{V_{DS}^2}{2}\right\} \tag{4}$$

ここで，Wはチャネル幅，C_iはゲート絶縁層のキャパシタンス，μは電界効果移動度，Lはチャネル長，V_{DS}はソースとドレイン間電圧，V_{th}はチャネルが形成される閾値電圧である。(4)式において，V_{DS}がV_G-V_{th}よりも大きくなる時，I_{DS}は(5)式で表されるようになり，I_{DS}がV_{DS}に依存しない一定値となる。こうした領域を飽和領域と呼び，V_G-V_{th}をピンチオフ電圧と呼ぶ。

$$I_{DS}=\frac{WC_i\mu}{2L}(V_G-V_{th})^2 \tag{5}$$

高分子半導体を用いた電界効果トランジスタ（FET）の性能を見るに当たっては，電界効果移動度，オンオフ比，閾値電圧，急峻性など，様々な特性を評価する必要があるが，まずは電界効果移動度μが代表して評価される。この時，μは，一般的には飽和領域のドレイン電流I_{DS}のV_G依存性から(6)式を用いて求められる。

$$\mu=\frac{2LI_{DS}}{WC_i(V_G-V_{th})^2} \tag{6}$$

FET素子において，優れた移動度を示す材料を設計するに当たっては，まずその材料の導電性を目安に検討されることが多い。これは，(2)式で表されたように，移動度μと導電率σとの間に，比例関係が成り立つためである。しかし，単に導電性の大きな材料を適応してしまうと，漏れ電流も大きくなるために，結果的にはオンオフ比が大きくとれなくなってしまう。このオンオフ比は，一般に次式で近似される。

$$\frac{I_{on}}{I_{off}}\approx 1+C_iV_{DS}\left(\frac{\mu}{2\sigma t}\right) \tag{7}$$

ここでtは活性層の膜厚である。したがって，大きな移動度とオンオフ比を得るには，μ/σを向上させることが必要で，このために初期状態におけるキャリア濃度を小さくするような設計が検討されている。

2.3　高分子トランジスタの性能

トランジスタなど半導体素子の半導体性能は，材料の一義的な特性というわけにはいかず，その材料が固体薄膜化した時の薄膜内高次構造や構造秩序性，さらには素子としてどのような構造にあるか，どのような構成材料が用いられているかなどに大きく影響を受ける。図３に，高分子半導体として最も代表的なものの一つであるポリチオフェンの電界効果移動度の推移を示す。チオフェン環が一次元的に連なっているという基本的な分子骨格はいずれの場合も変わりないが，その移動度性能が著しく変化してきていることが見てとれる。これは，素子として組み込んだ高分子半導体の薄膜内の構造が大きく異なってきていることなどに由来している。以下に，こうした半導体素子としての性能を支配する要因の主なものを示す。

2.3.1　分子構造依存性

高分子トランジスタは，基本的に固体素子であるがゆえに，半導体材料はその半導体性能が高くなるのに適した固体構造をとるように設計される必要がある。特に高い移動度を求める場合，半導体材料は秩序性の高い構造をとるように分子の設計をしていくことが重要である。π共役系高分子の場合，置換基のないπ共役系のみの材料よりは，アルキル基などが側鎖に置換しているものの方が，構造秩序性が高くなり，移動度の向上が見られることが多い。例えば，ポリチオフェンの場合，３位にアルキル基を修飾することで，移動度の向上が得られる。ただし，ここで置換するアルキル鎖は，構造秩序性を形成させるのに効果はあるものの，アルキル鎖の長さが長くなりすぎると，半導体活性層中で電子的には不活性なアルキル基成分の濃度が増すことになるので，移動度が低下する要因にもなる。また側鎖の種類にも大きく依存する。かさ高い置換基を側鎖に導入したり，カルボキシル基を導入したりすると，移動度は著しく低下する。これは，このようなかさ高い置換基あるいは極性基の導入により薄膜中の芳香環の配向性が低下することに起因している。側鎖に光学活性を導入する試みなども報告されている。アルキル側鎖の途中にさらにメチル基を修飾すると，光学活性が生じ結晶性が増加する傾向が得られる。しかし，側鎖間で立体障害が発生してしまい，芳香環の分子間距離も増大し，結果として移動度は低下する。いずれも，側鎖による立体障害は，移動度を低下させることになると報告されている[2)]。この辺りは，バランスをとる必要がある。

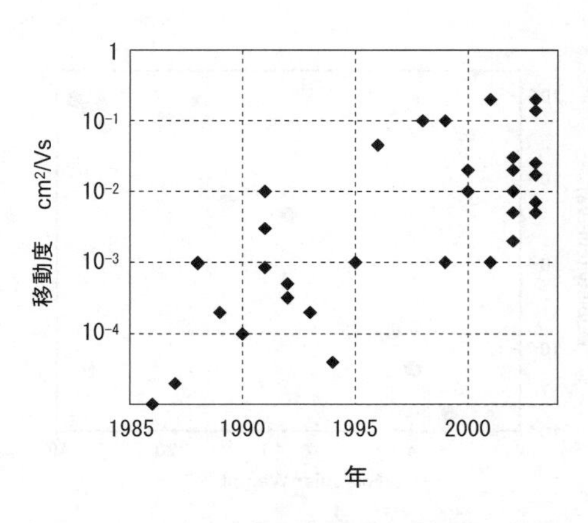

図３　ポリチオフェンの電界効果移動度の推移

2.3.2　立体規則性依存性

π共役系高分子半導体材料は，π共役系主鎖の分子間相互作用のみでは十分な構造秩序性を発揮することが困難であることから，側鎖にアルキル鎖などを置換することで構造秩序性を向上させることが多い。この場合，どの位置に側鎖を修飾するかで，高次構造，特に立体規則性が大きく変わってくる。例えば，3位にアルキル基を置換したポリ(3-アルキルチオフェン)(P3AT）の場合，置換したアルキル基の位置が，隣接するチオフェン環におけるアルキル基との相対的な配置として，図4に示すような3種類の位置関係がある。①はhead to tail(HT)，②はtail to tail(TT)，③はhead to head(HH）と呼ばれる状態である。通常のポリチオフェンではこうした状態が混在しているが，この中でHT型構造の割合が高くなると，立体規則性が高くなり，アルキル鎖間のアルキル相互作用がより効果的に発揮されるために，薄膜を作製した時の構造秩序性が高くなる。その結果として，移動度も高くなることが見出されている。最近では，こうしたアルキル基の立体規則性を制御した高分子が合成されるようになり，特に，ほとんどがHT型構造で構成される高立体規則性ポリアルキルチオフェンが存在するようになってきている。

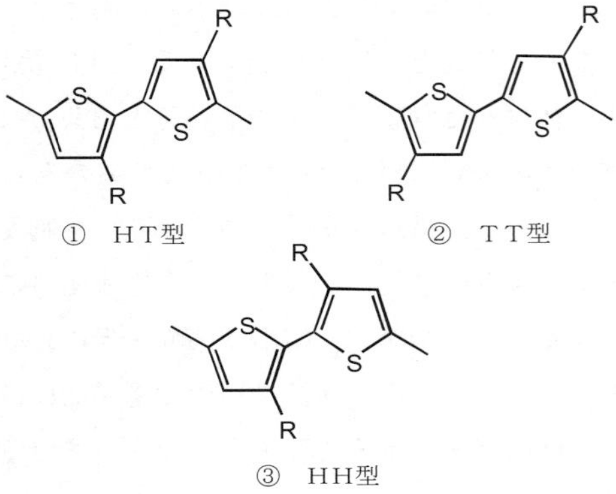

2.3.3　分子量依存性

高分子半導体においては，高分子の主鎖中に生じるポーラロンやバイポーラロンが伝導キャリアとして重要な役割を果たしていることから，高分子の主鎖の長さ，すなわち分子量が，移動度に大きな影響を与える。π共役高分子においては，主鎖が長くなり共役長が長くなっていくと，キャリアの非局在化が進み，イオン化ポテンシャルの減少や，電子親和力の増大などが見られるようになってくる。こうした主鎖の状態が，半導体特性に大きく影響を与えることとなる。一方，ホッピング伝導の観点からは，分子間相互作用の効果も考慮する必要がある。高分子材料の分子量は，固体薄膜中における高次構造にも大きな影響を与える。例えば，P3ATの場合，図5に示すように分子量が大きいものが高い電界効果移動度を示すという報告がなされている[3)]。これは，P3ATの場合，分子量が小さくなり，オリゴマーになっていくと，針状結晶となっていく傾向があるためである。すなわち，分子

R S S R
①　HT型
R S S R
②　TT型
R S S R
③　HH型

図4　アルキル修飾チオフェンの側鎖の立体配置

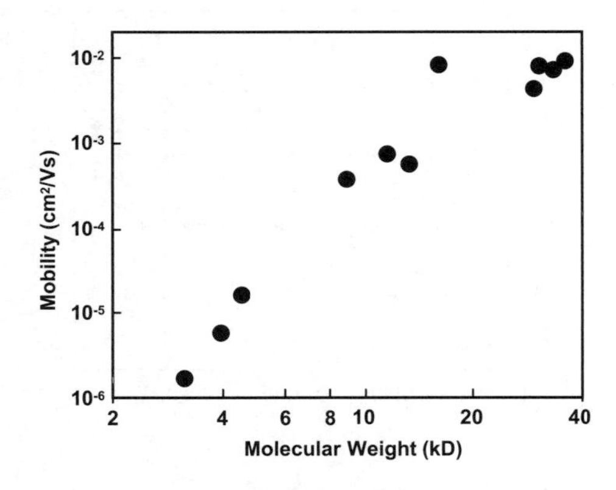

図5　P3ATの電界効果移動度の分子量依存性

量が小さくなり，結晶性が高くなるが，その際の結晶形が針状結晶であることから，結晶化により，むしろ結晶グレイン間距離が大きくなり，グレイン境界障壁が大きくなってしまうのである。このように，分子構造によって分子量依存性が異なってくるため，一概に分子量との傾向を述べることはできないが，分子量によって構造変化が生じることは間違いないだけに，どの材料系においても，高分子材料の分子量ならびに分子量分散は半導体特性に大きな影響を与える。

2.3.4　ドーピング効果

半導体特性には，活性層中の初期キャリア濃度が大きく関与していることから，ドーピング効果の検討が重要となってくる。活性層における初期キャリア数があまりにも少ないと，活性層が半導体としての振る舞いを示さず，ほとんど絶縁体となってしまう。この場合，ゲート電圧の印加が絶縁層のみならず活性層にまでかかってしまい，絶縁層と活性層との界面にキャリアを誘起することができなくなってしまうのである。こうした状況を回避し，効果的な電界効果を得るためには，ドーピングにより初期キャリアを増やしてやる必要が出てくる。一方，活性層中の初期キャリア濃度が過剰であると，今度はゲート電圧の印加により活性層界面に誘起されるキャリア数が少なくなり，効果的な変調が得られなくなる。こうした場合には，脱ドーピングといった効果の検討がなされている。ちなみに，ドーピング効果は，ドーパントを高分子材料中に分散させるという方法のみならず，ドーパントとしての性能を示す材料薄膜を，高分子層に隣接して設置することによっても効果が得られる。これが，素子構造によって半導体特性が制御されるといわれる要因の一つである。

2.3.5　薄膜作製法依存性

電界効果トランジスタなどの薄膜デバイスにおいては，半導体は薄膜を形成させて用いる。この際，薄膜の構造は，その作製方法に大きく依存することが知られている。固体薄膜を作製する際の成長機構は，気相プロセスにおいては比較的良く検討されていて，構造制御方法に関する知見は多い。しかし，高分子半導体の薄膜は，通常溶液プロセスで作製させる。こうした溶液プロセスから薄膜を作製する技術に関しては，必ずしも十分に検討されているとはいいがたい。しかし，薄膜の成長速度，成長温度，基板の表面状態など，基本的に気相プロセスで要因となっている点については共通に依存する。液相プロセスとして代表的なキャスト法，ディップコート法，スピンコート法で薄膜を作製し，その薄膜構造の違いを検討した場合，キャスト法，ディップコート法，スピンコート法の順で，移動度が高い高分子半導体薄膜が得られたという報告がある。これは，上記の順で薄膜の構造秩序性が高くなっていたことによると解析されている。これは，スピンコート法，ディップコート法，キャスト法の順で薄膜成長時間が長くなり，溶液中からゆっくりと薄膜を成長させることが，構造秩序性の高い薄膜を与える要因となったと解釈されている。薄膜の成長速度が構造制御要因となる以上，展開する溶媒の影響も大きい。

溶媒の種類によって構造が異なってくるという報告もある。P3ATの場合，クロロフォルムを用いると，大きな移動度が得られ，キシレンやパラキシレンでもクロロフォルム並の移動度は得られるとの報告もある[4)]。これらは，溶媒の違いにより核発生点が異なってくること，薄膜形成速度が異なってくることなどに起因している。こうした性能の違いは，溶液中における高分子鎖のコンフォメーションの違いが，薄膜作製した後での薄膜構造に影響を与えている所以である。

薄膜の構造秩序性が高いほど大きな移動度が得られるということは，構造異方性の効果も大きいということになる。例えば，高分子薄膜を作製した後，高分子主鎖を電極が対向する方向と平行に配向するようにラビング処理を施した場合，移動度が増大することが観測されている。前述のように，高分子半導体の場合，キャリアの伝導は，主鎖中をポーラロンなどにより伝導する機構と，主鎖間をホッピング伝導する機構とがある。上記のように，主鎖が対向電極と平行に並んだ状態の方が大きな移動度が得られるということは，高分子半導体素子の場合，ホッピング伝導が律速になっていることを示している。

また，薄膜の形成は基板の表面エネルギーに依存することから，膜形成する基板の表面状態の影響を大きく受ける。半導体層形成の基板となるゲート絶縁層として酸化物を用いた場合，シランカップリング処理などを施すと移動度が増大することが知られている。こうした効果が現れる要因としては，次のようなものが考えられている。一つは，高分子の配向制御の効果である。表面をアルキル化することで，アルキル鎖を有する高分子が，アルキル相互作用のために配向がしやすくなり，この結果構造秩序性が高い高分子薄膜ができ，移動度が大きくなるのである[5)]。もう一つは，表面双極子の効果である。酸化物をゲート絶縁層として用い，その上に高分子半導体層を形成させる場合，酸化物表面には，水酸基が露出していることが考えられる。この水酸基の持つ双極子が，高分子中に空間トラップを誘起してしまう。これに対して，酸化物表面をシランカップリング処理して，水素終端をつぶしてしまうと，水酸基由来の双極子が消滅し，これにより構造トラップを減少させ，移動度の向上をはかることができるのである。

2.4　様々な種類の高分子半導体材料

これまでに電界効果移動度が評価されてきた主な導電性高分子材料を表1に示し，その中でも代表的な例を以下に紹介する。

2.4.1　ポリチオフェン

ポリチオフェンは，FET用の高分子半導体材料としては，最も詳細に検討されている材料の一つである。当初は，無置換のポリチオフェンでFET特性が評価されていたが，その後置換基効果が検討され，特に3位にアルキル基を修飾したポリ(3-アルキルチオフェン)(P3AT)で，溶解性の向上とともに，移動度の向上が見られるようになった[6)]。側鎖置換基の効果は，詳細に検討され，かさ高い置換基や光学活性を有する置換基などを導入すると，置換基の立体障害により，チオフェン環の配向性が低下し，移動度は低下する[7)]。また，側鎖の立体規則性も，FET特性に大きく影響を及ぼす。立体規則性の高いP3ATは，基板上で自己配向し，チオフェン環が基板に垂直に並ぶ（エッジオン配向)。この配向が，面内方向の移動度の向上に効果的となる。これに対して，立体規則性が低い場合，チオフェン環が基板に平行に並ぶか（フェイスオン配向)，もしくはアモルファス状態の薄膜として作製される[8)]。このような状態になると，大きな移動度は得られ

表1　代表的な高分子半導体のトランジスタ特性

化合物	移動度（cm^2/Vs）
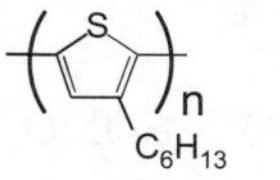 S, n, C_6H_{13}	0.1
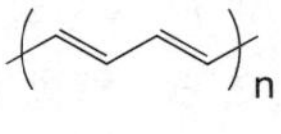 n	0.0001
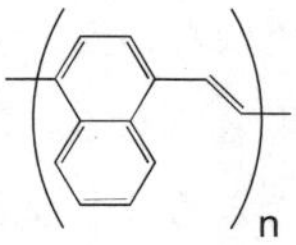 n	0.0001
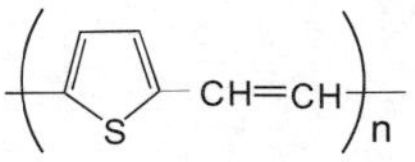 CH=CH, S, n	0.22
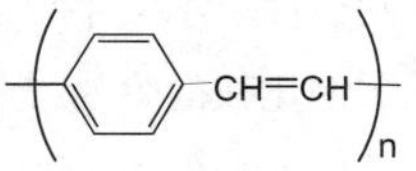 CH=CH, n	0.0002
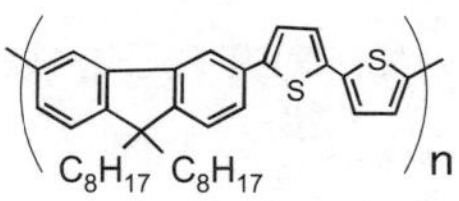 S, S, C_8H_{17} C_8H_{17}, n	0.02
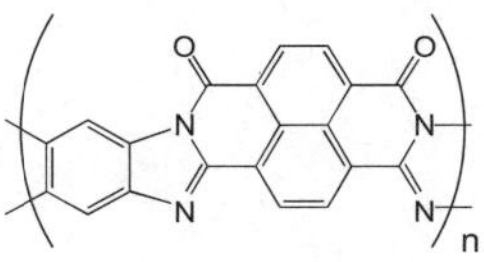 O, O, N, N, N, n	0.0005
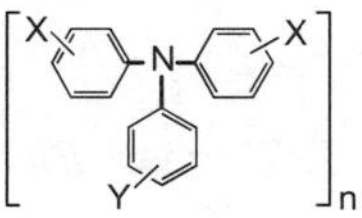 X, N, X, Y, n	0.005
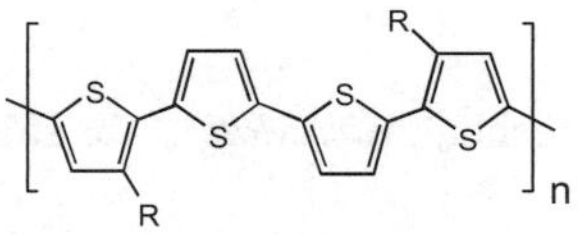 R, S, S, S, S, R, n	0.14

ない。ポリチオフェンは，現在のところ高い移動度を示す代表的な高分子半導体材料となっているが，酸素ドーピングの影響を受けやすく，耐環境性に難がある。ポリチオフェンFETの特性評価を大気中で行うと，大きなオフ電流が流れてしまい，変調効果が得られづらくなる。このため，FET特性評価の多くは，真空中もしくは不活性ガス雰囲気下中で行われている。

2.4.2　ポリフルオレン

固体薄膜中で高度に配向している半導体材料が高い移動度を示す傾向にあることが見出されて以来，高分子半導体においても高度配向性高分子材料の検討が行われている。フルオレンとチオフェンの共重合体であるポリ-9,9'ジオクチルフルオレンビチオフェン（F8T2）は，液晶性を示す共役系高分子であることから，比較的容易に高度配向膜が得られる。メカニカルラビング処理を施したポリイミド薄膜上にスピンコートし，窒素雰囲気下約300℃でアニールすると，主鎖がラビング方向と平行方向に高度に配向した，異方性薄膜が得られる。このようにして得られた薄膜の電界効果移動度は，異方性を示し，その異方比は約10倍に及ぶ[9)]。こうしたフルオレン系ポリマーは，耐環境性が高いことが特に注目されているところである。

2.4.3　ポリトリアリルアミン

ポリチオフェンやポリフルオレンなど多くの高分子半導体材料が，配向性を高めることで，より高い移動度を得るという設計がなされているのに対し，その薄膜作製の容易さや耐久性の高さを重視した材料設計として，アモルファス性高分子半導体材料で高移動度を追及する試みもある。アモルファス性材料の場合，主たるキャリアの伝導をホッピング伝導に頼らなければならないために，ホッピングサイトが大きくなるような分子設計が必要である。このため，主鎖に剛直なπ共役鎖を有するのではなく，比較的柔軟な主鎖を有し，かつ側鎖にπ共役系置換基を持たせるような試みがなされている。代表的な例としては，ポリトリアリルアミン（PTAA）などが挙げられる。こうした，アモルファス性の半導体材料を用いる場合は，素子の構成材料の設計指針も変わってくる。例えば，層内で局所双極子の配向が生じると，それが双極子トラップとして働いてしまう。これを避けるために，誘電率の低い絶縁層を用いるなどの工夫も検討されている[10]。

2.4.4 n型半導体

poly(benzobisimidazobenzo phenanthroline)（BBL）は，LUMOレベルは約4.2eV，HOMOレベルは約6.0eVと見積もられており，n型半導体としての動作をする高分子として知られている。そのスピンコート膜で，FETを作製し，大気中でトランジスタ特性を評価したところ，移動度 $5\times10^{-4}cm^2/Vs$，オンオフ比で150が得られたとの報告がある。決して大きな値ではないが，大気中でもn型動作する高分子半導体があることが見出されたという点で意義深い現象である。この特性は，溶媒によって大きく変わってくることや，混合物の存在で性能制御ができることなどが報告されている[11]。

2.4.5 両極性半導体

半導体中に，電子と正孔の両方のキャリアを発生させることができれば，両極性を示す半導体材料が得られることになる。高分子材料の場合，複数種材料を混合させることが比較的容易であることから，混合材料で両極性半導体材料の検討が行われている。例えば，p型の動作をするポリアルキルチオフェンにn型の動作をするペリレンを分散させた材料において，FET素子を検討したものでは，移動度は小さいものの両極性の動作をすることが確認されている[12]。

文　献

1) K. E. Ziemelis, A. T. Hussain, D. D. C. Bradley, R. H. Friend, J. Ruhe, G. Wegner, *Phys. Rev. Lett.*, **66**, 2231 (1991)
2) Z. Bao, A. J. Lovinger, *Chem. Mater.*, **11**, 2607 (1999)
3) R. J. Kline, M. D. McGehee, E. N. Kadnikova, J. Liu, J. M. J. Fréchet, *Adv. Mater.*, **15**, 1519 (2003)
4) Z. Bao, *Adv. Mater.*, **12**, 227 (2000)
5) H. Sirringhaus, N. Tessler, R. H. Friend, *Synth. Met.*, **102**, 857 (1999)
6) A. Assadi, C. Svensson, M. Willander, O. Inganas, *Appl. Phys. Lett.*, **53**, 195 (1988)
7) Z. Bao, A. J. Lovinger, *Chem. Mater.*, **11**, 2607 (1999)
8) Z. Bao, A. Dodabalapur, A. J. Lovinger, *Appl. Phys. Lett.*, **69**, 4108 (1996)
9) H. Sirringhaus, R. J. Wilson, R. H. Friend, M. Inbasekaran, W. Wu, E. P. Woo, M. Grell, D. D. C. Bradley, *Appl. Phys. Lett.*, **77**, 406 (2000)
10) J. Veres, S. D. Ogier, W. Leeming, D. C. Cupertino, S. M. Khaffaf, *Adv. Funct. Mater.*, **13**, 199 (2003)
11) A. Babel, S. A. Jenekhe, *Adv. Mater.*, **14**, 371 (2002)
12) K. Tada, H. Harada, K. Yoshino, *Jpn. J. Appl. Phys.*, **35**, L944 (1996)

3　有機薄膜トランジスタ用高分子材料

鳥居昌史[*1]，匂坂俊也[*2]

3.1　はじめに

有機エレクトロニクスは，「薄型・軽量」，「フレキシブル」，「衝撃に強い」，「大面積化が容易」，「低コストプロセス適応性が高い」といった観点から，次世代の新しいエレクトロニクスデバイス創出に期待が寄せられ，近年注目を集めている。

ここで活用される有機半導体材料の魅力は，様々な機能を容易に付与できる「分子設計の多様性」とインク化による「印刷プロセスへの適応性」である。インク化できる有機半導体材料は，溶媒に溶かして必要な箇所だけに必要量を塗布し，パターンを形成することができる。このようにして，印刷でエレクトロニクス回路が形成できれば，大きな設備と煩雑な工程が不要となり，エネルギー消費量と原料廃棄量を低減できると考えられる。つまり，インク化できる有機半導体材料を活用した有機エレクトロニクスは，大量使用される低コストデバイスや，大面積デバイスの提供において，経済的にも環境的にも大きな期待を担っている。

ここでは，有機半導体の魅力であるインク化できる材料として，有機薄膜トランジスタへの応用を目指す高分子材料研究の取り組みについて紹介する。

3.2　アモルファス高分子材料

ここでターゲットとなる集積化されたデバイスでは「各素子の特性の均一性」が非常に重要となる。例えば，ディスプレイの画素を駆動するような場合には数百万個のトランジスタが同一の特性を示さなければならない。このような観点から半導体の材料系を考えた場合，均一性に優れるアモルファス高分子材料は非常に有望であり，また溶解性，安定性などの特性向上についても比較的容易である。しかしながら，分子配向技術が使えないため，どこまで高移動度化できるかが鍵となる。アモルファス高分子材料の中では，トリアリールアミンユニットを共役ポリマーの主鎖中に組み込んだ系統の材料により，良好な電荷輸送特性が報告されている。トリアリールアミン誘導体は，電子写真感光体や有機電界発光素子（OLED）のホール輸送材料として数多くの材料が検討されており，優れたホール輸送性ユニットとして知られている。トリアリールアミンユニットの捩れや屈曲という立体的特徴のため，安定なアモルファス状態の発現と溶解性の向上が期待される。以下に幾つかの例を示す。

3.2.1　ポリトリフェニルアミン

トリフェニルアミン重合体PTAA（図１）が合成され，電荷輸送特性が検討された。タイムオ

＊1　Masafumi Torii　㈱リコー　研究開発本部　先端技術研究センター
シニアスペシャリスト研究員

＊2　Toshiya Sagisaka　㈱リコー　研究開発本部　先端技術研究センター
シニアスペシャリスト研究員

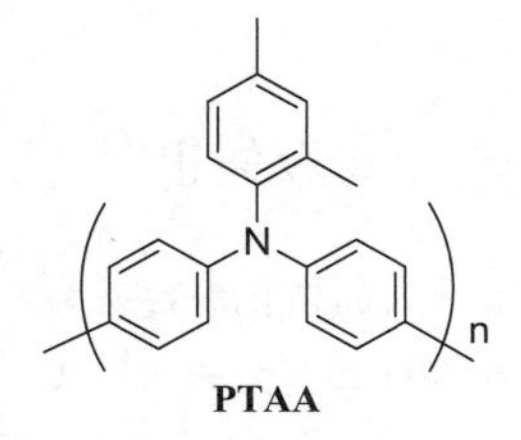

図1　PTAAの構造

ブフライト（TOF）移動度では2×10^{-2} cm^2/Vs（電界強度：250 kV/cm）のホール輸送特性を示すが，SiO_2ゲート絶縁膜上に形成した電界効果型トランジスタ（FET）の移動度はTOF移動度より一桁低く[1]，TOFにおけるバルクの伝導とFETにおける半導体／絶縁膜界面の伝導パスの違いに着目した。その結果，絶縁膜界面近傍の半導体層中のエネルギー的ディスオーダーを低減するために，低誘電率の有機絶縁膜を用いることにより3.3×10^{-3} cm^2/Vsへ移動度が向上した[2]。またSiO_2絶縁膜表面をシランカップリング剤で処理することにより，移動度0.01 cm^2/VsのFET特性が得られている[3]。

3.2.2　フルオレン—トリフェニルアミン共重合体

鈴木—宮浦クロスカップリングを用いてフルオレン—トリフェニルアミン共重合体が合成され，TOF法により電荷輸送特性が検討されている。これら材料は3×10^{-4}から2×10^{-3} cm^2/Vs（電界強度：250 kV/cm）のホール移動度を示す[4]。TFB（図2）を用いたFETが作製され，低誘電率材料をゲート絶縁膜に用いることにより0.01 cm^2/Vsを超えるFET特性が報告されている[5]。

3.2.3　トリアリールアミン—フェニレンビニレン共重合体

筆者らのグループはWittig-Horner反応を用いて，ポリパラフェニレンビニレン骨格にトリアリールアミンユニットを導入した主鎖構造を有するPTAPV系材料（図3）を合成した[6]。

これら材料は，汎用有機溶媒に対し10 wt％以上の溶解性を示す。溶液濃度の調整により，糸を引くような高粘度から，インクジェット吐出可能な低粘度までの粘度調整が可能なため，種々の印刷法に要求されるインク特性に対応できる。SiO_2絶縁膜上へのスピンコートにより作製したトップコンタクト型FETは，1.5～3.6×10^{-3} cm^2/Vsのホール移動度を示した。またPTAPV1により，移動度の分子量依存性が検討された。オリゴマーレベルの低分子量体では移動度が大きく低

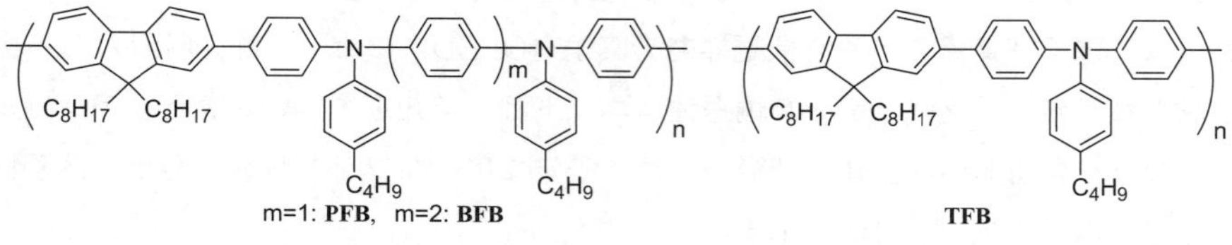

m=1: PFB,　m=2: BFB　　TFB

図2　フルオレン—トリフェニルアミン共重合体の構造

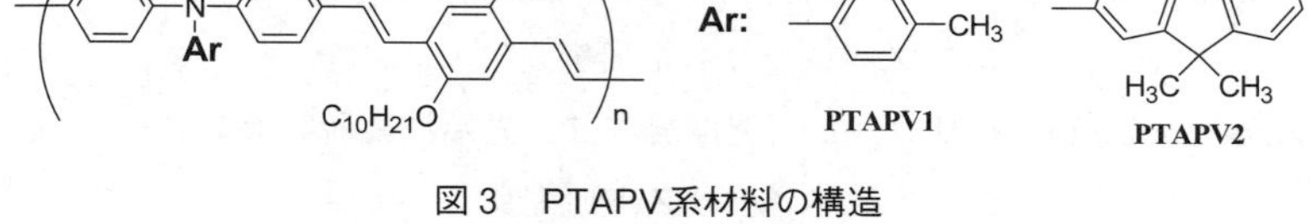

PTAPV1　　PTAPV2

図3　PTAPV系材料の構造

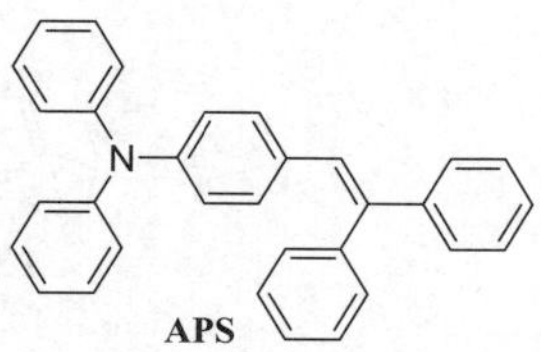

下しているが，分子量20000以上で一定の移動度となっており，予期されない末端構造がキャリアのトラップとなっていることが示唆される。

また，アモルファス高分子材料ならではのユニークな効果として，PTAPV系材料へ低分子材料を混合することにより電荷輸送特性が向上するという現象が見出されている。PTAPV2にAPS（図4）を40 wt％混合した場合，FET移動度は7.0×10^{-3}cm^2/Vsへ向上し，サブスレッショルド特性も改善される。TOF法による温度変化測定の結果，ホッピングサイトの空間的な乱れと，エネルギー分布の乱れがともに減少するためと考えられており，これは一般的な導電性高分子へのドーピングによるキャリアの誘起とは全く機構が異なる。さらに有機絶縁膜によるFET特性の向上が検討されており，ポリパラキシリレン絶縁膜上，PTAPV2にAPSを40 wt％混合した溶液をスピンコートしたボトムコンタクト型FET（L＝10 μm, W＝140 μm）により，移動度0.015 cm^2/Vs，on/off比～10^6の特性が得られている。

APS

図4　APSの構造

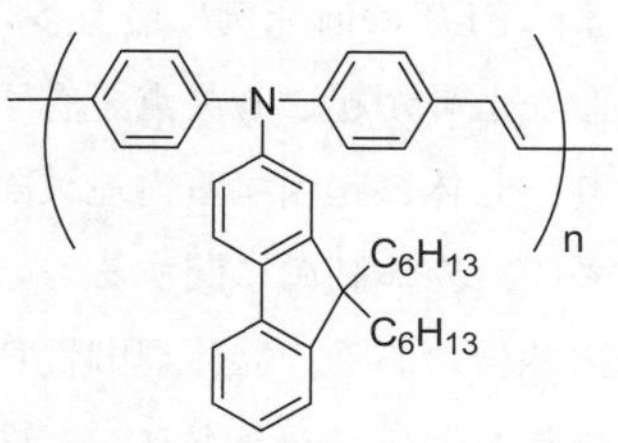

PTAV

図5　PTAVの構造

PTAPV1を用いて，全印刷プロセスにより作製したバックプレーンにより駆動する160 ppiの電気泳動ディスプレイが試作されている[7)]。

3.2.4　トリアリールアミン―ビニレン共重合体

筆者らのグループでは，Buchwald-Hartwigアミネーション反応を用い，ジブロモスチルベンとアリールアミンから，トリアリールアミン構造をビニレンで連結した構造を有するPTAV系材料（図5）を合成した。PTAVの溶液をSiO_2絶縁膜上にスピンコートしたトップコンタクト型FETにより，FET移動度0.01 cm^2/Vsの特性が得られている。今後，さらに絶縁膜材料の検討による特性向上が期待される。

3.3　配向性高分子材料

高分子半導体の移動度の向上のために，ポリマーの高次構造制御が行われている。立体障害による共役系の捩れを無くして平面性を確保し，隣接分子のスタッキングによる重なり積分の増大だけではなく，3次元的配向を促進するために，アルキル基間のファンデルワールス相互作用を利用した分子設計がなされている。高移動度を示す多くの材料では，π共役主鎖方向の立体不規則性を排除し，隣接するポリマー鎖のアルキル基間で指組構造をとれるよう，アルキル基の導入位置を考慮することにより，3次元的なラメラのスタッキング構造を発現させている。

3.3.1　ポリチオフェン系材料

ポリチオフェンはこれまで多くの誘導体が開発されてきた。中でも特にポリ-3-ヘキシルチオフ

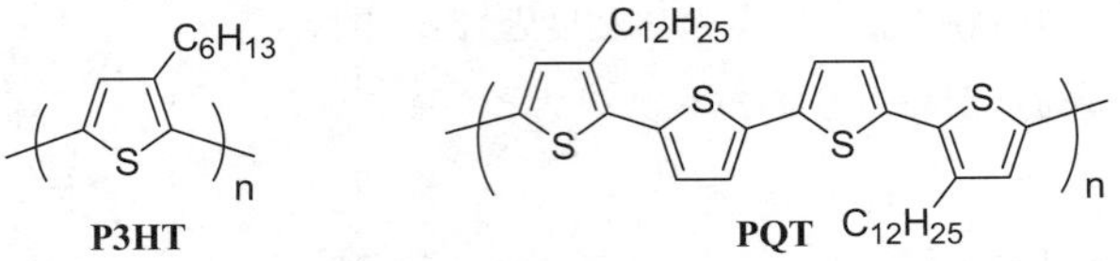

図6　ポリチオフェン系材料の構造

ェン（P3HT）（図6）は市販品も入手可能であり，低いながらも溶解性を示すため，湿式製膜によるFETの研究例は最も多い。しかしP3HTは大気安定性に劣り，大気暴露によりオフ電流の急激な上昇が起こる欠点を有する。高移動度を発現するには立体規則的に重合されている必要があり，立体に起因する構造欠陥の存在は移動度を大きく低下させる。合成方法についての研究例も多く，立体制御に関するもの[8,9]，連鎖重合による分子量や分散度制御に関するもの[10]，など多くの報告がある。立体規則性P3HTの膜は，層間距離16Å，π—πスタッキング距離3.8Åのラメラ構造をとる。ハンドリング性に劣るため，FET特性は各研究機関で値が大きくばらつくが，高移動度が報告された一例を挙げると，SiO_2絶縁膜上に膜厚2～4nmの超薄膜（2から3分子層分に相当）をディップコートしたボトムコンタクト型FETにより，0.11～0.2 cm^2/Vsの特性が得られている[11]。

ポリアルキルチオフェンのアルキル置換位置を工夫した材料PQT（図6）が報告されている[12,13]。PQTのアルキル無置換のチオフェン環は，比較的共役平面からの捩れに対する自由度があり，この結果HOMOのレベルが深くなるため，P3HTに較べて大気安定性が改善されている。また，モノマーは4つのチオフェン環から構成される対称構造のため，酸化重合で容易に立体規則性ポリマーが合成できる。側鎖のアルキル基を～16Åの繰り返し間隔で導入したことにより，隣接分子同士のアルキル基が指組構造をとり，3次元的なラメラのπスタック構造に自己組織化する（層間距離16.4Å，π—πスタッキング距離3.8Å）。PQTは液晶性を示し，SiO_2絶縁膜上にスピンコートしたトップコンタクト型FETの熱アニールにより，FET移動度0.18 cm^2/Vsの特性が得られており，この様な分子設計指針は後の材料開発に大きな影響を及ぼした。

3.3.2　フルオレン—ビチオフェン共重合体

鈴木—宮浦クロスカップリングによりF8T2（図7）が合成されており，この材料は265℃以上でネマチック相を発現する。ポリチオフェンの主鎖中にフルオレンユニットを導入した構造となっているため，大気安定性が大きく向上している。分子短軸方向にバルキーなアルキル基が存在するため，分子間の電荷輸送よりも主鎖に沿った分子内の移動度が一桁ほど高い。液晶性を利用し，絶縁膜表面のラビング（FET移動度：0.01～0.02 cm^2/Vs）[14,15]，摩擦転写法（FET移動度：0.035 cm^2/Vs）[16]，レーザーアニール（FET移動度：0.0016 cm^2/Vs）[17]などの配向手法により高移動度化が試みられている。

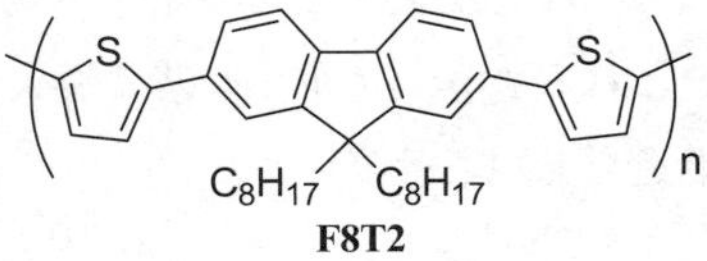

図7　F8T2の構造

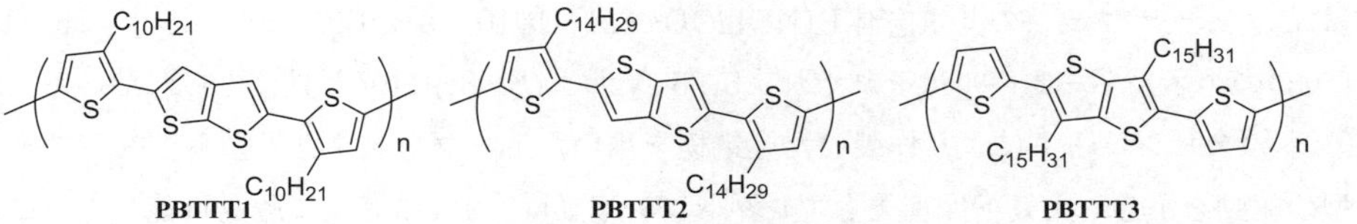

PBTTT1　PBTTT2　PBTTT3

図8　PBTTT系材料の構造

3.3.3　チエノチオフェン—ビチオフェン共重合体

Stilleカップリングにより，チエノチオフェンとビチオフェンの共重合体が合成されている。PBTTT1（図8）は，交差共役しているチエノチオフェンユニット（thieno[2,3-*b*]thiophene）の導入による有効共役長の制御によりHOMOのレベルを深くし（−5.3 eV），大気暴露によるオフ電流の上昇が抑制されている。PBTTT1の膜は，層間距離17 Å，π—πスタッキング距離3.7 Åのラメラ構造をとる。SiO_2絶縁膜で作製したボトムコンタクト型トランジスタ（L＝10 μm）により，0.01～0.05 cm^2/Vs，短チャネル素子（L＝5 μm）で0.15 cm^2/Vsの特性が報告されている[18]。

PBTTT2（図8）ではチエノチオフェン（thieno[3,2-*b*]thiophene）の共役は繋がっているものの，非縮環のビチオフェンと比較して電子の非局在化の程度が減少するためHOMOのレベルが深くなっており（Ip：5.1 eV），P3HTよりは大気安定性がある。液晶相を発現し，薄膜は層間距離19.6 Å，π—πスタッキング距離3.72 Åのラメラ構造をとる。SiO_2絶縁膜で作製したボトムコンタクト型トランジスタ（L＝40 μm）により，ホール移動度0.6 cm^2/Vsの特性が得られている[19,20]。

また，PBTTT2とはアルキル置換位置の異なるPBTTT3（図8）についても報告されている。PBTTT3においては液晶相は存在せず，そのキャスト膜は層間距離20.53 Å，π—πスタッキング距離3.93 Åのラメラ構造をとっており，主鎖の共役ユニットはわずかに非平面構造をとると考えられている。SiO_2絶縁膜で作製したトップコンタクト型トランジスタ（L＝90 μm）により，ホール移動度0.25 cm^2/Vsの特性が得られている[21]。

3.3.4　チオフェン—アクセプターユニット共重合体

ドナー・アクセプター相互作用による分子間相互作用の増強により，分子間距離の短縮と結晶性の向上による移動度の向上や，イオン化ポテンシャルの増大による大気安定性の向上を目的とした分子設計が行われている。

Stilleカップリングにより，チアゾロチアゾールとターチオフェンの共重合体PTzQT（図9）が合成されている[22]。Ipは5.1 eVでP3HTより0.2 eV大きい。SiO_2絶縁膜上へのスピンコートにより作製したボトムコンタクト型トランジスタで，0.086～0.14 cm^2/Vs（L＝5～25 μm）のホール移動度を示し，大気下保管での劣化は小さい。

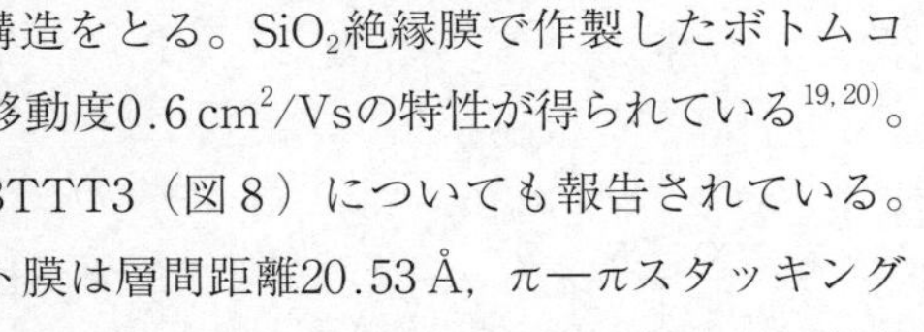

PTzQT

図9　PTzQTの構造

電子輸送材料として用いられるナフタレンジ

イミドと，ビチオフェンの共重合体P(NDI2OD-T2)（図10）が合成されている[23]。HOMOおよびLUMOのエネルギーレベルはそれぞれ－5.36 eVおよび－3.91 eVと見積もられている。SiO_2絶縁膜上へのスピンコートにより作製した金電極を用いたトップコンタクト型トランジスタにおいてn型の駆動を示し，大気下保管後もエレクトロン移動度0.01 cm^2/Vsで駆動可能であることが報告されている。さらに高分子絶縁膜を用いたFETで，大気下0.1～0.85 cm^2/Vsの高速な電子輸送が確認されており[24]，これまで開発が待ち望まれていた，高移動度n型半導体高分子がようやく報告されてきた。

最近，ジケトピロロピロールをビルディングブロックとして用いた高分子材料群において，1以上の非常に高速な移動度が報告されている。ジケトピロロピロールとチオフェンユニットとの共重合体であるPDBT-TTおよびPDQTがStilleカップリングにより合成されている（図11）。

PDBT-TTのHOMOおよびLUMOのエネルギーレベルはそれぞれ－5.25 eVおよび－3.40 eVと見積もられ，膜構造は層間距離20.4 Å，π―πスタッキング距離3.71 Åのラメラ構造をとることが確認されている。SiO_2絶縁膜上へのスピンコートにより作製したトップコンタクト型トランジスタは，0.88～0.94 cm^2/Vsのホール移動度が確認されている[25]。さらに電極の仕事関数のチューニングによりキャリア注入障壁の低減を行ったデバイスでは，ホール移動度1.36 cm^2/Vs，エレクトロン移動度1.56 cm^2/Vsの高速な両極性が達成されている[26]。

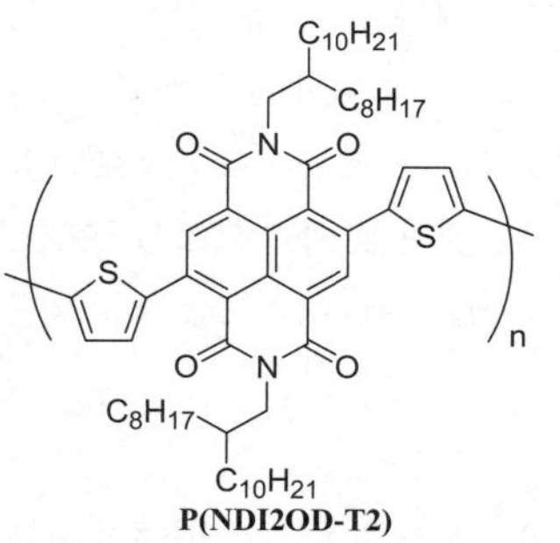

図10　P(NDI2OD-T2) の構造

またPDQTの場合，m＝0,1ではホール移動度0.1 cm^2/Vs以下の特性であるが，m＝2ではドナー・アクセプター性のバランスが改善され，SiO_2絶縁膜を用いたトップコンタクト型FETで0.71～0.89 cm^2/Vs（アニール無し），0.80～0.97 cm^2/Vs（100℃アニール）のホール移動度が得られている。塗布後の熱アニールプロセスが不要であるのは特筆に価する[27]。

さらに，ドナー部位のモディファイによる高移動度化が検討されている（図12）。P1，P2はPMMAを絶縁膜としたトップゲート型構造のトランジスタにより両極性を示し，

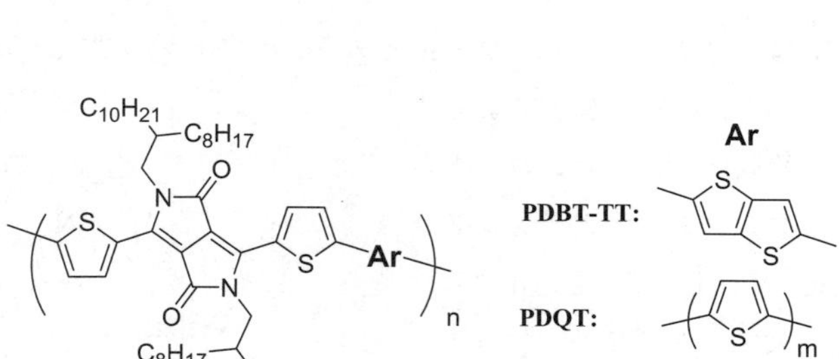

図11　PDBT-TTおよびPDQTの構造

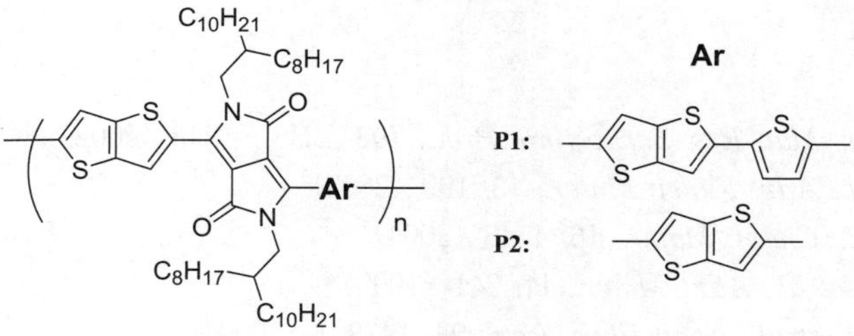

図12　P１およびP２の構造

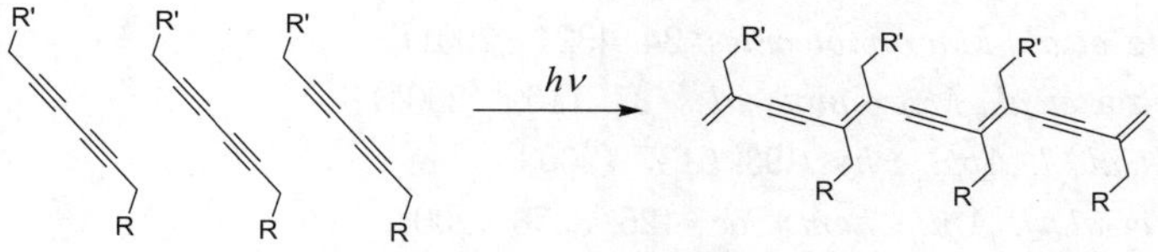

図13　ジアセチレンのトポケミカル重合

P１でホール移動度1.95 cm^2/Vs，エレクトロン移動度0.03 cm^2/Vsの非常に高速な電荷輸送特性が報告されている[28]。

3.4　ポリジアセチレン系材料

究極の配向状態となる高分子の単結晶状態を目指して，ジアセチレンのトポケミカル重合が試みられている（図13）。ジアセチレンモノマーをSiO_2絶縁膜上に蒸着した後，電子線照射による重合により作製したFETにおいて，ホール移動度3.8 cm^2/Vsの高速な電荷輸送特性が報告されている[29]。しかし，得られた膜は完全な平坦膜ではなく局所的な捲れやクラックが観察されており，重合に伴う膜の伸縮が解決された場合，さらに飛躍的な移動度の向上が期待できる。

3.5　おわりに

本節では，印刷プロセス適応性に優れた半導体高分子材料の一部を紹介した。高分子系の材料においても，FET移動度がホール，エレクトロンともに1 cm^2/Vsを超えるデバイスが報告されてきており，印刷プロセスを用いた大面積，低コストデバイスの実用化に向けて大きな期待がもたれる。さらなる進展のために，有機薄膜トランジスタの動作特性は有機半導体材料の化学構造のみで定まるわけではなく，絶縁膜材料，電極材料，さらに各界面などがデバイス特性に大きく影響を及ぼすことに注意し，最適なデバイスを構築していくことが重要である。

文　　献

1) J. Veres *et al.*, *Mat. Res. Soc. Symp. Proc.*, **708**, BB8.7, 243 (2002)
2) J. Veres *et al.*, *Adv. Funct. Mater.*, **13**, 199 (2003)
3) J. Veres *et al.*, *Chem. Mater.*, **16**, 4543 (2004)
4) M. Redecker *et al.*, *Adv. Mater.*, **11**, 241 (1999)
5) J. M. Verilhac *et al.*, *Appl. Phys. Lett.*, **94**, 143301 (2009)
6) M. Torii *et al.*, *Ricoh Technical Report*, **31**, 20 (2005)
7) A. Onodera *et al.*, *Ricoh Technical Report*, **35**, 73 (2009)
8) T. Chen *et al.*, *J. Am. Chem. Soc.*, **117**, 233 (1995)
9) R. S. Loewe *et al.*, *Macromolecules*, **34**, 4324 (2001)
10) A. Yokoyama *et al.*, *Macromolecules*, **37**, 1169 (2004)
11) G. Wang *et al.*, *J. Appl. Phys.*, **93**, 6137 (2003)
12) B. S. Ong *et al.*, *J. Am. Chem. Soc.*, **126**, 3378 (2004)
13) Y. Wu *et al.*, *Appl. Phys. Lett.*, **86**, 142102 (2005)
14) H. Sirringhaus *et al.*, *Science*, **290**, 2913 (2000)
15) H. Sirringhaus *et al.*, *Appl. Phys. Lett.*, **77**, 406 (2000)
16) S. P. Li *et al.*, *Appl. Phys. Lett.*, **87**, 062101 (2005)
17) K. Kubota *et al.*, *Appl. Phys. Lett.*, **95**, 073303 (2009)
18) M. Heeney *et al.*, *J. Am. Chem. Soc.*, **127**, 1078 (2005)
19) I. McCulloch *et al.*, *Nat. Mater.*, **5**, 328 (2006)
20) D. M. DeLongchamp *et al.*, *Macromolecules*, **41**, 5709 (2008)
21) Y. Li *et al.*, *Adv. Mater.*, **18**, 3029 (2006)
22) I. Osaka *et al.*, *Adv. Mater.*, **19**, 4160 (2007)
23) Z. Chen *et al.*, *J. Am. Chem. Soc.*, **131**, 8 (2009)
24) H. Yan *et al.*, *Nature*, **457**, 679 (2009)
25) Y. Li *et al.*, *Adv. Mater.*, **22**, 4862 (2010)
26) Z. Chen *et al.*, *Adv. Mater.*, **24**, 647 (2012)
27) Y. Li *et al.*, *J. Am. Chem. Soc.*, **133**, 2198 (2011)
28) H. Bronstein *et al.*, *J. Am. Chem. Soc.*, **133**, 3272 (2011)
29) T. Kato *et al.*, *Appl. Phys. Exp.*, **4**, 091601 (2011)

第12章　透明導電膜

1　PEDOTの高導電化と透明導電膜への応用

橋本定待*

1.1　PEDT/PSSディスパージョン

PEDT/PSSのディスパージョン（図１）については，EDT※モノマーとPSS水溶液の酸化重合である。EDTモノマーをPSSの水溶液中で過硫酸ナトリウムと硫酸鉄の酸化剤により撹拌しPEDT/PSSのイオン結合した高分子錯体の水溶液ができる。固形分はPEDT0.5%，PSSが0.8%である。

PEDT/PSSの構造としては，PEDTの1000～2500のオリゴマーが分子量400000のPSSの直鎖にきわめて強いイオン結合でくっついている（図２）。

またマクロ的には水95%，PEDT/PSS５%の膨潤したゲル粒子になっており（図３），水が蒸発した乾燥後，半分の大きさに収縮しパンケーキ状になる。PEDTとPSSに簡単には分離できず，PEDTとPSSイオン結合による高分子錯体という１分子構造をとっている。それが水中に分散している。

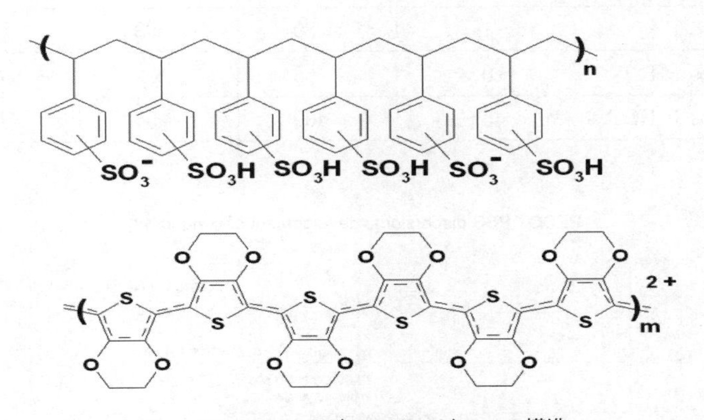

図１　PEDT/PSSディスパージョンの構造

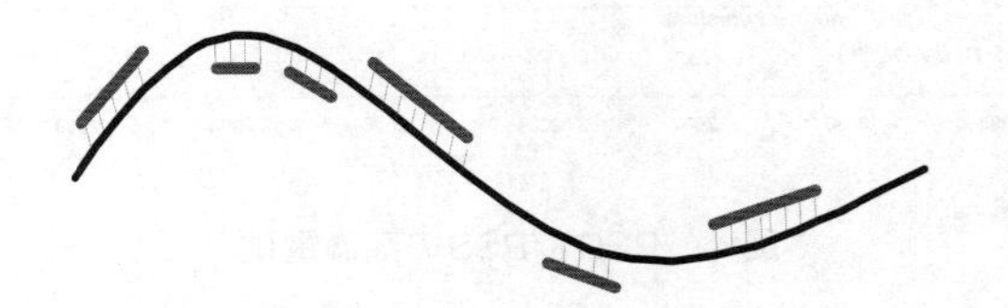

図２　PEDT/PSSのポリイオンコンプレックスの二次構造

＊　Joji Hashimoto　日本先端科学㈱　代表取締役

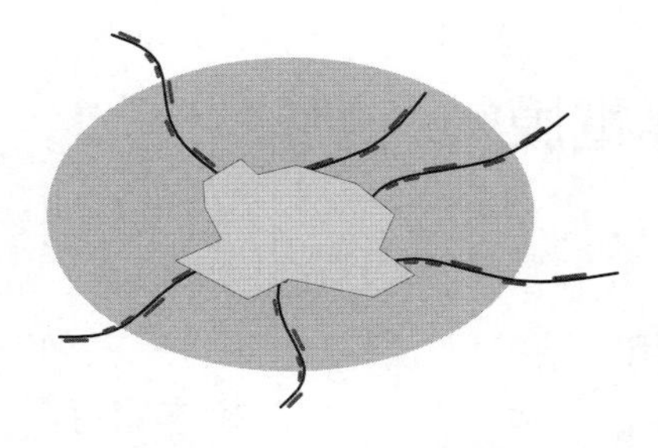

図３　PEDT/PSSのゲル粒子（三次構造）

PEDT/PSSの非常にユニークな点は，DMSOやNMPやエチレングリコールなどの高沸点溶剤を５％後添加することにより，導電性が２ケタ上昇することである。１～10 S/cmのPEDT/PSSが100～500 S/cm以上になる（表１）。この理由として高沸点溶剤がPEDT/PSSのディスパージョンの粒子を相溶解して粒子間の接触面積が増大し，双極子モーメントの大きな高沸点溶剤がチオフェン環をスタックさせて結果として導電性が向上する。また高沸点溶剤の後添加により配向を促し，結晶領域が広がり導電性が向上するのではないかと考えられる。この現象はPEDT/PSSにのみでポリアニリンやポリピロールには見られない珍しい現象である。後添加した高沸点溶剤のDMSOは，完全に乾燥蒸発しているとは考えにくく塗膜中に残っていると思われる。しかし，

表１　高沸点溶剤添加による導電性向上効果[1]

グレード	導電性（S/cm）			
	添加前の導電性	＋５％ DMSO	＋５％ NMP	＋５％ EG
Clevios P	～1	80	98	99
Clevios PH	～0.3	65	32	53
Clevios P HC V4	～5～10	400	454	492

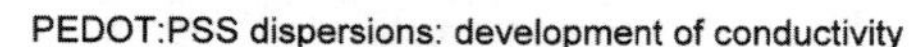

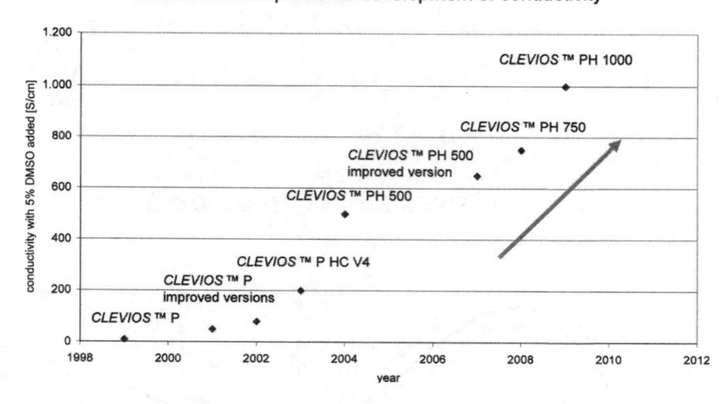

図４　PEDT/PSSの高導電化[2]

※　基本的にEDOTとEDTという場合はEDTのモノマーを示し，PEDOTはPEDT/PSSのディスパージョンで有機ELや太陽電池業界で示されている。PEDTという用語は，1995年から電解コンデンサ業界でEDTモノマーと酸化剤から酸化重合して製造される機能性高分子コンデンサの材料として使われている。

安定で1年間経過後も導電性や透明性はあまり低下しないことがわかっている。その理由はまだはっきり解明されていないが，乾燥工程でDMSOが重要な鍵を握っていると思われる。

ヘレウス㈱のClevios PH 1000にDMSOやNMPやエチレングリコールなどの高沸点溶剤を5％後添加すると電気伝導度も2ケタ向上し1000 S/cmまで達成している。アグファア・ケミカル㈱からは，750 S/cmのOrmeconのPEDT/PSSが販売されている。ITOの6000 S/cmまであとわずかである（図4，表2）。

アグファア・ケミカル㈱は，PEDT/PSSのバインダーを含まないDry Powderを販売しており顧客が自分で溶剤に溶解して使うことができる。

山梨大学の奥崎秀典准教授は，可塑剤として糖アルコールをPEDT/PSSに添加すると伸縮性が付与されることを見出した[3]。アラビトールを60％添加し50℃で乾燥することによりPEDT/PSS/ARAフィルムを作製した。これを空気中で120℃で熱処理すると伸縮性が23％と高い300 S/cmを達成した。熱処理前は0.4 S/cm，PEDT/PSSのみは1.6 S/cmと比べると2～3ケタ向上した。アラビトールの役割は2つあると考えられる。一つはコロイド粒子間の水素結合を弱める可塑効果，そしてもう一つはコロイド粒子間のキャリア移動の促進効果である。一般に，コロイド表面には

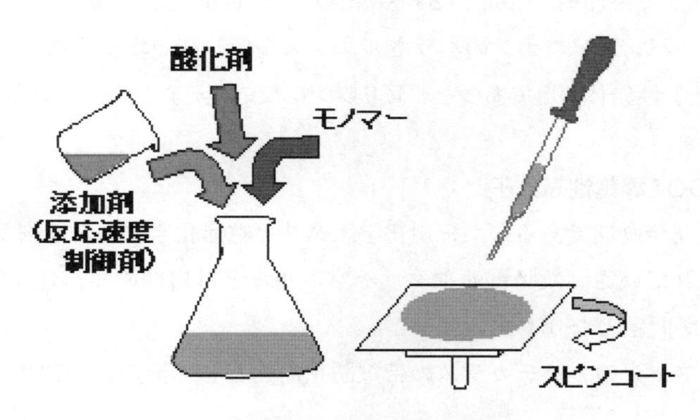

図5　導電性高分子膜の形成方法

表2　PEDT/PSSのグレード別物性

グレード	PEDT : PSS	粘度（mPa･s）	導電性（S/cm）	用途
Clevios P	1 : 2.5	60～100	～1	帯電防止
Clevios PH	1 : 2.5	＜25	～0.3	帯電防止
Clevios PHS	1 : 2.5	＞200	～0.3	印刷インク用 高固形分
Clevios P HC V4	1 : 2.5	200	～400	高導電 コーティング
Clevios PH 500	1 : 2.5	＜30	～500	光学用途
Clevios PH 750	1 : 2.5	30	～750	光学用途
Clevios PH 1000	1 : 2.5	30	～1000	光学用途

すべての製品の固形分は1.0～1.3％[1]

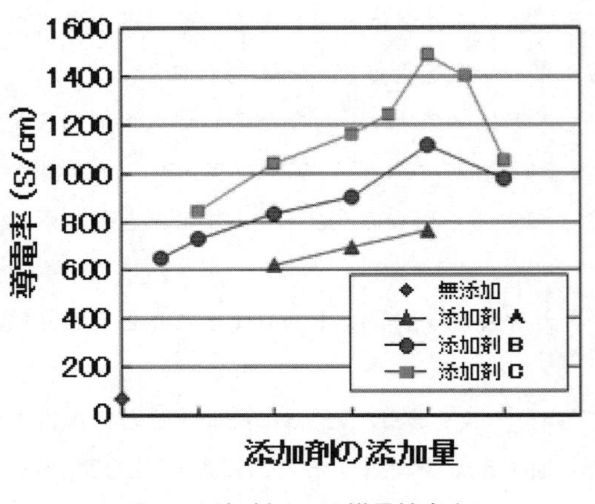

図6　添加剤による導電性向上

絶縁体であるPSSが多く存在し，水素結合を形成するとともにキャリア移動を妨げていることがわかっている。アラビトールの添加と熱処理により，PSS間の水素結合が弱められるとともに均質化し，可塑効果とキャリア移動の促進効果の相乗効果が発現したと考えられる。今後は電子ペーパー，タッチパネル，有機トランジスタなど柔軟で伸縮性を有する配線，電極材料として実用化を目指す。これまでの伸縮性のある電極としてはCNT／イオン液体／フッ素ポリマーの複合材料があるが伝導度は50～100 S/cmと低いものしかなかった。

三洋電機㈱と東京工業大学の山本隆一教授の共同研究では2009年３月，EDTモノマーと酸化剤の酸化重合で重合時に加える添加剤の研究で1200 S/cm以上の高い導電性を得ることに成功した[4,5]（図５）。

その添加剤はドーパントアニオンのパラトルエンスルホン酸と塩基性物質であるピリジンのカチオンからなるイオン性錯体の塩であった。ピリジンは反応遅延剤になっているようである（図６）。

1.2　溶剤系PEDOT導電性高分子

PEDT/PSSの新開発動向であるが，荒川化学工業㈱と綜研化学㈱から溶剤系のPEDTのコーティング剤が開発されている。太陽電池やタッチパネルなどは層間の相溶性が問題となっている。水系では耐薬品性が問題となりやすい。

韓国でスマートフォンのカバーガラスの帯電防止用途として溶剤系のPEDOTが求められている。

1.3　ポリアニリン系導電性高分子

日産化学工業㈱はポリアニリン系で600 S/cmを達成している。分散液もインキでも対応可能である。

出光興産㈱は溶剤系の溶解型のポリアニリン系で300 S/cmを達成している。

1.4　タッチパネルへの導電性高分子の応用

タッチパネル（抵抗膜式）の分野ではITO代替ということでPEDOTの開発が始まって早10年が経過している。高温高湿の環境安定性がなかなか得られず苦戦している。バインダーや添加剤の配合技術がキーになっている。さらに最近は，耐候性という大きな問題が立ちはだかっている。400 nm以下の紫外線と空気中の酸素の影響を受けて劣化し導電性が低下するという問題である。

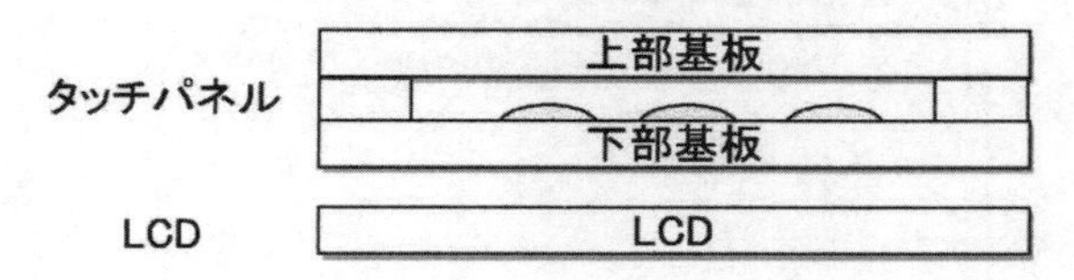

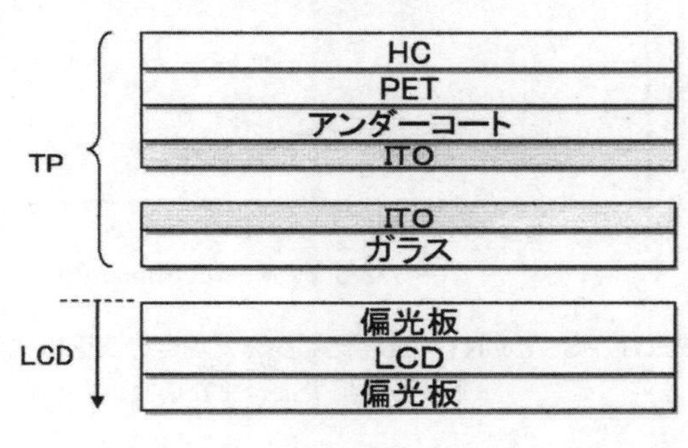

図７　タッチパネルの構造

ITOの代替はこの点が解決できない限り難しい（図７）。

ドイツのFraunhofer研究所は，Nano Tech 2011（2011年２月16～18日，東京ビッグサイト）でCNTを利用して作製したタッチパネルを実演した（図８）。このタッチパネルは，PETフィルムの上にPEDT/PSSとCNTの混合液を塗布して導電膜を形成したもの。透過率はPET基板込みで，80％の際に表面抵抗値は250 Ω/sqであるという。同社は導電性や光学透過率の変化も調べた。するとCNTを加えずPEDT/PSSだけの場合の方が導電性や光学透過率が高い結果になった（図９）。ただし，紫外線や湿度に対する耐久性に課題があった。CNTを混ぜることでその課題は克服できるという（図９）。

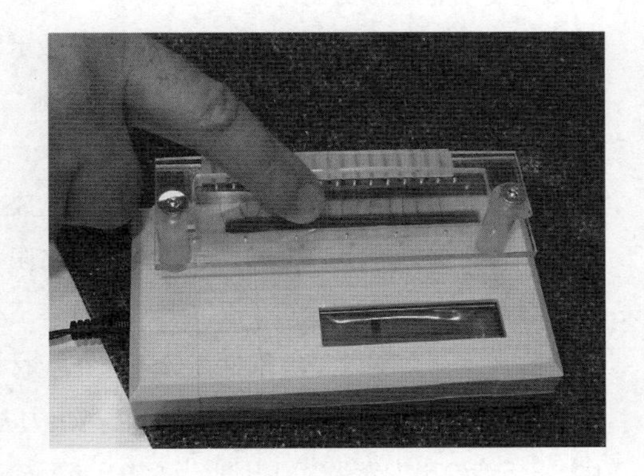

図８　試作したタッチパネル

その他の材料としてナノ銀ワイヤーやグラフェンなども候補として挙げられ注目されている。

タッチパネルでの通電試験を行うと上部電極と下部電極の組み合わせでITO-ITOとITO-PEDOTでは性能が違った。PEDOTは有機物のためITO-PEDOTではITO（N型半導体）とPEDOT（P型半導体）でPN接合が形成され電流が局所にかかり焼き切れるという不具合も出てきた。そのためITOの代替についても楽観的な考え方はできなくなってきた。

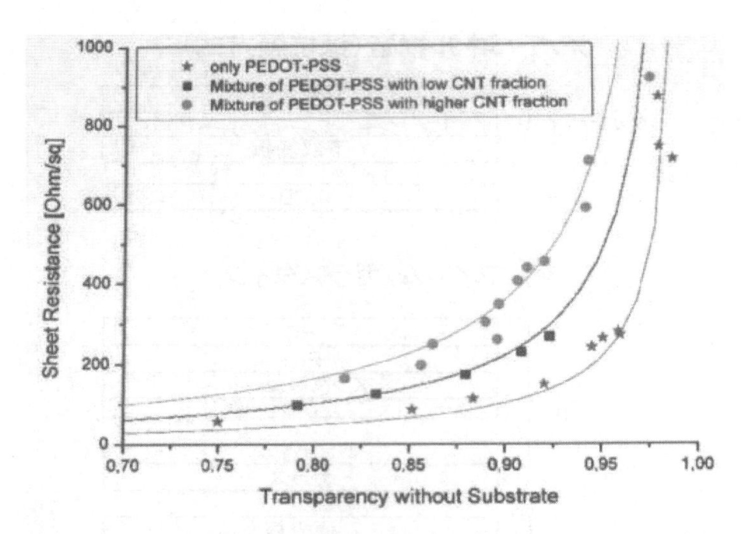

図9　PEDT/PSSとCNTの混合比を変えた場合の表面抵抗値と光透過率
基板の光損失は含まない。

1.5　その他の新分野

新分野としては，アキレス㈱はナノ分散ポリピロール液を活用しプラスチック表面にめっきの用途の開発を始めている。この技術により，①これまで密着良くめっきすることが困難だった素材へのめっき，②パターン化されためっき，③工程の大幅短縮と環境負荷の低減改善が実現できるようになる。従来，無電解めっきは，ABS樹脂，PC樹脂，ナイロン樹脂，変性ノリル樹脂などエッチング処理が必要なプラスチックに限られておりクロム酸／硫酸混合液，有機溶剤／水混合液など各素材に対して7液以上にも及ぶ工程が必要だった[6)]。

イーメックス㈱は，導電性高分子を正極材としてポリピロールの電解重合したフィルムを用いて，1kg当たり出力密度7000Wの超高出力蓄電池を開発した。高出力タイプのLiイオン電池に比べ3.5倍の出力密度で1セル当たり3.6Vの高電圧を発生する。モーター内蔵の電動工具や小型電気自動車などへの使用を見込み電池寿命が短い難点などの技術改良を進めて早期実現化を狙う。

新電池は，充電時に電解液中のLiイオンがカーボン系負極へ，4フッ化ホウ素イオンが導電性正極へそれぞれ吸着し，放電では負極からLiイオンが正極から4フッ化ホウ素イオンが電解液中にそれぞれ脱離する。充放電が反応速度に限度のある化学反応ではないので，最低3分で高速充電でき放電時の出力密度も大きい。正極が既存の金属酸化物正極のようにコバルト，マンガンを含まず，シンプルなロール・ツー・ロールプロセスで作れるので出力1ワット時当たり数十円と既存正極の約10分の1のコストで製造できる。また充放電で劣化が起こりにくく，1万回以上の充放電に耐え制御回路も簡素化できるため電池製造コスト全体もLiイオン電池の半分以下に低減できる見通しである[7,8)]。

文　　献

1)　ヘレウス㈱のClevios HPより
2)　ヘレウス㈱のClevios HPより
3)　奥崎秀典，工業材料，**59**(8)，30-33 (2011)
4)　特開2011-52069
5)　三洋電機㈱HP，2009年3月13日　ニュースリリースより
6)　日経，Tech-On, 2007年9月18日
7)　日刊工業新聞，2011年3月23日
8)　イーメックス㈱HPより

2　導電性高分子複合化技術と導電性フィルムへの応用

小長谷重次*

2.1　はじめに

2000年のノーベル化学賞受賞対象となった導電性高分子ポリアセチレンは強酸性成分によるドーピングにより銅（Cu）金属並みの導電性を呈するが，水や有機溶媒に不溶かつ空気中で不安定なため応用・実用化に至らなかった。ポリアセチレンの発見を契機に，数多くの導電性高分子が合成され応用が検討されてきた。中でも原料モノマーが安価なポリアニリンやポリピロールは溶解性や加工法の工夫により電池や帯電防止・導電性フィルムに応用・実用化されてきた。その後1990年代初めに，高導電性で空気・熱安定性に優れ，水にナノ分散したポリ(3,4-エチレンジオキシチオフェン)(PEDOT）が上市され，導電剤，帯電防止剤のみならずアルミ電解コンデンサーなど，多方面に応用展開されていった。

表1に示したごとく，一般的に導電性高分子は不溶不融，強酸性ドーパントの使用，青，緑，赤などの有色性，高価格のため，導電性高分子をフィルム用の導電材として用いる場合には，導電性高分子への修飾基の導入やドーパント種の工夫による溶解性の改良，他の樹脂との混合・複合化，フィルム基材上への薄膜積層化などが必要である。このように導電性高分子をフィルムへ応用する際，導電性高分子の他の高分子との複合化は重要なテーマである。

本稿では，導電性高分子の溶解性（ナノ分散性，擬似溶解性も含む）向上，導電性高分子の複合化技術そしてその導電性フィルムへの応用例と特性につき述べる。

表1　導電性高分子複合化時の課題と対応策

性質	課題	方策
不溶，不融	加工性難	①導電性高分子の可溶化 ②ナノ分散粒子化
強酸性ドーパント添加要	設備腐食 安定性難	①高分子量ドーパント利用 ②自己ドーパント型
有色性	無色透明難	①樹脂へ混合希釈 ②薄膜積層
高価格	大量使用難	①樹脂へ混合希釈 ②薄膜積層

2.2　導電性高分子の溶解性・ナノ分散性向上

導電性高分子複合化法には，一つはプラスチックフィルムなどの基材上に導電性高分子そのものを塗布・積層する方法，他の一つは導電性高分子をポリマー中に混合・充填する方法がある。後者の場合は，さらに複合体を基材上に塗布積層して導電性フィルムを得るのが一般的である。いずれの方法でも，導電性高分子は水や有機溶媒やポリマーに溶解あるいは分散しなければならない。そこでまず本項では，導電性高分子の溶解性の向上法につき述べる。表2に示したごとく，水または有機溶媒溶解性導電性高分子の合成法には，①導電性高分子骨格に水・有機溶媒溶解性に有効な基を主鎖あるいは側鎖に導入する，②特殊な構造を有する強酸性ドーパントを使用する，

＊ Shigeji Konagaya　名古屋大学大学院　化学・生物工学専攻　応用化学分野　教授

の方法がある。

①の方法には，導電性高分子に水や有機溶媒可溶な高分子を共重合させる，導電性高分子側鎖にスルホン酸基（SO_3H），カルボキシル基（COOH）などの酸性基あるいはそれらのアルカリ金属塩，アンモニウム塩などのイオン性基を導入する，導電性高分子側鎖に長鎖炭化水素基（長鎖アルキル基）を導入する，などが方策として挙げられる。図１にイオン性基または長鎖炭化水素基を導入して溶解性を向上させた導電性高分子の代表例（長鎖アルキル基結合ポリピロール，ポリ(3, 4-エチレンジオキシチオフェン)（PEDOT），スルホン化ポリアニリン（PAS））を示した。なお，スルホン酸基やカルボキシル基はドーパント能を有するので，それらが結合した導電性高分子を自己ドーパント型導電性高分子と称する。

②の方法は，ドーパントとして，塩酸などの低分子量強酸性物質の代わりに，高分子量の強酸性物質を用いることで有機溶媒溶解性を高める方法である。可溶化に有効なドーパントの代表例を図２に示した。中でもポリアニリンに対してカンファースルホン酸(CSA)，PEDOTに対してポリ(スチレンスルホン酸)(PSS)がよく検討されている。

表２　可溶性導電性高分子の合成法

１．溶媒可溶性導電性高分子の合成
①溶媒可溶性高分子との共重合
②側鎖（長鎖炭化水素基，イオン性基）の導入
１）有機溶媒溶解性置換ポリピロール
２）水溶性スルホン化ポリアニリン
２．特殊強酸性ドーパントとの複合
①嵩高低分子量体
可溶化ポリアニリン/CSA
②中・高分子量体
PEDOT（ポリチオフェン)/PSS

上記の方法で得られた水・有機溶媒可溶性導電性高分子は水や有機溶媒に分子状に溶解する完全溶解型と導電性高分子が溶媒中でナノ粒子を形成し，一見水や有機溶媒に溶解した状態を呈する擬似溶解型とがある。これらの可溶型導電性高分子を用いて

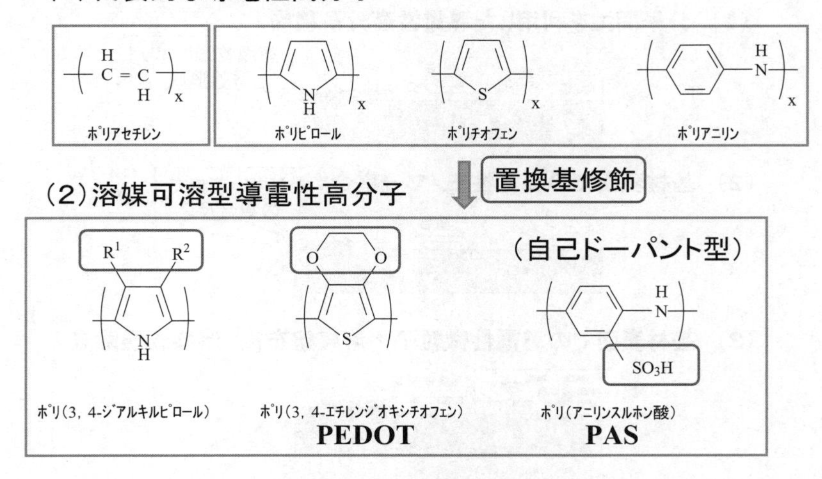

図１　代表的な導電性高分子とその溶媒可溶型

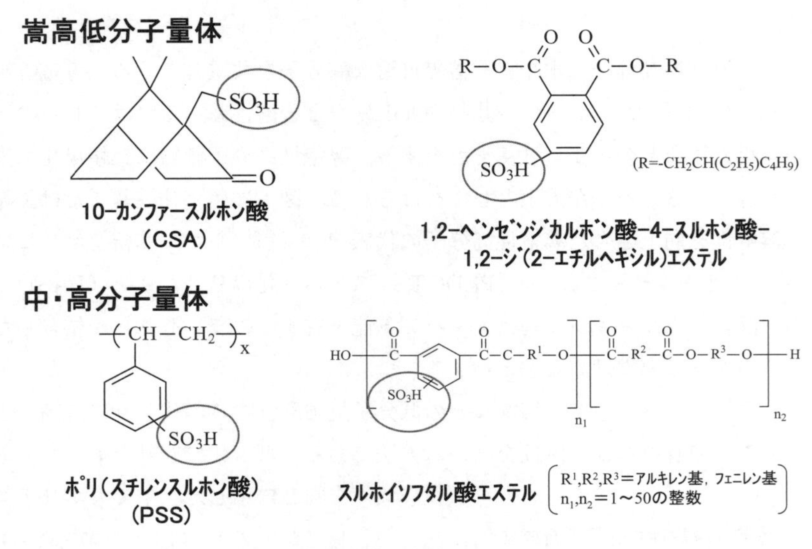

図２　導電性高分子の可溶化に有効なドーパント例

複合化に不可欠なコート剤を調製する際，共存する高分子，溶媒，添加剤，界面活性剤などの影響を受けて，導電性高分子が凝集や沈殿を起こし，塗膜面の平滑性，透明性，導電性に悪影響を及ぼすことがあるので注意を要する。

2.3　導電性高分子の複合化技術

過去の文献や特許をもとに，導電性高分子の複合化技術を図３，４にまとめた。

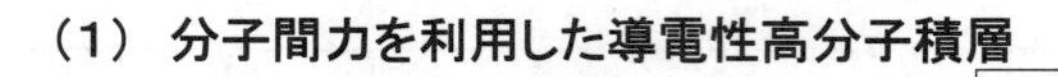

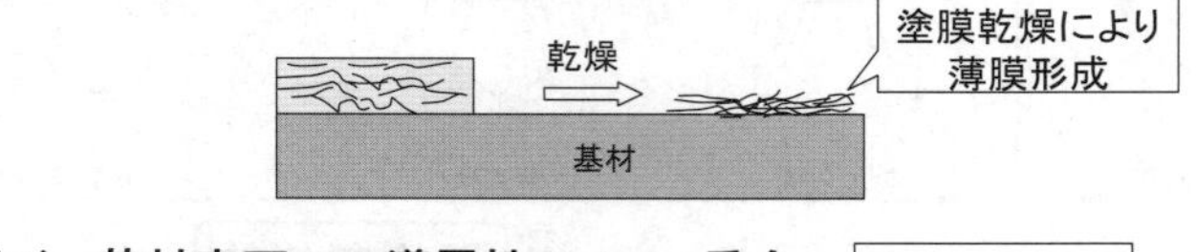

（2） 基材表面での導電性モノマー重合

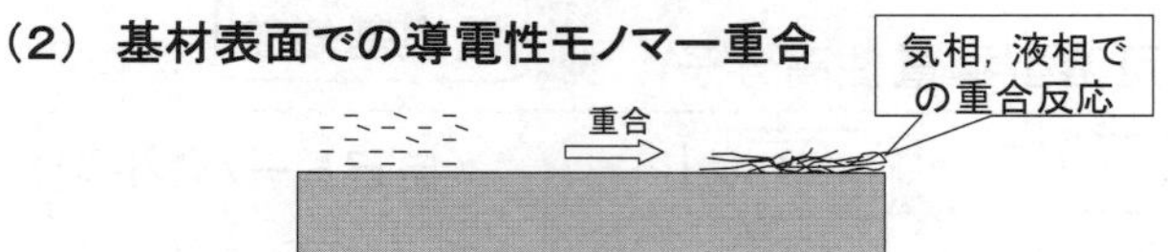

（3） 基材表面での導電性微粒子／溶媒塗布後，溶媒乾燥除去

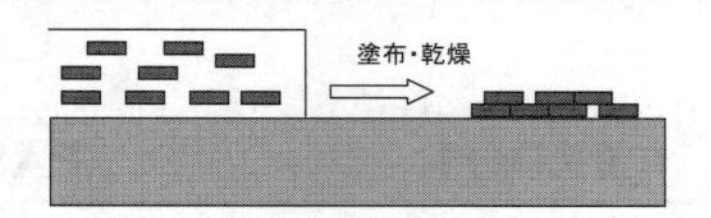

図３　導電性高分子の汎用基材への直接積層

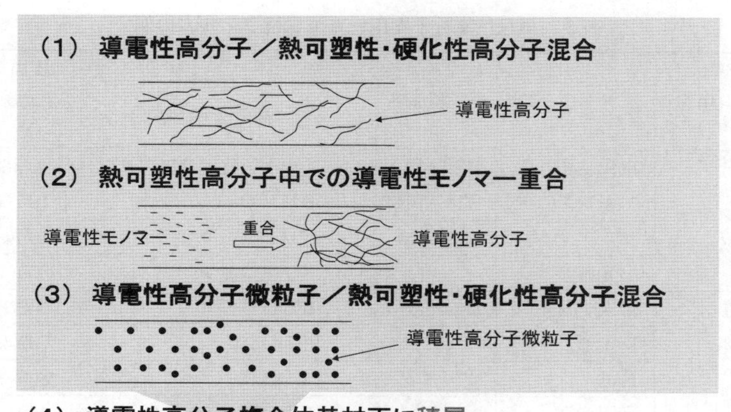

図４　導電性高分子の複合化方法

図３は有機性あるいは無機性基材表面に導電性高分子を溶液コートや蒸着により直接積層する方法を示している。図３の(1)は導電性高分子鎖の強い分子間相互作用を利用した薄膜形成法（溶液コート，蒸着），(2)は気相あるいは液相中の基材表面でモノマーを重合させ導電性高分子薄膜を形成する方法（基材表面での重合），(3)は導電性高分子微粒子の低沸点溶媒分散体を基材にコート後，溶媒蒸発させ，粒子の自己膜形成能を利用して薄膜を形成する方法である。いずれの方法も導電性フィルム製品に応用された方法で，詳細を後述する。

図４は，導電性高分子を他の高分子に混合充填し複合体を合成する方法である。図４の(1)は導電性高分子を他の高分子に溶液あるいは溶融状態で混合する方法，(2)は導電性高分子モノマーを他の高分子に混合した後，高分子内でモノマーを重合させ，導電性高分子複合体を得る方法，(3)は導電性高分子からなる粒子を溶液あるいは溶融状態で高分子中に微分散させ，複合体を得る方法である。(1)および(2)の系は相溶系，(3)は非相溶系となる。導電性フィルムの作製は(1)～(3)の方法をフィルム基材上で行う(4)の方法が一般的である。

2.4　導電性高分子複合化技術のフィルムへの応用

導電性高分子単独あるいは複合体を用いた導電性フィルムの開発例あるいは上市例を表３にまとめたが，主な用途はポリアニリン系およびポリピロール系が帯電防止，PEDOT系が透明導電膜である。導電性高分子複合化技術を用いた導電性フィルムの代表例を以下に示す。

2.4.1　ポリアニリン積層フィルム

図３の(1)の方法で可溶性ポリアニリンをPETフィルム上にコートして得た日東電工㈱開発の溶剤可溶型ポリアニリン積層導電性フィルムである。

ポリアニリンは大気中で安定であるが，不溶不融性であるため，成形加工し難いが，低温（－３℃）

表3　導電性高分子を用いた導電性フィルムの例

フィルム用途	メーカー	製品名	導電性 高分子の種類	表面抵抗／ 全光線透過率 （Ω／□／％）
帯電防止	東洋紡績	PETMAX	スルホン化ポリアニリン	10^7/88
	アキレス	ST-APET	ポリピロール	10^5/60
	マルアイ	SCN・N	ポリアニリン	10^6以下
	出光興産		ポリアニリン	300（S/cm）
透明導電	帝人デュポン	CurrentFine	PEDOT	600/87
	富士通		PEDOT	700/95
	日油	クリアタッチ	PEDOT	800/＞87
	長岡産業		PEDOT	400/＞90
	リンテック		導電性高分子	550/88
	王子製紙		PEDOT	270/89

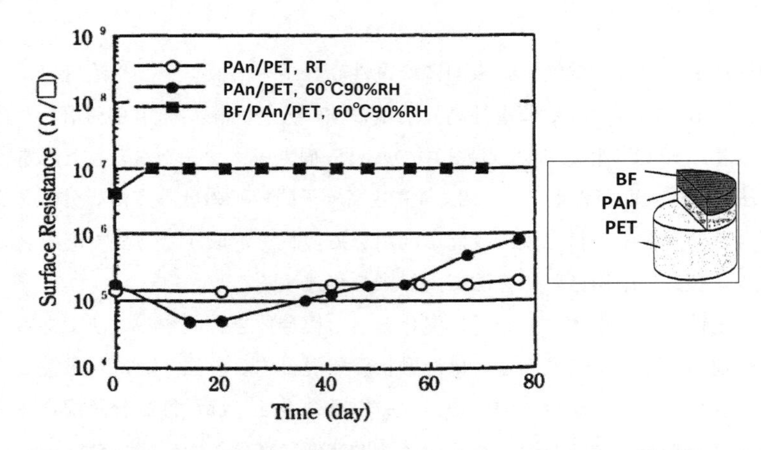

図5　ポリアニリン(PAn)/PETフィルム，バリウムフェライト磁性層(BF)/ポリアニリン/PETフィルムの表面抵抗経時変化

かつ適量の酸化剤で重合したポリアニリンを脱ドープすると，有機溶媒N-メチル-2-ピロリドン（NMP）に可溶性（ナノ分散性）となる。これに適当なドーパントを加えた混合液をポリエステルフィルムにコートし，その積層フィルムをプロトン酸溶液中に浸漬させると，ポリアニリン積層導電性フィルムが得られる。本技術は，1990年代初め4MBバリウムフェライトフロッピーディスク（FD）の帯電防止剤に利用された。図5に示したごとく，本導電性フィルムの表面抵抗は低く，表面抵抗の経時安定性も良好である。

2.4.2　ポリピロール積層導電性フィルム

図3の(2)の方法でポリピロールをポリエステル，ポリカーボネート，ポリ塩化ビニルなどのプ

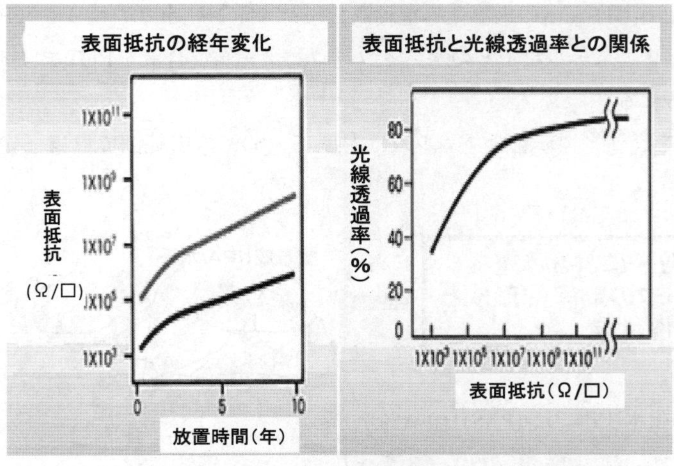

http://www.achilles.jp/product/03/01/01/01/より抜粋

図６　導電性フィルムSTポリの特性

ラスチックフィルム・シート面上に積層した，アキレス㈱開発のポリピロール積層導電性フィルム“STポリ”である。フィルムをピロール，酸化重合剤，ドーパントを含む液中に浸漬し，ピロールを重合させることによりポリピロール積層導電性フィルムが得られる。図６に示したように，ポリピロール層の膜厚やドーピング率を任意に変えることで，表面抵抗率を10^2～10^8Ω/□の範囲でコントロール可能である。ポリピロール積層膜の厚さは0.1 μm以下であるので，フィルム表面特性（表面粗度，滑り性，ぬれ性）はベースフィルムとほぼ同じである。さらにポリピロール膜厚を薄くすることにより，導電性と透明性を両立することも可能である。また，本フィルムを延伸した場合，ポリピロールは延伸方向にフィブリル化するが，ポリピロールに基づく導電層が切断され難いので，急激な表面抵抗変化が起こりにくい。なお，図６に示したように，本導電性フィルムの導電性は大きな経時変化はなく安定している。

2.4.3　ポリアニリン粒子積層フィルム

図３の(3)の方法で導電性フィルムを作製する際に有用な導電性ポリアニリン粒子“ORMECON”が分散液として上市されている。

ポリアニリンは不溶不融性のため電池以外の応用は困難であったが，幅広い応用を目指してポリアニリンナノ粒子水分散液が合成され，ポリアニリン水分散液を単独，あるいは他のポリマーと混ぜてポリアニリンナノ粒子含有コート剤を調製し，フィルムやシートなどのプラスチック基材の帯電防止材，EMI（電磁波）シールド材などに用いられてきた。

2.4.4　スルホン化ポリアニリン・水分散性ポリエステル複合体積層導電性フィルム

本導電性フィルムは図４の(1)と(4)の方法で得られる東洋紡績㈱開発の導電性フィルム“PETMAX”である。図７に示したごとく，分子量は約10000（GPCでのポリスチレン換算分子量)，かつ導電率は0.04 S/cmの水溶性導電性高分子スルホン化ポリアニリン（PAS）とイオン性基結合水分散性ポリエステル粒子との水／イソプロパノール混合液をPETフィルム上に薄膜コート・乾燥して得られる。

図８に示したごとく，本導電性フィルムは湿度15～60％の広範囲でほぼ一定の低表面抵抗値

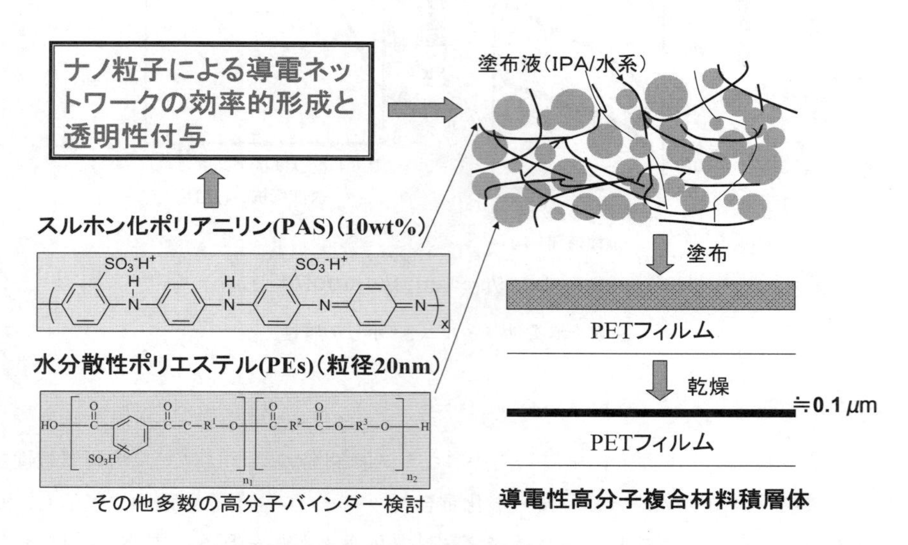

図７　導電性高分子複合材積層導電性フィルムの製造

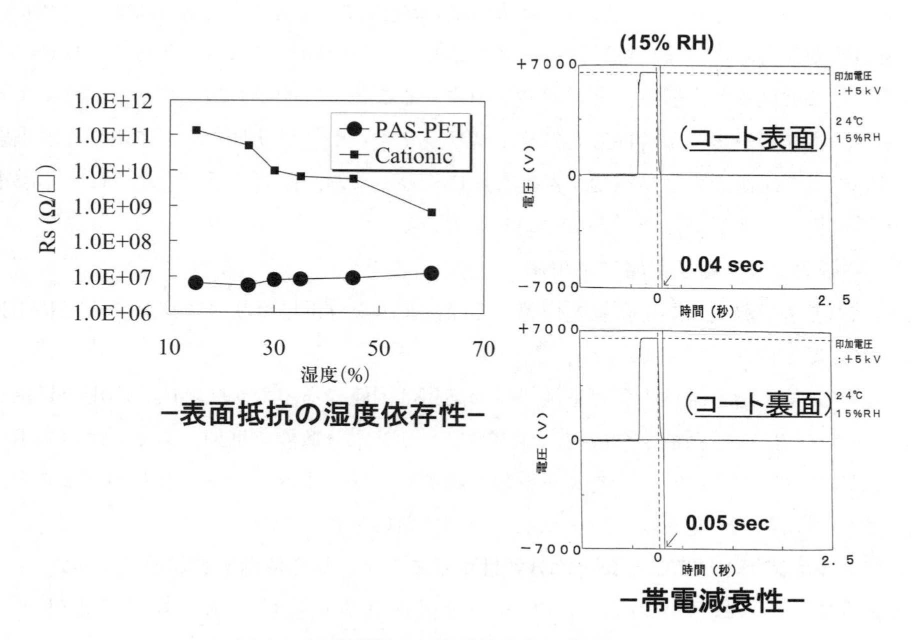

図８　表面抵抗Rsの湿度依存性と帯電減衰性

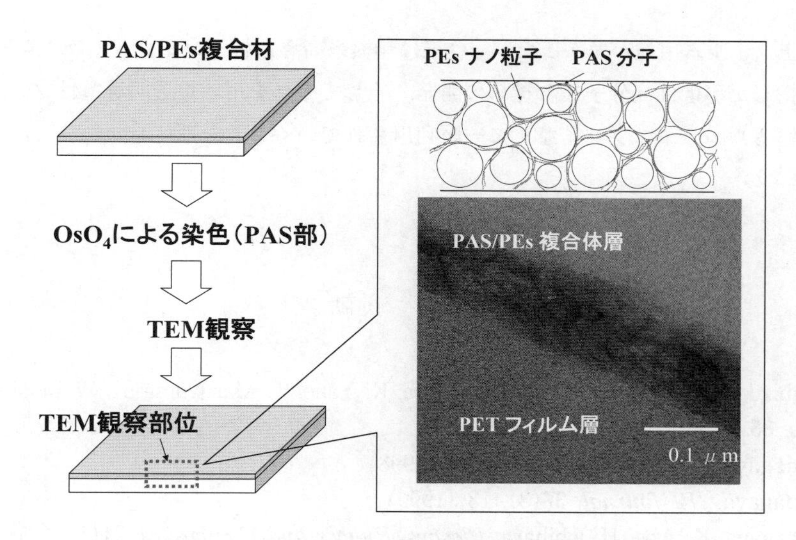

図９　TEMによるPAS/PEs複合材の断面構造観察

（$10^7\,\Omega/\square$）を示し，さらには低湿度（15%）下での帯電減衰時間は0.04秒と非常に小さく，帯電防止性に優れる。またコート裏面の帯電減衰時間も0.05秒と非常に小さい。

図９は四酸化オスミウムで染色した導電性フィルム断面の透過型電子顕微鏡（TEM）写真観察結果である。バンドル状の黒色部は四酸化オスミウムで染色されたPAS分子集合体で，白色部は乾燥固化し薄膜化した水分散性ポリエステル部分である。図９から，PEs粒子固化体の周囲にPAS分子が集合し，導電ネットワークが形成されていると推定される。本導電性高分子複合体の優れた導電性はPEs粒子周りにPASに基づく導電ネットワークが効率よく形成されたことによると考えられる。

本方法は，導電性高分子を用いて導電性フィルムを作製する最も一般的な方法である。上述の事例以外にポリアニリン・界面活性剤複合体をポリメタクリル酸メチルなどに混合し，PETフィルム面にコートした導電性フィルムがある。最近では，ポリ(3,4-エチレンジオキシチオフェン)（PEDOT）と汎用高分子との水分散体をプラスチックフィルムやシートに積層した高導電性フィルムがあるが，PEDOTを用いたITO代替高透明高導電性フィルムの開発が盛んである。

2.4.5　その他

現在までに開発上市された導電性フィルムは図３の(1)(2)(3)，図４の(1)(3)(4)の方法で作製されている。図４の(2)の方法で開発された導電性フィルムは見当たらない。

2.5　おわりに

本稿では，導電性高分子の複合化技術，それに必要な導電性高分子の可溶化，そして導電性高分子複合化技術をフィルムに応用し導電性フィルムの開発，商品化例にについて述べた。これまでは帯電防止フィルム用途が多かったが，今後は無機系高導電材インジウム・スズ酸化物（ITO）の代替を目指した導電性高分子複合材料の開発，そしてそれを用いた透明導電性フィルムが出現し，タッチパネル，ディスプレイなどに一層利用されていくことを期待したい。

文　献

1）S. Shimizu, T. Saitoh, M. Uzawa, M. Yuasa, K. Yano, T. Maruyama, K. Watanabe, *Synthetic Metals*, **85**, 1337-1338（1997）
2）S. Konagaya, *Plastics Age*, **44**(3), 145（1998）
3）S. Konagaya, *JPI Journal*, **37**(3), 13（1999）
4）S. Konagaya, K. Abe, H. Ishihara, *Plastics, Rubber and Composites*, **31**(5), 201-204（2002）
5）S. Konagaya *et al.*, Preprints of 229 th ACS National Meeting, San Diego, CA, March 13-17（2005）
6）小長谷重次，松本治男，阿部和洋，清水茂，鵜沢正志，成形加工，**17**(8), 543-547（2005）
7）A. Ohtani, M. Abe, M. Ezoe, T. Doi, T. Miyata, A. Miyake, *Synthetic Metals*, **57**(1), 3696-3701（1993）
8）伊藤守，静電気学会誌，**21**(5), 202-205（1997）
9）伊藤守ほか，特公平6-1647，特公平6-18083
10）B. Wessling, *Synthetic Metals*, **93**(2), 143-154（1998）
11）倉本憲幸，成形加工，**17**(12), 790-794（2005）
12）ナガセケムテックス㈱，ポリファイル，**42**(491), 59-60（2005）

3　高い導電率を有する導電性高分子膜の開発

佐野健志*

3.1　はじめに

導電性高分子は，現在，帯電防止膜や，固体電解コンデンサなどに実用化されている[1~5]。導電性高分子は，塗布などの簡易なプロセスにより，様々な基材，曲面や多孔質などの表面に，容易に導電膜を形成できる特徴がある。しかし，その導電率は，金属材料に比べて低く，用途の拡大には，より高い導電率を簡便に実現できる材料および製法の開発が求められている。本稿では，導電性高分子の高導電率化，特に，化学重合における導電率の向上技術について記述する。

3.2　背景

プラスチック材料は，一般に絶縁性であることが知られている。しかし，導電性高分子は，主にπ共役系と呼ばれる特殊な分子構造により，材料の中に電気を流す性質（導電性）を有している。

導電性高分子の発見は，1971年，現筑波大学名誉教授の白川英樹先生（当時東京工業大学資源化学研究所）が，ポリアセチレン薄膜の重合法を報告したことに端を発するが，白川先生が，マクダイアミッド博士，ヒーガー博士らと化学ドーピング手法の開発を行い，導電率（電気の通りやすさ）の飛躍的な増大を見出したのが最初である[1~3]。ポリアセチレン，特に一定方向に延伸を加えたポリアセチレンでは，数万S/cmの高い導電率が得られたとの報告もある。ただし，ポリアセチレンは，大気中の安定性に課題があり，実用で広く用いられるには至っていない。

最初の報告から40年以上が経過し，現在，導電性高分子材料としては，ポリアセチレン以外に，ポリアニリン[6,7]，ポリピロール[8~11]，ポリチオフェン[12~16]など，数多くの種類が報告されている。ベンゼン環やヘテロ環構造の導入により，材料の安定性が高まり，一部は，帯電防止膜や，固体電解コンデンサ用電極材料として実用化された[1~5]。また，ポリパラフェニレンビニレンや，ポリフルオレン系共重合体などの発光ポリマーが開発され，高分子系有機EL材料としての応用が検討されている。

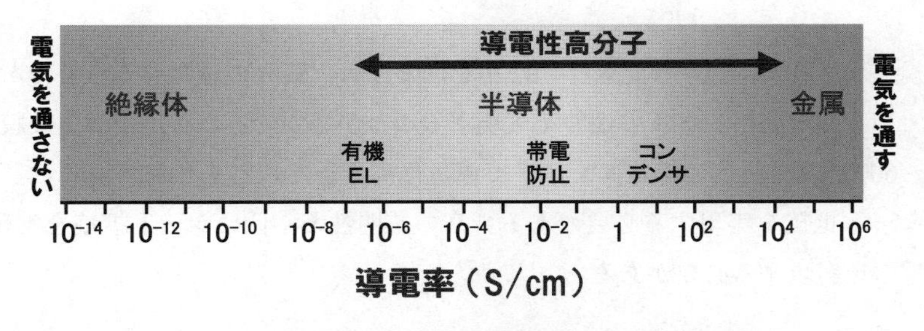

図1　導電性高分子の導電率範囲（文献3を基に構成）

* Takeshi Sano　山形大学　有機エレクトロニクスイノベーションセンター　准教授

電極材料としての導電性高分子は，金属材料に比べて導電率が低いため，幅広い応用展開には至っていない（図1）。しかし，導電性高分子は，真空プロセスを必要とせず，塗布のような簡便な方式で，一定の透明性と導電性を有する導電膜を形成可能であることから，近年，透明導電膜としての応用可能性に期待が高まっており，より高い導電率を簡便に実現できるような材料および製法の開発が求められている。

3.3 導電性高分子の導電率

導電性高分子の研究報告は数が多いが，導電率に関する報告例の一部を表1に示す。なお，ポリアセチレンに関する報告は省いている。

表1 導電性高分子の導電率

材料	製法	発表機関	導電率（S/cm）	文献
ポリアニリン	化学重合	中国科学院	0.045	6）
ポリアニリンナノチューブ	化学重合	Aerospace Corp.	1.2	7）
ポリピロール	化学重合	中国科学院	1	8）
ポリピロール	電解重合	清華大	20.5	9）
ポリピロール	電解重合	NEC，阪大	6～80	10）
ポリピロールファイバー	spinning（紡績）	Wollongong Univ.	3	11）
PEDOT/PSS	キャスト	Bayer AG	1～10	4）
PEDOT/PF_6^-	電解重合	UCSB	～300	12）
PEDOT/SDS	電解重合	KEMET，Clemson Univ.	～380	13）
PEDOT	化学重合	Linköping Univ.	～550	14）
PEDOT/FePTS	気相重合	デンマーク工科大	＞1000（750～870）	15）
PEDOT-C_{14}/ClO_4^-	電解重合	Limburgs Univ., Agfa-Gevaert	1100	16）

ポリアセチレン以外の導電性高分子で到達可能な導電率範囲は，概ね1～1000 S/cmの範囲であるが，数百S/cm以上の報告例は限られている。市販のPEDOT : PSS水分散液に関しても同様である。

一方，新規応用，特に，透明導電膜への応用を図るには，既存の透明導電材料であるインジウム錫酸化物（ITO）と同等レベルの性能を実現することが必要である。ITOは，成膜条件にもよるが，2000～6000 S/cm程度の導電率を示す。導電性高分子でITOを代替するには，ITOと同等の透明性とシート抵抗を実現する必要がある。高い透明性と，低いシート抵抗を実現するには，より高い導電率を実現する必要がある。

3.4 高導電率化への考え方

導電率σは，キャリア濃度n，電気素量e，キャリア移動度μの積で表される。このうち，電気素量eは定数であるため，導電率を上げるには，キャリア濃度nと，移動度μを上げる必要がある。

$$\underset{\text{導電率}}{\sigma} = \underset{\text{キャリア濃度}}{n} \times \underset{\text{電気素量}}{e} \times \underset{\text{キャリア移動度}}{\mu}$$

導電性高分子の合成時点から，基本的な公式を意識した材料・プロセス設計が必要である。

なお，導電性高分子は，化学構造式通りの形（ノンドープ）では，ほとんど導電性を発現しない。主鎖上で，π電子が飽和した状態では，電子が隣に移動することができず，電流を流すことができない。白川らが発見した通り，π共役を有した高分子上で化学的なドーピングを行って初めて，電子やホールの移動が可能な空席ができ，導電性を発現する。ポリアセチレン，ポリピロール，ポリチオフェンなどは，いずれも，電子受容性（アクセプター）ドーパントのドープにより高分子主鎖のπ電子の一部が引き抜かれることで，主鎖上を電子（またはホール）が移動しやすい状態を作り，導電性を発現する。キャリア濃度を向上させるには，化学的ドーピングを行うことが必要条件と考えられる。

また，キャリア移動度の向上に関しては，一般に，構造の乱れがなく結晶性の高い材料ほど，移動度が高いことから，一定の秩序を有した高分子膜を形成することができれば，移動度が改善するものと推測できる。

3.5　高導電率化を実現する化学重合法

ここで，高い導電率を実現するための化学重合技術について考えたい。表1で，500 S/cm以上の高い導電率を報告しているのは，Linköping Univ.[14]，デンマーク工科大[15]および，Limburgs Univ.[16]の3研究機関である。最後のLimburgs Univ.はモノマー自体が異なり，重合方法も異なるため，直接の比較ができないが，先のLinköping Univ.およびデンマーク工科大は，ポリエチレンジオキシチオフェン（PEDOT）（図2）の化学重合膜の形成過程において，それぞれ，添加剤を用いる方法を選択している。

Linköping Univ.では，PEDOTの鉄塩（パラトルエンスルホン酸鉄（Ⅲ））を用いた化学重合において，重合液にイミダゾールを添加することで，550 S/cmを実現した。一方，デンマーク工科大では，気相重合法によるPEDOT膜の形成において，基板に鉄塩とピリジンを混ぜたものをあらかじめ塗布した後，EDOT蒸気にさらして重合膜を形成する方法で，1000 S/cmという高い導電率を実現した。ちなみに，添加剤を用いずに，PEDOTの化学重合を行った場合，導電率は1/10の100 S/cmにも至らない。

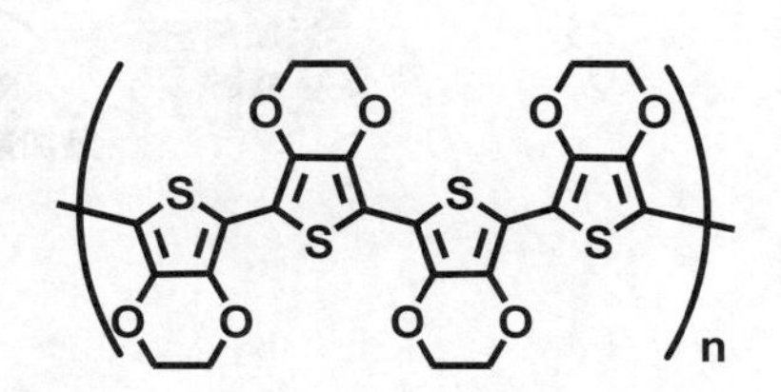

図2　ポリエチレンジオキシチオフェン（PEDOT）

添加剤による導電率向上メカニズムについて，デンマーク工科大によれば，弱アルカリ性の添加剤を反応抑制剤として加えることで，酸による非共役の重合体の生成やカルボニル基生成など期待外の化学反応の発生を抑え，共役二重結合を有した導電性薄膜を制御性良く形成できると説明している。

一方，U. S. Naval Researchからの報告[17]では，イミダゾール添加剤による導電率向上は，単に弱アルカリ性による反応抑制作用だけでなく，鉄イオンへのイミダゾールの配位により鉄酸化剤の反応性が制御されることや，鉄イオン周辺の水やアルコール配位子をイミダゾールが置換することが，何らかの影響を及ぼしているのではと書かれている。

添加剤の効果については，メカニズムの完全な解明には至っていないが，簡単な分子の添加により，大きな特性向上効果が得られること，また，PEDOT自体，安定な分子構造を持ち，導電性と耐熱性において高いポテンシャルを有する材料であることから，添加剤によるPEDOTの高導電率化技術については今後も検討を進める価値があると思われる。

3.6　高導電性PEDOT膜の形成方法および物性解析

三洋電機㈱からは，PEDOTの化学重合時に用いる添加剤の選択により，1200 S/cm程度の導電率が得られること[18]，また，添加剤を2種類とすることで，1500 S/cm以上の導電率が実現可能であること[19]が報告された。PEDOT膜の作製方法（in situ重合）と，得られた導電率については図3の通りである。

高導電率化メカニズムの解析として，XPSおよび，XRDにより，高導電率膜と低導電率膜の分析が行われた[19]。その結果，XPS分析による計算で，導電率と，ドープ率の間に強い相関があることが分かった（図5）。ドープ率とキャリア濃度の関係は不明だが，少なくともPEDOT膜においては，ドープ率が上がれば上がるほど，導電率が向上することが分かった。

また，XRD分析により，高導電率膜では，回折ピークがみられ，基板と平行に高分子鎖が規則正しく配向[20]した部分があることが分かった（図6）。配向性を有することで，高分子鎖がランダムに形成された膜よりも，分子の並びに秩序が生じ，移動度を改善する方向に働いていることが推測できる。

また，高い導電率は，図4の通り，非常に膜厚の薄い条件で得られているが，スピンコート膜

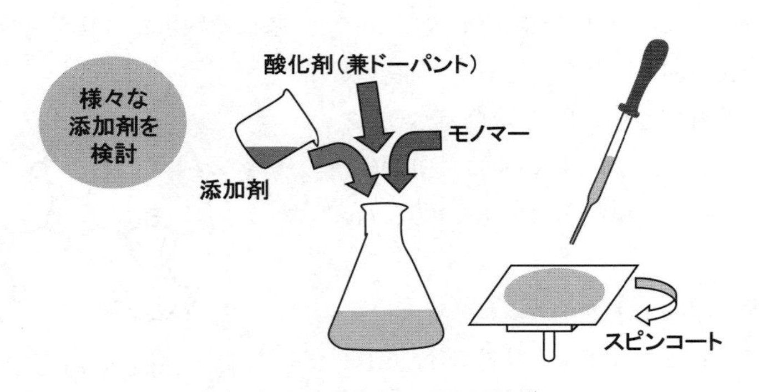

図3　PEDOT膜の作製方法[18]

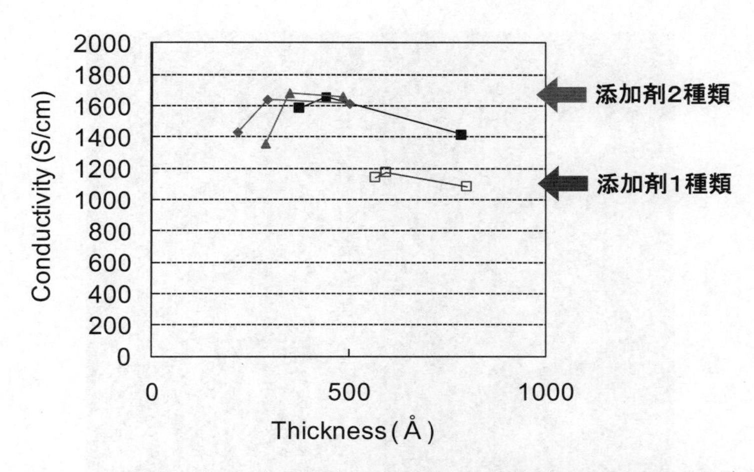

図4　添加剤を用いた系の化学重合で得られた高導電性PEDOT膜の特性[19)]

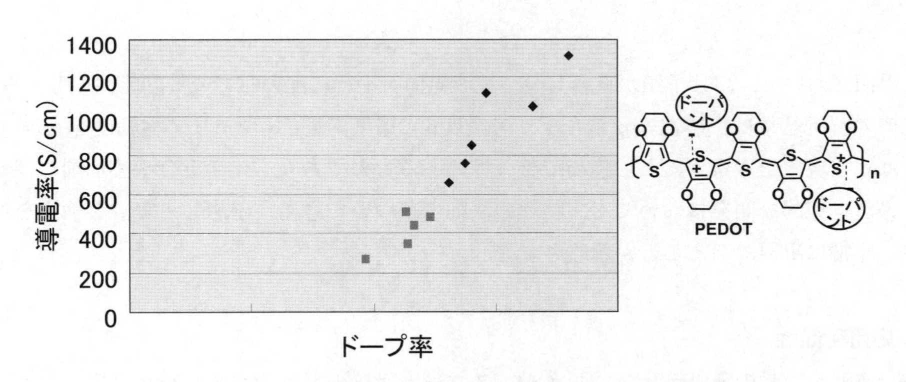

図5　PEDOT化学重合膜における導電率とドープ率の相関[19)]

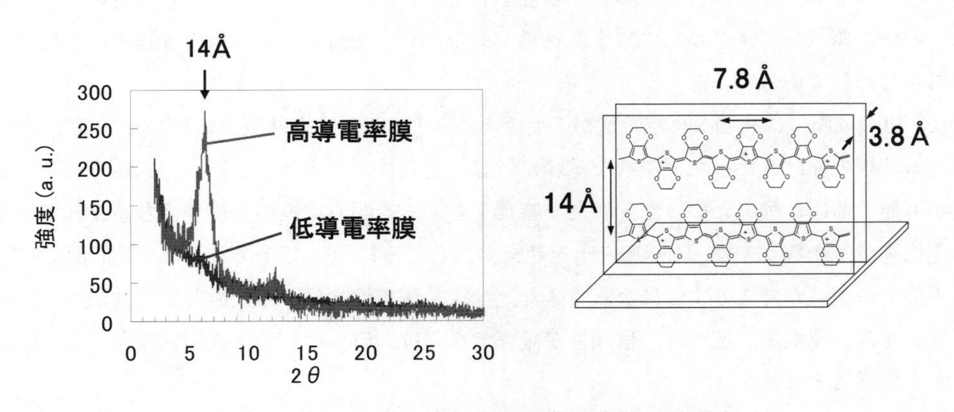

図6　XRDによるPEDOT膜の配向性分析結果[18)]

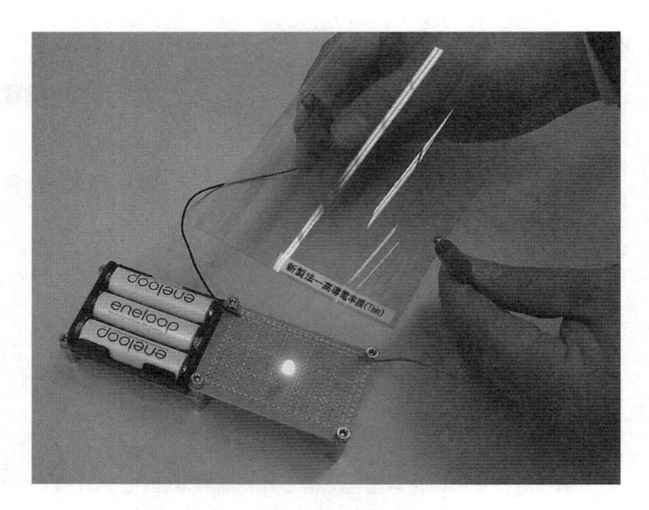

図7　PEDOT膜の成膜例[19]

の気液界面において，高分子鎖が重合しつつ気液界面と平行に配列している可能性も考えられる。

導電率の解析結果は，導電率σ＝キャリア濃度n×電気素量e×キャリア移動度μ，という公式に当てはめて現象を考察すると，極めて整合性のあるものであり，化学重合や添加剤の探索といった，アナログ的な開発においても，物理の法則に基づいて考え，予想し，実験と検証を進めることが，非常に重要であることが示唆された。

3.7　応用可能性

現在，薄型テレビの液晶ディスプレイや，スマートホンのタッチパネルなどに用いられる透明導電膜としては，ITOを用いることが一般的である。ITOは，透明性，導電性，安定性，プロセス適合性（エッチング）などで，優れた特性を有している。しかし，原料として用いるインジウムは，希少金属（レアメタル）に類する材料であるため，価格や安定供給の課題から，代替材料の検討が行われている。

また，ITO成膜には高価な真空装置が必要であること，フィルム基板上にITOを成膜した場合，フィルム基板の曲げといった機械的な試験に対して耐久性が不十分，といった課題もあり，塗布形成が可能で曲げに強いといった，新たな特長を有する透明導電膜の登場が待ち望まれている。

導電性高分子の導電率が，1500 S/cmを超え，ITO並みに迫ってきたことで，性能面でITOと同じ土俵での議論ができるようになってきた。今後，導電性高分子の性能と安定性がさらに向上し，ITO並みの導電率，透明性，信頼性が確保できれば，ITOの代替，透明電極としての応用可能性が十分考えられる。

透明電極としての指標としては，透過率の他，シート抵抗（単位：Ω/□（ohm/square））という値が用いられるが，これは導電率の逆数である電気抵抗率を膜厚で割った値である（導電率

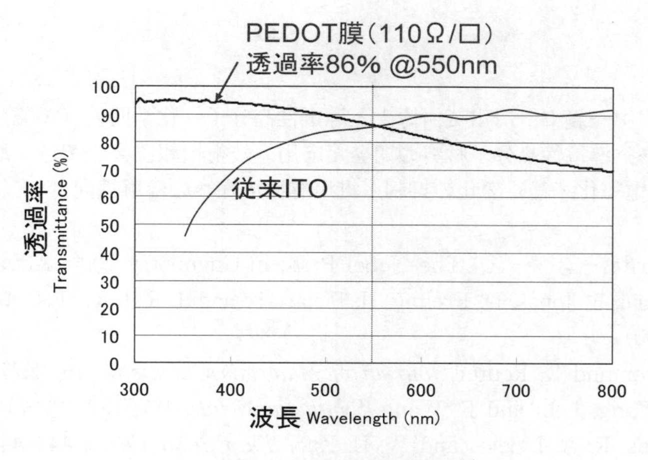

図8　PEDOT膜の光透過特性[19]

1000 S/cmすなわち，電気抵抗率10^{-3} Ω cmの材料を，膜厚100 nm（$=10^{-5}$cm）で形成すれば，シート抵抗100 Ω/□である)。タッチパネル用では，200～500 Ω/□，ディスプレイ用としては，10～100 Ω/□，太陽電池用としては，10～50 Ω/□程度の透明導電膜が必要である。透過率は，90％以上が望ましい。

現状のPEDOT化学重合膜は，シート抵抗110 Ω/□の実験例（図8）で，可視光中心波長550 nmでの透過率が86%，波長800 nmでの透過率が70％程度である。短波長域および，550 nmでの光透過率は比較的高いが，長波長側の光吸収により，薄い青色に着色している。今後，アプリ側での調整か，あるいは，材料開発によりITOと同等以上の透明性を確保することが必要である。

導電性高分子膜は，塗布形成が可能で，柔軟性・曲げ耐久性に優れることから，プラスチックフィルムを基材とした超軽量・薄型のデバイスへの適用が可能である。フレキシブルデバイス，プリンテッドエレクトロニクス，グリーンテクノロジーといった新しいエレクトロニクス分野に，現在期待が集まっているが，電極材料，バッファー層，機能層としての活用が可能な導電性高分子材料技術には大きな期待がかけられており，今後，さらなる高性能化技術，実用化技術の推進が求められる。

謝辞

三洋電機㈱，同社原田学氏，東京工業大学山本隆一教授に感謝申し上げます。

文　献

1) 赤木和夫，田中一義編，白川英樹博士と導電性高分子，化学同人（2002）
2) 山本隆一監修，導電性高分子材料の開発と応用，技術情報協会（2001）；最新 導電性高分子全集 ～高導電率化／経時変化の抑制／汎用有機溶媒への溶解性向上～，技術情報協会（2007）
3) Nobelprize.orgホームページ，The Nobel Prize in Chemistry 2000, Advanced Information
4) L. Groenendaal, F. Jonas, D. Freitag, H. Pielartzik and J. R. Reynolds, *Advanced Materials*, **12**, 481（2000）
5) S. Kirchmeyer and K. Reuter, *Journal of Materials Chemistry*, **15**, 2077（2005）
6) X. Wu, X. Wang, J. Li and F. Wang, *Synthetic Metals*, **157**, 182（2007）
7) A. R. Hopkins, R. A. Lipeles and W. H. Kao, *Thin Solid Films*, **447-448**, 474（2004）
8) J. Liu and M. Wan, *Synthetic Metals*, **124**, 317（2001）
9) M. Li, J. Yuan and G. Shi, *Thin Solid Films*, **516**, 3836（2008）
10) M. Satoh, H. Ishikawa, K. Amano, E. Hasegawa and K. Yoshino, *Synthetic Metals*, **65**, 39（1994）
11) J. Foroughi, G. M. Spinks, G. G. Wallace and P. G. Whitten, *Synthetic Metals*, **158**, 104（2008）
12) A. Aleshin, R. Kiebooms, R. Menon, F. Wudl and A. J. Heeger, *Physical Review B*, **56**, 3659（1997）
13) T. El. Moustafid, R. V. Gregory, K. R. Brenneman and P. M. Lessner, *Synthetic Metals*, **135-136**, 435（2003）
14) L. A. A. Pettersson, F. Carlsson, O. Inganäs and H. Arwin, *Thin Solid Films*, **313-314**, 356（1998）
15) B. Winther-Jensen and K. West, *Macromolecules*, **37**, 4538（2004）
16) P.-H. Aubert, L. Groenendaal, F. Louwet, L. Lutsen, D. Vanderzande and G. Zotti, *Synthetic Metals*, **126**, 193（2002）
17) Y.-H. Ha, N. Nikolov, S. K. Pollack, J. Mastrangelo, B. D. Martin and R. Shashidhar, *Advanced Functional Materials*, **14**, 615（2004）
18) 原田学，佐野健志，山本隆一，技術総合誌OHM，**96**(7)，8（2009）
19) 佐野健志，原田学，平成23年９月度 電解蓄電器研究会発表資料（2011.9.8）
20) K. E. Aasmundtveit, E. J. Samuelsen, L. A. A. Pettersson, O. Inganäs, T. Johansson and R. Feidenhans'l, *Synthetic Metals*, **101**, 561（1999）

第13章　光電変換素子

1　色素増感太陽電池用対極材「ベラゾール™」

志水茉実*

1.1　序論

近年，色素増感太陽電池は，簡便なプロセスによるセル作製が可能であることや汎用化可能な材料を用いることから，次世代低コスト型太陽電池として実用化に向けた研究開発が盛んに行われている[1)]。発電機構は図1に示す通り，まず増感色素を化学吸着したチタニアナノ多孔質半導体のアノード電極に光照射し，照射された光が色素内電子をLUMO準位へ励起しチタニア伝導帯へ移動する。チタニア中の電子は透明電極を経て外部回路に取り出され，電子放出した色素酸化体はヨウ素イオン（I^-）から電子注入され元の状態に戻る。電子放出後のヨウ素イオンは電解液中でレドックス対として三ヨウ素化イオン（I_3^-）となり安定化し，外部回路を経た電子が還元電極としてのカソード電極からヨウ素レドックスへ注入されることにより元のヨウ素イオンへと戻る。このような一連の電子移動は光照射されている間は連続的に起こり，電圧はセル中での電子の逆流を考慮しない場合には，アノード電極の素材（酸化チタン）のフェルミ準位とヨウ素レドックス（I_3^-/I^-）電位の差で決定される。

色素増感太陽電池の構成材料においては，白金やルテニウムなどのレアメタルが使用されるこ

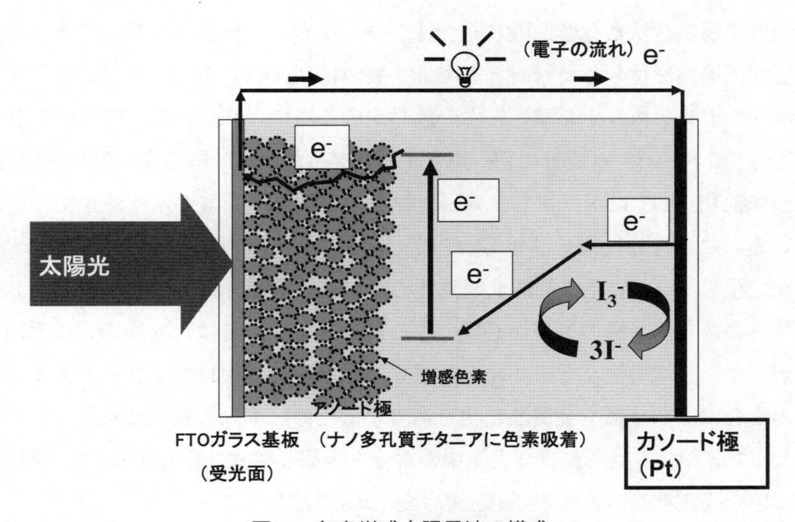

図1　色素増感太陽電池の構成

＊　Mami Shimizu　綜研化学㈱　機能性材料部

とがあるが，将来的なコストおよび材料の安定供給の面で不確定要素として問題視されている。特に注目されてきた部材の一つに，カソード電極に一般的に用いられている白金が挙げられる。白金は電解質に含まれるヨウ素レドックスへの還元反応触媒として重要な役割を担っており，ヨウ素に対して高い電子伝導性と耐腐食性を有している。しかし，白金は希少金属でもあるが貴金属でもあり，不安定なコストと将来的な生産量の危惧から代替材料が望まれている。また，白金を用いた電極の生成には，真空装置を用いたスパッタリングや蒸着などの生産装置が必要で，工業生産においては大きな設備投資が必要となるため，工業化の側面からも白金などの金属類を用いず，塗工などの単純な工程による電極作製が可能な代替材料が求められている。代替材料の検討は各種研究機関で活発に研究が進められており，これまで，代替材料としては，導電性カーボン[2]，グラフェンカーボンコンポジット[3]，カーボンナノチューブ（CNT）[4,5]，導電性高分子[6]，CNT／導電性高分子複合体[7]などが報告されている。本節では，当社が開発している導電性高分子ベラゾール™のうち一般的な導電性高分子骨格であるポリアニリンタイプとPEDOTタイプを紹介し，色素増感太陽電池用カソード電極材料としての可能性について述べる。

1.2 カソード電極用導電性高分子 ベラゾール™

1.2.1 導電性高分子の問題点とベラゾール™の設計指針

一般的に導電性高分子は，分子骨格内および分子間での電子移動性を有した材料であり，高い電子移動度を発現するため，非常に発達した共役構造を有している。発達した共役構造に由来する結晶性（スタッキング）の特徴から，溶剤に不溶かつ熱に不融であり加工適性に劣る材料として認識されていた。そのため，色素増感太陽電池のカソード電極用に検討されてきた導電性高分子の成膜方法は電解重合法と化学的酸化重合法が多く塗布での検討例は少数であった。この問題点を改良して加工適性を付与した材料として，一般的にPEDOT:PSS（ポリエチレンジオキシチオフェン：ポリスチレンスルホン酸）の水分散品が広く用いられている。PEDOT:PSSは共役系高分子のPEDOTにドーパント成分のPSSがドーピングした状態の複合高分子材料であり，PSSのスルホン酸が一部PEDOTにドープし，残ったフリーのスルホン酸が水溶液中での分散安定剤の役割をしている。このため，微結晶化したPEDOTをフリーのPSSが水中で安定化する形で，ナノエマルション化している。色素増感太陽電池のカソード電極材料としてPEDOT:PSSを用いる場合は，フリーのスルホン酸の処理が必要となる。スルホン酸基は色素増感太陽電池の電解基質に影響を与え，また，電解液などのイオン解離係数の高い溶剤中にてフリーのスルホン酸基として強酸化した場合には，金属や金属酸化物を腐食するため，本来の還元触媒としての機能を十分発現することができない。さらには，大気中の水分を吸収し腐食性を有するという問題点もあり，これは色素増感太陽電池を生産する工程上の大きな問題となる。

ベラゾール™はこれらの問題点を解決することを目的に開発されており，溶剤への可溶化を可能とし，塗布法による簡便な使用が可能な導電性高分子を目標として設計されている。ベラゾール™の特徴は独自設計された高分子ドーパントにある。ドーピングとして作用するスルホン酸基

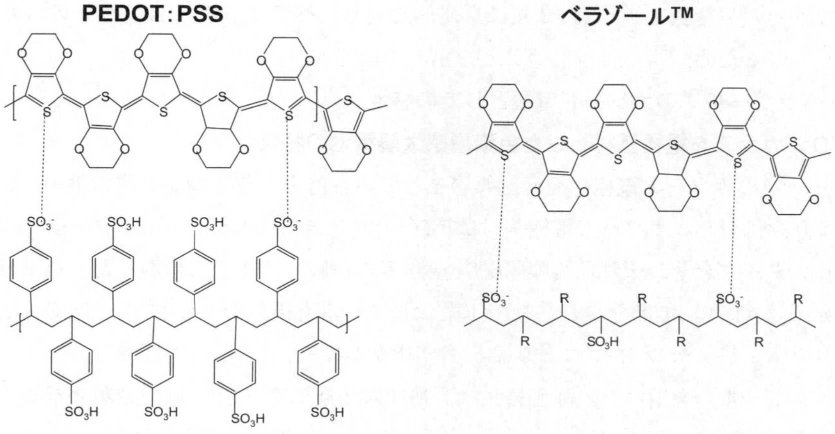

PEDOT:PSS　　ベラゾール™

図2　PEDOT：PSSとベラゾール™PEDOTタイプの構造

以外の組成設計および導電性高分子主骨格へのドーピング量をコントロールすることで，ドープに寄与しないフリーのスルホン酸基の量を低減しており，特定の溶剤への親和性を向上し，かつ腐食性を抑制する設計となっている（図2）。また，ベラゾール™はスピンコーターやバーコーターなどでの塗工後，熱乾燥・アニール処理のみでカソード電極として加工でき，工業化を見据えた塗工プロセスによるコストダウンが期待される。

1.2.2　導電性高分子が持つ腐食性

市販のPEDOT:PSSをカソード電極の還元触媒層とする際に，基材は耐腐食性の高いガラスなどに限られる。ここでPEDOT:PSSとベラゾール™のPEDOTタイプを塗工した銅板を高温高湿下に置くことで導電性高分子が持つ腐食性を比較した。その結果，24時間後にはPEDOT:PSSの塗工面は腐食され吸水により塗布膜も剥れ落ちているのに対し，ベラゾール™の塗工面は腐食が

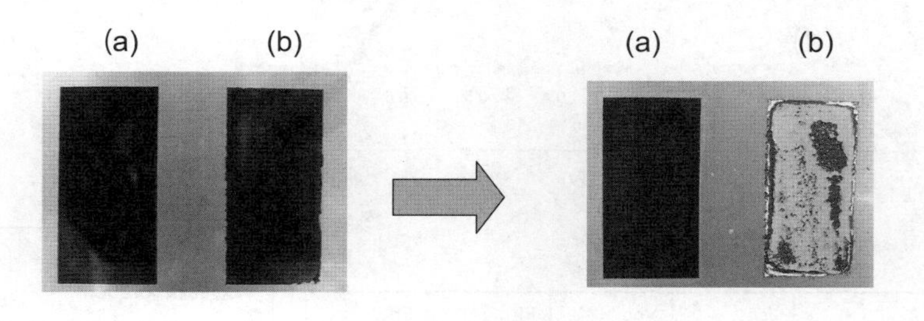

条件
基材：Cu
膜厚：>5 μm
試験環境：60℃/95%RH・24h

写真1　導電性高分子が持つ腐食性
(a)ベラゾール™PEDOTタイプ，(b)PEDOT:PSS

観察されなかった（写真１）。これは先にも述べた通り，ベラゾール™はフリーのスルホン酸基量を低減しているため，腐食性が低いことを示している。

1.2.3　ベラゾール™のカソード電極としての特性

(1)　FTO／ガラスを電極基材とした色素増感太陽電池の特性

ベラゾール™のカソード電極の還元触媒層としての性能を，色素増感太陽電池セルのI-V特性の測定により評価した。カソード電極基材はFTO／ガラス上にベラゾール™のPEDOTタイプとポリアニリンタイプをそれぞれ理論膜厚600 nm程度の薄膜にて塗工し作製した。色素は㈱産業技術総合研究所（AIST）で開発され当社で工業化している有機色素MK-2[8]を，電解質はイオン性液体系（ヨウ素／1-メチル-3-プロピルイミダゾリウムヨージド[9]）と電解液系（ヨウ素レドックス／アセトニトリル）を用いた。評価結果は，初期の変換効率（Eff）は白金蒸着電極に対してイオン性液体系で90～95％程度（図３(a)，(b)，(c)），電解液系で85％程度（図４(a)，(b)，(d)）を示した。その中でも短絡電流密度（Jsc）や開放電圧（Voc）は白金蒸着電極に対して同等もしくはそれに近い値となった。ベラゾール™を塗工していないFTO／ガラス基材では太陽電池としての特性を示さない（図３(d)）ことから，ベラゾール™はカソード電極に求められる還元触媒性能を十分に発現しているといえる。また，PEDOTの導電率が５～10 S/cmであるのに対し，ポリアニリンの電気伝導率は0.2 S/cmと一桁以上の差があるが，カソード電極としての初期性能に顕著な差は認められなかった。これは塗布厚が薄膜であることにより，基材を含めたカソード電極全体

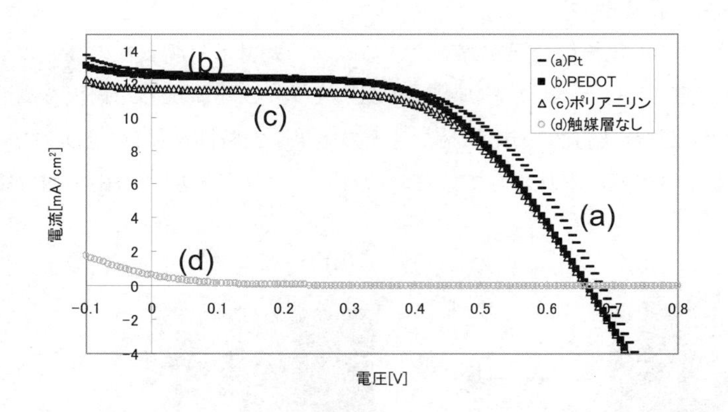

触媒層	Jsc [mA/cm²]	Voc [V]	FF [%]	Eff [%]
(a) Pt(reference)	12.8	0.68	56.1	4.90
(b) ベラゾール™ PEDOT	12.1	0.66	56.2	4.66
(c) ベラゾール™ ポリアニリン	11.7	0.66	57.3	4.42
(d) 触媒層なし	0.58	0.30	8.25	0.01

測定条件
有効面積：$0.25cm^2$
カソード電極：FTO／ガラスにベラゾール™を塗工
電解質：0.4M I_2/MPII
色素：MK-2
アノード電極：FTO／ガラスに粒径18nmの酸化チタンを塗工し焼成

図３　イオン性液体系でのベラゾール™の対極性能

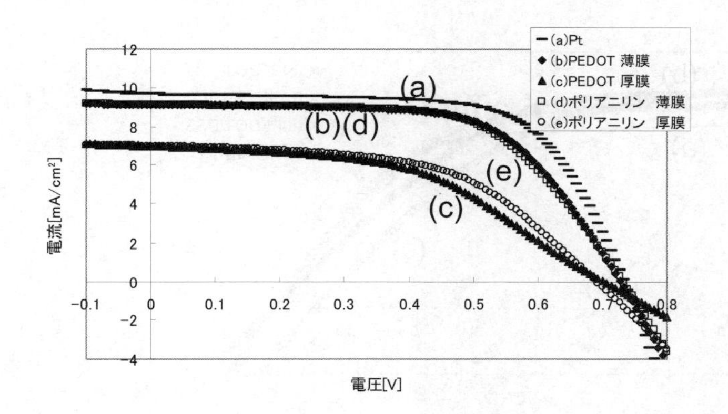

触媒層	Jsc [mA/cm²]	Voc [V]	FF [%]	Eff [%]
(a) Pt(reference)	9.67	0.73	66.8	4.74
(b)ベラゾール™ PEDOT	9.11	0.73	62.8	4.16
(c)ベラゾール™ PEDOT（厚膜）	6.96	0.70	48.3	2.35
(d)ベラゾール™　ポリアニリン	9.10	0.73	61.5	4.10
(e)ベラゾール™　ポリアニリン（厚膜）	6.97	0.69	53.8	2.59

測定条件

カソード電極：FTO／ガラス上にベラゾール™を塗工

電解質：LiI/I_2/4-t-butylpyridine/DMPImI =0.1/0.05/0.5/0.6(M) in CH_3CN

有効面積，色素，アノードは図3と同条件

図4　電解液系でのベラゾール™の対極性能

では抵抗が10Ω/□と同等であったためと考えられる。なお，通常の金属に比べ導電性高分子は電気伝導率が低く電極材料として使用する場合は抵抗成分となるが，ベラゾール™も同様で塗布膜が厚くなると抵抗成分となりJscとFFが低下するため，（図4(c)，(e)）対極材料として導電性高分子を用いる場合は薄膜に塗工し触媒層として用いることが望ましい。しかし一方で，太陽電池セルの室温暗所下での耐久性試験において500時間静値しても白金蒸着電極では特性が初期とほぼ同等であるのに対し，ベラゾール™はPEDOT，ポリアニリン電極ともに初期性能の7割程度まで低下し，塗布膜の一部欠損が認められることから，触媒層として薄くても強靭であるなどの耐久性が必要であることも課題として残っている。

(2)　ITO/PENを電極基材とした色素増感太陽電池の特性

次に基材にITO/PENを用いて同様に評価を行いフィルム基材であってもベラゾール™はカソード電極の触媒層として使用可能であることを確認した（図5(b)，(c)）。この結果は，今後想定される色素増感太陽電池セルのフレキシブル化にもベラゾール™が使用可能であることを示している。ポリアニリンとPEDOTは白金蒸着電極と比較するとJscは同等以上であるが，FFの値が10%程度低い。これは塗工性や基材密着性が少なからず影響しており，ピンホールなどにより部分的に基材と電解質が直接接触している可能性がある。ベラゾール™と市販品のPEDOT：PSSを比較すると，僅かにPEDOT：PSSの性能は高い（図5(d)）が，先に述べた吸水性や腐食性の観点から，本質的にPEDOT：PSSの長期安定性は乏しい。

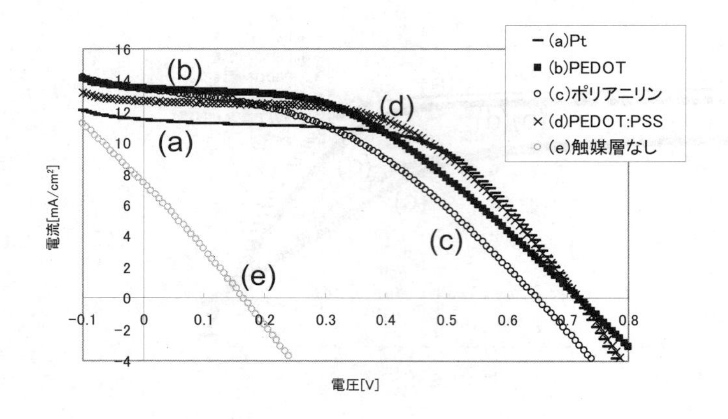

触媒層	Jsc [mA/cm²]	Voc [V]	FF [%]	Eff [%]
(a) Pt (reference)	11.5	0.72	57.0	4.68
(b) ベラゾール™ PEDOT	13.5	0.72	43.9	4.26
(c) ベラゾール™ ポリアニリン	13.4	0.65	41.2	3.59
(d) PEDOT:PSS	13.0	0.72	46.6	4.36
(e)触媒層なし	7.4	0.16	26.5	0.32

測定条件
カソード電極：ITO/PEN上に導電性ポリマーを塗工
電解質：0.4M I_2/MPII
有効面積，色素，アノードは図３と同条件

図５　フィルム基材におけるベラゾール™の対極性能

また，現時点では導電性高分子は金属並みの電気伝導率を達成するには至っていないが，安価な金属材料との組み合わせにより，トータルでの導電性と触媒機能を有するカソード部材の可能性が見える。そこでSUS板および銅板をカソード電極基材とした構成で評価を行った結果，効率は低いものの太陽電池特性を示すことを確認している。この結果は将来的に集電フィルムや金属箔などを基材として使用できる可能性を秘めており，基材のコストダウンやフレキシブル化に向けて有効な結果であると考えられる。

1.2.4　ベラゾール™の電気化学的安定性

ベラゾール™の電気化学的安定性をサイクリックボルタンメトリー（C-V）法にて比較した。色素増感太陽電池の電解質に一般的に含まれるヨウ素レドックスを含む電解液中で100サイクルにわたり電位ごとの電流密度を測定し，酸化還元応答の再現性を評価した。その結果，ベラゾール™PEDOT電極は電流密度や酸化還元電位の変化などは起こらず，安定的な応答を示した（図６）。一方で，ポリアニリンではサイクル回数が増えるに従って電流密度が低下し，ピーク電位も変化している。このことからベラゾール™のPEDOTタイプはポリアニリンタイプより電気化学的に安定であることを確認した。なお，酸化還元それぞれに現れる２つのピークはヨウ素イオン（I^-），三ヨウ素化イオン（I_3^-），ヨウ素（I_2）間の２段階の酸化還元反応を示している。

1.2.5　ベラゾール™の導電性高分子主骨格による特徴

ベラゾール™のPEDOTタイプとポリアニリンタイプは大きく特徴が異なる。ポリアニリンは

(a)PEDOT

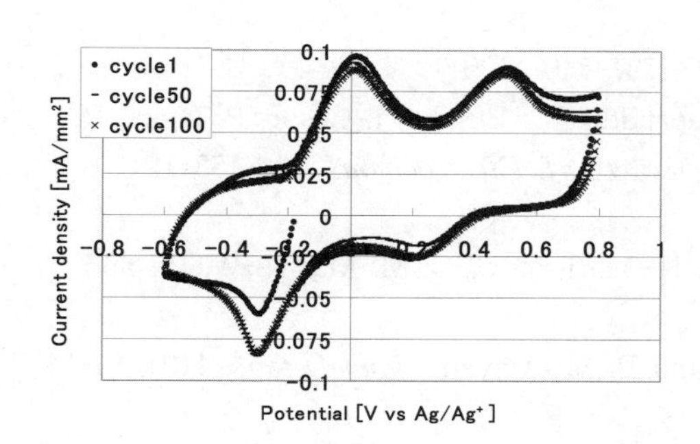

(b) ポリアニリン

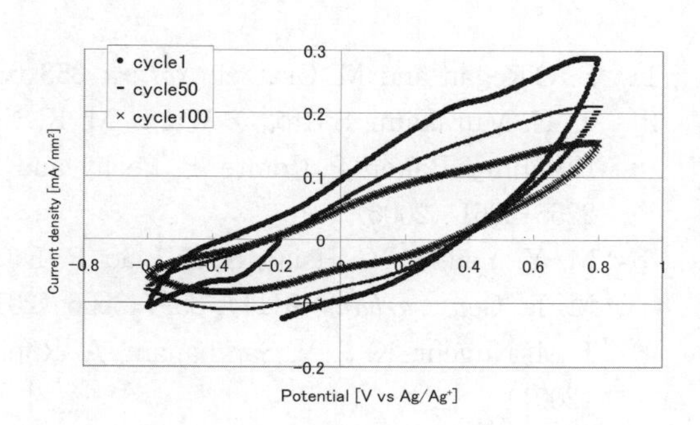

条件
電解液：$LiI/I_2/LiClO_4$ =0.01/0.005/0.1(M) in CH_3CN
参照極：Ag/Ag^+，作用極：Pt，対極：Pt
走引速度：20mV/s，電位：-0.6～+0.8V vs Ag/Ag^+，サイクル数：100

図6　C-VによるベラゾールTMの電気化学的安定性

PEDOTより電気伝導率が低いにもかかわらずC-Vにおいて高い電流密度を示すことから，電解質のヨウ素レドックスを還元する触媒としての活性が高いことが利点といえる。一方で，PEDOTは電気化学的な安定性が高いことが利点である。それにもかかわらずカソード電極が経時劣化した原因は塗膜の強度や基材への密着性にあると考えられる。塗膜強度向上を狙った高分子ドーパントの設計やバインダー添加だけでなく，相性の良いカソード電極基材の選定や基材の表面処理などによる密着性改善なども耐久性向上には必須と考えられる。さらに，それぞれの触媒活性と安定性という特徴を上手く組み合わせることによりさらなる高性能かつ高耐久性のカソード電極材料となることが期待される。

1.3　まとめと今後の展開

ベラゾールTMが有機溶剤への可溶性を持ち塗布法で成膜可能であることは，原料やプロセスのコスト面から色素増感太陽電池のカソードである白金蒸着電極の代替材料として有効といえる。ベラゾールTMの電極としての初期性能は白金蒸着電極に迫り，さらにPEDOTは電気化学的に高い安定性を持つことを確認できた。ただし，耐久性の面では現状では十分とはいえず，塗布膜の強度や基材密着性の向上などの改善が望まれる。また，工業スケールでの使用にあたり各種塗工方法に合わせた仕様への改良なども必要となる。今後は色素増感太陽電池向けのカソード電極だけではなく，その他電池用電極や有機薄膜太陽電池，EL用材料などの用途に関しても展開をすすめていく。

文　献

1) B. O'Regan and M. Grätzel, *Nature*, **353**(6346), 737-740 (1991)
2) T. N. Murakami, S. Ito, Q. Wang, M. K. Nazeeruddin, T. Bessho, I. Cesar, P. Liska, R. Humphry-Baker, P. Comte, P. Pechy and M. Grätzel, *J. Electrochem. Soc.*, **153**(12), 2255-2261 (2006)
3) M.-Y. Yen, M.-C. Hsiao, S.-H. Liao, P.-I. Liu, H.-M. Tsai, C.-C. M. Ma, N.-W. Pu and M.-D. Ger, *Carbon*, **49**(11), 3597-3606 (2011)
4) J. M. Nugent, K. S. V. Santhanam, A. Rubio and P. M. Ajayan, *Nano Letters*, **1**(2), 87-91 (2001)
5) K. Suzuki, M. Yamaguchi, M. Kumagai and S. Yanagida, *Chemistry Letters*, **32**(1), 28-29 (2003)
6) Y. Saito, T. Kitamura, Y. Wada and S. Yanagida, *Chemistry Letters*, **31**(10), 1060-1061 (2002)
7) L. Zhao, Y. Li, Z. Liu and H. Shimizu, *Chemistry of Materials*, **22**(21), 5949-5956 (2010)
8) Z.-S. Wang, N. Koumura, Y. Cui, M. Takahashi, H. Sekiguchi, A. Mori, T. Kubo, A. Furube and K. Hara, *Chemistry of Materials*, **20**(12), 3993-4003 (2008)
9) Z.-S. Wang, N. Koumura, Y. Cui, M. Miyashita, S. Mori and K. Hara, *Chemistry of Materials*, **21**(13), 2810-2816 (2009)

2　白金に代わる色素増感型太陽電池用対極材料

清水　博*

2.1　はじめに

カーボンナノチューブ（CNT）は，界面活性剤から形成された水中のミセルには分散することが知られている[1)]。この方法はCNTの精製にも利用される。特に，陰イオン界面活性剤であるドデシル硫酸ナトリウムが最もよく利用される。陽イオン界面活性剤としてはヘキサデシルトリメチルアンモニウムブロミド，非イオン界面活性剤としてはトリトンX-100などが用いられる。CNTはグラファイト様の多核芳香族基から構成されているため，ポルフィリンやピレンなどの多核芳香族基を持つ低分子化合物は，CNTとの強い相互作用を持つことが観測されている[2)]。この延長として当然DNAやRNA，多糖高分子，酵素などの生体分子もCNTとの強い相互作用が期待される。しかしながら，これらの界面活性剤や多核芳香族基を持つ化合物がCNTとの強い相互作用を有していても，結局はCNTを水に可溶化することにつながる。したがって，高分子中へのCNTの可溶化や分散にはつながらない。

ところが最近，相田らのグループがイミダゾール系イオン液体を用いることにより，CNTのバンドルを解きほぐすのに有効であることを突き止めた[3)]。筆者らも，このようなイオン液体の界面活性剤的な役割に注目し，研究を進める契機となった。そこで本稿ではイオン液体を界面活性剤として利用し，CNT／イオン液体／導電性高分子という三元系ナノコンポジットを創製した例について紹介する。この三元系材料の創製により，色素増感型太陽電池用対極材料として白金に代替可能な対極材料の創出が可能となった。

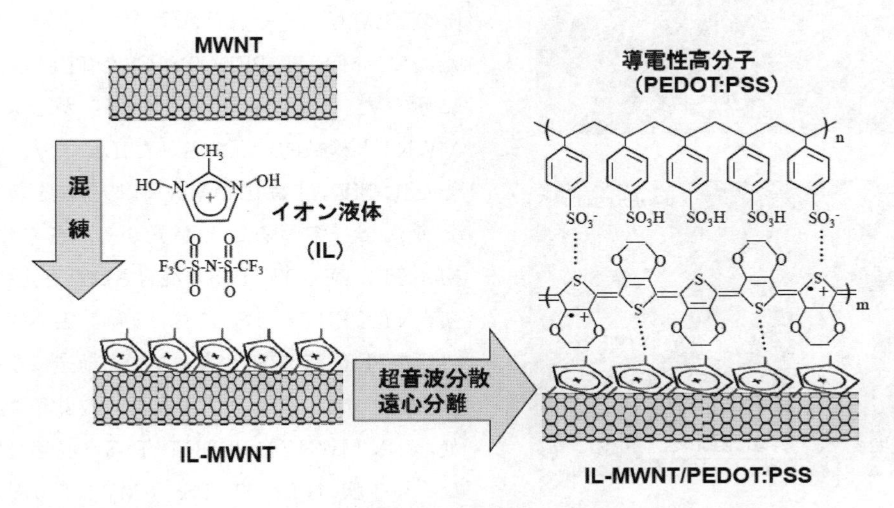

図1　三元系ナノコンポジット（CNT／イオン液体／導電性高分子）創製スキーム

＊　Hiroshi Shimizu　㈱産業技術総合研究所　ナノシステム研究部門　招聘研究員

2.2　界面活性剤（イオン液体）の利用によるコア・シェル型構造三元系ナノコンポジットの創製[4)]

本項では，このイオン液体を界面活性剤として利用し，コア・シェル型構造の三元系ナノコンポジットを創製した例について紹介する。図1には三元系ナノコンポジット（CNT／イオン液体／導電性高分子）創製スキームを示した。この合成スキームに示されるように，まず多層CNT（MWNT）とヒドロキシ基を2つ有するイミダゾール系のイオン液体（IL）とを機械的に混練することにより，ゲル状の混合物（IL-MWNT）を得た。ここで用いたMWNTは結晶性が高く，チューブ内径が20 nmで長さが15 μmに揃ったものである。しかしながら，IL-MWNTだけで色素増感型太陽電池用対極材料に用いた場合には白金に性能が及ばないので，導電性を上げるため，図のように導電性高分子を加えた。導電性高分子としてチオフェン骨格を持ちスルホン酸塩と対になって親水性を示す導電性高分子，ポリ(3,4-エチレンジオキシチオフェン)：ポリスチレンスルホニウム（PEDOT：PSS）の水溶液を用いて，IL-MWNTと混ぜて超音波分散処理を行い，さらに遠心分離をかけて，その残渣を抽出した。これが，三元系のIL-MWNT/PEDOT：PSSである。

これらの構造をTEM観察により確認した。図2に，IL-MWNT(a)，IL-MWNT/PEDOT：PSS(b)のTEM写真をそれぞれ示した。また，比較のために，MWNT/PEDOT：PSSのTEM写真を(c)に示した。TEM写真からも明らかなように，MWNTと機械的に混練されたILにより，ゲル化したIL-MWNTはILがMWNTの外側を包み込むようになっていることが分かる。さらに，IL-MWNTにPEDOT：PSSが混合された三元系のIL-MWNT/PEDOT：PSSにおいては，IL-MWNTの外側をPEDOT：PSSが覆っている構造になっていることが分かった。一方，写真(c)のように，ILを使わずにMWNTにPEDOT：PSSを混ぜた場合には，粒子状のPEDOT：PSSがMWNTの周囲にあるだけで，特別な相互作用をしていないことが分かった。

以上のTEM写真の結果からも明らかなように，

(a)

(b)

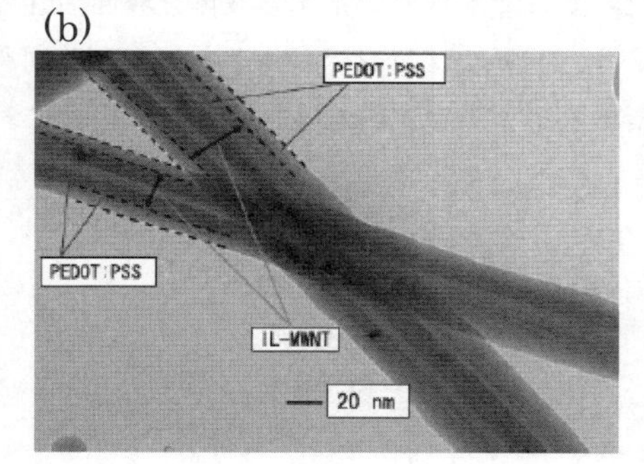

(c)

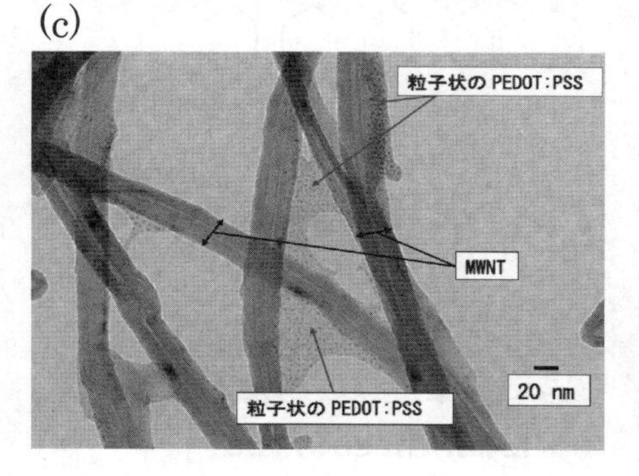

図2　IL-MWNT(a)，IL-MWNT/PEDOT：PSS(b)，ならびにMWNT/PEDOT：PSS(c)のTEM写真

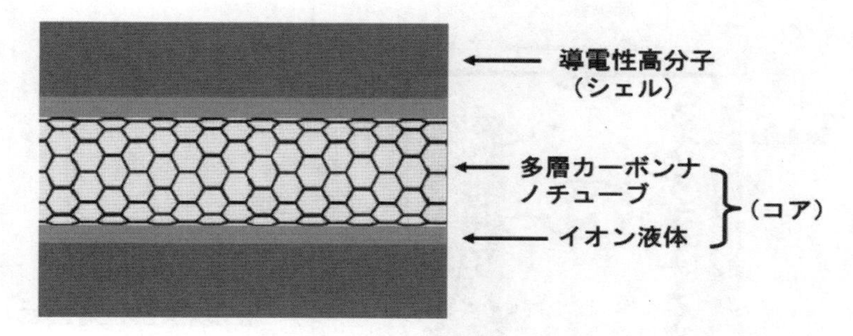

図３　コア・シェル構造の三元系ナノコンポジット

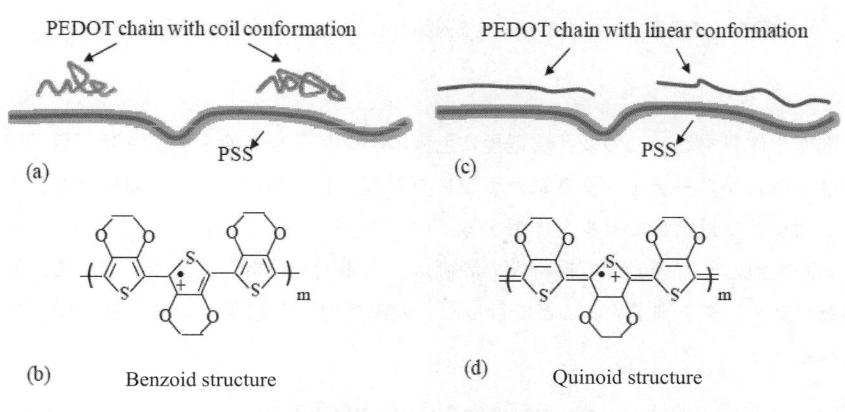

図４　コア・シェル型三元系材料におけるPEDOTのコンフォーメーション変化

三元系のIL-MWNT/PEDOT：PSSは図３に模式的に描かれているように，コア・シェル構造を形成していることが分かる。即ち，IL-MWNTが内側で核（コア）を形成し，PEDOT：PSSが外側の殻（シェル）を形成している。

図３のようなコア・シェル構造が形成されたことに伴い，PEDOT：PSSはPEDOTがイオン液体と相互作用し，図４に示されたようにコイル型構造からリニア型に変わったことが推察される。この結果，チオフェン環繰り返し構造の共役部分もベンゾイド型からキノイド型になり，共役系が長くなったことが示唆される。

2.3　色素増感型太陽電池用対極材料への応用とその光電変換特性

コア・シェル構造の三元系ナノコンポジットを図５に示された色素増感型太陽電池の対極用材料として用いた場合の性能について以下に示す。通常，色素増感型太陽電池の製造は，まず二酸化チタン微粒子と分散剤を有機溶媒に均一に分散してペーストを作製しておき，このペーストを透明電極付きガラスに塗布する。塗布後，高温で焼結することにより二酸化チタンが多孔質構造

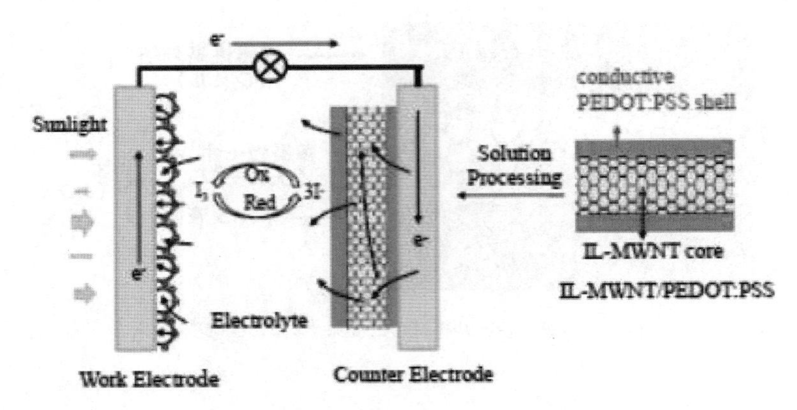

図5　三元系ナノコンポジットを対極として構成した色素増感型太陽電池

となった電極を作製する。この多孔質電極に色素のエタノール溶液を還流させて色素吸着を行った後，白金（Pt）がコーティングされたガラスを対極として用い，隙間に電解液を注入し，エポキシ系封止剤などで封止してセルを作製する。

また，太陽電池としての光電変換特性の評価は，太陽光を模擬した光源を用いて，図6に示される主要なパラメータを測定することで行った。太陽電池の光電変換効率（η（%））は以下の式で定義される。

$$\eta = [Jsc(\mathrm{mA/cm^2}) \times Voc(\mathrm{V}) \times FF \times 100]/100(\mathrm{mW/cm^2})$$
$$= Jsc \times Voc \times FF(\%)$$

ここに，*Jsc*，*Voc*，*FF*は，それぞれ短絡光電流密度，開放電圧，形状因子である。これらのパラメータは太陽電池の光照射時の電流―電圧特性と出力特性から算出することができる。これらの物理量は太陽電池の性能を表す重要な因子であり，いずれも大きいほど，変換効率が高くなる。

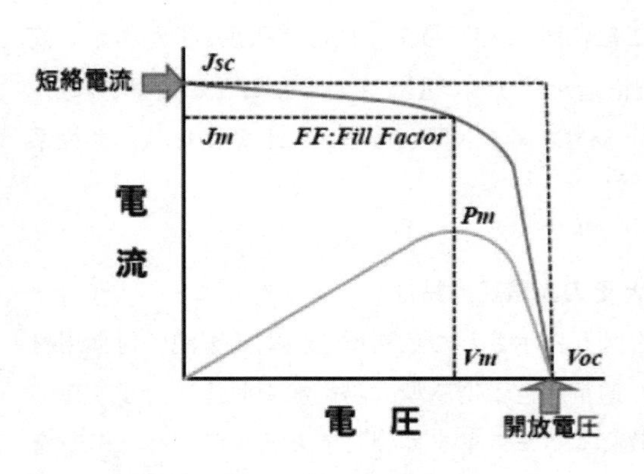

図6　光電変換特性における主要なパラメータ

図7に各種の対極材料を用いて評価した光電変換特性の結果を示した。これらの特性評価から得られた主要なパラメータの結果を表1にまとめて示した。

表1に対極材料としての光電変換特性が比較対照されているように，導電性高分子単体であるPEDOT：PSS（電極④）や二元系のIL-MWNT（電極③）ではその性能が白金に及ばず，またIL不在のMWNT/PEDOT：PSS（電極②）でも白金に劣る性能であった。これに対して，三元系コア・シェル構造のIL-

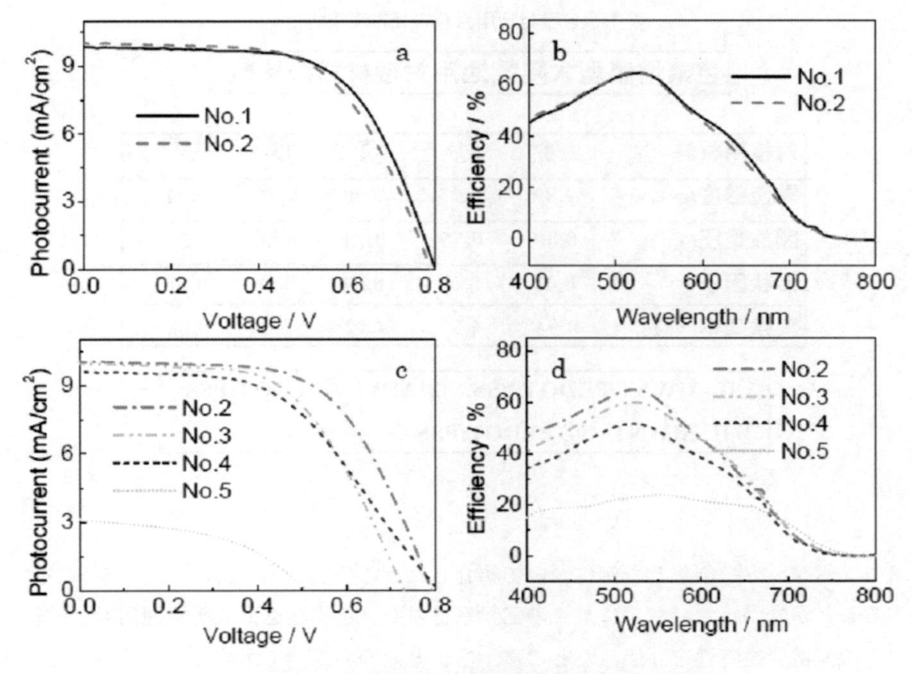

図7　各種の対極材料を用いて評価した光電変換特性
No.1 Pt, No.2 IL-MWNT/PEDOT : PSS,
No.3 MWNT/PEDOT : PSS, No.4 IL-MWNT,
No.5 PEDOT : PSS

MWNT/PEDOT : PSS（電極①）の対極としての性能は白金に勝るとも劣らぬ性能であることが分かった。

なお，本項で評価した変換効率は色素として標準的なN719を用いているが，これをブラックダイや他の色素を用いることにより，変換効率はさらに向上することを付記しておく。

色素増感型太陽電池の対極材料としては白金を使用することが想定されているが，白金はレアメタルであり，生産量が有史以来4000トン強で金の30分の１に過ぎず，原鉱石１トンからわずか３グラムしか採取できないため，白金は金よりも高価なものとなっている。近年，世界の白金需要は自動車の触媒用や燃料電池向けに急激に増大しているが，現在でも白金の生産量は180トン／年のレベルに留まっており，需給バランスが崩れることが懸念されている。そのため省資源とコスト低減化の観点から，白金に代わる対極材料の開発が急務となっている。本稿で紹介した三元系ナノコンポジット材料が白金に代替可能な材料として期待されている。

2.4　おわりに

本稿では，イオン液体を界面活性剤として利用し，CNT／イオン液体／導電性高分子という三

表1　各種対極用材料の光電変換特性

色素増感型太陽電池用対極材料の比較

対極用材料	白金	①	②	③	④
電流密度(mAcm^{-2})	9.89	9.95	9.90	9.50	3.31
開放電圧(V)	0.80	0.79	0.73	0.80	0.52
形状因子	0.62	0.60	0.57	0.50	0.50
変換効率(%)	4.94	4.77	4.12	3.80	0.88

①IL-MWNT/PEDOT:PSS　② MWNT/PEDOT:PSS
③ IL-MWNT　④ PEDOT:PSS

元系ナノコンポジットを創製した例について紹介した。この三元系材料はコア・シェル型の構造を形成することが分かった。さらに，この三元系材料を，色素増感型太陽電池用対極材料として応用し，その光電変換特性を評価したところ，白金と同等の性能を示すことが分かった。本研究がこの分野の発展に少しでも貢献できることを祈念している。

文　　献

1）V. Krstie, G. S. Duesberg, J. Muster, M. Burghard and S. Roth, *Chem. Mater.*, **10**(9), 2338-2340 (1998)
2）N. Nakashima, Y. Tomonari and H. Murakami, *Chem. Lett.*, **31**(6), 638-639 (2002)
3）T. Fukushima, A. Kosaka, Y. Ichimura, T. Yamamoto, T. Takigawa, N. Ishii and T. Aida, *Science*, **300**(5628), 2072-2074 (2003)
4）L. Zhao, Y. Li, Z. Liu and H. Shimizu, *Chem. Mater.*, **22**(9), 5949-5956 (2010)

3　導電性高分子薄膜太陽電池の特徴と性能改善

藤井彰彦*

3.1　はじめに

クリーンで無尽蔵な太陽からのフォトンエネルギーの有効利用は，CO_2排出量削減は勿論のこと持続可能低炭素社会実現において不可欠であり，高効率太陽電池は人類がもっとも切望する電子デバイスの一つといっても過言ではない。現在すでにシリコン太陽電池の普及が進んでいるものの，低コスト・低環境負荷で，かつ大面積化・大量生産が可能な次世代太陽電池の開発は重要である。その中で光伝導性を示す有機固体薄膜の光電変換デバイス，太陽電池への応用が大変期待されている[1)]。

有機薄膜太陽電池は，π共役分子・高分子をベース材料としているが，溶融性や異方性など従来の半導体とは異なる特徴的な性質をもっている。適切な分子構造を構築することで，太陽光を効率良く吸収することは勿論，有機溶媒に対する可溶性の発現や，薄膜化の際の分子配列が自己組織的に起こる。近年の材料開発の進展もあって，印刷法などのウエットプロセスを用いたロール・トゥ・ロールによる生産が可能となりつつあり，大面積・大量生産が期待されている。加えて，軽量・フレキシブルで任意形状に加工可能な特長を活かして，建物の屋根に載せる従来の太陽電池モジュールのみならず，いつでもどこでも太陽エネルギーを利用可能なユビキタスエネルギー源として社会に浸透するものと考えられる。

ここでは，代表的な導電性高分子／フラーレン系有機薄膜太陽電池の概要と性能改善の基礎について述べる。

3.2　導電性高分子／フラーレン界面における光誘起電荷分離

導電性高分子の薄膜太陽電池の実用的な研究は，森田・吉野らによるフラーレンをドープした共役高分子における光誘起電荷移動の発見に端を発する[2,3)]。π共役系の発達した高分子（いわゆる導電性高分子）に電子受容性の強いフラーレン（C_{60}）をほんの僅かでも添加すると，光励起状態の高分子からC_{60}へ電子が移動し，その結果，蛍光の消失や光電流の増大が観測される。図1にその原理が簡単に示されている。導電性高分子とC_{60}の複合体に光が当たると，それぞれ電子と正孔の対

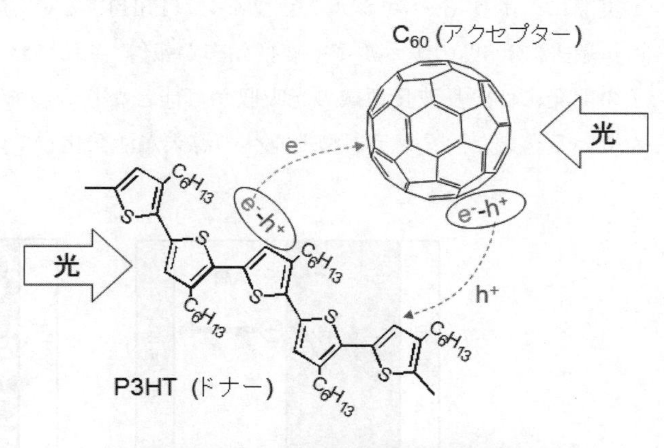

図1　P3HTとC_{60}の光誘起電荷移動の概念図

* Akihiko Fujii　大阪大学　大学院工学研究科　電気電子情報工学専攻　准教授

(励起子）が生成する。高分子鎖上で生成した励起子はその上を拡散していきC_{60}と出会うと，電子のみが高分子からC_{60}へ移る。その結果，高分子鎖上には正孔のみが取り残される。通常，高分子鎖上に生成した電子―正孔対（励起子）は，しばらくすると再結合して蛍光を発するが，電荷分離が起こると，再結合が起こらず蛍光が消失する。また，高分子鎖に残った正孔が，再結合することなく高分子上を拡散していき電極に到達すれば電流が流れることになる。すなわち，導電性高分子が電子のドナー(D)として，また，C_{60}がアクセプター(A)として機能していて，ドナー・アクセプター型の太陽電池といえる。特に，導電性高分子／フラーレン系では，効率良く電荷分離が起こり，逆電子移動が抑制されることから，太陽電池応用に適している。

3.3　積層型ヘテロ接合とバルクヘテロ型接合

有機薄膜太陽電池で検討されている主要なデバイス構造としては，積層型ヘテロ接合（積層構造）と，バルクヘテロ型接合（複合体構造）に大別される。図２にそれぞれの構造の模式図を示す。

積層型ヘテロ接合は，ドナー材料とアクセプター材料とを単純に積層した平面的なヘテロ接合であり，電荷分離で発生した正孔と電子はそれぞれD層，A層を輸送されて電極に到達する。D層，A層にはそれぞれ電荷移動度が高く，内部抵抗が低い材料を用い，オーミック接触となる電極を選択することで，高い取り出し効率が実現できる。しかしながら，光生成した励起子の拡散長が数十nm以下と短いため，D/A界面のごく近傍で生成した励起子しか光電流に寄与しない。

一方のバルクヘテロ型接合は，ドナー分子とアクセプター分子が混合もしくは３次元的に複雑に入り組んだミクロ相分離状態となっており，D/A界面が薄膜全体に存在し，積層型ヘテロ接合に比べ，界面の面積が広い。特に，励起子の拡散距離内にD/A界面が存在するようなミクロ相分離状態は，効率的な電荷分離に適していることから，有機薄膜太陽電池の高効率化においてバルクヘテロ型接合を活性層に用いることが主流となっている。

実際に，ポリ(3–ヘキシルチオフェン)(P3HT）とC_{60}誘導体のPCBMのバルクヘテロ型構造では，過去に3.5%のエネルギー変換効率が報告[4]されており，さらに狭エネルギーギャップの高分子の開発に伴い長波長領域の光吸収が可能となりつつあり，最近では８％に迫る高効率化[5]が進んでいる。また，タンデム型セルへの導入が活発化している。

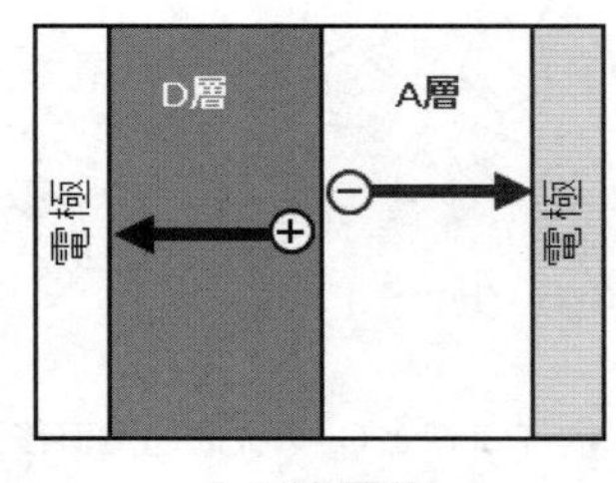

(a)積層型

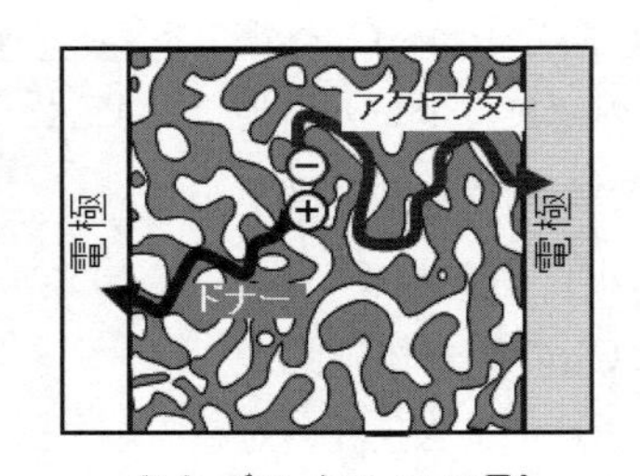

(b)バルクヘテロ型

図２　有機薄膜太陽電池の代表的な基本素子構造

このように薄膜中にバルクヘテロ型接合を形成することで，光誘起電荷分離を起こす界面面積を増大させると同時に，発生した電荷を効率的に電極に取り出すことが期待できる。理想的には，バルクヘテロ型接合のミクロ相分離構造が電荷輸送経路を遮断することのない連続体であり，その経路幅が励起子の拡散長に近付くほど電荷分離の効率が向上すると考えられる。

しかしながら，バルクヘテロ型においては，効率的な電荷分離が起こる利点があるものの，電荷輸送経路が複雑であり，ドナー分子，アクセプター分子がそれぞれ電子，正孔のトラップサイトとなって電荷を外部に取り出しにくい。そのため，バルクヘテロ型では，適切なミクロ相分離を発現させ，かつ電荷輸送経路を確保するために，アニール処理条件など作製条件の最適化が重要である。

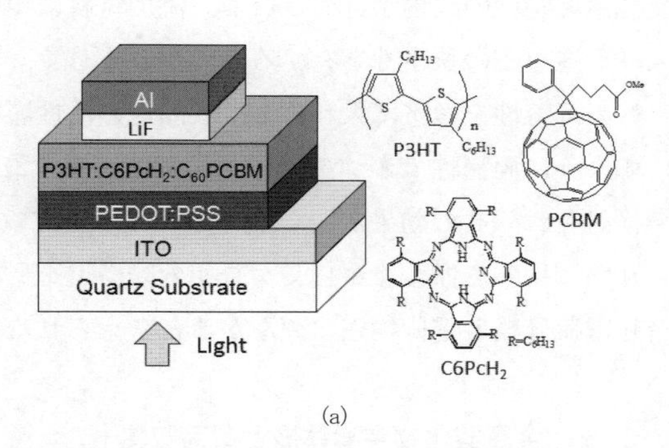

(a)

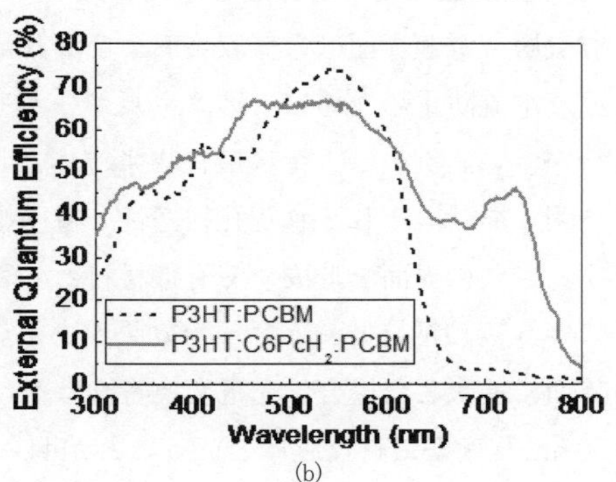

(b)

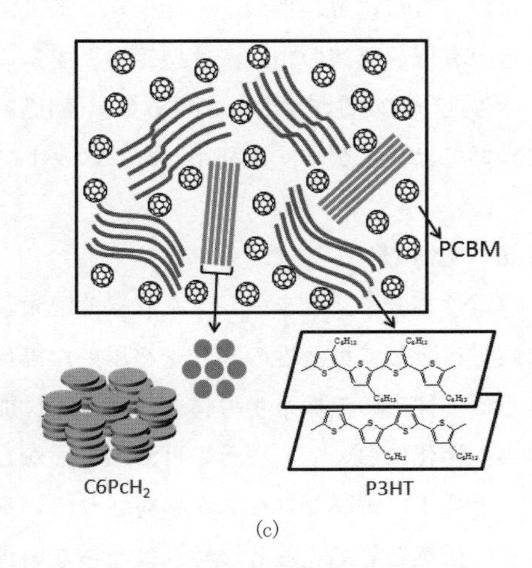

(c)

図3　(a)P3HT：C6PcH$_2$:PCBMバルクヘテロ型接合素子の素子構造例と分子構造，(b)外部量子効率スペクトル，(c)活性層内ミクロ相分離構造の概念図

3.4　分子配向・結晶性と電荷輸送

太陽電池における内部抵抗の低減化は，曲線因子（curve fill-factor：FF）の改善のため重要である。それ故，有機薄膜層自体が高い導電率や電荷移動度を有することが望ましい。有機薄膜太陽電池でよく用いられる立体規則性のP3HTやPCBMは，それぞれ正孔移動度，電子移動度が有機物質の中では非常に高い材料としても知られている。特にP3HTは実効共役長が比較的長く，薄膜状態においても平面的なコンフォメーションをとる。さらに，チオフェンの5員環平面が積み重なるように高分子主鎖が配列する，πスタッキング構造を自己組織的に形成する。一方のPCBMは，その薄膜作製条件を制御することで結晶構造を形成することが知られている。

薄膜の電荷移動度や導電率は結晶性や分子配向性に依存しており，その改善により内部抵抗の低減につながる。それ故，分子・高分子薄膜の結晶性，分子配向性やπスタッキングを制御することは，電荷移動度は勿論，太陽電池特性を検討する上で，非常に重要である。

有機薄膜太陽電池では，ドナー分子とアクセプター分子に加え，さらに添加材料を加える場合がある。例えばフタロシアニンなどの色素材料の導入により，光吸収のスペクトル幅を広げ，分光感度特性の改善が可能となる。添加材料についても同様に自己組織的に分子スタッキングや結晶構造などの秩序性を有するものが望ましく，ドナー分子とアクセプター分子との適合性や溶媒への可溶性を考慮に入れると，液晶性の活性層材料が候補として考えられる。実際に，図3に示すように両極性でかつ高い電荷移動度を示す液晶性フタロシアニン誘導体（$C6PcH_2$）[6]の導入が検討され，その効果が明らかにされている[7,8]。3種類の分子が単に分散して混ざるのではなく，互いに秩序を保ちながらミクロ相分離構造を形成することで，吸収波長の拡大や，効率的な光誘起電荷分離と電荷輸送につながると考えられる。

3.5　金属酸化物半導体層と電荷収集

有機層／電極界面は電荷収集および漏れ電流防止の観点で重要である。励起子拡散防止もしくは漏れ電流防止のために，広エネルギーギャップをもつ有機もしくは無機材料薄膜が導入される場合が多い。例えば，金属酸化物半導体として知られるMoO_3やZnOは，いずれも可視光に対して透明であり，それぞれ正孔輸送性，電子輸送性があり，かつ逆電荷に対して遮断層の役割を果たす。さらに界面を形成する有機材料とのエネルギー準位の一致，もしくは基底状態での電荷移動に伴う接触抵抗低減といった効果がある。MoO_3層やZnO層を有機薄膜太陽電池の有機層／電極界面に挿入した場合，光電変換特性はそれぞれの膜厚に依存し，MoO_3では6 nm程度，ZnOでは50 nm程度が最適な膜厚ということが明らかになっている[9~11]。

また，ZnOは薄膜作製手法が多様であり，作製法の選択によっては，ナノ構造体を容易に形成でき，有機／無機の相互浸透型接合とすることができる[12~14]。

その他，有効性が示されている金属酸化物半導体としては，TiO_2，NiO，V_2O_5などがあり，TiO_2についてはゾルゲル法を利用したウエットプロセスが適用可能である[15]。

3.6　むすび

導電性高分子／フラーレン系有機薄膜太陽電池の概要と性能改善の基礎について述べた。有機薄膜材料として可溶性の高分子を用いた場合，大気圧下の塗布プロセスによって作製が可能という点で，従来の無機系半導体とは異なる付加価値のある半導体材料として期待できる。太陽電池の大面積化においても，その可溶性を活かしたインクジェット法，スクリーン印刷法，スプレー法などによる製膜プロセスが検討されている。但し，有機薄膜太陽電池のエネルギー変換効率の改善は依然として克服しなければならない課題の一つであり，電荷生成効率と電荷輸送効率をいかに両立させるかにかかっている。今後の研究の進展により，低コストでハイパフォーマンスな有機薄膜太陽電池の実用化を期待したい。

第13章　光電変換素子

文　献

1) K. Yoshino, Y. Ohmori, A. Fujii and M. Ozaki, *Jpn. J. Appl. Phys.*, **46**, 5655 (2007)
2) S. Morita, A. A. Zakhidov and K. Yoshino, *Solid State Commun.*, **82**, 249 (1992)
3) K. Yoshino, X. H. Yin, S. Morita, T. Kawai and A. A. Zakhidov, *Solid State Commun.*, **85**, 85 (1993)
4) F. Padinger, R. S. Rittberger and N. S. Sariciftci, *Adv. Funct. Mater.*, **13**, 85 (2003)
5) H.-Y. Chen, J. Hou, S. Zhang, Y. Liang, G. Yang, Y. Yang, L. Yu, Y. Wu and G. Li, *Nature Photonics*, **3**, 649 (2009)
6) Y. Miyake, Y. Shiraiwa, K. Okada, H. Monobe, T. Hori, N. Yamasaki, H. Yoshida, M. J. Cook, A. Fujii, M. Ozaki and Y. Shimizu, *Appl. Phys. Express*, **4**, 021604 (2011)
7) T. Hori, T. Masuda, N. Fukuoka, T. Hayashi, Y. Miyake, T. Kamikado, H. Yoshida, A. Fujii, Y. Shimizu and M. Ozaki, *Organic Electronics*, **13**, 335 (2012)
8) T. Masuda, T. Hori, K. Fukumura, Y. Miyake, D. Q. Duy, T. Hayashi, T. Kamikado, H. Yoshida, A. Fujii, Y. Shimizu and M. Ozaki, *Jpn. J. Appl. Phys.*, **51**, 02BK15 (2012)
9) T. Umeda, T. Shirakawa, A. Fujii and K. Yoshino, *Jpn. J. Appl. Phys.*, **42**, L1475 (2003)
10) T. Shirakawa, T. Umeda, Y. Hashimoto, A. Fujii and K. Yoshino, *J. Phys.*, **D37**, 847 (2004)
11) T. Hori, T. Shibata, V. Kittichungchit, H. Moritou, J. Sakai, H. Kubo, A. Fujii and M. Ozaki, *Thin Solid Films*, **518**, 522 (2009)
12) X. Ju, W. Feng, K. Varutt, T. Hori, A. Fujii and M. Ozaki, *Nanotechnology*, **19**, 435706 (2008)
13) X. Ju, W. Feng, A. Fujii and M. Ozaki, *J. Nanosci. Nanotechnol.*, **9**, 1766 (2009)
14) H. Moritou, T. Hori, M. Ojima, N. Fukuoka, H. Kubo, A. Fujii, X. Ju, W. Feng and M. Ozaki, *Jpn. J. Appl. Phys.*, **49**, 128003 (2010)
15) J. Y. Kim, S. H. Kim, H.-H. Lee, K. Lee, W. Ma, X. Gong and A. J. Heeger, *Adv. Mater.*, **18**, 572 (2006)

4　有機撮像素子―塗布プロセスでの波長選択性と高効率化―

福田武司[*1]，鎌田憲彦[*2]

4.1　はじめに

Siを端緒とする半導体エレクトロニクスの発展につれ，フォトダイオード，フォトトランジスタが誕生し，Charge Coupled Device(CCD)やComplementary Metal Oxide Semiconductor(CMOS)撮像素子が開発された[1)]。今日では放送局の超高解像度用から携帯カメラに至るまで，Siをベースとしたこれらの撮像素子が普及している。また超高感度撮像には，アモルファスSeを用いたHigh-Gain Avalanche Rushing Amorphous Photoconductor(HARP）撮像管が開発され，放送をはじめ医療・学術用途に広く用いられている。無機半導体材料では，この他にGaAs，GaN系などの化合物半導体発光・受光素子，電子素子が実用化され，さらに酸化物半導体などを含めて，物性の探求とデバイス開発が進められている[1,2)]。

一方，基本的に絶縁体である有機材料についても，ドーピングによる導電性ポリジアセチレンの発見を契機に素子応用の途が拓かれた。有機分子は，単結合，二重結合，三重結合といった炭素結合の自由度に基づいて，多様な分子構造，配列をとることができる。有機発光ダイオード（OLED）の特性改善を契機として，広範な分子群と設計自由度が注目され，さらに塗布プロセスの進展により開発が加速されている[2,3)]。

こうした利点を活かして優れた光機能性を持つ分子を手に入れ，薄型でフレキシブル，かつロール生産による低コスト化，生体適合性といった特長を，新たな素子応用に結びつけることが期待されている。その反面，有機素子はキャリアの低い移動度，短い移動距離に応じた薄膜構造となり，材料の高純度化，膜厚の精密制御，長期信頼性の獲得などが課題となる。ここでは，波長選択性と高効率化を中心に，我々の進めている有機光電変換・撮像素子の可能性を紹介する。

4.2　有機薄膜撮像素子の可能性

有機材料の利点を活かした撮像素子の概念を図1に示す。従来のコンパクトカメラでは，カラーフィルタでR（赤），G（緑），B（青）に分離された信号を，1枚の撮像素子上の隣接4画素単位で検出している。この方式（単板式）は薄型軽量だが，開口率は各色信号に対して25〜50％であり，また解像度も低い。一方，放送用などの高解像度カメラでは，プリズムでRGBの光路を分離し，各々1枚，計3枚の撮像素子（3板式）を用いる。RGB信号の開口率はほぼ100％で解像度も高いが，薄型軽量とはならない。これらに対して，RGBのうち1成分のみを吸収し，他は透過するような有機受光薄膜を層厚方向に重ねることができれば（図1下），開口率，解像度ともに高く，かつ薄型軽量な撮像素子を実現することができる。

我々は，塗布型の有機ポリシランOLEDでの成果を基に[4)]，Indium Tin Oxide(ITO)層の上にcoumarin

＊1　Takeshi Fukuda　埼玉大学　大学院理工学研究科　物質科学部門　助教
＊2　Norihiko Kamata　埼玉大学　大学院理工学研究科　物質科学部門　教授

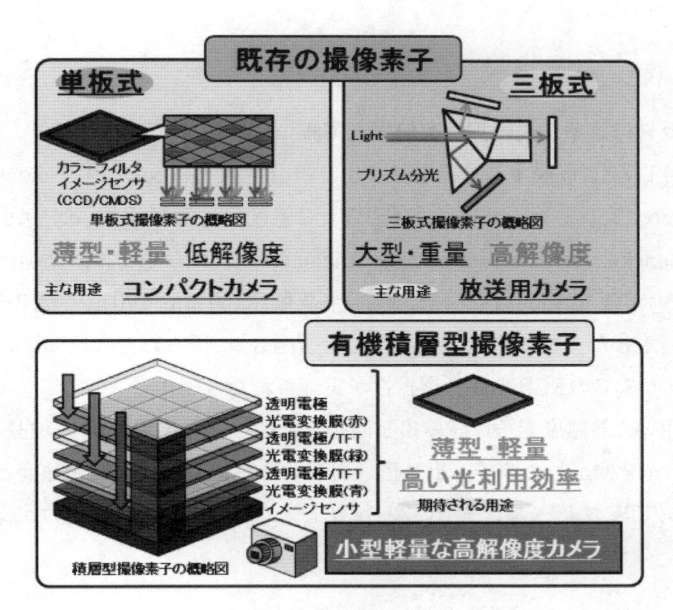

図１　有機積層型撮像素子の概念図

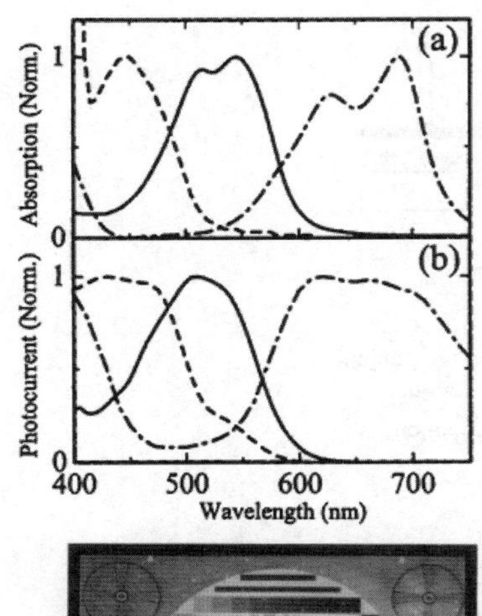

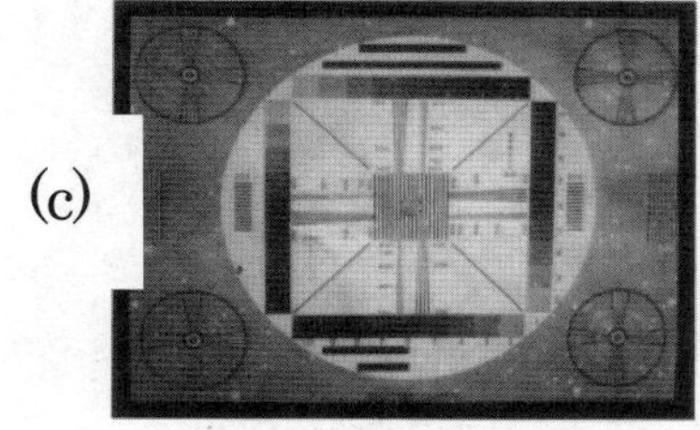

図２　(a)PHPPS/C6（破線），PMPS/R6G（実線），ZnPc（一点鎖線）薄膜の吸収スペクトルと(b)光電流スペクトル，(c)BCP/ZnPc光電面を持つ有機撮像管の撮像画像

6を添加したpoly（*m*-hexoxyphenyl）phenylsilaneのスピンコート膜（1 μm），Al蒸着電極（80 nm）の構造で，B感度光電変換素子を作製した[5]。またG感度受光薄膜（1 μm）にはrhodamine 6G（R6G）を添加したpolymethylphenylsilane（PMPS）をスピンコート成膜し，R感度受光薄膜には正孔輸送性のzinc phthalocyanine（ZnPc），電子輸送性のtris-8-hydroxyquinoline aluminum（Alq_3）を各々100 nm蒸着し，これら光電変換素子の光吸収，光電流スペクトル（図２(a)，(b)）から，RGBの波長選択性を実証した。

撮像カメラとしての解像度は，ITO層上にbathocuproine（BCP），ZnPcを各々100 nm蒸着して光電面とした撮像管を試作して評価した。ITO側を正電位として１/60 s毎に電子ビームで走査した撮像実験の結果[6]，解像度は800 TVライン以上で，HDTVに十分であることを示した（図２(c)）。その後B感度分子としてtetra（4-methoxyphenyl）porphyine cobalt complex（Co-TPP）を用いたCo-TPP（200 nm）/Alq_3（100 nm）/BCP（100 nm）積層光電面により暗電流を低減し，外部量子効率は20％となった[7]。

4.3　塗布プロセスによる波長選択性有機受光薄膜

塗布プロセスでITO上に成膜する光導電薄膜として，B感度用にpoly[(9,9-dioctylfluorenyl-2,7-diyl)-*co*-1,4-benzo-(2,1,3)-thiadiazole](F8BT)，G感度用にR6G添加poly(9,9-dioctylfluorene)(PFO)，R感度用にnickel tetrakis(*tert*-butyl)phthalocyanine[$Ni(t\text{-}Bu)_4Pc$]添加PFOを選んだ。これらのクロロホルム溶液をスピンコート成膜し（各々膜厚160 nm，270 nm，210 nm），LiF（1 nm）/Al(150 nm）を蒸着した光電変換素子を試作した（図３）。得られた吸収および光電流スペクトルから，塗布プロセスでのRGBの波長選択性が実証された（図４）[8]。

次にＦ８BTを用いたＢ感度素子に読み出し回路を付加し（図５(a)，(b)），波長450 nmのLEDを用いて読み出し動作を検証した。読み出し信号周波数２～100 Hzで入射光強度と出力電圧の関係を測定したところ，TVフレームレートの30 Hz以上まで，実用レベルの出力が得られることを確認した（図５(c)）。

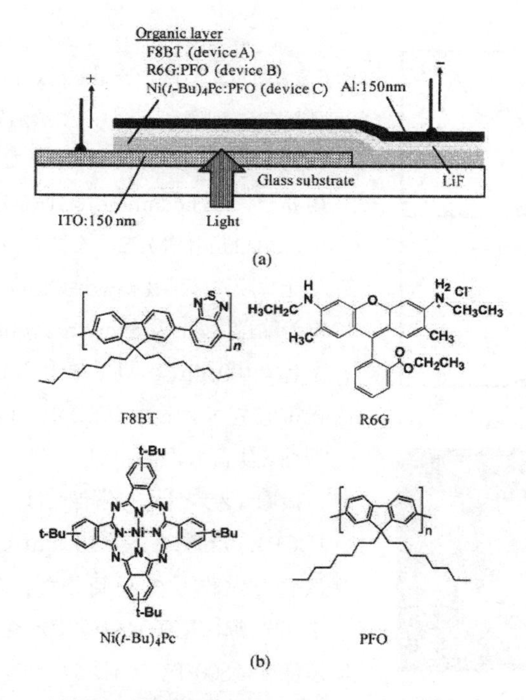

図３　(a)塗布型RGB選択受光素子の構造と(b)使用した分子

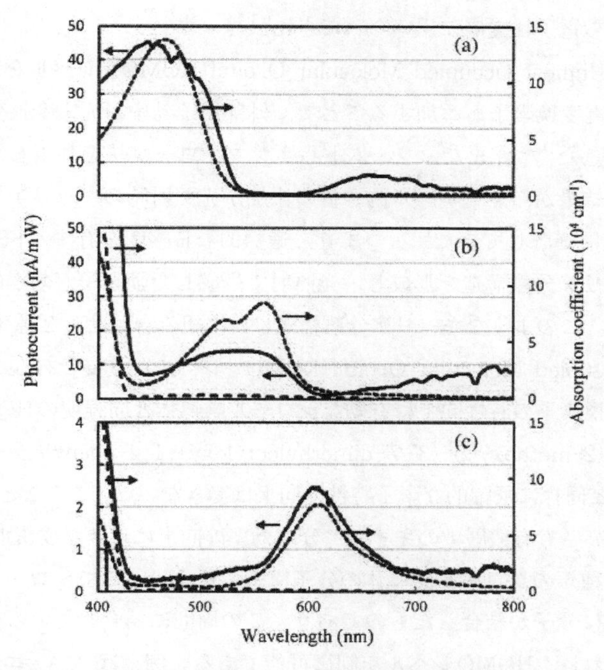

図４　塗布型(a)B感度，(b)G感度，(c)R感度波長選択受光素子の吸収（点線）および光電流スペクトル（実線）。(b)，(c)の破線はPFOの吸収スペクトル。

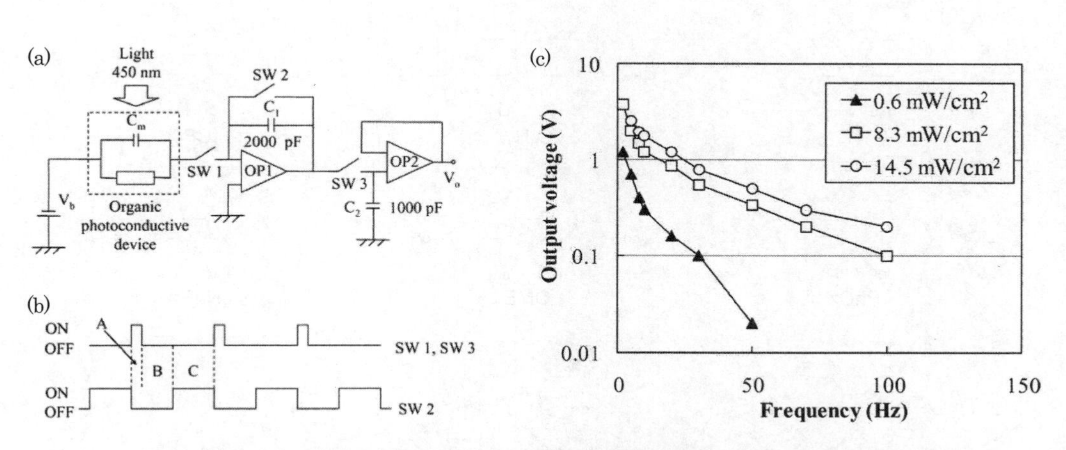

図５　(a)読み出し回路と(b)信号波形，および(c)光信号電圧の読み出し周波数依存性

4.4　有機光電変換素子へのシロール誘導体の添加効果

こうして可能性が示された有機光電変換素子において，重要な課題はやはり高感度化である。そのため我々の研究グループでは，シロール誘導体の添加による高効率化を目指した研究を進めてきた。シロール誘導体は古くからOLEDの材料として研究開発が進められており，高い電子移

動度を有することから電子輸送層に用いられてきた[9,10]。

これまでに我々はHighest Occupied Molecular Orbital(HOMO) レベルを制御したシロール誘導体をB感度有機光電変換素子へ添加することで，外部量子効率（光電変換効率）の向上が可能であることを示してきた[11,12]。また，フェムト秒ポンププローブ法を利用した近赤外波長域における過渡吸収特性の結果から，シロール誘導体の添加が光照射時のキャリア分離効率の向上に起因することも実験的に確認してきた[13]。つまり，選択的なB感度を有するF8BTとシロール誘導体が有機層中でキャリア分離構造を形成し，光照射で生成した励起子が効率的に正孔と電子に分離したと考えられる。このようなキャリア分離構造には，組み合わせる２種類の材料のHOMOレベルやLowest Unoccupied Molecular Orbital(LUMO) レベルが重要であることが分かっている。しかし，有機光電変換素子の特性向上に有効なシロール誘導体と同程度のHOMOレベルを有するポリマーであるpoly(2-methoxy-5-(3'-7'-dimethyloctyloxy)-1,4-phenylene-vinylene) を用いても，シロール誘導体と同様に飛躍的な素子特性の向上はできない[14]。このことから，シロール誘導体が有する凝集性の高さも有機層中のキャリア分離効率の向上に重要な要素であると考えられる。

図６に合成した12種類のシロール誘導体の分子構造を示す。ここでシロール誘導体とは，Siを有する五員環の周囲に分子が結合したものであり，この周囲に結合している分子に電子吸引性や電子供与性を付与すれば，HOMOレベルを制御可能である。例えば，フェニル基やメチル基を結合させたNMe_2シロールやNPh_3シロールでは電子供与性が付与されるので，HOMOレベルが低く

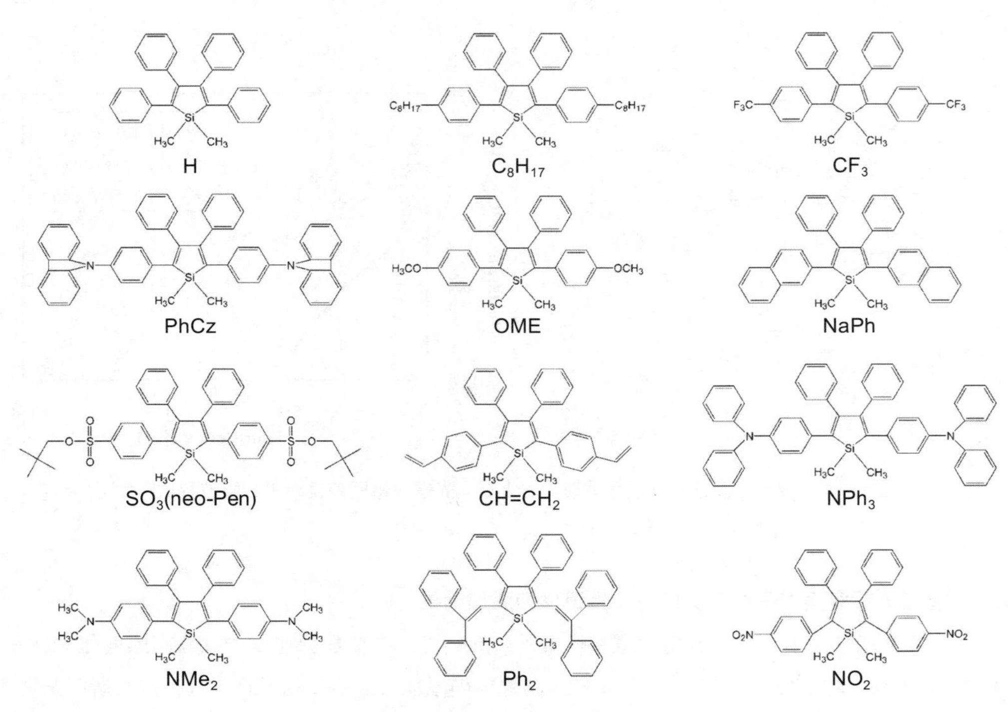

図６　シロール誘導体の分子構造

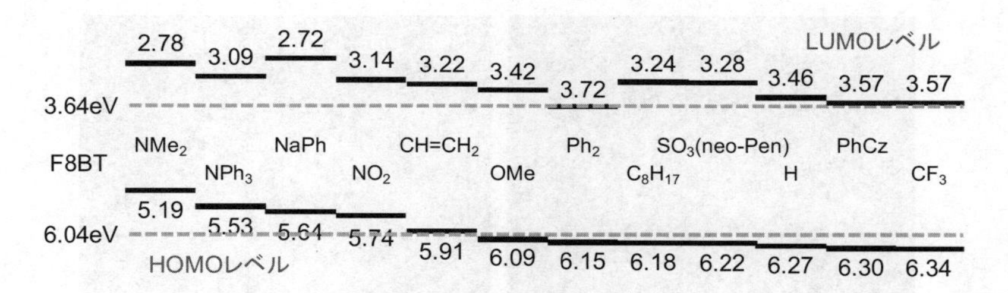

図7　シロール誘導体のHOMO/LUMOレベル

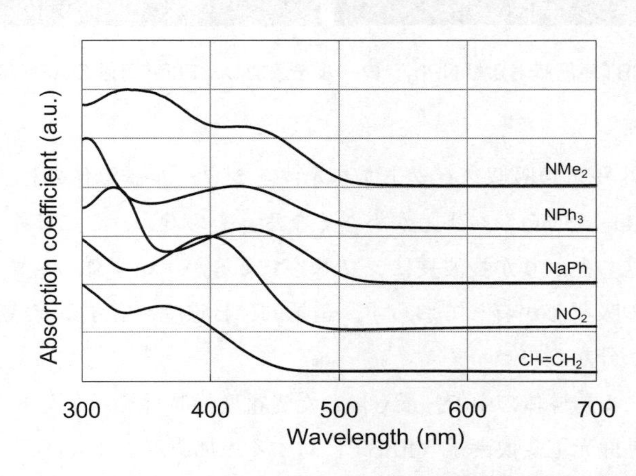

図8　HOMOレベルの低いシロール誘導体を用いた単層膜の紫外―可視吸収スペクトル

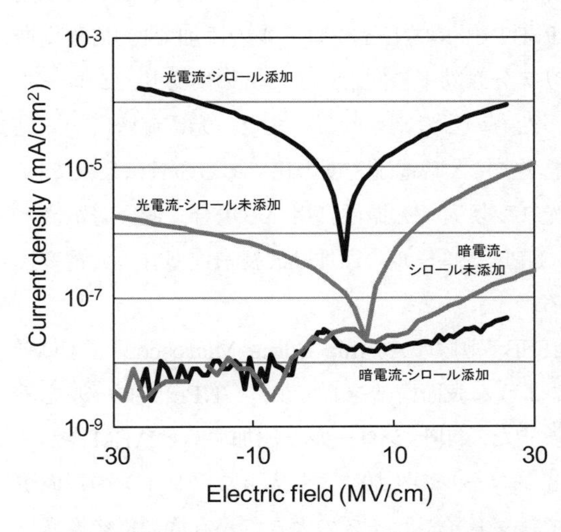

図9　NPh_3シロール添加F8BTおよびF8BT単層膜を用いた波長選択型有機光電変換素子の電流密度―電界強度依存特性

なる[11,12]。その半面，CF_3やFを結合したシロール誘導体では電子吸引性が付与されるので，HOMOレベルが高くなる。図7に各種シロール誘導体のHOMOおよびLUMOレベルを示す。図7からも明らかなようにSiを有する五員環の周囲に結合させる分子構造を変えるだけで，5.19から6.34 eVという広い範囲でのHOMOレベルの制御が可能であることが分かる。またF8BTのHOMOレベルは6.04 eVなので，HOMOレベルの低いNMe_2シロールやNPh_3シロールの添加で効率的なキャリア分離構造が形成され，高い光電変換効率が実現できる[11,12]。図8にHOMOレベルの低い5種類のシロー

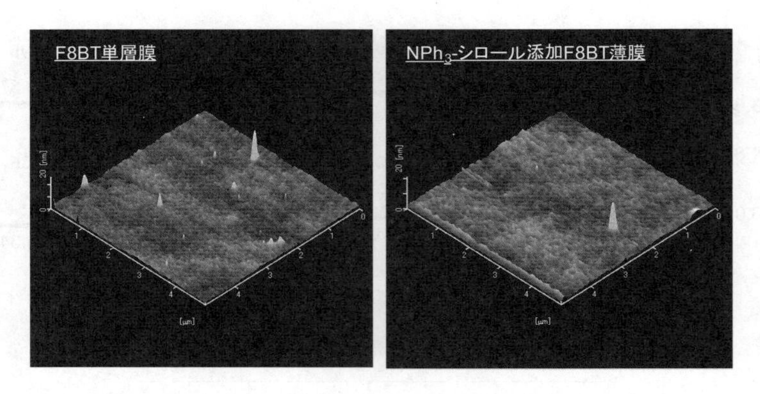

図10　F8BT単層膜およびNPh_3シロールを添加したF8BT薄膜のAFM像

ル誘導体単層膜の紫外—可視吸収スペクトルを示す。シロール誘導体のHOMOレベルが低くなると，必然的にHOMO-LUMOレベル差が小さくなる。そのため，ここで示したシロール誘導体の吸収スペクトルは立ち上がりが長波長にシフトしてくるが，いずれのシロール誘導体でも青色から近紫外波長域での吸収しか有しておらず，選択的にB感度を有する有機光電変換素子への適用が可能であることが分かる。

図6に示したシロール誘導体の中で，最も優れた光電変換特性を示したドーパントであるNPh_3シロールを添加した有機光電変換素子（F8BTに対する添加濃度：50 wt％）の光電流密度および暗電流密度の印加電界依存性を図9に示す。ここで，光電流密度測定時の励起光の波長は470 nm，光強度は0.7 mW/cm^{2}である。NPh_3シロールの添加の有無に依存せず，逆バイアス電界印加時に特徴的な低い暗電流密度を示し，順バイアス電界印加時ではシロール誘導体の添加による暗電流密度の低下が観測された。一方，光電流密度はF8BT中へのNPh_3シロールの添加で100倍程度増加した。この光電流の増加は有機層中でのキャリア分離効率の向上によるものであり，シロール誘導体の添加が高いキャリア分離効率につながったものと考えられる。また，光電流密度から見積られる素子の外部量子効率は最大で52％，光電流密度と暗電流密度の比であるS/Nは最大で10^4を超える高い値を実現した[15)]。波長選択型有機光電変換素子を撮像に用いる場合，低い暗電流と高い光電流を両立させる必要がある。そのため，NPh_3シロールの添加は波長選択型有機光電変換素子の特性向上に重要な手法であることが分かる。

図10にF8BT単層膜およびNPh_3シロール添加F8BT薄膜のAtomic Force Microscope（AFM）像を示す。いずれのサンプルでも周期的に波打つような表面構造をしており，NPh_3シロールを添加することでこの周期が長くなることが分かる。また，NPh_3シロールを添加するとAFM像から得られる平均粒子径も大きくなることから，NPh_3シロールの添加により大きなグレインの形成が促進されていることが分かる。これまでの研究ではグレインサイズの大きさが有機光電変換素子の特性向上に影響を与えるかは明確でないが，HOMOレベルだけでは説明が困難なシロール誘導体の添加による有機光電変換素子の特性向上に，このような物理的な形状変化が少なからず影響

を与えていることが推測される。

4.5　おわりに―今後の研究・技術展望―

塗布プロセスにより，有機薄膜光電変換素子の基礎特性を実証し，撮像のための読み出し動作を確認した。シロール誘導体は有機ELの電子輸送材料だけでなく，塗布型有機光電変換素子のドーパントとして有効であることが分かってきている。特に低いHOMOレベルや凝集性の高さが素子特性の向上には重要なパラメータであることから，これらの特性を制御したシロール誘導体を用いることで，有機光電変換素子の外部量子効率やS/Nの改善につなげることに成功した。蒸着プロセスでは，既にRGB積層型撮像素子が報告された[16)]。今後はこれらの成果を活かして，塗布型での積層型撮像素子の実現が期待される。

謝辞

研究に際し協力いただいたNHK放送技術研究所の相原聡氏，瀬尾北斗氏，堺俊克氏，埼玉大学大学院の小森谷光央氏（現キヤノン㈱），小林諒平氏（現コニカミノルタ㈱），木村翔氏，森桂太氏，幡野健准教授に，また有益な討論をいただいた本多善太郎准教授に感謝する。本研究の一部は経済産業省地域新生コンソーシアム「光フロンティア領域を支える次世代機能性光学材料および素子の開発」，科研費若手研究（B）23750206の助成を受けて実施した。

文　　献

1)　S. M. Sze and K. K. Ng, Physics of Semiconductor Devices (3rd ed.), 697, Wiley-Interscience (2007)

2)　木村忠正，八百隆文，奥村次徳，豊田太郎編，電子材料ハンドブック，139，637，朝倉書店（2006）

3)　鎌田憲彦，映像情報メディア学会誌，**64**, 1301-1305（2010）

4)　N. Kamata, D. Terunuma, R. Ishi, H. Satoh, S. Aihara, Y. Yaoita and S. Tonsyo, *J. Organometallic Chem.*, **685**, 235-242 (2003)

5)　S. Aihara, Y. Hirano, T. Tajima, K. Tanioka, M. Abe, N. Saito, N. Kamata and D. Terunuma, *Appl. Phys. Lett.*, **82**, 511-513 (2003)

6)　S. Aihara, K. Miyakawa, Y. Ohkawa, T. Matsubara, S. Suzuki, N. Egami, N. Saito, K. Tanioka, N. Kamata and D. Terunuma, *Jpn. J. Appl. Phys.*, **42**(7B), L801-L803 (2003)

7)　S. Aihara, K. Miyakawa, Y. Ohkawa, T. Matsubara, T. Takahata, S. Suzuki, M. Kubota, K. Tanioka, N. Kamata and D. Terunuma, *Jpn. J. Appl. Phys.*, **44**(6A), 3743-3747 (2005)

8)　T. Fukuda, M. Komiya, R. Kobayashi, Y. Ishimura and N. Kamata, *Jpn. J. Appl. Phys.*, **48**(4), 04C162 (5 pages) (2009)

9)　S. Yamaguchi and K. Tamao, *J. Organometallic Chem.*, **653**, 223-228 (2002)

10） 櫻井英樹監修，有機ケイ素材料科学の進歩，シーエムシー出版（2006）
11） T. Fukuda, R. Kobayashi, N. Kamata, S. Aihara, H. Seo, K. Hatano and D. Terunuma, *Jpn. J. Appl. Phys.*, **49**(1), 01 AC05（4 pages）（2010）
12） R. Kobayashi, T. Fukuda, Y. Suzuki, K. Hatano, N. Kamata, S. Aihara, H. Seo and D. Terunuma, *Mol. Cry. Liq. Cry.*, **519**, 206-212（2010）
13） T. Fukuda, R. Kobayashi, Z. Honda, N. Kamata, K. Mori, Y. Suzuki, K. Hatano and A. Furube, *Phys. Status Sol.*（*c*）, **8**, 589-591（2011）
14） T. Fukuda, S. Kimura, Z. Honda and N. Kamata, *Mol. Cry. Liq. Cry.*, **539**, 202-209（2011）
15） 福田武司，信学技報，**110**, 29（2011）
16） H. Seo, S. Aihara, T. Watanabe, H. Ohtake, T. Sakai, M. Kubota, N. Egami, T. Hiramitsu, T. Matsuda, M. Furuta and T. Hirano, *Jpn. J. Appl. Phys.*, **50**, 024103（6 pages）（2011）

第14章　導電性高分子（ポリアニリン）による金属防食被覆

前田重義*

1　はじめに

防食法としての開発の契機となったのは，1985年に米国のD. W. DeBerryが，導電性ポリアニリンの被覆によって硫酸水溶液に浸漬したステンレス鋼の不働態皮膜が著しく安定化することを見出したことに始まる[1)]。その後ドイツのB. Wessling[2)]をはじめとする多くの研究者によって，主にポリアニリンを対象に金属防食の可能性がステンレス鋼以外にも鋼板，銅およびアルミニウムについて研究された。純粋のポリアニリンは溶剤に不溶であり，これがコーティング剤として利用の大きな障害となっていたが，最近ポリアニリン骨格への有機スルホン酸などの置換基の導入，水溶性ポリマー酸との複合化などによって溶剤可溶化が達成された結果，防食被覆としての応用が活発化し，すでにドイツでは実用化され市販されているものもある[3)]。ここでは比較的安価に製造が可能なポリアニリンを対象に，その金属防食の特徴と防食メカニズムについて述べる。

2　導電性ポリアニリンとは[4)]

ポリアニリンは，ノーベル化学賞の白川英樹博士によって発見された導電性ポリマーのポリアセチレンと同じく，2重結合と単結合が交互に連なった共役π電子結合系の構造を持った電子伝導性のポリマーである。図1(a)に示したように，ポリアニリンは酸化・還元（redox reaction），酸・塩基（acid base reaction）および錯体化（complexing）などの可逆的反応で分子内相互変換を行う。これらの状態の中で，少なくとも一つが1 S/cm以上の電気伝導性を有するものを固有導電性ポリマー（intrinsically conductive polymer）というが，ポリアニリンではEmeraldine saltのみが導電性を示し，緑色（エメラルド色）を呈する。Emeraldine saltからプロトン（H^+）が取れたものがEmeraldine baseで，青色の絶縁体である。またEmeraldine saltの還元体がLeuco（ロイコ）型のsaltで，さらにこれからプロトンの取れたものがLeuco型のbaseであり，いずれも無色透明の絶縁体である（Leucoとは無色の意味)。これらの4種は互いに電子およびプロトンのやり取りを通して分子内変換をする。しかし高い導電性を得るには対イオン（dopant, ドーパント）となる酸（無機酸もしくは有機酸）が必要である。図1(b)に溶剤可溶型のポリアニリンを提供するジノニルナフタレンスルホン酸ドーパントを示す。

---

*　Shigeyoshi Maeda　㈱日鉄技術情報センター　調査研究事業部　客員研究員

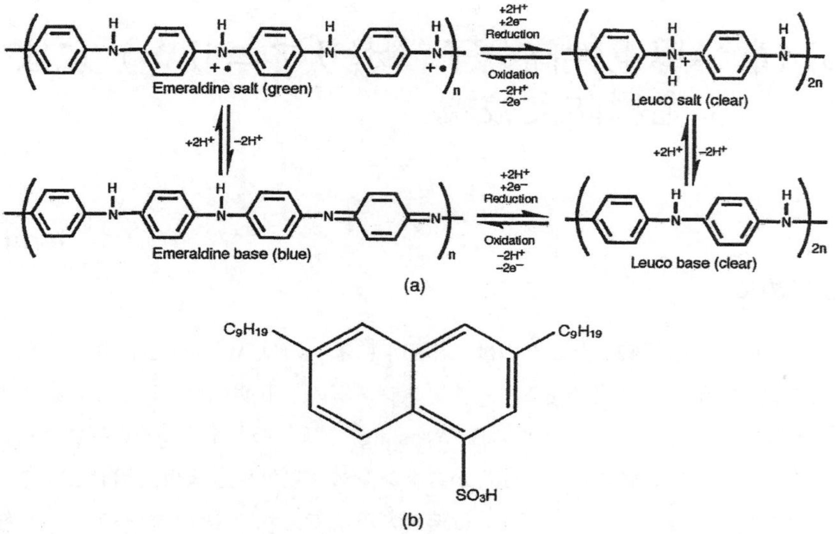

図1 (a)電子およびプロトンの移動によるポリアニリンの分子内転移と
(b)ジノニルナフタレンスルホン酸ドーパント

3 金属防食作用の発見と防食被覆

DeBerryは0.1 Mアニリン／$HClO_4$水溶液中の陽極酸化によってフェライト系ステンレスのSS410（11 Cr鋼）とSS430（17 Cr鋼）の表面にポリアニリンを被覆し，これを空気飽和の2N H_2SO_4に浸漬したところ，SS410の場合，裸では数分で活性化するのに対して，少なくとも50日間は不働態が維持されること，またSS430ではNaCl添加のH_2SO_4溶液中で30日間孔食が発生しないことを見出した（1985年）[1)]。

このポリアニリンの防食作用に着目し，金属に被覆してその効果を広く検討したドイツのWesslingは，ポリアニリン（Emeraldine salt）を塗布した鋼板，ステンレス鋼板およびCuについて0.1 M NaClおよび0.1 M H_2SO_4溶液中で分極曲線を測定し，図2に示すように，いずれの金属の場合も腐食電位が著しく貴になることを見出した[2)]。また腐食試験後にポリアニリン皮膜を剥離した鉄面には図3のSEM写真に示すように地鉄結晶方位に依存して分厚い酸化膜が生成していたが，XPSによって$\gamma\ Fe_2O_3/Fe_3O_4$と同定されている。

Weiらは冷延鋼板にEmeraldine base型のポリアニリンを塗布して，NaCl溶液中の腐食を分極測定によって調べ，裸の鋼板に比べて腐食電位が200 mV貴になり，腐食電流が約1／4に低下すること（14 $\mu A/cm^2 \rightarrow 3.5\ \mu A/cm^2$）を見出した[5)]。またEmeraldine base型のポリアニリン（絶縁体）の方がHClドープのポリアニリン（導電体）より腐食抑制効果が大きかった[5)]。同じくFahlmanらもEmeraldine baseの方がドーピングしたEmeraldine saltより鉄に対する防食効果が大きいこ

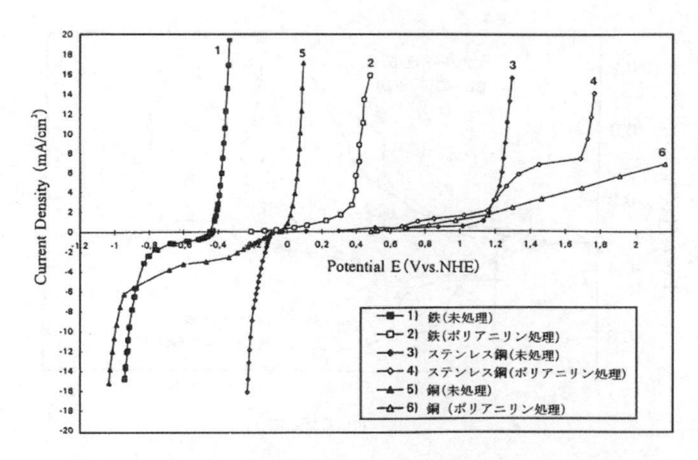

図２　各種金属（鉄，銅およびステンレス鋼）の電位—電流曲線に及ぼすポリアニリン塗布の効果[2)]

とを認め，その理由について素地鉄からEmeraldine baseへの電荷移動（charge transfer），すなわちEmeraldine baseによる電子の引き抜き（アノード酸化）が不働態化をもたらしたためと考えている[6)]。

最初は緑色を呈していたポリアニリン（Emeraldine salt）表面が，腐食液に浸漬したことで青白色に変化することは皮膜が還元されて無色のLeuco型に代わったことを示している。この着色の変化は紫外—可視スペクトルの測定によって確認できる。

マイクロエレクトロニクスでは電磁波シールド，静電気除去あるいは配線材料としてCuが広く用いられている。しかしCuは大気中の湿分や塩分，あるいは亜硫酸ガスの付着などで腐食しやすく，また電圧の負荷で腐食が加速される。現在この腐食防止には防錆剤のベンゾトリアゾールが塗布されている。但し防錆剤塗布でも電圧が負荷された時やAuなどの貴な金属と接触した時に起こるガルバニック腐食を防止できず，その結果デンドライド（樹枝）状の腐食が起こって回路が短絡するという問題を生じる。IBMのBrusicらは水膜付着状態で測定の可能な電気化学セルを工夫し，水膜下におけるポリアニリンの効果を分極測定によって調べている[7)]。彼らはCuの防錆にポリアニリンおよびその誘導体のポリ-o-フェニティジンのHCl salt（導電体）とそのbase（非導電体）を用いて防

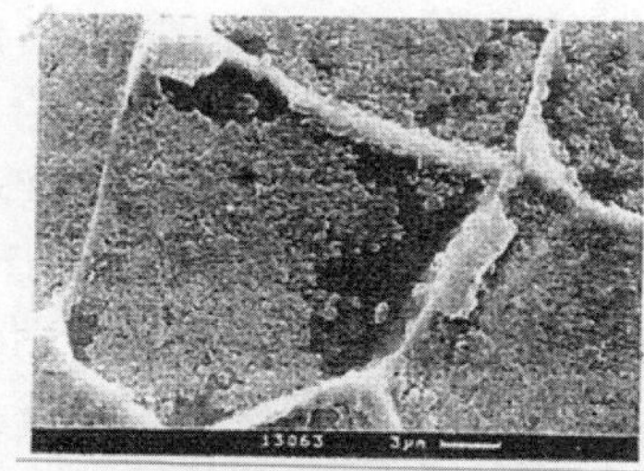

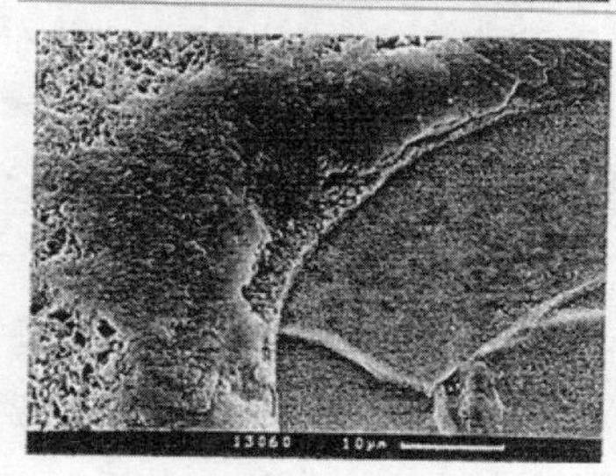

図３　腐食試験後にポリアニリン塗布鋼板の鉄面に生成した鉄酸化膜のSEM像[2)]
（上段：腐食初期，下段：皮膜完成時）

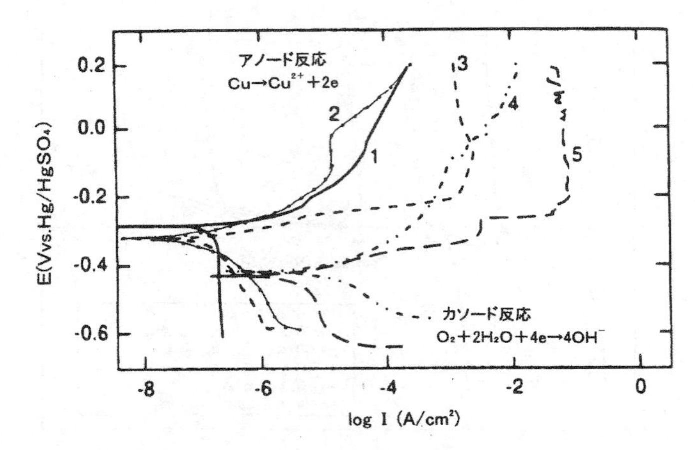

図4　ポリアニリンおよびその誘導体を塗布したCuの水膜付着における直流分極曲線[7)]

(1)ポリ-o-フェニティジン（base），(2)ポリ-o-フェニティジン（HClドープ），(3)ポリアニリン（base），(4)ドデシルベンゼンドープポリアニリン，(5)裸のCu（自然酸化膜）

食効果を調べている（ポリ-o-フェニティジンはポリアニリンのベンゼン環のオルソ〈o〉の位置にエトキシ基〈$-OCH_3$〉を導入したもの）。直流分極測定の結果を図4に示した[7)]。未処理（自然酸化膜）のCuの腐食電流が$6\times10^{-6}A/cm^2$であったのに対して，導電体のポリフェニティジンのHCl salt並びにbaseとも腐食電流が$2\times10^{-7}A/cm^2$と約1/30であり優れた防食効果を示した。また分極曲線からポリアニリン塗布はアノード反応（Cuの溶解）を顕著に抑制することが分かる。但し，ドーピング剤にドデシルベンゼンスルホン酸を用いたものはかえって無処理より腐食しやすくなったが，これは合成の際に余分のドデシルベンゼンが皮膜内に残留したためという[7)]。

Epsteinらはスルホン化ポリアニリンをスピンコートしたAl-Cu系合金のAl2024の1N NaCl中での耐食性を調べ，腐食電流が無処理の約1/10に低下することを認めた[8)]。さらにXPS分析でポリアニリン皮膜中に高濃度のCuの存在を検出し，ポリアニリン皮膜がAl合金中のCuを膜内に選択的に抽出した結果，2024系Alの腐食促進因子であるAl-Cuのガルバニックセル（Galvanic cell）の形成を抑制したためと解釈している。

ポリアニリンは単独に鋼板やアルミニウムに被覆した場合，その防食効果は腐食電流にして高々一桁程度低下するだけであるが，塗料にブレンドするか，または塗装の下地処理に用いると塗膜の防食効果を著しく向上させることが分かった。Wesslingはポリアニリンを下塗りした鋼板上にポリウレタン上塗塗装を施したものは，塩水噴霧試験288時間でもカット部にアンダーカッティング腐食が起こらなかったと述べている[9)]。しかし一般にポリアニリンは金属との密着性がよくないため，Kinlenらはポリブチルアクリレートなどの金属との密着性のよい塗料にブレンドしたものをプライマーとし，その上にエポキシ塗料などの通常の塗料を上塗りする方法を推奨している[10)]。

4　ポリアニリンによる防食メカニズム

前述のようにポリアニリンの防食作用は下地金属の酸化とポリアニリンの還元によって界面に安定な酸化膜が形成することに依存すると推定され，Wesslingらは図5のようなメカニズムを提案している[11)]。すなわち，まずポリアニリン（Emeraldine salt）の貴金属的性質（高いRedox電位）によってFeをFe^{2+}に酸化（イオン化）し，その時放出された電子で自分自身は還元されてLeuco型のEmeraldineとなる（First step）。ついで拡散してきた酸素をこのLeuco型のEmeraldineが還元（OH^-イオンの生成）することで，自身は酸化されてEmeraldine saltに戻る（Second step）。さらにFe^{2+}がFe^{3+}に酸化するとき放出する電子で酸素が還元される結果，生成したOH^-イオン並びにEmeraldine saltによる酸素還元で発生したOH^-イオンが，それぞれFe^{3+}と反応して最終的にFe_2O_3・H_2Oを生成する（Third step）。すなわちポリアニリンのRedox触媒的性質が不働態酸化膜の形成に重要な役割を果たしていることが分かる。

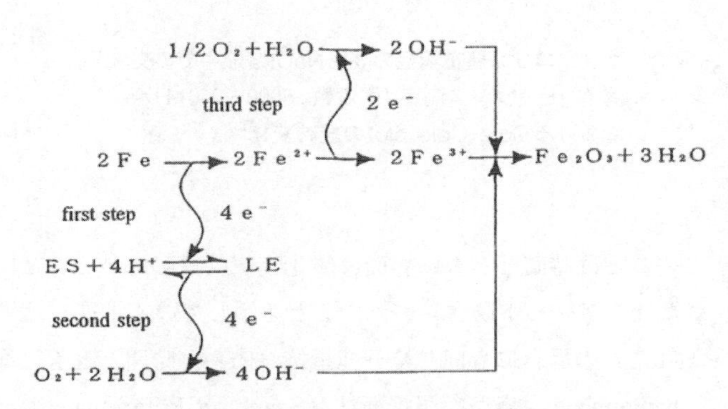

図5　ポリアニリンの触媒作用による鋼板の不働態化を示す概念図[11)]

図6は鉄のプールベダイアグラムにポリアニリン（SaltおよびBase）の酸化還元電位（Redox電位）の実測値を重ね合わせた図で，ポリアニリンのRedox電位は0.16～0.78 VとAgに相当する貴な電位を示す[12)]。このことから，ポリアニリンによる防食は亜鉛めっきなどのカソード防食（Znの犠牲溶解）と異なり，アノード防食であることが分かる。

Tallmanらは界面での不働態皮膜の形成による腐食抑制効果を電気化学インピーダンス測定（EIS）によって明らかにしている[13)]。ジノニルナフタレンスルホン酸ドー

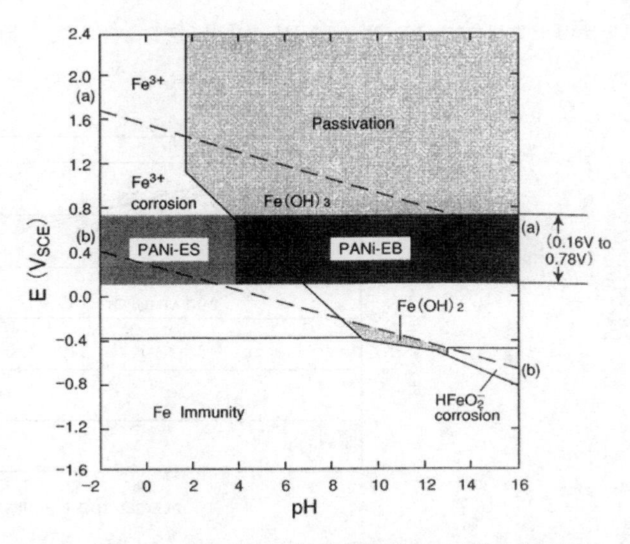

図6　鉄のプールベダイアグラム（電位―pH図）に重畳したポリアニリン（saltおよびbase）の酸化還元電位領域[12)]

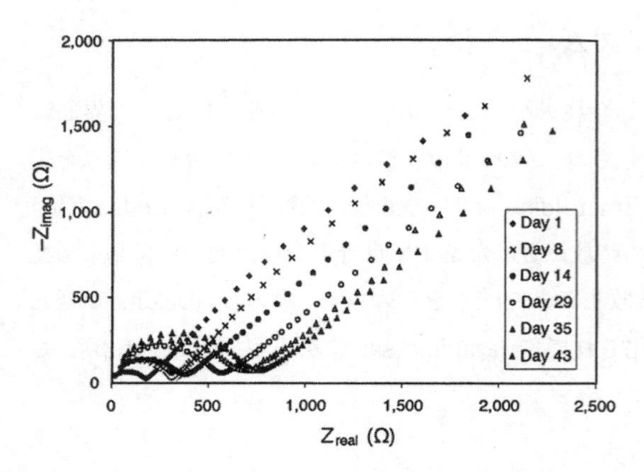

図7　ポリアニリン塗布鋼板の3％NaCl溶液中での交流インピーダンス測定（周波数：5000～0.01 Hz）におけるCole-Cole plotの経時変化[13]

プのポリアニリン（Emeraldine salt）を塗布した軟鋼の3％NaCl溶液中での交流インピーダンス測定結果（Cole-Cole plot）を図7に示す。図は測定された複素インピーダンス（Z＝Z'＋iZ"）の実数部Z'を横軸，虚数部Z"を縦軸にプロットしたものである。一見すると通常の防食塗料と類似のパターンであるが，図で極めて特異的なのは分極抵抗（Rf）を示す半円形の直径（原点と横軸を切る点の間のインピーダンス値）が，通常の塗料では浸漬時間とともに小さくなる（界面での腐食の進行による）のに対して，この場合は逆に大きくなっていることである。このことは時間とともに界面に酸化膜が成長していることに対応し，ポリアニリンによって下地が酸化（アノード防食）されたことを示している。彼らはまたアルミニウム合金（Al2024および Al7075）の場合にも同じく分極抵抗（Rf）が時間とともに増大することを見出している[14]。

Kinlenらは走査型参照電極法（Scanning Reference Electrode Technique, SRET）を用いて，ポリアニリンを下地処理した塗装鋼板の電位分布を調べ，興味ある結果を得た[15]。すなわちドーパントとしてS系のp-トルエンスルホン酸（PTSA），ジノニルナフタレンスルホン酸（DNNSA）およびP系のアミノトリメチレンホスホン酸（ATMP）を用いたポリアニリン（Emeraldine salt）をポリビニルブチラール（PVB）樹脂にブレンドして下地皮膜とし，この上にエポキシ塗料を塗

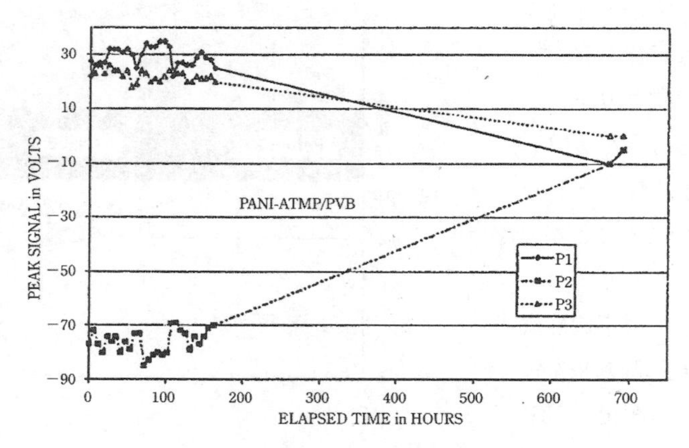

図8　ポリアニリン下地エポキシ塗装系における3個の人工欠陥（ピンホール）の水道水浸漬における電位の経時変化（下地プライマー：ポリアニリン／ATMP／PVB系）[15]

布したものをサンプルとした。その塗膜面に３個の人工欠陥（ピンホール）を作り，水道水に浸漬してピンホール周辺の電位の経時変化をSRETで測定している。ATMPにおけるSRETによる測定結果を図８に示す。水に浸漬した当初，ピンホールは自発的に１個のアノードと２個のカソードに分かれたが，時間の経過とともにアノード部の電位が上昇し，一方カソード部の電位が低下して両者が接近して同電位となり欠陥が修復されたことが分かる。

5　ポリアニリンの合成と可溶化

DeBerryによる防食作用の発見では，モノマーの水溶液から電解酸化によって金属表面にポリアニリンを被覆したものを用いたが，コーティング剤に応用するためには溶剤可溶化や水溶化する必要がある。ポリアニリンの合成自体は比較的容易で，例えば塩酸をドーパントとするタイプでは，アニリンを溶かした塩酸水溶液に，重合開始剤の酸化剤（過硫酸アンモンなど）を溶かした塩酸水溶液をWater bathで温度上昇を抑えながら（５℃以下）攪拌しつつ添加するとポリアニリン（プロトン化Emeraldine/HCl型の塩）が青緑色の沈殿として析出する。これをメタノールで洗浄・空気酸化したものは数S/cmの電気伝導度を示す。この導電性ポリアニリンを水酸化アンモニウムのアルコール溶液で処理（脱ドープ）すると暗緑色の非導電性（電気伝導度：10^{-8}S/cm）のポリアニリン（Emeraldine base）となる。

しかし，このようにして得られた導電性ポリアニリンは一般に不融・不溶の剛直なポリマーであり，そのままでは溶液状のコーティング剤にできないため，これを可溶化するため多くの工夫が行われた[4]。

ドーパントの塩酸の代わりに分子サイズの大きいp-トルエンスルホン酸を用いると，ジメチルスルホオキシドなどの有機溶剤に可溶なものが得られる[16]。またジノニルナフタレンスルホン酸ドーパント（図１(b)参照）ではキシレン／ブチルセロソルブ混合溶媒に可溶となる。一方ポリアニリンの主鎖骨格にドーパントとなる有機スルホン酸基を導入することによって水溶化とドーピングを同時に達成する，いわゆる自己ドープ型の製造法も開発されている。すなわち①アニリンの塩酸水溶液から酸化重合で得た導電性ポリアニリン（Emeraldine salt）をアルカリで脱ドープし，得られた重合体（Emeraldine base）を発煙硫酸で処理することでベンゼン環のオルソ位置の水素をスルホン酸基に置換する方法[17]，②あらかじめアニリンとアミノベンゼンスルホン酸塩を一緒に塩酸水溶液に溶解し，これを酸化重合して得た共重合体粉末を発煙硫酸で処理して，水やアルコールに可溶なポリアニリンを製造するもの[18]，あるいは③原料モノマーにあらかじめスルホン化したアニリン（例えば2-メトキシアニリン-5スルホネート）を用いて酸化重合することで主鎖骨格にスルホン基を導入し溶剤可溶とした自己ドープ型の水溶性ポリアニリンを得る方法[19]など各種の方法が開発された。

但し自己ドープ型はスルホン酸基がドーピングに利用されるため，導電体のEmeraldine saltとしては中性の水や酸性水溶液には溶解しない。水溶化するためにはアルカリで処理して脱ドープしたEmeraldine baseタイプにする必要があるが，この場合導電性はなくなる。しかしながら，ポリアニリンの防食作用には前述のように導電性より，むしろその高い酸化還元電位が重要な役割を演じる。

6　Double strand型ポリアニリンの開発[20〜22)]

最近注目されている水溶化の方法の一つにポリアクリル酸をドーパントとし，これにポリアニリンを巻き付けた形の構造（Double strand）の水溶性ポリアニリンの合成法がある[20, 21)]。図9はこれを模式的に示したものである[21)]。これはあらかじめポリアクリル酸にアニリンモノマーを吸着させておき，その後に酸化重合する方法で，Template guided polymerizationといわれる。こ

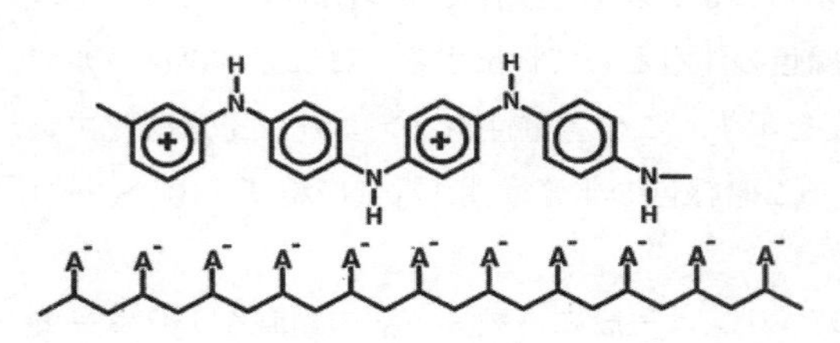

図9　ポリアニリンとポリアクリル酸の分子複合体（Double strand構造）の模式図[21)]

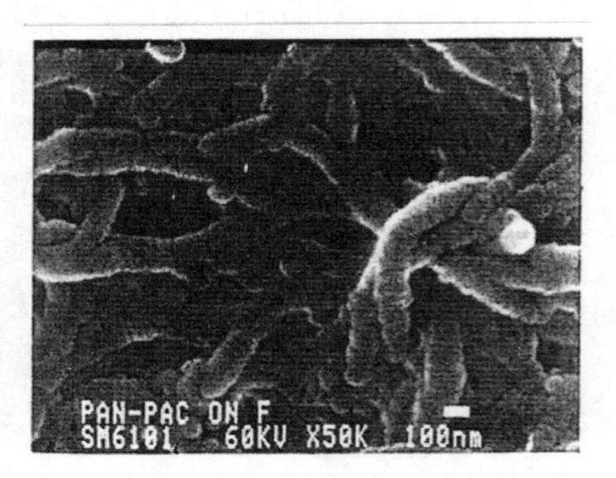

図10　Double strand構造のポリアニリンの電子顕微鏡写真[21)]

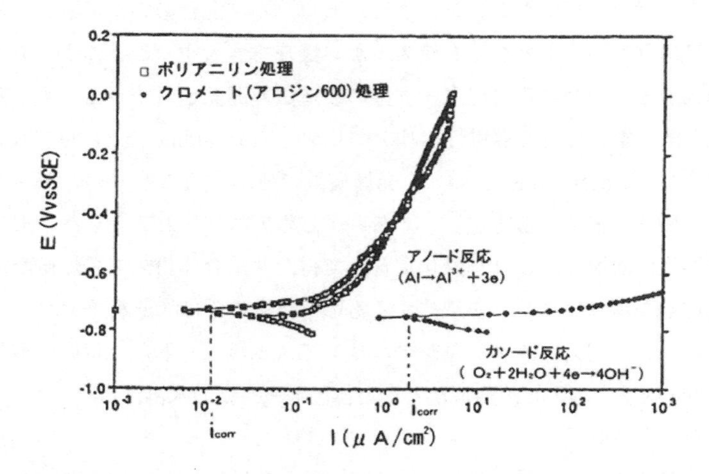

図11　水溶化ポリアニリンおよびクロメート処理したアルミニウム合金（Al7075-T6）の直流分極曲線（0.5N NaCl）[22)]

の方法で合成されたDouble strand型ポリマーの顕微鏡写真を図10に示した[21]。水溶液の安定性がよく，金属と塗膜の両方に密着性がよいのが特徴である。Racicotらはこの方法で製造したポリアニリンをアルミニウムのクロメートの代替に検討している[22]。図11は7000系Alに処理した材料の食塩水中の直流分極測定の結果で，ポリアニリン処理の腐食電流密度はアロジン600処理（クロメート）に比べて2桁（約1/100）と著しく小さい。またインピーダンス値（図は省略）によると，ポリアニリン処理はアロジン処理に比べて低周波数領域の値が1桁大きく，界面の電荷移動反応（すなわち腐食反応）が大きく抑制されていることが分かった[22]。

7　おわりに

金属の防食に対する導電性樹脂の応用についてポリアニリンを例に最近の研究例を紹介した。溶剤に不溶の問題もジノニルナフタレンスルホン酸などの分子サイズの大きい有機酸や高分子プロトン酸をドーピング剤とすることによって，またポリアニリン分子の骨格にスルホン酸基を導入する自己ドーピング法の開発によって解決された。また金属に対する低い密着性も塗料とのブレンドや水溶性ポリマー酸とのDouble strand構造化などによって改善されてきた。最近では皮膜に補修作用のあることに注目したクロムフリー技術として，あるいは無公害防錆顔料として応用が図られている。さらに電子デバイスのCuの防錆や自動車車体の化成処理不要の防食塗装として注目されている。

文　　献

1) D. W. DeBerry, *J. Electrochem. Soc.*, **132**, 1022-1026 (1985)
2) Dr. B. Wessling, *Adv. Mater.*, **6**, 226-228 (1994)
3) 例えば，http://www.zippering.de./Products/PAni/CP4003.en.html
4) 前田重義，塗装工学，**37**(7), 240 (2002)
5) Y. Wei, J. Wang, X. Jia, J-M. Yeh and P. Spellane, *Polymer*, **36**, 4535-4537 (1995)
6) M. Fahlman, S. Jasty and A. J. Epstein, *Synth. Met.*, **85**, 1323-1326 (1997)
7) V. Brusic, M. Anqelopoulos and T. Graham, *J. Electrochem. Soc.*, **144**, 436-442 (1997)
8) A. J. Epstein, J. A. O. Smallfield, H. Guan and M. Fahiman, *Synth. Met.*, **102**, 1374-1376 (1999)
9) B. Wessling, *Mater. Corros.*, **47**, 439 (1996)
10) P. J. Kinlen, D. C. Silverman, E. F. Tokas, C. J. Hardiman, USP-5,532,025 "Corrosion inhibiting composition", July 2 (1996)
11) B. Wessling, *Metal Oberflache*, **50**, 474 (1996)

12) M. Spinks, A. J. Dominis and G. G. Wallace, *Corrosion*, **59**(1), 22-31 (2003)
13) D. E. Tallman, Y. Pae and G. P. Bierwagen, *Corrosion*, **55**(8), 779-786 (1999)
14) D. E. Tallman, Y. Pae and G. P. Bierwagen, *Corrosion*, **56**(4), 401-410 (2000)
15) P. J. Kinlen, U. Menon and Y. Ding, *J. Electrochem. Soc.*, **146**, 3690-3695 (1999)
16) S. Lin, Y. Cao and Z. Xue, *Synth. Met.*, **20**, 141-149 (1987)
17) J. Yue and A. J. Epstein, *J. Am. Chem. Soc.*, **112**, 2800-2801 (1990)
18) 特開平5-178989 (日東化学工業)
19) S. Shimizu, T. Saitoh, M. Uzawa, M. Yuasa, K. Yano, T. Maruyama and K. Watanabe, *Synth. Met.*, **85**, 1337-1340 (1997)
20) P. McCarthy *et al.*, *Poly. Mater. Sci. Eng.*, **83**, 315 (2000)
21) J. M. Liu, *J. Chem. Soc. Chem. Commun.*, **12**, 1529 (1991)
22) R. J. Racicot, Corrosion NACE'97, Paper No.531 (1997); R. J. Racicot, R. Brown and S. C. Yang, *Synth. Met.*, **85**, 1263-1264 (1997)

第15章　導電性高分子フィルムのタッチパネルへの応用

板倉義雄*

1　はじめに

タッチパネル市場は2010年度約６億枚・6,000億円（アナログ抵抗膜式タッチパネルは数量で60％＆金額で40％）といわれ，2006年度4,000万枚・400億円市場でアナログ抵抗膜式タッチパネルが90％以上であったことを考えると，飛躍的伸長と業容の大変化があったといえる。アップル社の2007年のiPhoneの登場，特に投影型静電容量式タッチパネルが業界を変えたといえる。ひとえにマルチ入力という新機能が顧客をひきつけたのであろう[1~5]。

種々のタッチパネルを図１に表示した。

また，タッチパネル業界での材料市場はタッチパネル市場の30％くらいといわれ，2010年度のタッチパネル材料市場は1800億円レベルであろう。筆者の調査によるタッチパネル市場での導電材を含めた主な機能材料動向を表１に示した。

材料の金額ベースの60％前後が導電材絡みといわれている。タッチパネル並びに材料において導電材は品質・コストウエイトに非常に影響する材料である。導電材が使用されるタッチパネルは抵抗膜式＆静電容量式タッチパネルであり，これらタッチパネルは現タッチパネル市場のほぼ

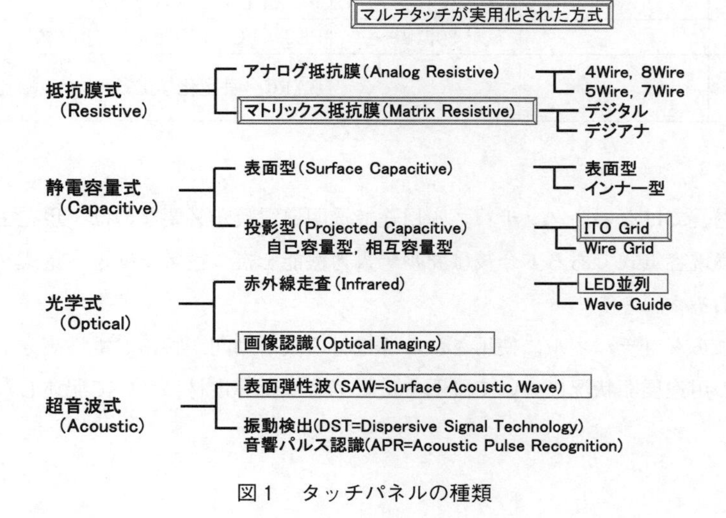

図１　タッチパネルの種類

＊　Yoshio Itakura　㈱タッチパネル研究所　副社長

表1　最近のタッチパネル関連材料メーカーの参入状況

分野		市場規模（2010年）	動向
CTPメーカー	ガラス基板	2,500億円	CF・LCDメーカーが参入（CPT） TPメーカーが内製
	フィルム基板		
ガラスセンサー		CTPメーカー内製と区別付かず	ITOガラス・CFメーカーが参入
ITOフィルム	既存ITOメーカー	400億円	日東電工㈱が独占状態・尾池工業㈱・積水化学工業㈱（㈱鈴寅）・帝人化成㈱追従
	新規参入メーカー		韓国（数社）・ジオマテック㈱・日油㈱
	ITO代替	0	ナノAg膜での参入企業がある模様
ITOフィルムITO代替		0	Wet法ナノAg膜検討企業があるが，ほぼ100％スパッターITO
ITOガラス	TPのみ	300億円	CTPガラスセンサー事業へ参入例
OCA	TP用	200億円	住友スリーエム㈱・日東電工㈱・日立化成工業㈱・積水化学工業㈱・㈱サンエー化研・三菱樹脂㈱
ハードコートフィルム	ITOフィルム用	150億円	㈱きもと・東山フイルム㈱・リンテック㈱ほか
	加飾印刷用	80億円	東山フイルム㈱・名阪真空工業㈱・㈱きもと・リンテック㈱ほか
CTP用コントローラー		500億円	APPLE向け（BROADCOM）・Shnaptics・Cypres/Melfas/Atmel
導電ペースト	TP用	100億円（100T市場）	東洋紡績㈱・㈱アサヒ化学研究所・ペルノックス㈱・藤倉化成㈱・太陽インキ製造㈱ほか
強化ガラス	CTP用 保護ガラス	100億円？	Gorilla・Dragontrail（ハードコートフィルム不要?）・MMA
ARフィルム	TP用	10億円以下	ソニーケミカル&インフォメーションデバイス㈱・富士フイルム㈱ほか
ITO基板		～30億円～	PET・PC・LUCERA（JSR㈱）
反射防止用コーティング材			BARC（日産化学工業㈱）；線幅乱れを防ぐ

95％といって過言ではない。タッチパネル用途で透明導電膜が必要なのは，現在主流である抵抗膜式と投影型静電容量式である。今後はマルチ入力機能を持つ投影型静電容量式タッチパネルが主流になるであろう。

本章ではこれらタッチパネルに使用される導電材の技術動向，特に導電性高分子フィルムのタッチパネルへの用途展開状況について説明する。筆者が新導電材について記述した文献も参考にされたい[1~7]。

2　タッチパネルにおける導電材の動向

各タッチパネルにおける導電必要特性を表2に示す。

表2　各タッチパネルの導電必要特性

		抵抗膜式				静電容量式	
		アナログ		マトリックス		Project式	
基板		ガラス	フィルム	ガラス	フィルム	ガラス	フィルム
	使用部位	下部	上部	下部	上部	ガラス上にX/Y電極	2枚使用
表面抵抗	理想値	500前後	501前後	下限なし（低い方が良し）		下限なし（低い方が良し）	
	現状	300±α	400±α	300±α	400±α	≦50	≦140
基板厚み	理想値	軽量化で薄い方が望ましい	150～188 μm	軽量化で薄い方が望ましい	200 μm以下	軽量化で薄い方が望ましい	下限なし（低い方が良し）
	現状	0.7 mm前後	188 μm	0.7 mm前後	188 μm	0.55 mm	50 μm
電極特性		リニアリティ	リニアリティ	低抵抗	低抵抗	低抵抗	低抵抗2枚使い
ITOフィルムへの必要特性	エッチング性要否	周辺回路に必要		必須	必須	必須	必須
	ITO膜質	結晶性が望ましい	結晶性が望ましい	結晶性	非結晶	結晶性	準結晶
	高透過率	望ましい	望ましい	必須	必須	必須	必須
	AN対策要否	不要（上部で対応）	要	不要（上部で対応）	要	不要	不要
	筆記耐久性	要	必須	不要		不要	不要
	打鍵耐久性	要	必須	要	必須	不要	不要
技術特性	マルチ入力可否	不要	×		×	×	○
	サイズ	フリー	フリー	フリー		23インチまで	15インチまで
	入力手段	ペン・指		指		指（手袋不可）	指（手袋不可）
	EMIの必要性	不要（用途により要）					

表3にタッチパネル用として実用化並びに提案されているITO代替の導電性高分子，導電性ナノ粒子フィラー，メッシュ状構成体，CNTなどの透明導電材の開発動向を示した[6,7]。最近は特にナノAg系材料の透明導電膜のタッチパネル用への開発が盛んである。

3　導電性高分子のタッチパネルへの利用状況

導電性高分子膜の開発は10年以上前から行われており，特にタッチパネル用ITO代替導電材研究の主流であった。構成はチオフェン系のポリ3,4エチレンジオキシチオフェン／ポリスチレンスルフォン酸（PEDOT/PSS）である。導電性高分子の詳細については本書で述べられているので割愛し，タッチパネルへの用途展開での諸問題に言及する。

表3　タッチパネル用透明導電膜開発状況

分類	開発・研究機関	材料	製法・特徴	膜特性（例）	開発状況
Ag系	Cambrios	Agナノワイヤー	塗布型インク＆同フィルム事業	60 Ω/□, T＝90%（Nanotech07） 180 Ω/□, T＞90%（FPD08） 30 Ω/□, T＝92%（SID08）	ClearOhm™静電容量式タッチパネル用インク，日本写真印刷㈱と共同開発中。
	東レフィルム加工㈱・日立化成工業㈱・DIC㈱	Agナノワイヤー	Cambriosインクのフィルム化		タッチパネル用として事業化発表。
	富士フイルム㈱	Agインク	銀塩写真技術 パターニング容易	0.3～2000 Ω/□, T＝80～90% (0.2～数千Ω/□, T＞80%可)	サンプル提供中。エクスクリア™ Roll to Rollでの生産可。
	グンゼ㈱	Agインク	ダイレクトプリンティング（DPT）のスクリーン印刷1層の電極構成	0.5 Ω/□, T＝70～80% （配線パターンによる）	50型まで対応可。湾曲面タッチパネル試作。より精細線パターン化開発中。
	住友スリーエム㈱	Agメッシュ	基板上の六角状パターン印刷		
銅系	東レ㈱	銅メッシュ	エッチング方式		PDP用光学フィルター用途→タッチパネル用へ開発中。
無機系	東海大学	$Mg(OH)_2$:C	RFマグネトロンスパッター	～10^{-1} Ω cm, T＞90%	開発初期段階。
	TDK㈱	ナノITO	Wetコーティング（独自転写法）。高温プロセス無し。	Rs＝700 Ω/□, T～88% Rs:100～1 KΩ/□, T:86～91%調整可	フレクリア™として実用化中（タッチパネル，アンテナ）。
	日立マクセル㈱	ナノITO	塗布方式	Rs:500～2.5 KΩ/□, T＞87%, ヘイズ＜2%	開発中（CEATEC2008で発表）。
	DOWAエレクトロニクス㈱・東北大学	ナノITO	高結晶性単分散ITO。 1段合成法。	圧粉体の抵抗値は市販品を凌駕	DOWAはNEDO「希少金属代替材料開発プロジェクト」関連。
	（地独）大阪市立工業研究所	ナノITO	焼成条件の検討により低抵抗／高透明化	2.8×10^{-3} Ω cm, 透過率97%	タッチパネル用透明電極向け。

表3　タッチパネル用透明導電膜開発状況（続き）

分類	開発・研究機関	材料	製法・特徴	膜特性（例）	開発状況
カーボンナノチューブ・グラフェン	Eikos	CNTインク	3.5 nm以下のCNT外径		用途開発など多数の特許出願あり。
	Unidym	CNTインク	製法不明		電子ペーパー用途，Samsungとの共同開発。
	Samsungほか	グラフェンシート	CVD法	厚さ130 μmフィルム，30 Ω/□	タッチパネル用Roll to Rollフィルム製膜。
	㈱富士通研究所	グラフェン基板			回路基板用。
	マンチェスター大学	グラフェン基板			トランジスタ用途。
	㈱産業技術総合研究所	グラフェン基板	CVD法		トランジスタ用途。
導電性高分子	富士通コンポーネント㈱	導電性高分子	T＞78%（GFタイプ）	高耐久性（対ITO），筆記5倍，打鍵10倍	量産タイプタッチパネル展開中。
	帝人デュポンフィルム㈱	導電性高分子		300～2000 Ω/□，T:80～90%	カレンファイン™
	信越ポリマー㈱	導電性高分子	Rs＝416 Ω/□，T＝84%，80℃熱水×22 hr耐久	UV露光一水系でパターニング可。溶剤可溶化。	セプルジーダ™市販。タッチパネル試作。
	ナガセケムテックス㈱	導電性高分子	Rs＝600 Ω/□，T＝80%	水／アルコール系塗材	デナトロン™で展開。低温架橋（100℃）も開発。
	広島大学	立体3-アルキルチオフェン			プリンタブル有機FET。
	㈱ブリヂストン／九州大学	導電性高分子	Rs＝400 Ω/□，T＝86.5%	視認性（明暗時の反射率）はITOとほぼ遜色なし。	フレキシブル電子ペーパーの上部電極に適用。レーザーパターニング。
	SKC	導電性高分子	Rs＝500 Ω/□，T＝87%		タッチパネルメーカー（韓国で一部採用の情報）。
	中部大学	リンガラス系	ゾルゲル法によるSn添加リン酸塩ガラス材料		

PEDOT/PSSからなる導電性高分子膜は優れた光学透過性と導電性能を有していることから，ディスプレイ関連の光学フィルムおよび半導体製造工程などでの帯電防止剤として広く利用されてきた。導電性高分子膜を抵抗膜式タッチパネル用として，富士通コンポーネント㈱，帝人デュポンフィルム㈱，信越ポリマー㈱，ナガセケムテックス㈱，日油㈱などが数年前から事業開発してきた。大面積化に対応できるRoll to Rollのコーティング方式や印刷法を適用し製造コストの大幅な低減に結びつくタッチパネル用導電性フィルムとして確かに有効である。しかし，タッチパネル用透明電極材として利用するには以下記述するように十分な実用性を有してはおらず，広く普及はしていないのが現状である。導電性高分子膜のタッチパネル用途としての性能を現状のITO膜と比較し下記にまとめる。比較データはあくまで筆者の入手した情報での導電性高分子膜の性能であることをお断りする。

① 光学特性

導電性高分子の欠点の一つは可視透過率が表面抵抗とかなり相関があり抵抗値を下げると透過率も急激に下がることである。抵抗値が400 Ω/□レベルでは85％レベルでありITOでは88％に対し劣勢といわざるを得ない。さらに200 Ω/□レベルの低抵抗導電膜透過率80％以上を制御するのは非常に厳しい。

② 電気特性

上述の通りであるが現状透過率80％以上では200 Ω/□が限度で，投影型静電容量式タッチパネルへの用途は150 Ω/□レベルが必須で静電容量式には現状採用には程遠い。

③ フレキシビリティ＆筆記耐久性

いわゆるフレキシビリティでは図3に示した様にITO膜よりかなりレベルが高い。特に抵抗膜式では上部・下部電極間が空気層であるため額淵エッジでの耐久性が問題になる。導電性高分子膜はこの点でかなり向上できる[8]。ただし，静電容量式ではガラス基板の表面に保護ガラスがあるので，導電膜が曲率を持って変形することは少なく，このメリットを発揮できない。さらに狭額縁になるに従いエッジでの筆記耐久性能が要求されてきている。

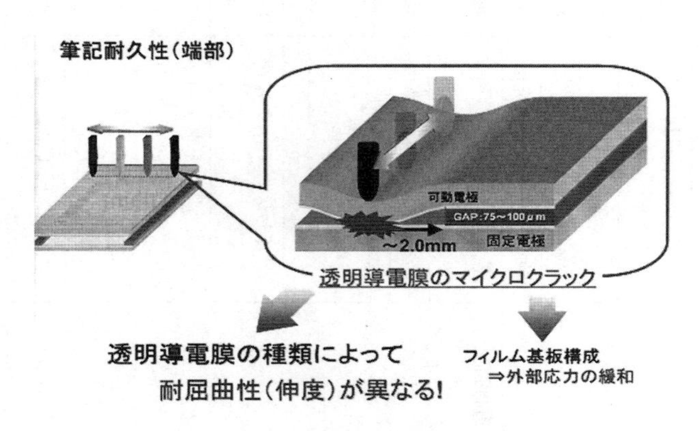

図2　筆記耐久性試験法

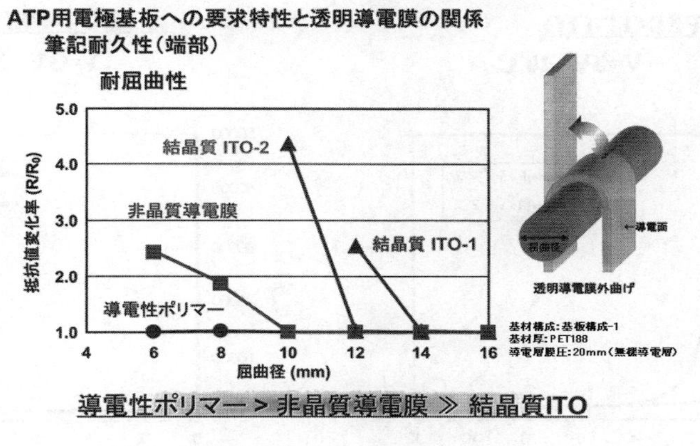

図３　導電性高分子フィルムの屈曲性データ

④　接点の極性

導電性高分子膜は導電膜同士が入力接点となる抵抗膜式タッチパネル用途としては導電材の選択での極性が懸念される時がある[9)]。特に導電性高分子膜とITO膜との接点に関しては図３に示すように極性の選択性がある。しかし，あくまで限定された導電性高分子膜構成によるものと思われる。静電容量式は電極間にOCAなどが積層され，原理的に入力の際は導電膜同士が接することはないのでかかる懸念がない。

⑤　エッチング性

タッチパネルでは電極並びに周辺回路でのパターン化が必須で，一般的に化学エッチング方式が定法である。導電性高分子膜はITOのようなエッチャントでのケミカルエッチングが難しいが最近開発され可能になったという。最近ITO膜での静電容量式にもレーザーエッチング方式が検討されてきたので，導電性高分子膜でのレーザーパターンニングが可能になるであろう。

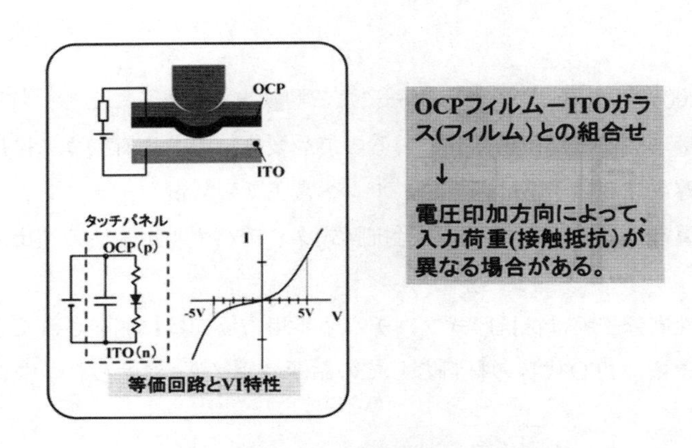

図４　導電性高分子膜の電圧印加特性

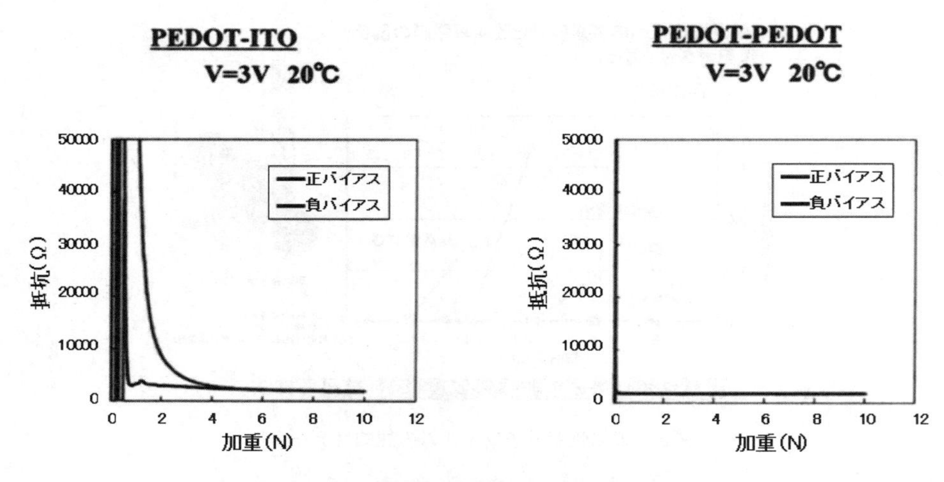

図５　導電性高分子膜と接点材料との極性

⑥　耐環境性能

導電性高分子膜の欠点は高温高湿下での電気特性の低下であった。しかしかなり向上しているようであるがITO膜には未だ劣る。

⑦　基板との密着性

ITO膜は高分子フィルムの密着性が悪くアンダーバリヤーとして易接着層が必須であるが，導電性高分子は一般にPETフィルムへの密着がかなりよいのでこの点ではITO程重点化する必要はない。

⑧　銀インクとの密着性

銀インクには有機材料がバインダーとして入っているので導電性高分子膜は銀ペーストとの密着性はよい。この点はITO膜と比較し長所としての差別化といってよい。ITO膜の構成により銀ペーストメーカーによりマッチング性の確認が必要になるのに比べ，導電性高分子膜は選択性の幅が広い。

⑨　生産性

ITOはほとんど100％真空系でのスパッターによる製膜方式であることや，特にタッチパネル用基板は導電材の易接着層などが積層されているので品質維持のため有機ガス排出にエネルギーをとる。それに対し導電性高分子膜は基板フィルムへ常圧でのWetコーティング法であるし生産速度が数十倍速い。導電性高分子フィルムの抵抗膜式タッチパネル用途への進出期待はこの点にある。

上述の通り導電性高分子膜は抵抗膜式タッチパネル用市場向けに開発されてきたが，静電容量式タッチパネルの急増でITO代替の材料としての話題はナノAgにとられつつある（低表面抵抗の必要性である)。

しかし，最近タッチパネル用途として新規に導電性高分子膜の事業開発や，研究開発事例が紹介されている。

SMK㈱は導電性高分子(PEDOT)／カーボンナノチューブ膜による導電フィルムを抵抗膜式タッチパネル用途に2012年４月に上市すると発表した。技術内容は未だ未公開であるが，２つの新規透明導電膜の活用が従来欠点とされていた環境特性をカバーしたものと思う[10]。

㈱ブリヂストンは「電子粉流体」と称する電子ペーパー(QR-LPD^{TM})を展開しているが，将来のフレキシブル電子ペーパーへの実用化に向けてPEDOT/PSS透明電極でシート抵抗300～400Ω/□，光線透過率86％前後の電子ペーパーを作製，ITO透明電極製とほぼ遜色が無くコスト，耐屈曲性で優位なものができたとして発表した[11]。

旭化成ファインケム㈱はPEDOT/PSSのPSSに代えて，高純度のポリビニルスルフォン酸（PVS）をドーパントとして用い，PEDOT/PVSとし，従来の約100倍高い導電率を得るとともに，塗布した時の平滑性の改善やUV領域での透過率の向上が見られたとしている[12]。山梨大学（嚴虎准教授）の研究グループはPEDOT/PSSコロイドの一次粒子のサイズを遠心分離で揃え，その直径に相当する膜厚（44nm）の導電性ナノ薄膜を得て，次にエチレングリコールを添加することによってPSS（絶縁層）を除去することによって，トレードオフの関係にある透明性と導電性を両立させたとし（89％透過率，電導度443S/cm），タッチパネル用途を充分狙えるレベルに達したとしている[13]。広島大学の尾坂らがプリンタブル有機電界効果トランジスタ（Field-Effect Transistor；FET）に向けた導電性高分子研究を実施している[14]。立体規則性ポリ(3-アルキルチオフェン）を中心に開発中である。

4　他のタッチパネル用導電材との比較

表３に種々のタッチパネル用の主な新規透明導電材について表示した[6,7]。最近，導電性高分子に代わって静電容量式タッチパネル用途としてAgナノ粒子による開発研究が活発である。従来からエレクトロニクス分野では配線用にAg導電ペーストが広く使われているが，非可視部領域の回路部であった。Ag材料はPDPのEMI向けとして透明メッシュ材料として実用化されてきたが，最近特にタッチパネル・太陽電池用などの用途開発がされている。ナノ粒子化技術の進歩もあり，Agナノインクで塗布・印刷・写真技術などを用いて透明導電膜を作製する発表が相次いでいる。タッチパネル業界大手の日本写真印刷㈱が米Cambrios社と同社の開発したClearOhm^{TM}Agナノワイヤーで静電容量式タッチパネル用導電フィルムの共同開発を行うとの注目発表をした[15]。このインクを静電容量式タッチパネル用導電フィルムとして東レフィルム加工㈱，DIC㈱，日立化成工業㈱などが上市を発表し注目を浴びている。富士フイルム㈱は銀塩写真技術を応用し，Roll to Rollで生産できパターン化も容易なRs＝0.2Ω/□，T＞80％のものを開発し量産に向けて展開中である[16]。またタッチパネル大手のグンゼ㈱は数十～数百nmのAgナノインクをスクリーン印刷などでフィルム上にパターン印刷（DPT：ダイレクトプリンティングテクノロジー）しRs＝0.5Ω/□，透過率70～80％程度のものを得たとの発表[16]があった。大日本印刷㈱はRoll to Roll

でAgインクのメッシュ印刷を行いRs＝0.1Ω/□の低抵抗化を達成したと発表[17]し，FPD，タッチパネル，電波吸収体などに向けてサンプル展開中である。トッパン・フォームズ㈱も100℃という低温焼成でAg配線を紙に形成したと発表をした[18]。カルボン酸銀塩のAgインクを塗布・還元して銀だけを生成する方式で，従来の銀ペースト法に比べ残留物が少なく，印刷厚みを従来の1/10程度（～1μm）としても電気抵抗を低く抑えることができるとしている。スクリーン印刷だけでなく汎用的なインクジェット（IJ）印刷も可能となり用途を格段に広げ得るとしている。抵抗率は10^{-5}Ωcmレベルである。導電性Agインクの製造技術・使用実績，ナノ粒子化技術の進展などに支えられ急激に発展する材料と思われる。

ITO粉末を塗料化しフィルム面上に塗布した製品は静電防止・帯電防止用途に古くから使われてきたが，表面抵抗は2KΩ/□以上で透明性も70%以下であった。NEDOのプロジェクト[20]ではZnO系材料開発以外にも導電性ITOナノインク塗布技術として単分散ナノ粒子合成法を確立，IJ法で成膜したものはT＞90%，Rs～1000Ω/□（膜厚 200nm）をほぼ達成，また静電塗布用やIJ用ITOナノインクにおいて抵抗値が市販品最良値の1/2のものを得たと報告されている。最近，東北大学の村松淳司研究室と三井金属鉱業㈱は5～10nmの微粒子の水溶液インクを工業用インクジェットプリンターでガラスパネル上に液晶電極面を設ける量産技術を確立したと発表した[19]。投影型静電容量式周辺実装回路の現行のスクリーン印刷による銀ペースト材に代用できないか関心がある。

TDK㈱は独自のWetコーティング技術（転写法）でITO透明導電フィルムを開発し抵抗膜式大型タッチパネル開発品を実用化している[20]。タッチパネル用途以外にも，無機EL用透明電極用，電子ペーパー，電磁波シールド用にも利用できるとしている。188μmPETでRs＝700Ω/□，T＝88%のものをフレクリア™として展開している[20]。日立マクセル㈱もCEATEC'08でITOナノ

表4　タッチパネル用としての導電材比較

項目	ITO（スパッター法）	導電性高分子	ITOパウダー	ナノAg	CNT・グラフェン
加工法	真空系	溶液塗布	溶液塗布	溶液塗布	溶液塗布
透過率	88%	84%±α	84%±α	84%±α	84%±α
導電性（Ω/□）	MAX100	MAX200	MAX200か?	1でも可能	MAX10か?
可撓性・強靭性	基準	◎	◎	○	○
耐環境特性	基準（◎）	△～○	◎	◎	?
エッチング性	◎	△～○	○	○	○
色調	黄色系	青系	若干黄色	ニュートラル	ニュートラル
タッチパネルでの実用化状況	現行主力	少ないが実用化中	少ないが実用化中	少ないが実用化中	未
価格	基準	安い	安い	安い	?
今後の期待タッチパネル方式	Roll to Roll方式	抵抗膜式	抵抗膜式	静電容量式	?

粒子の塗布型透明導電フィルム（Rs＝0.5～2.5KΩ/□，T＞87%）を発表したが実用化の情報は入手していない。導電性高分子膜と他の導電材とのタッチパネル用としての比較を表4に示した。

5　今後の技術動向

静電容量式タッチパネル生産ラインの工程短縮化を検討する会社が多くなっている。特に周辺回路用金属／導電膜フィルムを用いたエッチング工程が自動化プロセスRoll to Rollでの生産ラインにより実用化されれば，フィルム基板CTPの生産コストがガラス基板に比べ格段と有利になる。勿論そのためにはセンサー感度の点から導電膜の抵抗値は100Ω/□以下のレベルが必要である。かかる生産ラインを提唱している台湾のタッチパネルメーカーもある[21)]。新規導電フィルムはこのRoll to Roll方式への対応が今後急務であろう。むしろ導電性高分子フィルム膜は常圧でのWetコーティングによるRoll to Roll方式での製膜方式であるので，タッチパネル工程へこの方式が踏襲されることへの期待もある。

一部実用化されているとの情報もあるが導電パターン並びに周辺回路についてのグラビヤオフセットでの印刷方式が話題になっている。まさにプリンテッドエレクトロニクス時代到来である。導電材はナノAgであったりITOパウダーであったり種々ある。サイネージなど大面積サイズの入力機器として期待される。特にITO代替材料での活用と大型タッチパネルへの応用が注目されている。

6　まとめ

本章ではタッチパネル用導電膜について，特に導電性高分子フィルムの用途展開について総論した。導電性高分子フィルムのタッチパネル用途展開は，上述の通りタッチパネルが抵抗膜式から静電容量式へシフトしている中では厳しい状況である。しかし，タッチパネル電極のITO代替風潮の中では今までの開発努力が結ばれることを期待するものである。アナログ式抵抗膜式タッチパネル→投影型静電容量式への短期間での変化で生産ライン・評価系自体が未だ整っていないのが現状である。それに供給する電極材は現在のところITOフィルム・ITOガラスである。ITOフィルムの生産国シェアは圧倒的に日本であるが，ITO代替への期待が急激に高まっている。導電フィルム並びに機能フィルムの生産は日本が圧倒的シェアを持っているが，タッチパネル生産会社・セットメーカーの日本のシェアは小さい。生産・開発が川下から川上へ取り組まれていくと，材料品質優位のみではいつまでもこの独占を保てなくなるであろう。LCDでのCF事業などの衰退を今一度警鐘としなければならない。次世代入力機器がセキュリティを伴った3次元的なものになってくると，本章の導電材料や機能フィルムのメーカーとしての存在自身が懸念される。材料開発はあくまで最終顧客ニーズを睨みながら生産拠点の要望を身近で感じ・解決する短期・長期の努力が必要であろう。

文　献

1) 板倉義雄ほか，新・タッチパネル講座，p.48，p.128，p.137，テクノタイムズ社（2011）
2) 板倉義雄，【エレクトロニクス・電子材料における】フィルム・テープ技術開発全集，p.62，技術情報協会（2004）
3) 板倉義雄，化学経済，**58**(9)，26（2011）
4) 板倉義雄，タッチパネルと導電フィルム，情報ディスプレイ技術研究会シンポジウム（2011.3.22）
5) 板倉義雄，第29回月刊ディスプレイセミナー，「透明導電材の最新動向」（2009.6.11）
6) 板倉義雄，月刊ディスプレイ，**17**(12)，27（2011）
7) 板倉義雄，月刊ディスプレイ，**18**(1)，59（2012）
8) 城尚志，最新タッチパネル技術，p.202，テクノタイムズ社（2009）
9) 遠藤みち子，第25回月刊ディスプレイ技術セミナー，「有機導電ポリマーを使用したアナログ抵抗膜式タッチパネル」（2008）
10) SKC社プレスリリース（2011.10.25）
11) 西井雅之，サイエンス＆テクノロジーセミナー，「透明導電性高分子を用いたフレキシブル電子ペーパー開発」（2011.5.19）
12) 旭化成ファインケム㈱プレスリリース（2009.5.28）
13) 厳虎，奥崎秀典，月刊ディスプレイ，**16**(6)，44（2010）
14) 尾坂格，2009年度印刷・情報記録・表示研究会講座，高分子学会（2010.2.15）
15) J. Westwater，第34回月刊ディスプレイセミナー，「グラフェンなど新規透明導電膜の用途展開」（2011.7.14）
16) 岡本康裕，第34回月刊ディスプレイセミナー，「グラフェンなど新規透明導電膜の用途展開」（2011.7.14）
17) 大日本印刷㈱プレスリリース（2009.4.27）
18) トッパン・フォームズ㈱プレスリリース（2009.2.16）
19) 東北大学多元物質科学研究所プレスリリース（2009.5.14）；村松淳司，月刊ディスプレイ，**16**(6)，30（2010）
20) TDK㈱，「フレクリア」カタログ
21) BobMackey，SID 2011，「TouchSensingInnovations」

第16章　導電性高分子バッテリー

大澤利幸*

1　はじめに

導電性高分子は不純物をドーピングすることにより，電気エネルギーを貯蔵し，また脱ドーピングすることにより電気エネルギーを取り出すことができる。1981年，ポリアセチレンのドーピング・脱ドーピングによる二次電池の原理が発表され[1]，ポリアニリン，ポリアセン（PAS）を電極活物質としたリチウム二次電池が実用化された[2,3]。その後，正極にコバルト酸リチウム，負極にポリアセチレンを用いたリチウム二次電池の研究が進み，1991年，負極のポリアセチレンは，初期充電における不可逆容量が少ないハードカーボンに置き換えられ，「リチウムイオン電池」が製品化されるに至った[4]。このように導電性高分子はリチウムイオン電池開発の大きな引き金になった。リチウムイオン電池の電極は，少なくとも個々の活物質・導電助剤・バインダーから構成され，そのスラリーを金属箔にコーティングすることによって作製される。これに対して導電性高分子は，それ自体が電極活物質・導電助剤・バインダーの三つの機能を兼ね備えた電極材料であり，その特異性は，今後も電池材料の進化にとって重要な役割を果たすものと考えられる。

2　導電性高分子電極を使った二次電池の原理

正負極にポリアセチレンを使用した電池では，電界を印加すると正極においては電子が引き抜かれ，電解液中のアニオンはポリアセチレンにドーピングされる。同時に負極のポリアセチレンでは電子が過剰となり，リチウムイオンがドーピングされる。これにより正極の電位は3.7 V*vs.* Li/Li^+，負極の電位は1.2 V*vs.* Li/Li^+，電圧2.5 Vの二次電池が構成できる。正負極を入れ替えても同様に動作するためキャパシタに分類することができる。電池の正負極における反応は次の通りである。

$$\text{正極}\quad (CH)_x + xyA^- \underset{\text{放電}}{\overset{\text{充電}}{\rightleftharpoons}} [(CH)^{y+}A^-_y]_x + xye^-$$

$$\text{負極}\quad (CH)_x + xyD^+ + xye^- \underset{\text{放電}}{\overset{\text{充電}}{\rightleftharpoons}} [(CH)^{y-}D^+_y]_x$$

一般にπ電子系高分子のドーピングはバンド構造によって説明される。有機化合物のラジカル生成反応は，$\pi-\pi^*$軌道から形成され，中性状態では荷電子帯（VB）の最高被占準位（HOMO）

---

*　Toshiyuki Ohsawa　神奈川県産業技術センター　化学技術部

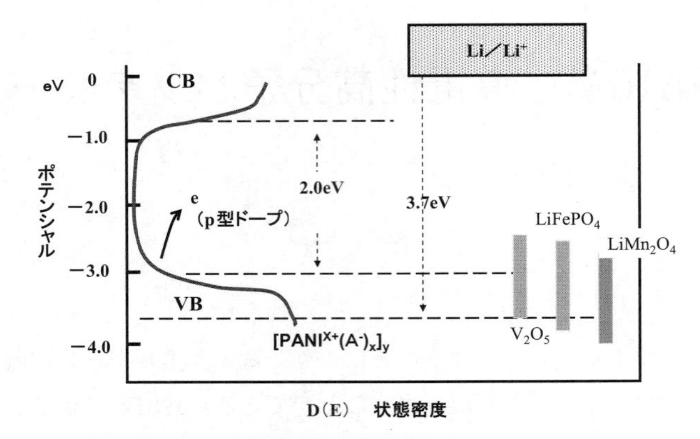

図１ ポリアニリンの状態密度と電位（*vs.* Li/Li$^+$）の関係

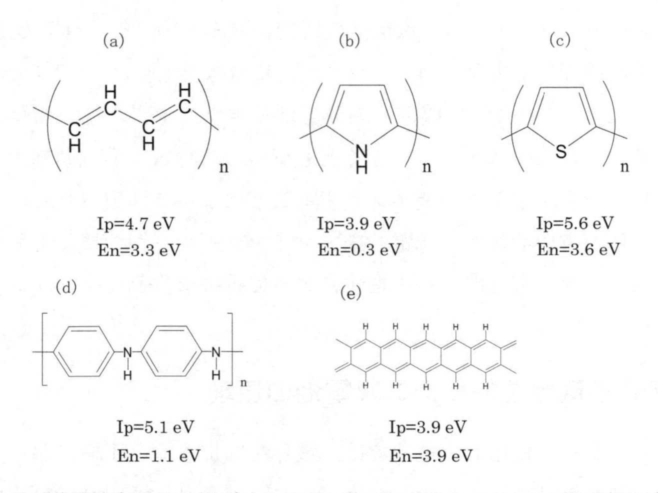

図２ 導電性高分子の例（Ip：イオン化ポテンシャル，En：電子親和力）
(a)ポリアセチレン，(b)ポリピロール，(c)ポリチオフェン，(d)ポリアニリン，(e)ポリアセン

まで電子が満たされている。p型ドーピングでは荷電子帯から電子が奪われ，n型ドーピングでは電子が最低空準位（LUMO）から詰め込まれる。イオン化ポテンシャルの小さいものほど電子は引き抜かれ易く，電子親和力の大きいものほど電子が注入され易い。前者のp型導電性高分子は二次電池の正極に，後者のn型導電性高分子は二次電池の負極に利用できる[5)]。図１にポリアニリンの状態密度図を模式的に示した。

導電性高分子はドーピングにより，π電子が励起され非局在化し，絶縁体—金属転移を引き起こす。このようなドーピングによる物性の変化は，ポリアセチレンのように基底状態が縮退している系では荷電ソリトン概念によって，ポリピロール，ポリチオフェン，ポリアニリンのような縮退していない系では，ポーラロン，バイポーラロン，ポーラロンバンドの概念によって説明される。導電性高分子はドーピングが進むと導電率も急激に上昇するため，それ自体が活物質であるとともに分子状の導線として優れた集電機能を発揮する。そのため，これらの電極はハイレートの充放電が可能である。電解重合ポリアニリンでは，高い放電レートにおいて5CmA（12分放電率）で90%以上20CmA（3分放電率）で約50%以上の蓄電エネルギーを取り出すことができる。また電極としてのエネルギー密度も，このドーピング機構に支配される。

3　導電性高分子バッテリーの特徴

ポリピロール，ポリアニリンはp型導電体が安定であるため，二次電池正極に適している。ポリアニリンの重量当たりのエネルギー密度は，アニリンユニットに対して約50%のアニオンドーピングが可能であり，重量エネルギー密度は147mAh/gと算出される。しかし，ポリアニリンの電解液中における密度はドーピング，脱ドーピングによって膨張収縮を繰り返し，最終的には約0.4の密度に収斂する。電解重合ポリアニリンはフィブリル状のモルフォロジーのため，高い比表面積を持ち，またそれ自体が高い導電性を有することからハイレートの充放電が可能である。ポリアニリンは現在実用化されている$LiCoO_2$，$LiNiO_2$，$LiCo_{1/3}Ni_{1/3}Mn_{1/3}O_2$，$LiMn_2O_4$，$LiFePO_4$などの無機の正極活物質に比べ，体積エネルギー密度は低く大幅に劣る。電池の正極に$LiCoO_2$，負極にグラファイト，電解液に1モル$LiPF_6$電解液（エチレンカーボネート／ジメチルカーボネート（2：3））を用いた代表的なリチウムイオン電池と比較すると，ポリアニリン正極の密度は，$LiCoO_2$電極と比べて1/10以下と極めて低く，実装エネルギー密度に換算すると現状のリチウムイオン電池の1/4以下である。この原理を利用した電池は実装エネルギー密度でリチウムイオン電池のエネルギー密度を超えるためには，ポリアニリンの十数倍の重量エネルギー密度の向上が必要となる。

正極に導電性高分子を使用した電池系では，正極は支持電解質のアニオンがドーピングされるため，電解液にはドーピングに充分な電解質が必要であり，同時に電解液の濃度は変化する。これに対してリチウムイオン電池では，充放電によって，正極のリチウムがリチウムイオンとして電解液を単に移動するだけで，電解液中のイオンの増減は無い。この原理を利用した電池はRocking Chair BatteryあるいはShattlecock Batteryと呼ばれ，電解液を極力少なくすることができる。表1に正極材料のエネルギー密度の比較例を示した。

表1　正極活物質の性能

	平均作動電圧（V）	実使用容量（$mAh\cdot g^{-1}$）	エネルギー密度（$Wh\cdot kg^{-1}/Whkl^{-1}$）	実装エネルギー密度*	過充電安定性
PA	3.7～2.5	40	120/ 52	0.09	◎
PANI	3.9～2.6	127	419/ 168	0.23	◎
$LiCoO_2$	4.2～2.8	140	524/2690	1	×
$LiMn_2O_4$	4.2～2.8	105	410/1680	0.88	○
$LiFePO_4$	4.1～2.5	150	470/1850	0.91	◎

*$LiCoO_2$/1Mol $LiPF_6$ EC-DMC（1：1）/グラファイトのラミネートパッケージの実装エネルギー密度を1としたときの相対比。

ポリアセチレン，ポリチオフェン，ポリアセンなどの導電性高分子は，電子親和力がポリアニリン，ポリピロールに比べ比較的小さく，正極にも負極にも使用することができる。ポリアセチレンの場合，空気中に保存すると炭化してゆく問題はあるが，無酸素状態の電解液中では，いずれの高分子も中性状態で安定である。縮合多環芳香族系導電性高分子の代表的な例であるポリアセンを電極とした二次電池については，矢田らの多くの業績がある。ポリアセンははんだ浴中における高温耐久性に特に優れているため，早くからコイン型電池として実用化されてきた。ポリアセンはフェノール樹脂を700℃以下の温度で低温焼成することにより得られ，電池負極として優れた性能を有する。ポリアセン系高分子の中には黒鉛結晶（LiC_6構造）の理論エネルギー密度372 mAh/gを遥かに凌ぐものがあるが，導電性高分子正極と同様，体積エネルギー密度は低く，グラファイト結晶にみられる電位のプラトー領域は存在しない。ポリアセンのd(002) 面の面間隔はグラファイトの3.35 Åに対して4 Å以上と広く，カーボンに対する水素比が0.27のものは530 mAh/gの高いエネルギー密度に達する。焼成の前駆体にポリパラフェニレンを，700℃以下の低温で焼成した電極の例では680 mAh/gの高いエネルギー密度が報告されている[6]。理論的にはLiC_2構造により1116 mAh/gのエネルギー密度の可能性も示唆されている。

4　導電性高分子複合電極

導電性高分子と無機活物質の複合は，導電性高分子にとって体積エネルギー密度の向上になる。また無機活物質にとっては集電効率の向上，加工性の向上に結び付く。β-MnO_2の存在下でピロールの電界重合を行うと，ポリピロール膜中に約50 wt％のβ-MnO_2が取り込まれることが報告されている[7]。一方，アニリンを化学的に酸化重合することによって合成されたポリアニリンは，ヒドラジンで還元することによりN-メチルピロリドン（NMP）に溶解する。したがってポリアニリンに無機活物質を分散したスラリー溶液の調整が可能である（図3）。

V_2O_5の微粉末をポリアニリンのNMP溶液に分散した複合電極では，ポリアニリンは活物質としての役割の他，バインダーおよび集電体としても機能する[8]。さらに電池電極の短絡に対してポリアニリン自体は脱ドーピングによって絶縁化し，電極自体にシャットダウン機能を付与することも可能である。

図3　還元型ポリアニリン

オリビン型リン酸鉄リチウム（LFP）はスピネル型マンガン酸化物に代わる高エネルギー密度正極材料として注目されているが，25℃における導電率は10^{-8}S/cm以下で，電子伝導性が低いという欠点がある。そのため活物質の微粒子化や，カーボンによる粒子表面の導電コーティングが必要である。導電性高分子との複合はこれに替わる方法として極めて有力である。例えばポリチオフェン（PTh）との複合では可逆容量の増加とサイクル特性の改善が報告されている[9]。

前述のV_2O_5との複合電極同様，リン酸鉄リチウムについても，可溶性ポリアニリンをバインダーとした電極スラリーの作製が可能である[10]。

図4にポリアニリンをバインダーとした場合のリン酸鉄リチウムの充放電特性を示した。結果，充放電容量に大幅な改善がみられるとともに，集電体アルミニウムとの密着強度にも優れることが示された。

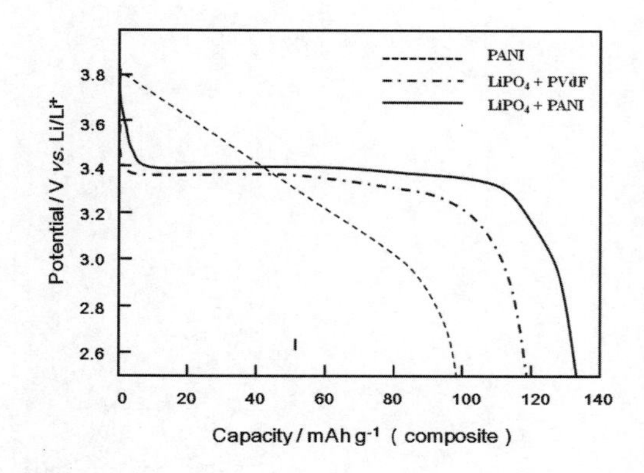

図4　ポリアニリンをバインダーとしたオリビン型リン酸鉄リチウム／リチウム電極の充放電特性

ポリアニリン以外にも，ポリアルキルチオフェン，PEDOTなどの可溶性導電性高分子がバインダーとして使用できる。負極である合成グラファイトと可溶性導電性高分子である3-ヘキシルチオフェンのコンポジット電極では，初期充放電効率が大きく改善されることが報告されている[11]。

5　導電性高分子バッテリーの展望

高エネルギー密度電池として期待されている二次電池に，常温動作のリチウム硫黄二次電池[12]がある。酸化により硫黄—硫黄結合を形成し，高分子量化して析出することによりエネルギーを蓄え，還元により低分子量化して放電する電気化学反応を利用するものである。硫黄そのものが高分子化できれば，これを活物質とした電池系を構成することもでき，活性単体硫黄の理論エネルギー密度は1675 mAh/gと極めて高い。実際の電池系では硫黄化合物自体は導電性を持たないため，多孔質カーボンやポリアセチレンなどの導電性担体を支持体にするなどの工夫が必要である。硫黄単体の替わりに2,5-ジメルカプト-1,3,4-チアジアゾール（DMcT）化合物などの有機硫黄化合物を用いることにより反応性の高い電池系が検討されている[13]。ポリアニリン膜中にDMcTを析出させる電池系では充放電レートの著しい改善がみられる。電解液への硫黄の溶解を防ぐことができれば，サイクル寿命も飛躍的に延ばすことが可能であり，硫黄単体の高分子化においても大きな進展が期待できる。グラフェンシート—硫黄ナノ複合材料では100サイクル以上で硫黄の理論エネルギー密度の84％以上の高い容量保持率が報告されている[14]。これを実装エネルギー密度に換算すると，リチウムイオン電池の90％以上のエネルギー密度を達成することになる。

一方，有機分子中のラジカルイオンやスピンを制御することにより無機系活物質が1分子当たり1電子以下の反応を取り扱っているのに対して，多電子系反応が可能な電極材料が検討されている。2,2,6,6-テトラメチルピペリジン-1-オキシド，6-オキソフェナレノキシル，トリオキソアンギュレン[15,16]など，これらの有機分子はそれぞれ1電子，2電子，4電子のレドックス反応を

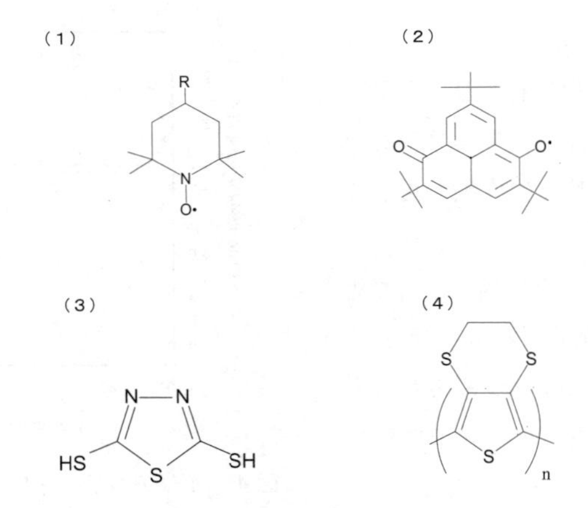

図5　多電子反応系化合物の例

(1) 2,2,6,6-テトラメチルピペリジン-1-オキシド，(2) 6-オキソフェナレノキシル，(3) 2,5-ジメルカプト-1,3,4-チアジアゾール（DMcT)，(4) ポリ(3,4-エチレンジチオ) チオフェン

行うことができるため，エネルギー密度の向上には極めて有力な手段である。導電性高分子中に多電子系を取り入れたポリ(3,4-エチレンジチオ) チオフェンでは425 Ah/kgのエネルギー密度が報告されている[17]。本導電性高分子の活物質当たりの重量エネルギー密度は，ポリアニリンの約３倍であり，リチウムイオン電池の実装エネルギーの75%を達成することができる。

しかしこれらの電池系に共通した実用化には活物質の電解液への溶解性の抑制，導電性の確保，体積エネルギーの向上の他，外部回路を通した電池の可逆反応系とは異なる反応系の制御やプレドーピング技術の実用化など多くの課題があり，これらの解決が極めて重要である。

6　おわりに

蓄電池の大型化，低コスト化への要求が高まる中，エネルギーの高密度化，内部抵抗の低減，安全性の確保など，蓄電池には多くの課題解決が求められている。一方，電池材料の資源確保の問題，環境問題も視野に入れた全く新しい，オンデマンドな蓄電システムの可能性も模索されている。導電性高分子バッテリーが提案されてから既に30年が経過した。導電性高分子バッテリーは，貴金属，レアメタルを使用せずにC，H，N，O，S，Pなど，有機化合物を構成する代表的な元素から電極材料を合成し，電池を設計することができる。市場に流通している電池材料同様，量産によるコスト低減は不可欠であるが，レアメタルのように原材料が投機の対象になることは避けることができる。導電性高分子には，体積当たりのエネルギー密度の向上をはじめ，多くの実用電池としての課題はあるが，優れた熱伝導性，ドーピングプロセス，バインダー特性など，他の電極材料には真似することのできない様々な機能が集積されている。したがって導電性高分子による電池系構築も次世代電池の一つの選択枝として，大いに期待できる。

文　　献

1) P. J. Nigrey, D. Maclnnes, Jr., D. P. Nairns, A. G. MacDiarmid, A. J. Heeger, *J. Electrochem. Soc.*, **128**, 1651-1654 (1981)
2) T. Nakajima and T. Kawagoe, *Synth. Met.*, **28**, 629-638 (1989)
3) S. Yata, Y. Hato, K. Sakurai, T. Osaki, K. Tanaka and T. Yamabe, *Synth. Met.*, **18**, 645-648 (1987)
4) 芳尾真幸，小沢昭弥編，リチウムイオン二次電池（第二版），日刊工業新聞社（2000）
5) P. Novac, K. Müller, K. S. V. Santhanam and O. Haas, *Chem. Rev.*, **97**, 207-282 (1997)
6) K. Sato, M. Noguchi, A. Demachi, N. Oki and M. Endo, *Science*, **264**, 556-558 (1994)
7) S. Kuwabata, A. Kishimoto, T. Tanaka and H. Yoneyama, *J. Electrochem. Soc.*, **141**, 10-15 (1994)
8) T. Ohsawa *et al.*, *The Electrochem. Soc. Proc.*, **28**, 481 (1994)
9) Y.-M. Bai, P. Qui, Z.-I. Wen and S.-C. Han, *J. Alloys Compd.*, **508**(1), 1-4 (2010)
10) T. Tamura, Y. Aoki, T. Ohsawa and K. Dokko, *Chem. Lett.*, **40**(8), 828-830 (2011)
11) S. Kuwabata, T. Idzu, C. R. Martin and H. Yoneyama, *J. Electrochem. Soc.*, **145**, 2707-2710 (1998)
12) M. Liu, S. J. Visco and L. C. De Jonghe, *J. Electrochem. Soc.*, **137**, 750-759 (1990)
13) N. Oyama, T. Tatsuma, T. Sato and T. Sotomura, *Nature*, **373**, 598-600 (1995)
14) Y. Cao, X. Li, I. A. Aksay, J. Lemmon, Z. Nie, Z. Yang and J. Liu, *Phys. Chem. Chem. Phys.*, **13**(17), 7660-7665 (2011)
15) K. Nakahara, S. Iwasa, M. Satoh, Y. Morioka, J. Iriyama, M. Suguro and E. Hasegawa, *Chem. Phys. Lett.*, **359**, 351-354 (2002)
16) T. Sugimoto, Y. Misaki, Y. Arai, Y. Yamamoto, Z. Yoshida, Y. Kai and N. Kasai, *J. Am. Chem. Soc.*, **110**, 628-629 (1988)
17) J. Tang, Z.-P. Song, N. Shan, L.-Z. Zhan, J.-Y. Zhang, H. Zhan, Y.-H. Zhou and C.-M. Zhan, *J. Power Sources*, **185**, 1434-1438 (2008)

第17章　導電性高分子の熱電変換機能

戸嶋直樹*

1　はじめに

熱電変換とは，熱エネルギーと電気エネルギーとの間の変換，すなわち温度差から電気を取り出したり，電気を流して温度差を得る，Seebeck効果あるいはPertier効果のことである。この技術は3.11原発事故で省エネルギーの重要性が再認識され，再び注目を集めている。しかし，これまで実用化されてきたのは無機材料，特にテルル化ビスマス(III) Bi_2Te_3を用いた素子である（物理系の人は，この化合物を「ビスマス・テルル」と呼ぶことが多いが，これは誤りである。国際会議では必ず正式名称“bismuth telluride”と呼ばれる。注意したい)。Bi_2Te_3は熱電変換材料の性能を示す無次元熱電変換性能指数ZTが室温で約１であり，室温で$ZT \fallingdotseq 1$を示す材料はこの類縁体以外にはほとんどない。しかし，無機材料であるため成形加工に手間がかかり，安価でない。一方，有機の導電性高分子は有機電子デバイスの構成材料として軽量性やフレキシブル性を長所として大いに注目を集めている。筆者らは10年以上前に高分子の加工性能の良さと資源の豊富さに注目して導電性高分子の熱電変換特性を検討し始め，性能指数ZTの向上に努めてきた[1)]。本章では，その経験を踏まえて，有機熱電変換材料の特徴，材料の熱電特性とその評価法，導電性高分子の熱電変換特性，有機熱電素子の将来展望について紹介する。

2　導電性高分子熱電材料の特徴

導電性高分子を有機熱電変換材料としたときの特徴をまとめると次のようなものを挙げることができる。

①資源に関する特徴

原料が炭素であるので，原料資源入手に問題がなく，安価である。資源のリサイクルを考える必要もなく，環境負荷が少ない。

②材料物性に関する特徴

有機材料であるので，無機材料に比べ軽量であり，延伸などにより熱電変換効率を上げることができる。身体に触れても冷たくなく，ソフトである。ただし，導電性の大きいものが少なく，熱的には不安定で，耐熱性がなく，寿命も短い。

③成形加工に関する特徴

---

*　Naoki Toshima　山口東京理科大学　工学部　応用化学科　教授，先進材料研究所　所長

ペーストにして基板上に印刷するなど，成形加工が容易であり，形態も自由に選べるので，安価にデバイスを作ることができる。フィルムにすると，フレキシブルとなる。

④複合特性に関する特徴

有機物であるので，いろいろな材料と複合化が容易である。合成化学の手法により，いろいろな機能を付加した誘導体を作ることも可能である。

3　熱電変換の原理と材料特性評価[2)]

3.1　熱電変換の原理

p型半導体を加熱すると価電子帯からドーパント準位に電子が励起し，価電子帯に正孔が生じる。p型半導体材料の両端でかける温度が異なると，高温側でより多くの正孔が生じ，図1に示すように高温側から低温側に正孔が拡散し，電位差が生じる。したがって，両者を結合すると電

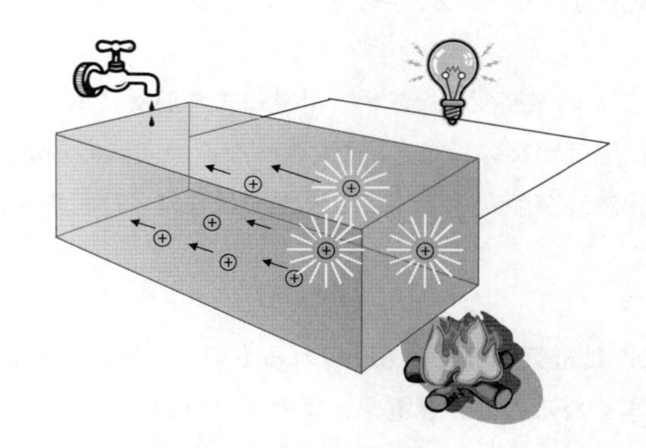

図1　加熱で生じた正孔の拡散により加熱側と冷却側の間に電位差が生じる。

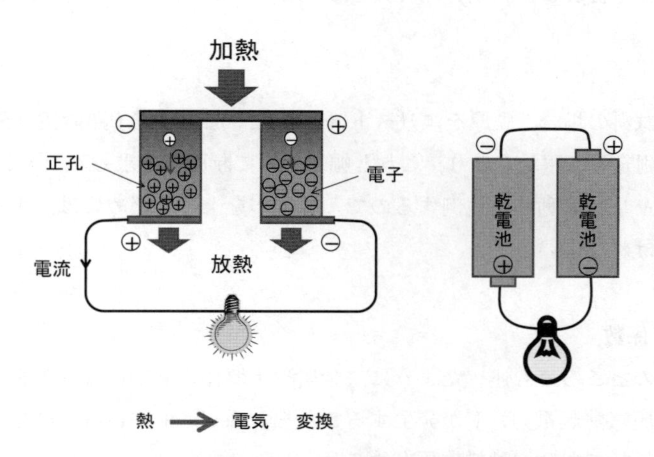

図2　p型とn型の半導体の組合せによる熱電発電の原理
右側の乾電池と比較される。

流が流れ，電力を得ることができる。同様にn型半導体では，正孔の代わりに電子で同様の流れが生じる。p型とn型半導体を組み合せると，図２に示すようにより効率よく電力を取り出すことができる。p型とn型を並べるのは，丁度乾電池を直列につなぐのと同じである。

３.２　無次元熱電変換性能指数*ZT*

上述の原理により，温度差を与えたときに取り出せる電力は，用いる材料の特性に依存する。熱電変換性能は，起電力が大きいほど大きく，導電率が高いほど，あるいは電気抵抗率が低いほど大きく，また熱伝導率に反比例する。無次元熱電変換性能指数ZTは(1)式のように表される。

$$ZT = (S^2\sigma/\kappa)\cdot T \tag{1}$$

ここでSはゼーベック係数，σは導電率，κは熱伝導率，Tは絶対温度である。ZT値が大きいほど，その材料の熱電変換特性は高く，$ZT = 1$で実用化が可能とされてきた。無機の材料では，Bi_2Te_3系の材料のみが室温付近でほぼ$ZT = 1$であり，実際にペルチェ冷却素子として用いられている。

ZT値は，S，σ，およびκの温度変化を求め，計算により温度に依存する量として求められる。ZTはTに比例するので，温度が高いほどZTは大きくなる傾向にあるが，材料によりZTが最大になる温度は異なり，高温でZT値が大きくても室温では逆にZT値が小さい場合が多い。

３.３　導電率

導電率は電気伝導率または電気伝導度とも呼ばれるもので，電気の流れ易さを示す。導電率σが大きいほどZT値が大きくなるので，導電率σは大きい方がよい。

σの測定は，直方体試料に流す電流（I）と電圧降下（V）の比で表される抵抗$R(= V/I)$に反比例し，試料の断面積Aおよび長手方向の長さdを用いて(2)式により計算される。

$$\sigma = d/RA \tag{2}$$

長方形フィルム試料の場合，膜厚をエリストメーターや走査型電子顕微鏡（SEM）を用いてフィルムの何点かで測定して平均をとり，これと幅をかけて断面積を求めることとなる。導電率は，キャリア濃度とキャリア移動度に比例するので，導電率を上げるためには，キャリア濃度か，キャリア移動度を上げればよい。

３.４　ゼーベック係数

熱電変換の原理のところでも述べたように，金属や半導体の両端に温度差を与えると，温度差ΔTに比例した電圧（熱起電力）Vが発生することをJ. Seebeckが1821年に見つけた。この比例定数がゼーベック係数であり，材料に依存する。

$$V = -S\Delta T \tag{3}$$

すなわちゼーベック係数Sは(4)式で定義される。

$$S = -V/\Delta T \tag{4}$$

この測定のためには図３のような装置を使用する。電気ヒーターで高温側を加熱して試料の両端に温度差を付け，熱電対で温度を測定し電流を流して電位差を測定する。この装置で同時に導電率も測定する。

3.5　熱伝導率

熱伝導率κは物体内部の等温面の単位面積を通って単位時間に垂直に流れる熱量と，その方向における温度勾配の比と定義され，(5)式で計算される。ここにαは熱拡散率，C_pは比熱，ρは密度である。

$$\kappa = \alpha C_p \rho \tag{5}$$

熱伝導率が大きいと高温側と低温側の温度差を維持しにくくなり，熱電変換性能が落ちることとなる。ここで熱拡散率αは図４のように例えばレーザーパルスを用いて試料の一方を加熱し，

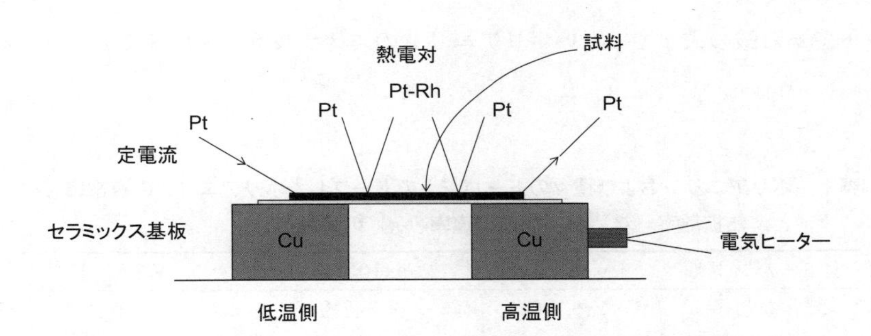

図３　熱電特性（ゼーベック係数と導電率）の測定法

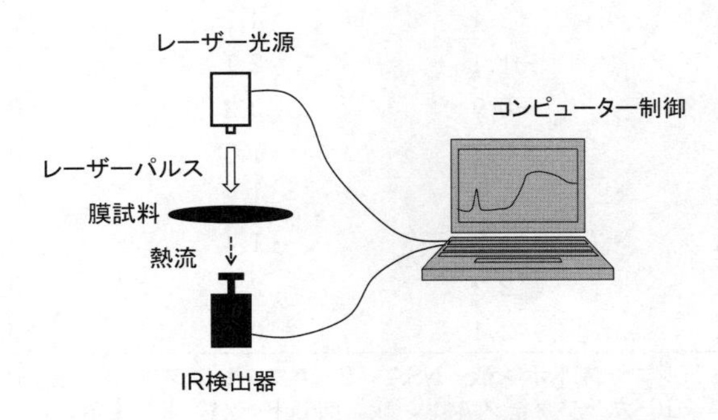

図４　レーザーパルス法による熱拡散率の測定原理

他方の温度の時間変化を測ることで算出する。

4　導電性高分子の熱電変換特性

前節で述べたように材料の熱電変換特性は無次元熱電変換性能指数ZTを用いて，(1)式により求めることができる。導電性高分子を熱電変換材料として用いたときのZT値，さらに翻ってその基本となる熱伝導率κ，導電率σおよびゼーベック係数Sについて，無機材料と比較して解説することとする。

4.1　熱伝導率

無機材料と比べて導電性高分子の熱伝導率は一桁以上小さい。これは，熱電変換性能の向上に極めて有利であり，導電性高分子を熱電変換材料として用いるときの大きな利点である。しかも，一般に熱伝導率は導電率が高いと高い傾向にある。それは熱伝導が格子による熱伝導とキャリアによる熱伝導の和で表されるからである。ところが導電性高分子の場合，その熱伝導率κは導電率σに依存しないことが分かってきた[3)]。表1を見ていただきたい。表1はポリアニリンのエメラルディン塩基と，それに種々の酸をドーパントとして添加して導電率を上げたときの熱伝導率の結果を示したものである。

ドーパントである酸の入っていないポリアニリンのエメラルディン塩基でも，ドーパントとし

表1　ポリアニリンおよび種々のドーパントでドープしたポリアニリンの導電率（σ）と，熱拡散率（α）および熱伝導率（κ）の比較

ドーパント[a)]	log σ (S cm^{-1})	α(10^{-3}cm^2 s^{-1})	κ (W m^{-1} K^{-1})
なし	−7.0	2.9	0.16
TSA	−2.0	3.1	0.12
TSA	−0.9	3.5	0.11
NSA	−4.2	1.2	0.08
NSA	−2.4	4.7	0.16
PA	−1.4	2.1	0.10
PA	−0.9	2.2	0.19
PA	0.1	1.5	0.24
CSA	−1.4	1.7	0.09
CSA	1.8	1.4	0.14
CSA	2.2	2.6	0.15
CSA	2.4	0.7	0.02

[a)] TSA：p-トルエンスルホン酸，NSA：2-ナフタレンスルホン酸，PA：リン酸，CSA：(±)-10-カンファースルホン酸。同じドーパントでも異なるロットまたは調製法で調製したもの。

て最も優れたカンファースルホン酸を用いて導電率を上げた導電性高分子でも，熱伝導率はおよそ0.1から0.3 $Wm^{-1}K^{-1}$の間にあり，無機材料に比べて小さいことが分かる。これは熱電変換性能を考えるとき，有機材料に有利である。Mateevaが1998年にポリアニリンの熱電特性について考察し，特性が低くて利用不可と結論したとき，彼は熱伝導率の実測値を持たなかった。ポリアニリンは導電性だから，熱伝導率も，導電性のないポリエチレンに比べ大きいと考えた[4)]。しかし，筆者らの測定で，実は導電性が上がっても熱伝導率はほとんど導電率の影響を受けていないと分かり[5)]，熱電変換特性の向上にまず貢献できたわけである。

4.2　導電率

熱電変換性能指数ZTが導電率σの大きさに比例することは(1)式より明らかである。導電率の向上は，そもそも絶縁体であったプラスチックに導電性を持たせたとき以来，導電性高分子にとって大きな課題であり[6)]，本書でも取り挙げられている。それらで用いられた多くの手法が導電率の向上，引いては熱電変換性能の向上に有効である。これらの手法は，有機材料に特有のものが多く，無機材料では考えられないような手法を含んでいる。要は，高分子をきれいに並べ，分子間のπ-π相互作用を強くすることが必要である。思いつくままに箇条書きにする。

① 分子に適したドーパントを用いて十分な数のキャリアを作る（キャリア濃度の増大）。

② 欠陥のない直鎖状の分子とし，分子量も大きいものとすることで，キャリアの移動を容易にする。

③ 延伸を行い分子配向を強めることで，キャリア移動度を上げるとともに分子間ホッピングも加速する。

実際ポリアニリンでは，延伸によって導電率を高め，熱電特性を向上させることができた[7)]。図5に示すように延伸率の増大とともにキャリア移動度μが増加し，熱電性能指数ZTも向上した[7)]。ポリフェニレンビニレンの場合，共重合体にすることで，ドープを容易にするとともに延伸率も

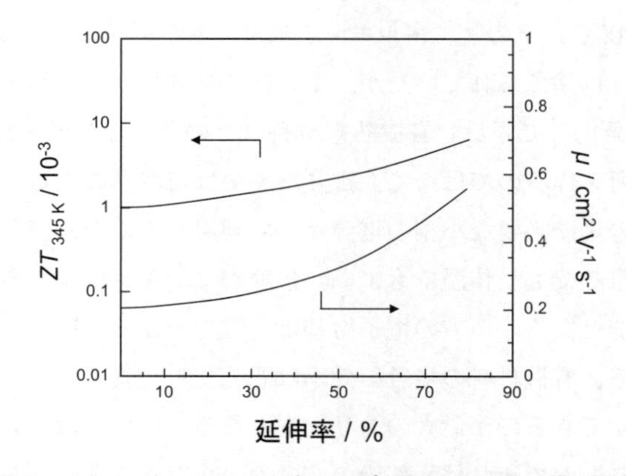

図5　カンファースルホン酸ドープのポリアニリン膜の延伸によるキャリア移動度μと熱電性能指数ZTの増加

増大させることができ，$ZT=0.1$を達成できた[8,9]。延伸以外でも，薄膜化[10]，多層化[11]しても延伸と同様の効果で分子配列が向上し，熱電性能の向上に繋がることを見出している。

4.3 ゼーベック係数

従来，導電性高分子のゼーベック係数の絶対値は小さく，無機材料のそれに比べ劣るとされてきた。しかしゼーベック係数は，キャリア密度と密接な関係がある。そこでキャリア密度を抑えるとゼーベック係数を増加させることができることが示された。ポリ(3,4-エチレンジオキシチオフェン)（PEDOT）のp-トルエンスルホン酸塩を合成し，テトラキス(ジメチルアミノ)エチレン（TDAE）を添加することでPEDOTの酸化レベルを低下させていくと，導電率σは徐々に低下していくが，それより早くゼーベック係数Sが増加していくことが示された[12]。熱電変換性能指数ZTは$S^2\sigma$に比例するので，ZTが最大になるように酸化レベルを調整することで，室温付近で$ZT=0.25$を実現している。この値は現在知られる有機熱電材料の中で最大のものである。

市販のPEDOT/PSSに何らかの添加剤を加えてゼーベック係数を増大させる研究もある。例えばギ酸アンモニウム[13]や尿素[14]などが検討されている。さらに無機材料の高いゼーベック係数を利用し，しかも有機の持つフレキシビリティーを確保するために無機材料をナノ化して，有機導電性高分子とハイブリッド化することで高いゼーベック係数を獲得する例が報告されている。無機の材料としては，無機熱電材料として室温付近でも高いZT値を示すテルル化ビスマスが用いられた。テルル化ビスマスのナノ粒子をまず合成し，ポリアニリンおよびカンファースルホン酸とm-クレゾール中で混合し，キャストして得たフィルムで，ゼーベック係数の向上と熱電性能の向上が報告された[15]。

5 将来展望

熱電変換材料の用途は，熱電発電と電子冷却である。有機熱電材料を用いる場合には300℃以上の高温は無理である。200℃以下の熱エネルギーを電気エネルギーに変えることぐらいである。従来，低温の熱エネルギーは捨てられていたが，この捨てられていた排熱を少しでも有効利用しようとする動きが最近活発化している。有機熱電材料はそのような目的の熱電発電に適している。したがって，大型発電所を作るのではなく，排熱あるいは自然熱のあるところで発電し，バッテリーと組み合わせてその場で必要な小型の電源として利用するのが最適と考えられる。熱源としては，太陽熱でも，温泉熱でも，体温でもよい。形態がフレキシブルであるなら，煙突に巻きつけて発電することも可能となる。一方の電子冷却は，電力を使って冷やしたり，恒温環境を作ったりするのに用いられる。有機材料の場合，効率は悪くても，安くて，その場に応じて形状，形態を自由に変えることができるのが最大のメリットとなろう。例えば，布で作って，身体のどの場所にでも当てて冷すことができれば，部屋の空調もいらなくなるかもしれないし，過酷な条件下で作業する人たちの快適性を保証することにもなる。電子部品の冷却，恒温維持のためにも，その部分に合わせた形態の電子冷却素子を作ることができるはずである。

上記のような熱電変換を実現するためには，有機熱電変換材料をデバイス化する必要がある。デバイスが十分な性能を発揮するためには，材料自身の性能が高い，すなわち熱電変換性能指数ZTが大きいことが必要である。一般にZTが１以上であることが実用化の条件といわれてきたが，変換効率が低くてもよければ，$ZT = 1$を必ずしも必要としないかもしれない。素子にするためには，p型とn型の材料を図２のように組み合わせてデバイス化するのが良いとされている。しかし，現在のところ熱電変換性能が検討されている導電性高分子はほとんどp型である。n型の開発が待たれる。にもかかわらず，n型がなくともp型をつないでも熱電変換は可能であるので，まずはp型だけでデバイス化を行うのがよいのではないかと考える。

デバイス化のとき，無機材料では大変手間がかかるのに対し，有機材料の場合には，ペースト化し，印刷と乾燥を順次組み合わせることで素子を形成できる。これは有機材料の大きな強みである。手間が省けて，工程も少なくなり，安価にできると期待される。ここでは，有機電子デバイス作製にすでに用いられている技術がそのまま利用できると期待される。

6　おわりに

有機電子デバイスは夢多い分野である。有機EL（OLED）は携帯電話から始まって今やテレビとしても実用化されている。有機材料の多様性は，それが実用化されたとき，きめ細かいニーズに対しても対応できる可能性を秘めている。この有機材料が持つ対応性の良さは，これからの日本の製品を特徴付けることになると期待される。逆に，この対応性の良さを活かした顧客満足度の向上が，これからの日本製品の生き残る道ではないかと考える。有機熱電材料の実用化のためには，熱電変換性能自身の向上が必要とされているが，もしかしたら，今の性能でも，用途を特定すれば，新たな機能，性能を達成できる可能性があるかもしれない。有機熱電材料には，新しいアイディアで新製品を生み出すことのできる宝の山が隠されているかもしれない。読者の中に，この宝を掘り当ててくれる人が現れることを祈念して筆を置く。

文　　献

1)　戸嶋直樹，有機熱電変換材料—開発の歴史と将来への期待，梶川武信監修，「熱電変換技術ハンドブック」，p. 312，エヌ・ティー・エス（2008）
2)　梶川武信監修，「熱電変換技術ハンドブック」，エヌ・ティー・エス（2008）
3)　H. Yan, N. Sada, N. Toshima, *J. Therm. Anal. Calorymetry*, **69**, 881-887（2002）
4)　N. Mateeva, H. Niculescu, J. Schlenoff, L. R. Testardi, *J. Appl. Phys.*, **83**, 3111-3117（1998）

5) H. Yan, N. Ohno, N. Toshima, *Chem. Lett.*, **2000**, 392-393 (2000)
6) H. Shirakawa, E. J. Louis, A. G. MacDiarmid, C. K. Chiang, A. J. Heeger, *J. Chem. Soc., Chem. Commun.*, **1977**, 578-580 (1977)
7) H. Yan, T. Ohta, N. Toshima, *Macromol. Mat. Eng.*, **287**, 139-142 (2001)
8) Y. Hiroshige, M. Ookawa, N. Toshima, *Synth. Met.*, **156**, 1341-1347 (2006)
9) Y. Hiroshige, M. Ookawa, N. Toshima, *Synth. Met.*, **157**, 467-474 (2007)
10) N. Toshima, H. Yan, M. Kajita, *Proceeding of 21st International Thermoelectric Conference* (*ITC 2002*), Long Beach, **21**, 147-150 (2002)
11) H. Yan, N. Toshima, *Chem. Lett.*, **1999**(11), 1217-1218 (1999)
12) O. Bubnova, Z. U. Khan, A. Malti, S. Brann, M. Fahlman, M. Bergren, X. Crispin, *Nature Materials*, **10**, 425-433 (2011)
13) T.-C. Tsai, H.-C. Chang, C.-H. Chen, W.-T. Whang, *Org. Electronics*, **12**, 2159-2160 (2011)
14) F.-F. Kong, D.-C. Liu, J.-K. Zu, F.-X. Jiang, B.-Y. Lu, R.-R. Yue, G.-D. Liu, J.-M. Wang, *Chinese Phys. Lett.*, **20**, 037201/1-037201/4 (2011)
15) N. Toshima, M. Imai, S. Ichikawa, *J. Electronic Mat.*, **40**, 989-902 (2011)

第18章　アクチュエータ

1　導電性高分子アクチュエータと圧力・歪みセンサ

金藤敬一*

1.1　はじめに

少子高齢化に向け家事や介護など日常生活で人と直接関わるロボットが必要になろう。今の走ったり，階段を登る高度な人型ロボットはモータで駆動されており，重く動きはぎこちない。しかし，将来は生体のようにしなやかに動く，人工筋肉によるロボットが実現するであろう。人工筋肉は夢の技術であるが，最近，筋肉を模倣するソフトアクチュエータの研究が進められ，伸縮率や収縮力は筋肉に近いものが実現している[1~3]。骨格筋肉の収縮率は25～30%，収縮力0.4 MPa，応答時間は0.1～0.2 sである[3]。当面，骨格筋肉と同等以上の機能を持つソフトアクチュエータの開発が目標である。

アクチュエータは刺激によって材料自体が変形するもので，その基本的な変形動作は伸縮，屈伸およびヒネリである[3]。図1に各種アクチュエータの構造と原理，表1にそれらの特性を示す[1,2]。イオン交換膜によるアクチュエータは，Ionic Polymer and Metal Composite（IPMC）と呼ばれ，

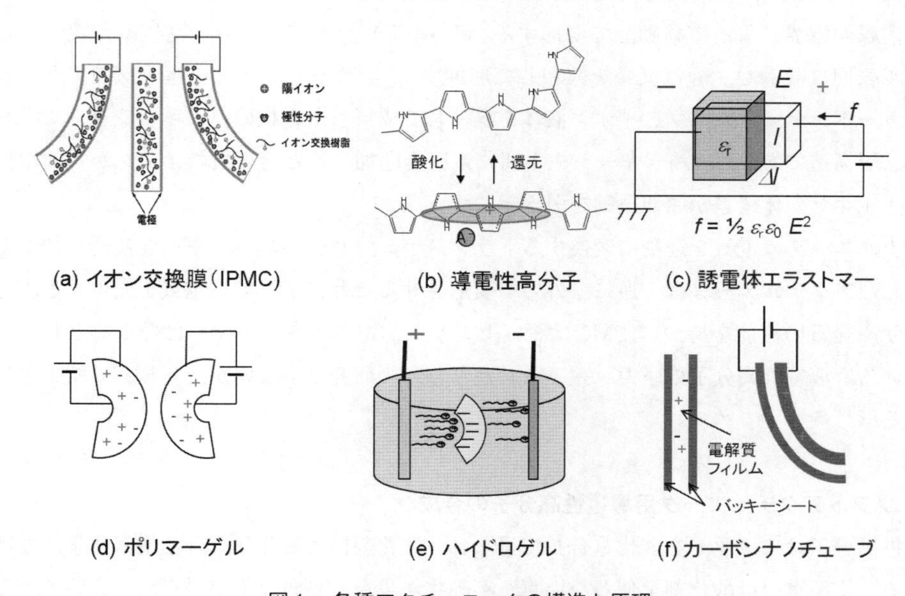

図1　各種アクチュエータの構造と原理

* Keiichi Kaneto　九州工業大学　大学院生命体工学研究科　教授

表1　各種アクチュエータの特性

材料	形状変化	印加電圧（V）	伸縮率（%）	発生力（MPa）	応答速度（s）	繰り返し安定性	動作環境
(a)イオン交換膜（IPMC）	屈伸	2～3	＞3	30	0.1	○	ウェット（水，有機溶媒）
(b)導電性高分子	膨潤・収縮（伸縮）	2～3	39	22	1	△	ウェット（水，有機溶媒）
(c)強誘電体エラストマー	伸縮	5,000～6,000	380	8	0.2～1	◎	ドライ
(d)ポリマーゲル	屈伸	500	20	−	0.1	◎	ドライ（絶縁性有機溶媒）
(e)ハイドロゲル	屈伸	2～3	−	−	×	×	ウェット（水）
(f)カーボンナノチューブ	屈伸	3～4	0.9	0.1	5	△	ウェット（イオン液体）

膜の両面に金をメッキした構造である[4]。電極間に電圧をかけると，負極側へ膜内部の陽イオンが移動して体積が増加するために，負極側が凸に湾曲する。極性を入れ替えると屈伸運動をする。導電性高分子は電気化学的な酸化還元によって，電解液中のイオンが出入りして伸縮する[3,5]。誘電体エラストマーは膜の両面に高電圧をかけることによって，正負電極が引き合い変形する[6,7]。この伸縮率は大きく，繰り返し安定性もよいが駆動電圧が高いのが欠点である。ポリマーゲルは内部の溶媒が電界によって移動して変形する[8]。ハイドロゲルでは，界面活性剤が電気泳動によってゲル表面に吸着し，静電反発を緩和して屈伸する[9]。カーボンナノチューブのアクチュエータは，カーボンナノチューブとイオン液体を混練して成形した２枚のバッキーシートで電解質を挟んだ三層構造である[10]。バッキーシート間に電圧を印加すると，正負のイオンが対向電極に浸入して，イオンの体積差が屈伸運動を引き起こす。

アクチュエータは電気を運動に変換するトランスデューサー（エネルギー変換器）である。図１に示したアクチュエータは，逆に，外力で変形させることによって，電気を発生する圧力・歪みセンサや発電の機能を持つ。IPMCは歪みセンサ，誘電体エラストマーは発電器としても研究されている。導電性高分子の圧力・歪みセンサとしての研究は少ないが，興味ある結果が報告されている[11～13]。

1.2　ソフトアクチュエータ用導電性高分子の合成

導電性高分子はモノマーを酸化重合して得られ，酸化剤による化学重合と電気化学的な電解重合がある。電解重合は酸化剤を使わない点，不純物が少なく良質な膜が得られ，高い電導度を示す。電解重合は水系，非水系，イオン液体などの色々な溶媒，溶質を用いて行なうことができ，多様な性質を示す。例えば，ポリピロールの場合，水系で*p*-phenolsulphonic（PPS）acid，dodecybenzene sulphonic（DBS）acid[14]を用いて電解重合すると，比較的安定に電解伸縮する膜

PPyTFSI フィルム			表面 (Scale 20 μm)		断面写真 (Scale: 20 μm)
	密度 (g/cm³)	σ (S/cm)	液側	電極側	
#1 MB/DP	0.89	57	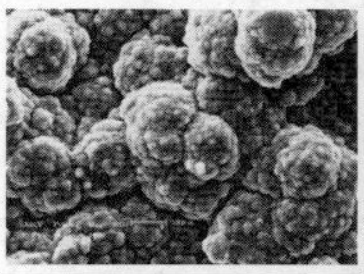	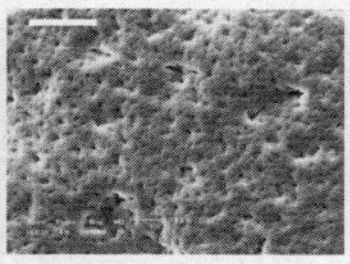	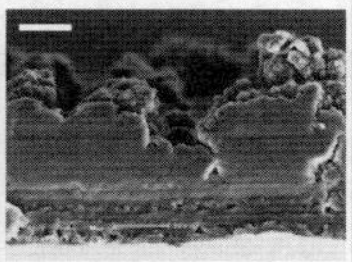
#2 IL	1.67	100		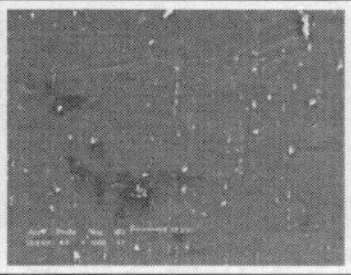	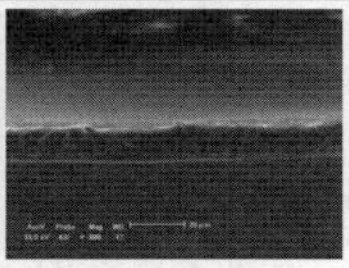

図２　LiTFSI/MB/DPの混合溶液（#1）およびイオン液体（#2）中で電解重合したPPy薄膜の密度，電導度および表面と断面の電子顕微鏡写真

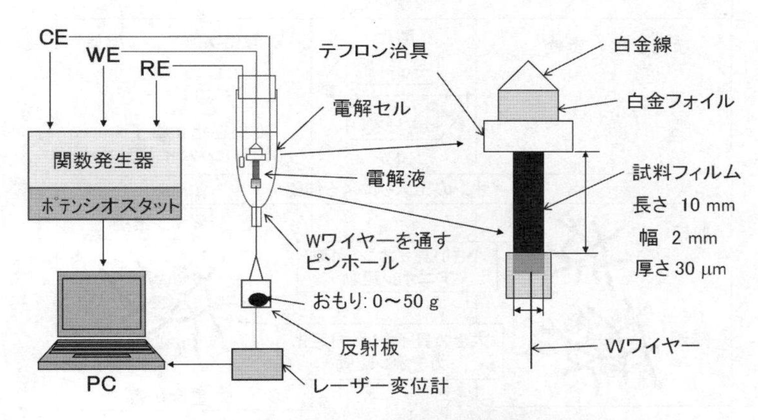

図３　導電性高分子膜の電解伸縮測定装置

が得られる。有機溶媒系では，LiTFSI（TFSI: bis(trifluoromethylsulfonyl)imide）あるいはTBATFSI（TBA: Tetra butyl ammonium）のmethyl benzoate（MB）/dimethyl phthalate（DP）の混合液を用いると，伸縮率の大きい膜が得られる[15,16]。図２に電解重合したポリピロール膜の特性と電子顕微鏡写真を示す。混合溶液から得られる膜は多孔質で伸縮性に富む。イオン液体（BMPTFSI）から重合される薄膜は，緻密で高い電導度を示すが，伸縮率は小さい。

1.3　電解伸縮の測定法

図３に電解伸縮を直接測定できる装置を示す。電解伸縮による長さの変化をWワイヤーに伝え，ピンホールを通してセル外に取り出し，反射板の上下運動として直接レーザー変位計で測定する。反射板の上におもりを置けば，電解伸縮の負荷重依存性が測定できる[3]。

1.4　導電性高分子の電解伸縮特性

導電性高分子は強靭で金属並の高い電導度を示し，可逆的な電気化学的酸化・還元が高速にできるのでアクチュエータとして適している[3]。酸化・還元に伴う導電性高分子の物性変化を図4に示す。酸化状態ではポラロン（バイポラロン）と呼ばれる非局在化した正電荷が誘起され，負イオンと静電引力で引き合いイオン架橋を形成する。π電子の非局在化とイオン架橋のため，酸化状態は還元状態より剛直である。重合に用いる負イオンが小さい場合は，還元によって負イオンが排出され，酸化によって負イオンが注入されるアニオン駆動となる。一方，負イオンが大きい場合，負イオンは導電性高分子内に固定化されて，酸化・還元によって正イオンが出入りするカチオン駆動を示す。図5にPPyDBS膜のサイクリックボルタモグラム（CV）およびECMDを示すように，カチオン駆動では酸化によって収縮し，還元によって伸張する[12]。このような導電性高分子の電気化学的な酸化・還元によって，出入りするイオンの体積変化が膜の伸縮となって

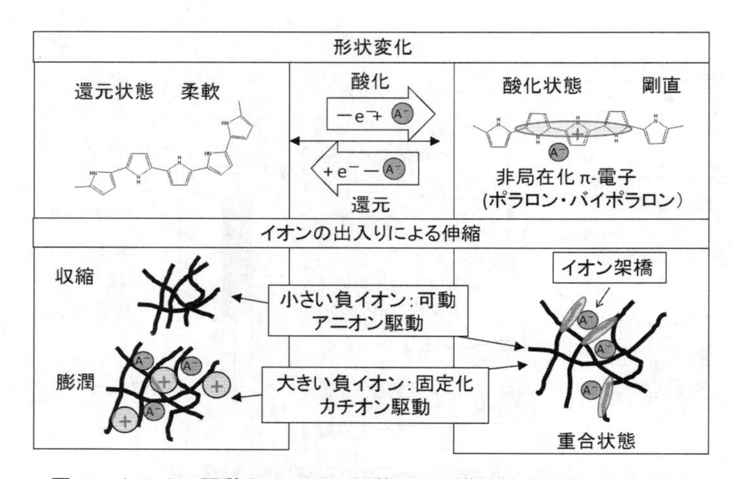

図4　カチオン駆動とアニオン駆動による導電性高分子の電解伸縮

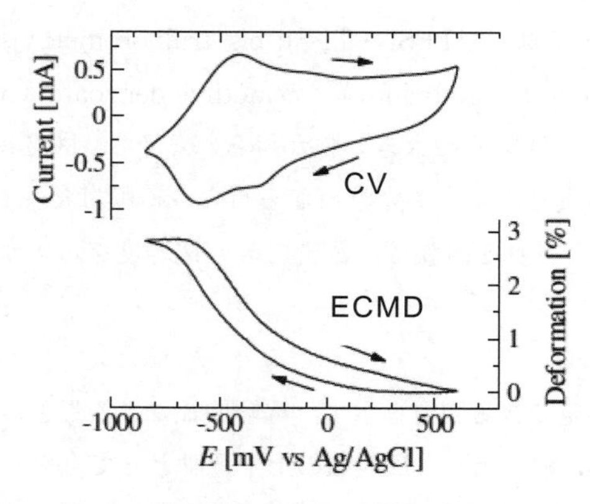

図5　PPyDBSフィルムのCVとECMD

現れる。これを電解伸縮（Electrochemomechanical Deformation: ECMD）と呼ぶ[3]。

各種導電性高分子の電解伸縮の特徴を表2に示す。筋肉は収縮するとき硬くなるから，ソフトアクチュエータも同様に収縮過程で硬くなり，しかも電導度が高くなることが望ましい。この観点からすれば，カチオン駆動のアクチュエータがより生体に近い。電解伸縮の伸縮率は，高分子鎖の形状変化による寄与[22]もあるが，ほぼ取り込まれるイオン，あるいはイオンを取り込んだ溶媒和の大きさで決まる[3,18]。

伸縮率の張力負荷依存性を図6に示すように，伸縮率は無負荷のとき最大値を示し負荷が増加すると直線的に減少する。その関係は，

$$\Delta l/l_0 = \Delta l_0/l_0 - f/E \tag{1}$$

表2　各種導電性高分子の電解伸縮特性

導電性高分子	駆動電解液		伸縮率（%）	発生力（MPa）	合成方法	文献
ポリピロール（PPy）	$TBATFSI/H_2O$ アニオン駆動		26.5	6.7	電解重合 TBATFSI/MB	14
	$NaPF_6/H_2O$ アニオン駆動		12.4	22	電解重合 $TBACF_3SO_3/MB$	17
	$LiCl/H_2O$ カチオン駆動		4.9	5	電解重合 DBS/H_2O	18
	BMPTFSI（イオン液体） カチオン駆動		3	1.8	電解重合 LiTFSI/MB/DP	19
ポリアニリン（PANI）	HCl/H_2O アニオン駆動		6.7	9	化学重合	20
ポリアルキルチオフェン（PAT）	$TBABF_4/CH_3CN$ アニオン駆動	$R=C_6H_{13}$	3.5	–	化学重合	21
		$R=C_{12}H_{25}$	1.7	–		

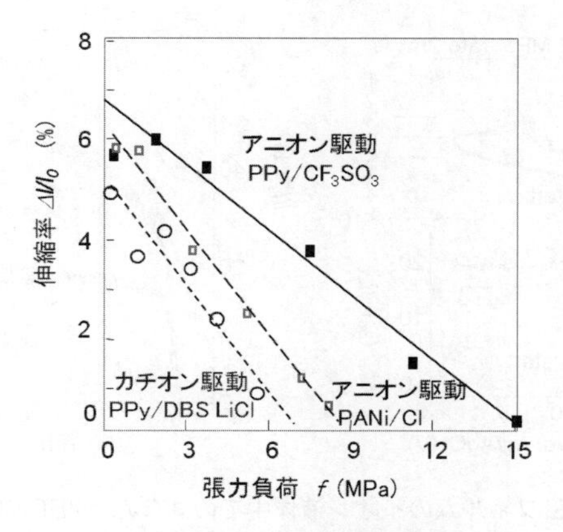

図6　伸縮率の張力負荷依存性

で表せる[23]。ここで，l_0は元の長さ，Δlは負荷の下での伸縮長さ，Δl_0は無負荷時の電解伸縮長，fは張力，Eはヤング率である。伸縮率がゼロとなる負荷張力が発生力（Blocking Force）である。

機械的な出力エネルギーE_{Mout}は(2)式で与えられ，それが最大値となる張力負荷は，無負荷の伸縮率の半分，あるいは発生力の半分の負荷のときである。

$$E_{\mathrm{Mout}} = f\Delta l = f\Delta l_0 - f^2 l_0 / E \quad (2)$$

電気的な入力エネルギーは，電流と電位の時間積分から求められ，機械的な出力エネルギーとの比からエネルギー変換効率を求める。変換効率は0.3％以下[18]で，最大出力エネルギーは約0.14 J/gである。小さい変換効率は，導電性高分子の電気化学的に酸化・還元が２次電池の充放電に相当するためで，入力エネルギーのほとんどが回収可能である。

応答時間は，骨格筋肉が約0.1 sで30％伸縮する（伸縮速度は300％/s）のに対して，ポリピロールの伸縮速度は13.8％/sで[24]，まだ十分な応答速度ではない。律速の主な要因は，フィルム内のイオンの拡散，ついで電極とのコンタクトおよびフィルムの電導度である。

1.5　ポリピロールアクチュエータのイオン液体による駆動

イオン液体は不揮発性，広い電位幅，高いイオン伝導性などの特徴を持ち，導電性高分子ソフトアクチュエータの高機能化の電解液として期待される。図２＃２の試料によるCVおよびECMDをそれぞれ図７(a)および(b)に示す[19]。イオン液体（BMPTFSI）中では，まず還元によって十数％の伸張が起こり，その後，数回の電解サイクルでほぼ定常状態になるカチオン駆動を示す。詳細な解析の結果，最初の還元によってカチオンとイオン液体をポリピロール内に取り込み電解伸縮が起動することが判った。図７(c)は電解伸縮サイクルの張力負荷依存性で，荷重が大きくなるとクリープが大きくなる。

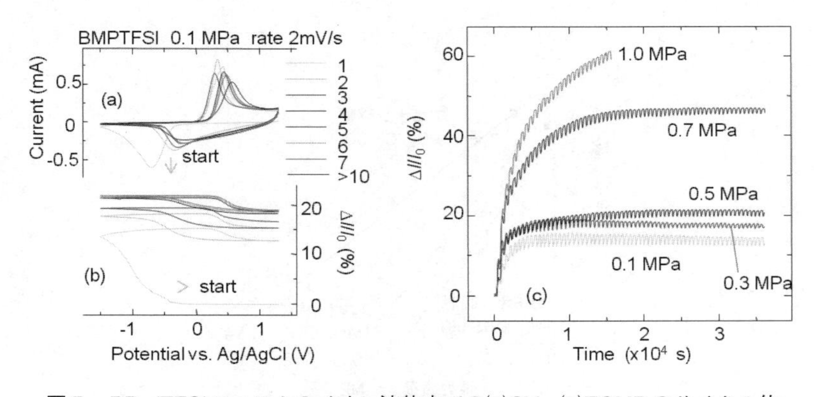

図７　PPy/TFSIフィルムのイオン液体中での(a)CV，(b)ECMDのサイクル依存性，および(c)ECMDの張力負荷依存性

1.6　圧力・歪みセンサ

導電性高分子アクチュエータに外力を加えると電流が発生する。図5に示すカチオン駆動の電解伸縮過程で，電位を固定して電流がほぼ流れなくなり平衡状態に至った後，アクチュエータに張力をかけると図8に示すスパイク状のマイナスの誘起電流が流れる[11～13]。即ち，張力により延伸すると還元電流が流れカチオンが流入し，張力を緩めると収縮してカチオンが放出される酸化電流が流れる。これらの電流の方向は電解伸縮過程と同じである。図5と図8を比較すると，誘起電流の大きさは，電解伸縮を起こす電流に比べて一桁以上小さい。ポリピロールにおける誘起電流の膜厚，表面形状，電位，イオン種，電解液濃度依存性などが調べられている[12,13]。これらの結果から，導電性高分子アクチュエータは圧力・歪みセンサとして応用できることが判る。

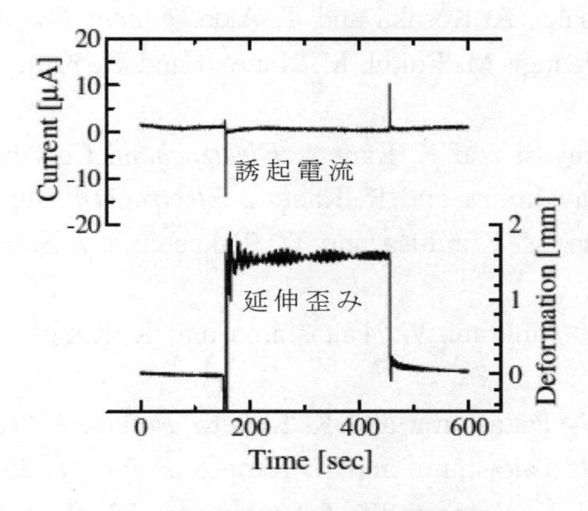

図8　延伸歪みによる誘起電流

1.7　おわりに

ソフトアクチュエータは将来，人間親和形ロボットの駆動装置として期待されている。伸縮率，発生力，応答速度，駆動電圧，制御安定性，サイクル寿命など様々な性能要素すべてが満たされた材料はまだ無い。導電性高分子ソフトアクチュエータは伸縮率，発生力ではほぼ筋肉と変わらないが，サイクル安定性および応答速度の点で問題があり，実用化に至っていない。また，電解伸縮の詳細なメカニズムは不明な点が多く，さらに，最適な材料の探索はまだ十分に検討されていない。力学的な変形を電気信号あるいは電力に変換するセンサ機能についても未開の分野である。各種材料を含めて，今後実用化に向けた研究開発が期待される。

文　　献

1) 長田義仁編，ソフトアクチュエータの最前線，エヌ・ティー・エス（2004）
2) T. Mirfakhrai, J. D. W. Madden and R. H. Baughman, *Materials Today*, **10**, 30 (2007)
3) 金藤敬一，応用物理，**76**，1356（2007）
4) 小黒啓介，化学と工業，**72**，162（1998）
5) K. Kaneto, M. Kaneko, Y.-G. Min and A. G. MacDiarmid, *Synth. Met.*, **71**, 2211 (1995)
6) Q. Pei, M. Rosethal, S. Stanford, H. Prahlad and R. Pelrine, *Smart Mater. Struct.*, **13**, N86–N92 (2004)
7) S. M. Ha, W. Yuan, Q. Pei, R. Pelrine and S. Stanford, *Adv. Mater.*, **18**, 887 (2006)
8) 平井利博，材料科学，**32**，59（1995）
9) Y. Osada, H. Okuzaki and H. Hori, *Nature*, **355**, 242 (1992)
10) T. Fukushima, K. Asaka, A. Kosaka and T. Aida, *Agnew. Chem. Int. Ed.*, **44**, 2410 (2005)
11) W. Takashima, T. Uesugi, M. Fukui, M. Kaneko and K. Kaneto, *Synth. Met.*, **85** 1395 (1997)
12) W. Takashima, K. Hayasi and K. Kaneto, *Electrochem. Commun.*, **9**, 2056 (2007)
13) W. Takashima, S. Kawamura and K. Kaneto, *Electrochim. Acta*, **56**, 4603 (2011)
14) K. Kaneto, H. Fujisue, M. Kunifusa and W. Takashima, *J. Smart Mat. Struct.*, **16**, S250 (2006)
15) S. Hara, T. Zama, A. Ametani, W. Takashima and K. Kaneto, *J. Mater. Chem.*, **14**, 1516 (2004)
16) S. Hara, T. Zama, W. Takashima and K. Kaneto, *Polym. J.*, **36**, 933 (2004)
17) S. Hara, T. Zama, W. Takashima and K. Kaneto, *Polym. J.*, **36**, 151 (2004)
18) H. Fujisue, T. Sendai, K. Yamato, W. Takashima and K. Kaneto, *Bioins. Biomim.*, **2**, S1 (2007)
19) K. Kaneto, T. Shinonome, K. Tominaga and W. Takashima, *Jpn. J. Appl. Phys.*, **50**, 091601 (2010)
20) W. Takashima, M. Nakashima, S. S. Pandey and K. Kaneto, *Electrochim. Acta*, **49**, 4239 (2004)
21) M. Fuchiwaki, W. Takashima and K. Kaneto, *Mol. Cryst. Liq. Cryst.*, **374**, 513 (2002)
22) K. Kaneto and M. Kaneko, *Appl. Biochem. Biotechnol.*, **96**, 13 (2001)
23) G. M. Spinks and V.-Tan Truong, *Sens. Act.*, **A 119**, 455 (2005)
24) S. Hara, T. Zama, W. Takashima and K. Kaneto, *Smart Mater. Struct.*, **14**, 1501 (2005)

2　空気中で電場駆動する導電性高分子アクチュエータ

奥崎秀典*

2.1　はじめに

高分子材料の体積変化を外部刺激でコントロールすることができれば，しなやかに動くロボットやソフトなアクチュエータ，人工筋肉などへの応用が期待できる。中でもポリピロール，ポリチオフェン，ポリアニリンに代表される導電性高分子は主鎖にπ共役系をもち，容易に酸化・還元され可逆的な体積変化を示すことから，電場駆動型高分子（electro-active polymer：EAP）アクチュエータとして注目されている[1~3]。その際，①溶媒和したドーパントイオンの高分子マトリクスへの挿入，②電子状態の変化による高分子鎖の構造変化，③高分子鎖内および高分子鎖間の静電反発により体積膨張が起こると考えられている。しかしながら，そのほとんどは電解液中か膨潤状態でのみ動作する電解アクチュエータであった。また，空気中で使用可能な導電性高分子アクチュエータでも，レドックスガスや高分子電解質ゲル，イオン液体などが必要であった[4~6]。

以前我々は，電解重合により合成したポリピロール（PPy）フィルムが水蒸気の吸脱着により高速変形する現象を見出し[7]，吸着に伴う自由エネルギー変化を直接回転運動に変換する高分子モーターの作製に成功している[8,9]。さらに，PPyフィルムが電圧印加により水蒸気を脱着しながら空気中で収縮することを見出した[10,11]。電気化学的ドープ・脱ドープで駆動する従来の導電性高分子アクチュエータと異なり，本システムは空気中で動作し，電解液や対電極，参照電極が不要である。しかしながら，PPyフィルムの収縮率は１％程度であり[11]，他のEAPアクチュエータより小さい。さらに，電解重合法はキャスト法や印刷法に比べて時間もコストもかかり，大量生産などの効率化には不向きであるなどの課題があった。

そこで，水分散可能な導電性高分子であるポリ(3,4-エチレンジオキシチオフェン)／ポリ(4-スチレンスルホン酸)（PEDOT/PSS）に着目した。PEDOT/PSSは高い導電性や耐熱性，優れた安定性や力学特性を有することから，帯電防止剤や固体電解コンデンサ，有機エレクトロルミネッセンスのホール輸送層[12]として既に用いられており，タッチパネルや有機太陽電池のフレキシブル透明電極[13]，有機トランジスタ[14]などへの応用も期待されている。本節では，キャスト法により作製したPEDOT/PSSフィルムの比表面積，水蒸気吸着特性，EAPアクチュエータについて，これまで得られた知見を中心に紹介する。

2.2　比表面積

PEDOT/PSSフィルムの形状変化は可逆的な水蒸気の吸脱着によって引き起こされるため[15]，まずは77 KにおけるKr吸着等温線から比表面積の評価を試みた。図１に示すように，Kr吸着等温線の形状はIUPACでII型に分類され，Brunauer-Emmett-Teller(BET)式[16]で表されることがわかった。

＊ Hidenori Okuzaki　山梨大学　大学院医学工学総合研究部　准教授

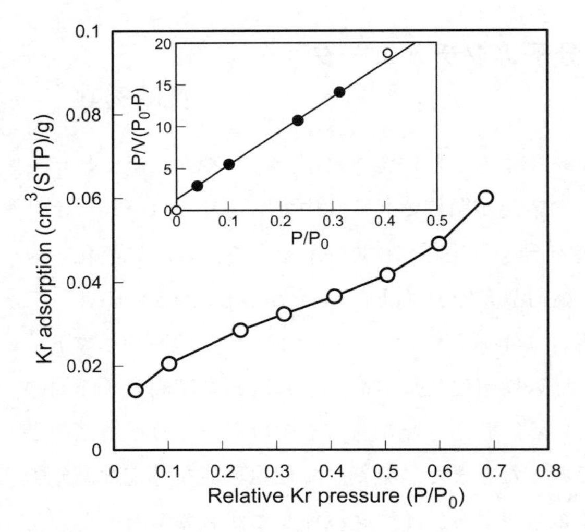

図1　77 KにおけるPEDOT/PSSフィルムのKr吸着等温線とBETプロット

$$\frac{P}{V(P_0-P)}=\frac{1}{V_\mathrm{m}C}+\frac{(C-1)P}{V_\mathrm{m}CP_0} \quad (1)$$

ここで，V_mおよびVはそれぞれKr分子の単層吸着体積と全吸着体積である。PとP_0はKrの蒸気圧と飽和蒸気圧であり，Cは吸着熱に関する定数である。図中のBETプロットはKrの相対蒸気圧0.04〜0.31で直線となり，BET比表面積(A_BET)はV_m値(0.025 cm^3(STP)/g) を用いて次式より算出される。

$$A_\mathrm{BET}=\frac{V_\mathrm{m}}{22414}\times 6.02\times 10^{23}\times a_\mathrm{Kr} \quad (2)$$

ここで，a_KrはKr分子の断面積（0.202 nm^2）である。得られたA_BET値（0.13 m^2/g）はシリカゲル（300〜500 m^2/g）[17]やアルミナ(200〜400 m^2/g)[18]など多孔質材料に比べ3桁小さいことから，PEDOT/PSSフィルムはほぼ無孔質であることがわかった。PEDOT/PSSコロイド粒子の凝集により生じた隙間には，溶液中のPSSがガラス状に充填されていると考えられる[19]。

2.3　水蒸気吸着特性

PEDOT/PSSはスルホン酸基を有する親水性高分子のPSSを約70%含んでいるため，キャストフィルムもまた高い吸湿性を示すと考えられる。図2に25℃と40℃におけるPEDOT/PSSフィルムの水蒸気吸着等温線を示す。相対水蒸気圧（P/P_0）の上昇とともに水蒸気吸着量は増加し，P/P_0=0.95で87%に達した。これはPPyフィルムに比べて10倍以上高く[20]，PSSの高い親水性に起因すると考えられる。同じ相対水蒸気圧において，吸着過程より脱着過程で水蒸気吸着量が高いことからヒステリシスが見られた。これは，フィルム内における水分子の凝縮や水和によるPSS鎖のコンホメーション変化が熱力学的に不可逆な過程を伴うためと考えられる。また，25℃から40℃に昇温すると水蒸気吸着量が減少することから，PEDOT/PSSフィルムへの水蒸気吸着が発熱過程であることがわかる。Clausius-Clapeyron式を用い，水蒸気吸着等温線の温度依存性から等量微分吸着熱（q_st）を算出した[21]。

$$q_\mathrm{st}=\frac{RT_1T_2}{T_2-T_1}(\ln P_2-\ln P_1) \quad (3)$$

ここで，Rは気体定数，P_1とP_2はそれぞれ温度T_1とT_2における水蒸気圧である。図2中に，25℃と40℃の水蒸気吸着等温線から算出した等量微分吸着熱（q_st）と水蒸気吸着量の関係を示す。3.5%の低吸着量でq_stは58.2 kJ/molに達したが，吸着量の増加とともに43.9 kJ/molまで低下し，水の凝集熱（44 kJ/mol）と一致した[22,23]。すなわち，低吸着領域において，水分子は最初にPSS

のスルホン酸基など親水的な活性サイトに直接吸着し，単分子吸着層を形成することで高い吸着熱を放出する。活性サイトが覆われると，さらなる水分子の吸着は活性の低いサイトか既に吸着した水分子上で起こり，多分子吸着層を形成する。一方，高吸着領域では高分子一水相互作用よりも水分子間の相互作用が支配的となり，等量微分吸着熱は水の凝集熱に漸近すると考えられる。

2.4　電気収縮挙動

PEDOT/PSSフィルム（長さ50 mm，幅2 mm，厚さ17 μm）に25℃，50%RHにおいて10 Vの直流電圧を印加したときの収縮率，電流値，表面温度および表面近傍の相対湿度変化を図3に示す。電圧印加によりフィルムは1.2 mm（2.4%）収縮し，PPyフィルム（約1%）に比べ2倍以上大きいことがわかった[24]。ここで，PEDOT/PSSフィルムの収縮には電解液やレドックスガスが不要なことから，電気化学的あるいは化学的酸化還元によるドープ・脱ドープとは異なるメカニズムに基づくことがわかる。95 mAの電流がフィルムを流れ，表面温度は25℃から64℃に上昇した。フィルム表面近傍の相対湿度が電圧印加により急激に上昇することから，フィルムに吸着していた水分子が脱着・拡散したと考えられる。一方，相対湿度が徐々に低下するのは，フィルム近傍の温度上昇に伴う飽和水蒸気圧の増大に起因する[25]。これに対し，電圧を切ると一時的に相対湿度が低下するのは，フィルムが周囲から水蒸気を再吸着したためである。

フィルムの収縮メカニズムを詳細に調べるため，印加電圧を変化させたときの電気収縮

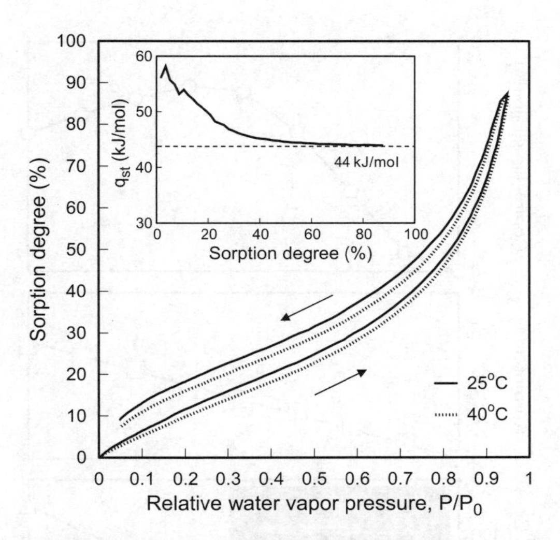

図2　25℃（実線）と40℃（破線）におけるPEDOT/PSSフィルムの水蒸気吸着等温線と等量微分吸着熱（q_{st}）の吸着量依存性

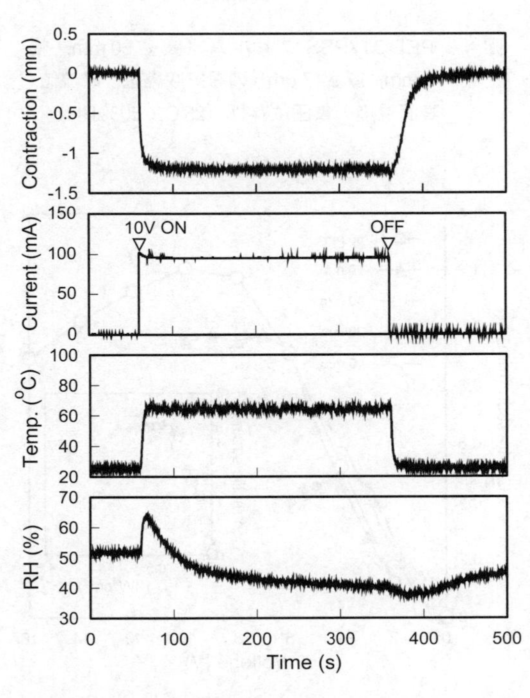

図3　PEDOT/PSSフィルム（長さ50 mm，幅2 mm，厚さ17 μm）に10 V印加したときの電気収縮量，電流値，表面温度およびフィルム表面近傍の相対湿度変化（25℃，50%RH）

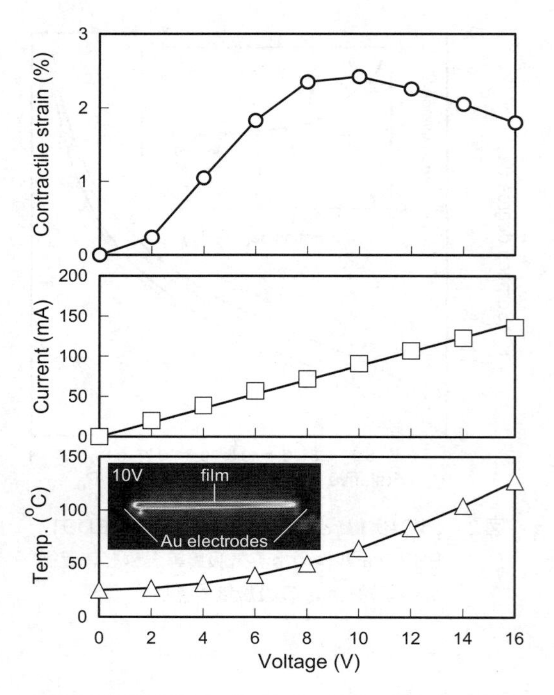

図4　PEDOT/PSS フィルム（長さ50 mm，幅2 mm，厚さ17 μm）の電気収縮量，電流値，表面温度の電圧依存性（25℃，50% RH）

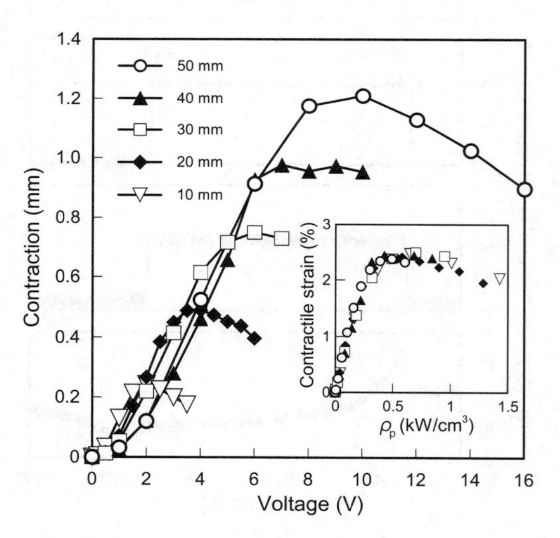

図5　長さの異なるPEDOT/PSSフィルム（幅2 mm，厚さ17 μm）の電気収縮量と印加電圧の関係（25℃，50% RH）
挿入図：電気収縮率の電力密度依存性

挙動を測定した。得られた結果を図4に示す。電流値は印加電圧に直線的に比例することから良好なオーミック特性を示し，勾配から求めた抵抗値（113 Ω）は電導度（150 S/cm）から算出した値と一致した。一方，フィルムの表面温度は電圧の2乗に比例して上昇し，図4中のサーモグラフィからもフィルム全体から発熱していることがわかる。フィルムの収縮率は印加電圧とともに増大し，10 Vで最大2.4%に達した。しかし，10 V以上で収縮率が逆に低下したことから，PEDOT/PSSフィルムの熱膨張が起こったと考えられる[24]。図5に示すように，長さの異なるフィルムでも同様の傾向が見られ，フィルム長の増加は収縮量を増大させるだけでなく，抵抗値（R）の上昇に伴い最大収縮電圧を高電圧側にシフトさせる。ここで，電流（I），電圧（E），フィルム体積（V_{film}）から，単位体積当たりの電力密度（ρ_{p}）は次式で表される。

$$\rho_{\mathrm{p}} = \frac{EI}{V_{\mathrm{film}}} = \frac{I^2 R}{V_{\mathrm{film}}} \tag{4}$$

興味深いことに，電気収縮率とρ_{p}の関係はフィルム長によらず，同一曲線上に乗ることがわかった（図5）。ρ_{p}はジュール加熱による発熱速度を表すことから，フィルムの体積変化は二つのメカニズムで説明される。一つは水分子の脱着による収縮であり，もう一つは高分子鎖の熱膨張である。これに対し，電圧を切るとフィルムが元の形状に回復するのは，水蒸気の再吸着による膨張と熱拡散による冷却・収縮に基づく。形状記憶合金アクチュエータも電圧印加によるジュール加熱で駆動するが[26]，マルテンサイト／オーステナイト相間の熱相転移により変形するため，合金組成で決まる相転移温度や二相間の中間状態を制御することは困難である。これに対し，PEDOT/PSSアクチュエータは印加電圧により任意の収縮状態をとることができる。さらに，水蒸気吸着量の増加により収縮率を向上させることも可能である。図6に示すように，相対湿度が30％RHから90％RHに上昇することで電気収縮率は3倍以上増大し，90％RHで最高4.5％に達した。

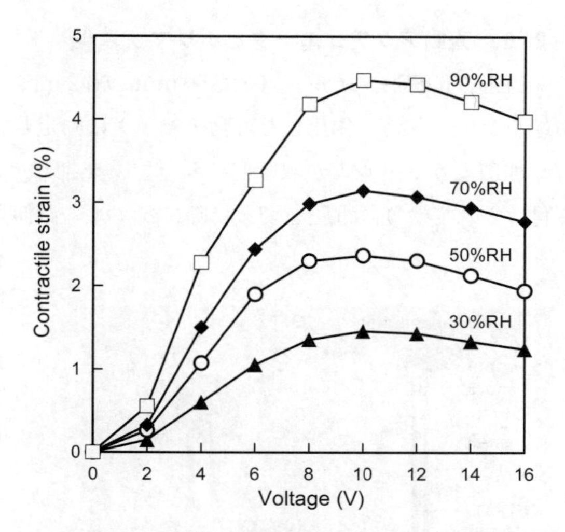

図6　異なる相対湿度におけるPEDOT/PSSフィルム（長さ50 mm，幅2 mm，厚さ17 μm）の電気収縮率と印加電圧の関係（25℃）

2.5　収縮応力と体積仕事容量

定長下でPEDOT/PSSフィルムに電圧印加すると，収縮応力を発生する。図7に示すように，25℃，50％RHにおいて収縮応力は印加電圧とともに増大し，自重(2.5 mg)の1万倍以上の応力に相当する17 MPa(59 gf)に達した。これは動物の骨格筋(0.3 MPa)[27]や電解アクチュエータ(3～5 MPa)[28]よりも大きく，PEDOT/PSSフィルムの弾性率（1.8 GPa）が筋肉(10～60 MPa)[29]や電解アクチュエータ(0.6～1.2 GPa)[28]よりも高いことに起因する。体積仕事容量（W）はフィルムに蓄えられる最大の弾性エネルギーを表し，電圧印加によるフィルムの収縮率（γ）と収縮応力（σ）から算出される[11,24]。

$$W=\frac{1}{2}\times\sigma\times\gamma \qquad (5)$$

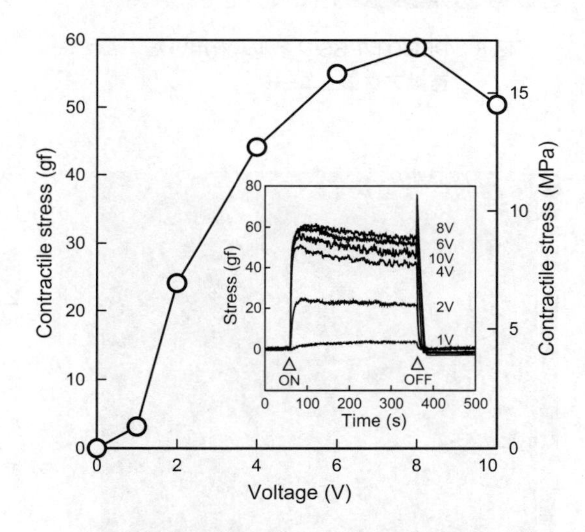

図7　定長下におけるPEDOT/PSSフィルム（長さ50 mm，幅2 mm，厚さ17 μm）の収縮応力と印加電圧の関係（25℃，50％RH）

50％RHで10 V印加したときのW値は174 kJ/m^{3}であり，動物の骨格筋（8～40 kJ/m^3）[29]やイオン伝導性高分子―金属複合体アクチュエータ（5.5 kJ/m^3）[30]，電解アクチュエータ（73 kJ/m^3）[28]に比べ大きいことから，PEDOT/PSSフィルムは優れたEAPアクチュエータ材料として期待できる。

2.6　直動アクチュエータとポリマッスル

PEDOT/PSSフィルム（長さ50 mm，幅2 mm，厚さ17 μm）の一端を固定チャックに，もう一端をシャフトと一体化した可動チャックに固定した直動アクチュエータを作製した（図8）。電圧印加によりフィルムが収縮し，シャフトを押し上げる。一方，可動チャックには復元バネが取り付けられており，電圧を切った際にフィルムが伸長し，シャフトがスムーズに元の位置まで戻る。

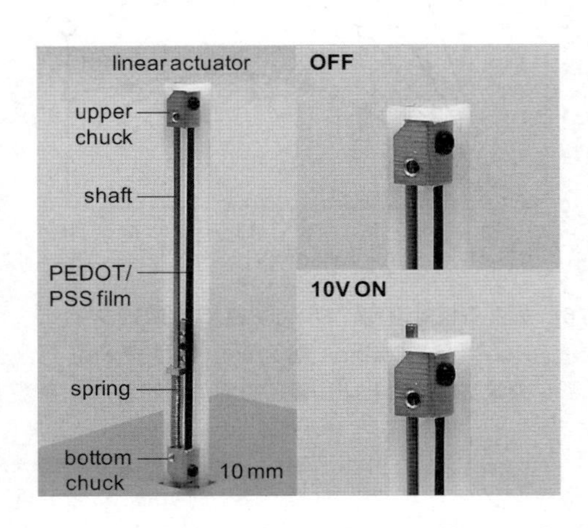

図8　PEDOT/PSSフィルムを用いた直動アクチュエータ

直動アクチュエータの耐久性を評価するため，50％RHにおいて10Vを5秒間オン／15秒間オフを繰り返した。最初の1,000サイクルまではクリープによりフィルムが伸び，電流値と収縮率はともに約80％まで低下した。約80,000サイクルでフィルムは破断したが，電流値と収縮率は1,000サイクル以降ほとんど変化しなかったことから，PEDOT/PSSフィルムは電気・力学的にきわめて安定であることがわかった。成膜時の膜厚のばらつきやフィルムを切り出した際に生じた構造欠陥への応力集中によりフィルムが破断したと考えられ，フィルムの均質性を高めることでさらなる耐久性の向上が期待できる。また，直動アクチュエータの変位をテコの原理で拡大した人工筋肉素子「ポリマッスル」を試作した（図9）。

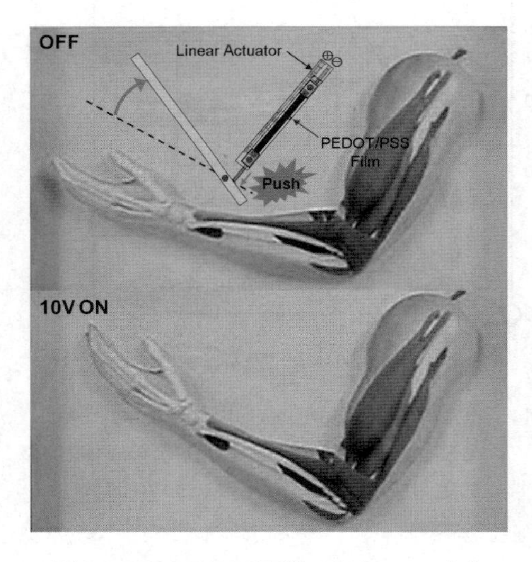

図9　PEDOT/PSS直動アクチュエータを用いた人工筋肉素子「ポリマッスル」

2.7　おわりに

PEDOT/PSSアクチュエータは電解液や対電極，参照電極が不要であり，水蒸気の吸着平衡を電気制御することにより空気中で可逆的に伸縮することから，クリーンなアクチュエータといえる。また，誘電エラストマー[31]や圧電アクチュエータ[32]が数kVの高電圧で駆動するのに対し，PEDOT/PSSアクチュエータは100分の1の低電圧で駆動する。このように，導電性高分子の電気伝導性と吸湿性の協同効果により，空気中で駆動する新規なEAPアクチュエータや人工筋肉への応用が期待できる。

謝辞

本研究は，NEDO産業技術研究助成事業（08A07205d），NEDO大学発事業創出実用化研究開発事業（0930004）ならびに科学研究費補助金（基盤(C)）（22550192）の研究成果である。

文　　献

1) E. Smela, O. Inganäs, I. Lundström, *Science*, **268**, 1735 (1995)
2) R. H. Baughman, L. W. Shacklette, R. L. Elsenbaumer, E. J. Plichta, C. Becht, Molecular Electronics, Kluwer Academic Pub., Netherlands (1991)
3) T. F. Otero, J. Rodriguez, Intrinsically Conducting Polymers, Kluwer Academic Pub., Netherlands (1993)
4) Q. Pei, O. Inganäs, *Synth. Met.*, **55-57**, 3730 (1993)
5) J. M. Sansinena, V. Olazabal, T. F. Otero, C. N. P. da Fonseca, M. A. De Paoli, *Chem. Commun.*, 2217 (1997)
6) W. Lu, A. G. Fadeev, B. Qi, E. Smela, B. R. Mattes, J. Ding, G. M. Spinks, J. Mazurikiewicz, D. Zhou, G. G. Wallace, D. R. MacFarlane, S. A. Forsyth, M. Forsyth, *Science*, **297**, 983 (2002)
7) H. Okuzaki, T. Kunugi, *J. Polym. Sci., Polym. Phys.*, **34**, 1747 (1996)
8) H. Okuzaki, T. Kunugi, *J. Appl. Polym. Sci.*, **64**, 383 (1997)
9) H. Okuzaki, T. Kuwabara, T. Kunugi, *Polymer*, **38**, 5491 (1997)
10) H. Okuzaki, T. Kunugi, *J. Polym. Sci., Polym. Phys.*, **36**, 1591 (1998)
11) H. Okuzaki, K. Funasaka, *Macromolecules*, **33**, 8307 (2000)
12) M. Granström, M. Berggren, O. Inganäs, *Science*, **267**, 1479 (1995)
13) D. Hohnholtz, H. Okuzaki, A. G. MacDiarmid, *Adv. Funct. Mater.*, **15**, 51 (2005)
14) H. Okuzaki, M. Ishihara, S. Ashizawa, *Synth. Met.*, **137**, 947 (2003)
15) H. Okuzaki, K. Hosaka, H. Suzuki, T. Ito, *Sens. Actuators A*, **157**, 96-99 (2010)
16) S. Brunauer, P. H. Emmett, E. Teller, *J. Am. Chem. Soc.*, **60**, 309 (1938)
17) D. Dutta, S. Chatterjee, K. T. Pillai, P. K. Pujari, B. N. Ganguly, *Chem. Phys.*, **312**, 319 (2005)
18) G. Ertl, H. Knozinger, J. Weitkamp, Preparation of Solid Catalysis, Wiley-VCH, Weinheim (1999)
19) H. Yan, S. Arima, Y. Mori, T. Kagata, H. Sato, H. Okuzaki, *Thin Solid Films*, **517**, 3299 (2009)
20) H. Okuzaki, T. Kondo, T. Kunugi, *Polymer*, **40**, 995 (1999)
21) S. Ross, I. P. Oliver, On Physical Adsorption, Interscience, New York (1964)
22) G. M. Barrow, Physical Chemistry, McGraw-Hill, New York (1961)
23) H. Okuzaki, H. Suzuki, T. Ito, *Synth. Met.*, **159**, 2233 (2009)
24) H. Okuzaki, H. Suzuki, T. Ito, *J. Phys. Chem. B*, **113**, 11378 (2009)

25) H. Okuzaki, K. Funasaka, *Synth. Met.*, **108**, 127 (2000)
26) M. Bergamasco, F. Salsedo, P. Dario, *Sens. Actuators*, **17**, 115 (1989)
27) R. M. Alexander, Exploring Biomechanics: Animals in Motion, W. H. Freeman Co. Pub., New York (1992)
28) A. D. Santa, D. De Rossi, A. Mazzoldi, *Synth. Met.*, **90**, 93 (1997)
29) J. D. W. Madden, N. A. Vandesteeg, P. A. Anquetil, P. G. A. Madden, A. Takshi, R. Z. Pytel, S. R. Lafontaine, P. A. Wieringa, I. W. Hunter, *IEEE J. Oceanic Eng.*, **29**, 706 (2004)
30) S. N. Nasser, Y. X. Wu, *J. Appl. Phys.*, **93**, 5255 (2003)
31) R. Pelrine, R. Kornbluh, Q. Pei, J. Joseph, *Science*, **287**, 836 (2000)
32) J. K. Lee, M. A. Marcus, *Ferroelectrics*, **32**, 93 (1981)

第19章　コンデンサ

1　導電性高分子を用いたアルミ固体電解コンデンサの特徴と今後の課題

村上敏行*

1.1　はじめに

コンデンサとは，抵抗やインダクタと並ぶ3大受動部品の一つで，電荷を蓄積し必要なときに素早く電荷を放出する機能を有する。電子機器に用いられる代表的なコンデンサについて，エネルギー密度に相当する容量と出力密度に相当するdI/dtの関係を模式的に図1に示す。導電性高分子を用いた電解コンデンサは，従来の電解コンデンサと比較して内部抵抗が低いために大容量を維持しながら出力特性が2～4桁ほど優れている。しかし，セラミックコンデンサとの比較では容量で勝ってはいるものの出力特性は劣っている。これは後述するが，内部抵抗の大きさの違いではなくセラミックコンデンサの低いインダクタンスによるもので，コンデンサのサイズや端子形状などに由来する。さらに導電性高分子を用いたコンデンサは，その大容量特性を維持しつつ，低抵抗化，低インダクタンス化による低インピーダンス化を実現することが今後の開発の方向性である。また，セラミックコンデンサはこれとは逆に大容量化が大きな課題であると考えられる。

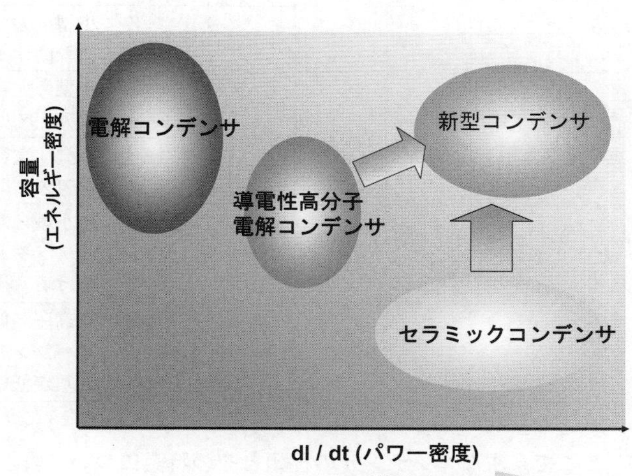

図1　ラゴンプロット（コンデンサ）

1.2　コンデンサ

コンデンサの基本的な構造は，図2に示すように，誘電体とそれを介して設けられた一対の電極で構成される。基本特性である静電容量（容量）は，誘電体の誘電率と電極の表面積に比例し，誘電体の厚さに反比例する。

＊　Toshiyuki Murakami　日本ケミコン㈱　技術本部　製品開発センター　第三製品開発部二グループ　グループ長

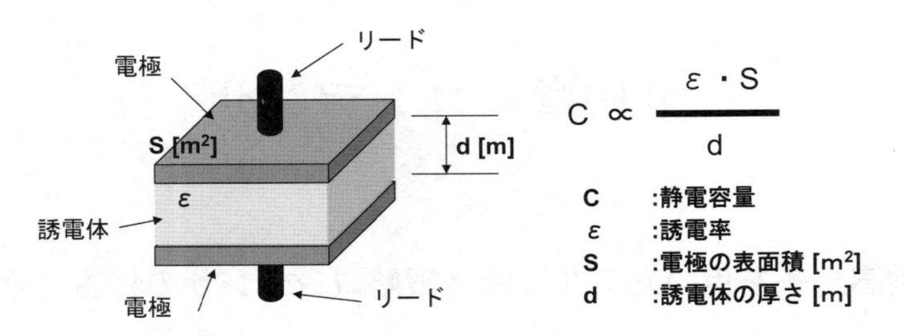

図2　コンデンサの基本構造

表1　各種コンデンサの特徴比較

種類	電極	誘電体	陰極材料	特徴
アルミ電解	Al	Al_2O_3	電解液	優：安価，大容量，電圧範囲が広い。 劣：インピーダンスが大きい。 Capや ESR特性は温度の影響を受ける。リフロー耐熱性に劣る。
			導電性高分子	優：小型，大容量，低インピーダンス。 劣：比較的サイズが大きい。
タンタル電解 （ニオブ電解）	Ta （Nb）	Ta_2O_5	MnO_2	優：小型，大容量。 劣：レアメタル，ショート時の発煙発火の危険性をもつ。
			導電性高分子	優：小型，大容量，低インピーダンス。 劣：レアメタル，ショート時の発煙発火の危険性が残る。
セラミックス	Pd，Ni など	$BaTiO_3$ など	—	優：超小型・薄型，大容量，低インピーダンス。 劣：レアメタル，Cap特性は，温度，バイアスの影響を受ける。衝撃，物理的強度に弱い。
フィルム	Al	PPなど	—	優：超高圧，低インピーダンス，長寿命，故障モードがオープン。 劣：耐熱が低い（105℃程度），小型化が難しい。

ここで，主なコンデンサの種類とその特徴について表1に示す。陰極材料が電解液のアルミ固体電解コンデンサは，安価で大容量である利点をもつが，容量の温度特性や周波数特性が悪く，また10℃以下での低温領域では，等価直列抵抗（Equivalent Series Resistance：ESR）が大きくなり性能を発揮できない。また電解液の蒸散により寿命が短いという課題があるため，電解液や封止材料，構造など，継続的な改良が続けられている。一方，陰極材料に導電性高分子を用いたものは，平板状のアルミ電極箔を積み重ねた積層型（スタックタイプ），およびアルミ電極箔とセパレータを巻き込んだ巻回型（ワインデクングタイプ）の2種類に大別できる。安価で大容量の利点を活かしながら，容量や周波数特性，ESRの温度特性，さらに寿命も著しく改善しているため，今後は，さらなる小型化，薄型化が期待される。

陰極材料に固体である二酸化マンガンを使用するタンタル（ニオブ）電解コンデンサは，小型で大容量，さらに，陰極材料が固体であるため周波数特性が良く，寿命が長いという利点をもつが，ショートによる故障の場合，発煙発火の危険性をもつ。またタンタル（ニオブ）自体がレアメタルのため安定した調達やコストの課題も残る。一方，陰極材料に導電性高分子を用いたものは，小型で大容量，長寿命，さらに低インピーダンス化の利点を活かしながら，発煙発火の危険性を低減している。

セラミックコンデンサは，チタン酸バリウムに代表される誘電体材料と内部電極となるニッケルなどの金属をそれぞれ微粉化し，薄いシート状に塗工したものを交互に数百層にも積層し外部電極を形成した構造をもつ。小型化に対応するために，各層の厚みを1 μm以下まで薄くすることで，大容量化が進められており，主力のサイズは，20125から1608，1005サイズへと急速に小型化，薄型化が進んでいるが，セラミックス材料のため，物理的なストレス（衝撃，曲げ）に弱く，大型化が難しい。今後，容量の温度依存やバイアス依存の影響を受けない大容量化が期待される。

1.3　導電性高分子を用いたアルミ固体電解コンデンサ

1.3.1　構造

代表的な巻回型，および積層型の導電性高分子を用いたアルミ固体電解コンデンサの模式図を，それぞれ図3，4に示す。巻回型は，アルミ箔を電極箔とした陽極箔と陰極箔とをセパレータを介して巻回後，導電性高分子を形成させた素子と，陽極箔，陰極箔それぞれより引き出した端子，

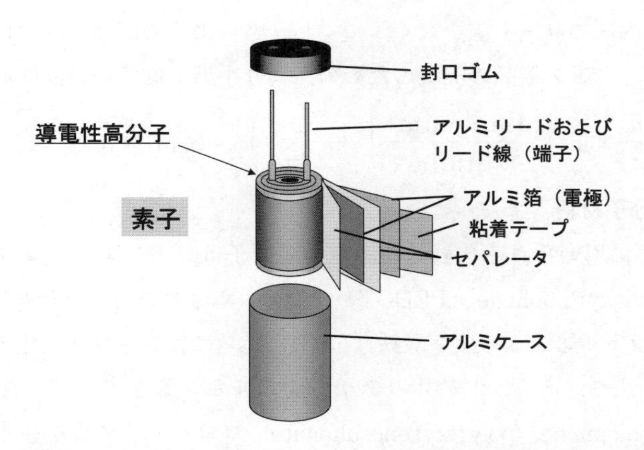

図3　導電性高分子を用いた巻回型のアルミ固体電解コンデンサ基本構造

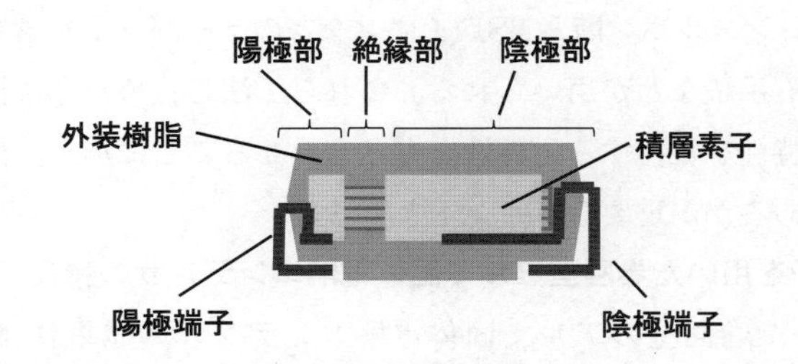

図4　導電性高分子を用いた積層型のアルミ固体電解コンデンサ基本構造

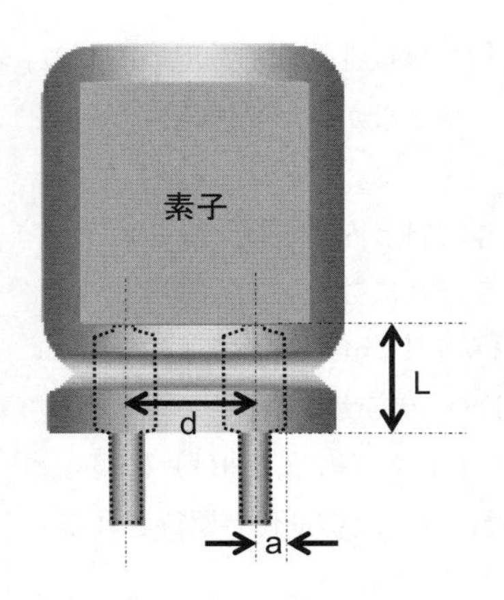

図5　巻回タイプの内部素子および端子構造模式図

さらにこれらを封止するアルミケースと封口ゴムより構成されている。積層型は，平板状のアルミ箔を陽極部，絶縁部，陰極部に分離し，陰極部に導電性高分子，引き出し電極（グラファイト，銀ペースト）を形成させた素子を積層し，陽極部，陰極部それぞれより引き出した端子，それらを封止する外装樹脂より構成されている。

ここで，巻回型を例として構造由来の等価直列インダクタンス（Equivalent Series Inductance : ESL）の影響について示す。巻回型は陽極および陰極の引き出しのためのリード線が存在し，主に，このリード線の影響によりESLが決定される。巻回タイプの内部素子および端子構造模式図を図5に示す。回路に取り付けられ実使用を考慮した場合，製品のインダクタンスは，製品内部のリード線を考慮すればよい。したがって，ESLは，(1)式に示すように，平行した2本の導体（製品内部のリード線）の往復線路における自己インダクタンスと導体（製品内部のリード）の内部インダクタンスとなる[1)]。式中のμは真空中の透磁率$4\pi\times10^{7}$，製品内部のリード線の各寸法は，間隔d，半径a，長さLである。このため，ESLを低減するためには，製品内部のリード線を太く，短くし，さらにその間隔を近づけることが必要であり，今後，低インピーダンス製品の実現のための，より小型で低背の製品開発が望まれる。

$$\mathrm{ESL[nH]} = \left\{ \frac{\mu}{\pi} \times \ln \left(\frac{\mathrm{d[m]} - \mathrm{a[m]}}{\mathrm{a[m]}} \right) + \frac{\mu}{4\pi} \right\} \times \mathrm{L[m]} \times 10^{9} \tag{1}$$

1.3.2　導電性高分子材料

巻回型[2)]や積層型[3)]に用いられる代表的な導電性高分子は，ポリエチレンジオキシチオフェン（Poly(3,4-ethylenedioxythiophene) : PEDOT）または，ポリピロール（PolyPyrrole : PPy）である。PEDOTは，パラトルエンスルホン酸鉄（$\mathrm{Fe(PTS)_3}$）に代表される酸化剤と化学的な酸化重合により形成する手法や，あらかじめポリスチレンスルホン酸をドープしたPEDOT/PSS(poly(3,4-ethylenedioxythiophene)/poly(styrenesulfonate) コロイド分散液を塗布形成する手法などが用いられている。一方，PPyは，アルキルナフタレンスルホン酸（ANS）イオンなどを含むドーパントを含む溶液中で電気化学的な酸化重合法により形成する手法や，過硫酸アンモニウムを酸化剤とした，ナフタレンスルホン酸（NS）イオンなどのドーパントを含む溶液中で化学的な酸化重合法により形成する手法などが用いられる。これら工法を含めた導電性高分子の選択は，優れた電気伝導度とその特性を維持する耐熱性をもち合わせることに加え，生産性とコストを考慮し工業的に適用可能であるかが重要なポイントとなる。

1.3.3　導電性高分子を用いた巻回型アルミ固体電解コンデンサの特長

導電性高分子を用いた巻回型のアルミ固体電解コンデンサの誘電体は，酸化アルミニウム（$\mathrm{Al_2O_3}$）であり，アルミを化成液中で陽極酸化を行うことにより形成される。その誘電体層のおおよその厚さは，1Vあたり1.4nm程度であり，コンデンサの定格電圧に合わせ所定の厚さに設定されている。このため，強誘電体材料を用いたセラミックコンデンサに対し，電圧や温度に対し非常に安定である特長をもつ。ここで定格電圧6.3Vの種々コンデンサを例とし，横軸にDC（直列）印加電圧，縦軸に容量減少率の関係を図6に示す。セラミックコンデンサ（X5R，X7R）と比較し，アルミと導電性高分子を組み合わせたコンデンサは，定格電圧の6.3Vまで容量が変化せず安定である。また，横軸に温度，縦軸に容量変化率（20℃基準）の関係を図7に示す。セラミックコンデンサ（X5R，X7R）と比較し，アルミと導電性高分子を組み合わせたコンデンサは，−55～125℃の範囲で容量変化率が20%以内であり安定である。

次に，巻回型のアルミ固体電解コンデンサにおける陰極材料を，電解液から導電性高分子に置き換えることによる利点を示す。イオン伝導の電解液と電子伝導の導電性高分子の材料の違いはその材料自体の電気伝導度にあるため，コンデンサの特性としては，抵抗成分のインピーダンスやESRの絶対値や温度特性に現れる。横軸に周波数，縦軸にインピーダンスおよびESRを図8に示すが，実使用周波数（100kHz～）領域でのそれ

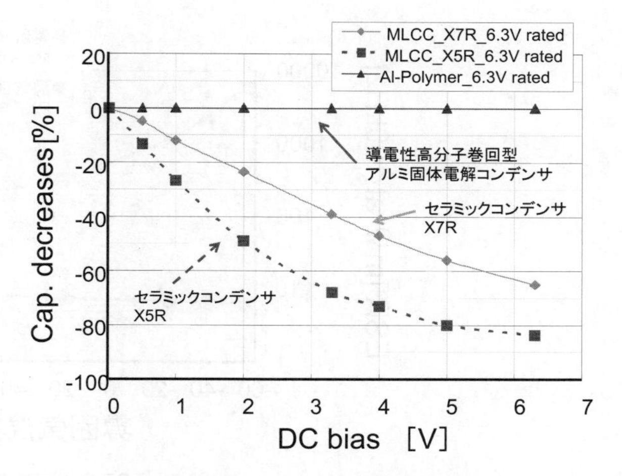

図6　DCバイアスと容量との関係

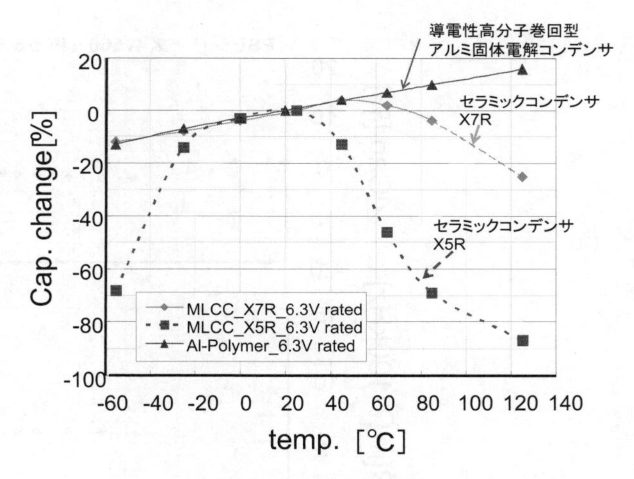

図7　温度と容量の関係

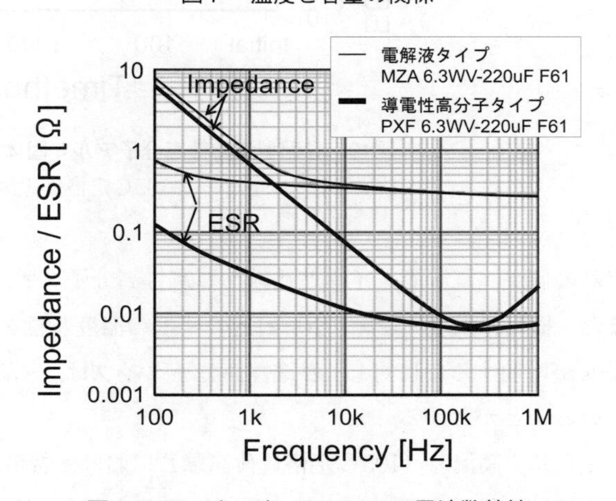

図8　インピーダンス，ESRの周波数特性

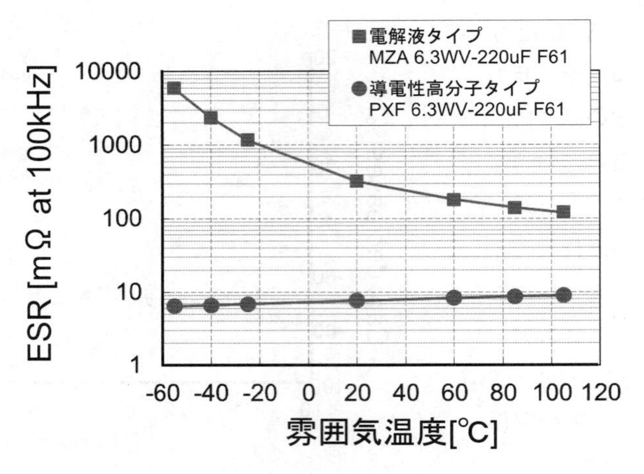

図９　ESRの温度依存性

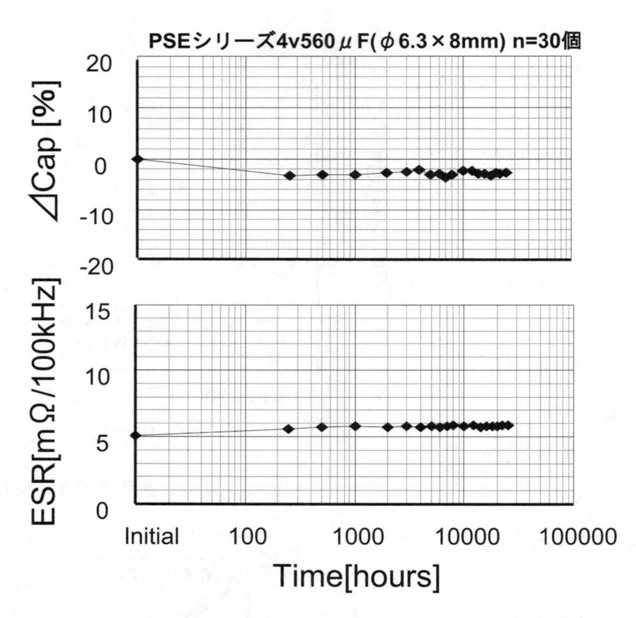

図10　巻回型導電性高分子アルミ固体電解コンデンサの信頼性
（105℃定格負荷試験）

ぞれの値が，電解液タイプと比較し導電性高分子タイプの場合，２桁も小さく10 mΩ以下となる。また，横軸に温度，縦軸に100 kHzのESRの温度特性を図９に示すが，電解液タイプは低温領域でESRが増加するのに対し，導電性高分子タイプは，－55～105℃の間でほぼ一定の値となり安定していることがわかる。

さらに，高温時（105℃定格負荷試験）における特性の安定性を図10に示す。横軸に時間，縦軸に上部が容量の変化率，下部がESRの推移をプロットした。20000 hrを超えても，それぞれの特性は，ほぼ一定の値を示しており安定性が高いことがわかる。

以上，導電性高分子を用いたアルミ固体電解コンデンサは，これら特長を活かし，様々な用途で使用されている。電子機器電源回路のライン電圧の低下を軽減する『バックアップ用』，電源ラインから発生する交流ノイズ成分や高速で駆動するICからの高周波電流を除去する（グランドへ流す）『バイパス／デカップリング用』，デジタル／アナログ混在回路における電源ラインの分離やスイッチングノイズの低減などローパスフィルターとしての『フィルターリング用』，電源ユニットの小型化実現のため，電源の入出力コンデンサの『平滑用』などが挙げられる。詳細な用途や効果に関しては，日本ケミコンのホームページに掲載されているアプリケーションノート[4)]を参照されたい。

1.4　今後の課題

1.4.1　アルミ電極構造と導電性高分子の機能

図11にエッチングされたアルミ電極箔の断面写真を示す。中心がアルミの芯であり，上下の部分がエッチング層となる。その表面積は平坦なものと比較しておおよそ200倍にも拡面化され，大きな静電容量を得ることができる。このためエッチングされた部分は，細孔径がおおよそ200 nmで，深さが30～40 μmと非常に細長いトンネル構造をもっている。

陰極材料である導電性高分子の機能としては，

①誘電体の有する容量の引き出し

②誘電体の電気的絶縁性（耐電圧）の担保

③誘電体と外部電極（端子）までの電気的な接続

が主な項目であり，コンデンサの電気特性としては，それぞれCap，ESRとして現れる。さらに，コンデンサの周波数特性から導電性高分子形成における良し悪しの判断も可能である（図12）。実際のコンデンサのESR特性は，誘電体の誘電損失成分（tan δ），エッチングピット内の導電性高分子の分布抵抗R_{01}および外部電極抵抗（電極上のセパレータを含む導電性高分子の抵抗と電極の外部端子抵抗）R_{02}の和となり，以下の関係式であらわせられる[5)]。

$$ESR = \frac{\tan\delta}{\omega C} + R_{01} + R_{02} \qquad (2)$$

$\tan\delta = R\omega C$

ω：角周波数 $(2\pi f)$　[Hz]

C：その周波数領域での容量　[F]

R_{01}は低周波においてほぼ一定を示し，周波数が高くなる

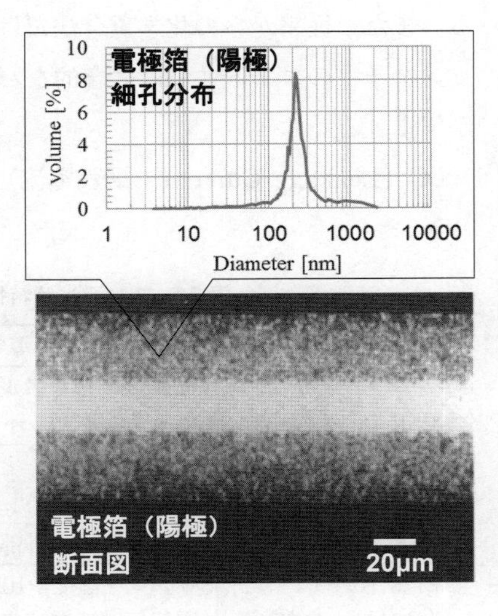

図11　アルミ電極箔（陽極）の構造

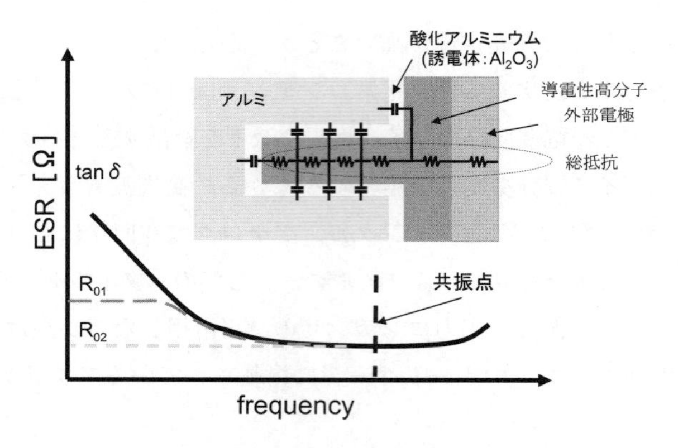

図12　ESRの周波数依存性

に従い$f^{1/2}$で減少する。導電性高分子の形成状態は，低周波（1 kHzより小さい領域）では電極界面からエッチングピット内部，中周波（10 kHz前後の領域）ではエッチングピット表層部，高周波（100 kHz以降）ではセパレータ部，それぞれの領域における導電性高分子の総抵抗値として示されるため考察に役立つと考えられる。

1.4.2　導電性高分子に求められる課題

導電性高分子コンデンサの特性を引き出すため，その諸特性に対する導電性高分子の機能と物性を表2に示す。

容量を向上させるアプローチとしては，使用する陽極箔の高容量化が挙げられる。すなわち誘電体面積を大きくするため，エッチングによる拡面処理は，より深く緻密になる方向に向かう。エッチングピットの細孔の穴，深さのアスペクト比がさらに大きくなるため，拡面した電極表面に導電性高分子を均一形成できるように，導電性高分子の出発材料の浸透性や密着性が重要になる。また，従来からの化学重合法だけでなく，PEDOT/PSSに代表されるポリマーディスパージョンタイプのコスト並びに総合的なパフォーマンス改善や，高導電タイプの可溶性ポリマー出現が望まれる。

LC（Leakage Current：漏れ電流），耐電圧のアプローチとしては，アルミの電位―pH図[6]か

表2　コンデンサ特性へ影響を及ぼす導電性高分子の機能と物性

コンデンサ特性	導電性高分子の機能	物性
容量 ESR（低・中周波）	拡面処理したアルミ電極表面を被覆する エッチングピット内部に充填する	浸透性，密着性
LC，耐電圧	誘電体（陽極）と外部端子（陰極）との絶縁誘電体を腐食しない	絶縁化性（局部的） 中性領域の材料
ESR（高周波）	陽極と陰極（外部端子）との電気的な接続	収率，電気伝導度
耐熱性 （リフロー含む）	リフロー温度や105℃環境においても，熱分解せず，電気伝導度が安定	耐酸化性（脱ドープ，酸化） 熱分解性

らわかるように，誘電体と使用している酸化アルミニウムが酸やアルカリに弱い性質を考慮する必要がある。化学重合の場合，強い酸性を示す酸化剤（パラトルエンスルホン酸など）を用いるため，酸化アルミニウムを溶解，腐食させ，その損傷によりLCが増大する。このため，酸化アルミニウムを保護する考えから，バッファー層を導入する研究[7]がなされたり，酸化アルミニウムに影響を及ぼさない新規酸化剤の提案や新規導電性高分子材料の出現が望まれる。

高周波のESRを向上させるアプローチとしては，導電性高分子のさらなる電気伝導度の向上が必要である。さらに，巻回型の化学重合法を選択する場合，導電性高分子の収量を増加させ総抵抗を低減する方法も検討する必要がある。

1.5　最後に

導電性高分子を用いたコンデンサは，より安価で性能を向上させるため，現在よりも小型化，低背化，長寿命化が求められる。このため，引き続き大容量，低ESR化を実現するための，導電性高分子の形成方法や，それ自体の電気伝導度，耐熱性のさらなる向上，またそれらを補佐する添加剤の開発が求められる。また，理想的なコンデンサとして機能するため，コンデンサの構造由来（外部端子）に起因するESLや，実装ロスによるESLを小さくするため，より負荷直近に実装することが望ましい。このため，超薄型の多端子コンデンサをインターホーザ直下へ搭載したり[8]，コンデンサを各種モジュールへ取り込んだり，プリント配線基板の中に埋め込む新しい試みもなされている。このためにも，導電性高分子を必要な場所に必要な量を形成させる工法確立やそれを実現する材料開発も望まれる。

文　献

1）　金子喜代治，電磁気学の基礎と演習，p.208，学献社（1995）
2）　野上勝憲，日本信頼性学会誌，**22**, 598（2000）
3）　工藤康夫，土屋宗次，小島利邦，福山正雄，吉村進，電子情報通信学会論文誌，C-Ⅱ，**J73-C-Ⅱ**，172（1990）
4）　http://www.nippon.chemi-con.co.jp/, アプリケーションノート（導電性高分子固体電解コンデンサの用途や使用例）
5）　H. Yamamoto, M. Oshima, T. Hosaka and I. Isao, *Synth. Met.*, **104**, 33（1999）
6）　M. Pourbaix, Atlas of Electrochemical Equilibrium in Aqueous Solutions, p.171, JAMES A. FRANKLIN, PREGAMON PRESS（1966）
7）　K. Nogami, K. Sakamoto, T. Hayakawa and M. Kakimoto, *J. Power Sources*, **166**, 584（2007）
8）　藤原正樹，エレクトロニクス実装学会誌，**14**(5), 339（2011）

2　各種導電性高分子の重合方法と固体電解キャパシタへの応用展開

工藤康夫*

2.1　はじめに

1977年に白川らがヨウ素をドープしたポリアセチレンが極めて高い電気伝導度を示すことを報告した[1)]。それ以来，π共役二重結合高分子が新素材として大きな注目を集め，基礎・応用に関して世界的な研究ブームがわき起こった。図1にπ共役二重結合導電性高分子の一例を示す。これらの中でポリピロール（PPy），ポリエチレンジオキシチオフェン（PEDOT）ならびにポリアニリン（PA）の応用が先行している。π共役二重結合導電性高分子はモノマーの化学的酸化重合[2)]，電解酸化重合[3)]あるいは重合位置をハロゲン化し有機金属錯体触媒を用いたC–Cカップリング[4)]によって合成することができる。現在は帯電防止材料と電解キャパシタの陰極導電層への応用が大半を占めている。ただしπ共役二重結合導電性高分子は電子伝導性の他にも多彩な機能を有しており，今後各種電子デバイス，エネルギーデバイスなどへの応用が広がるものと期待されている。

本節では我々が開発した電解重合PPyと化学重合PPyならびに化学重合PEDOTについて述べる。さらにそれらの導電性高分子を陰極導電層に用いたアルミニウム（Al）ならびにタンタル（Ta）固体電解キャパシタ（機能性高分子キャパシタ）の優れた特性について紹介する。

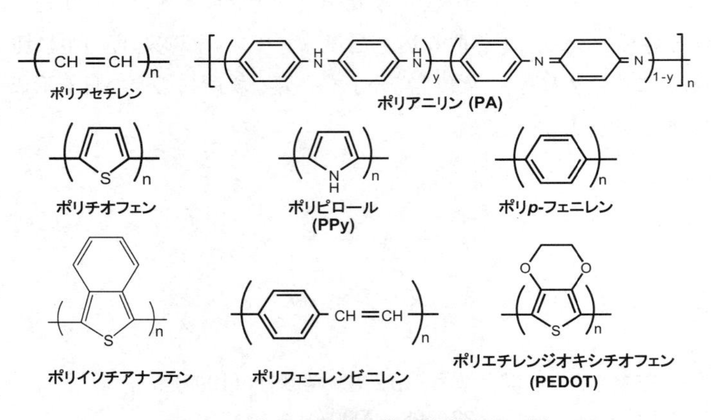

図1　π共役二重結合導電性高分子の例

2.2　新規電解重合ポリピロールの開発ならびにアルミニウム機能性高分子キャパシタへの応用

PPyフィルムはピロールモノマーを電解酸化することによって陽極上に容易に形成することができる。電解メッキによって金属層が陰極上に形成されるのと現象的にはよく似ている。ただ，従来は有機溶媒を使用する例が多く[3,5,6)]，事業化にはコスト，環境負荷，安全・衛生など，解決すべき困難な課題を抱えていた。ドーパントに関しても，ハロゲンのほか無機酸アニオンなどを

*　Yasuo Kudoh　工藤技術コンサルタント事務所　代表

用いた場合の報告が多く見られ[7,8]，脱ドープが起こりやすく耐熱・耐湿性が乏しいため電子デバイスへの応用は難しい状況にあった。

我々は嵩高な分子構造を有するアルキルナフタレンスルホン酸イオンをドーパントとして用い，脱ドープがほとんど起こらない，耐熱性の優れた電解重合PPyの合成に成功した[9,10]。アルキルナフタレンスルホン酸がドープされたPPyの耐熱性を，従来から知られている無機のドーパントが用いられた場合と比較して図2に示す[11]。脱ドープが抑制される結果，不活性ガス中では150℃でもほとんど電気伝導度が劣化しないことが明らかである。またアルキルナフタレンスルホン酸塩は界面活性剤であり，そのアニオンは疎水性が高いため，耐湿性においても優れている。高温の空気中では脱ドープが起こらない分速度は小さくなるが，ピロール環への酸素のアタックによる電気伝導度の劣化が避けられない。ただしこの劣化は酸素バリア性の高い封止樹脂を用いて外装することにより，実用上問題ないレベルまで抑制することが可能である。

また安全で環境負荷が少なくかつコスト的にも優れた水を溶媒として用いる電解重合プロセスを確立した。さらに，誘電体表面に極薄い熱分解二酸化マンガン（MnO_2）層を形成することにより導電性を付与し，電解重合PPy膜を成長させる技術を開発した[12]。これによって，世に先駆けて導電性高分子を用いたAl機能性高分子キャパシタ（登録商標：SP-Cap）の事業化に成功した[9]。

この新規キャパシタのインピーダンス—周波数を他のキャパシタと比較して図3に示す[13]。本キャパシタ（図中SPCと略称）は従来の電解液に替えて10000倍も高い電気伝導度を有する電解重合PPyを陰極導電層として使用しているために，積層セラミックキャパシタに匹敵する理想的な高周波特性を有する。この機能性高分子キャパシタはフラットな温度特性と，電解液のドライアップがないためエンドレスの寿命特性をも兼ね備えている。現在SP-Capにおいては大容量化のために平板状のエッチドAl箔電極素子が積層されて用いられている。その内部構造と外観を図

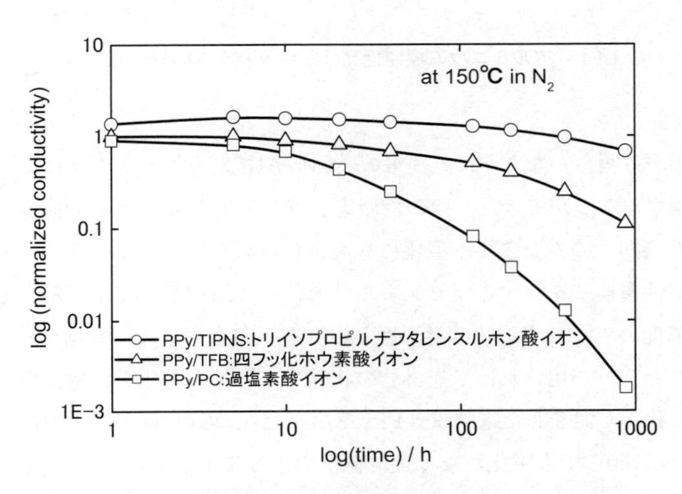

図2　不活性ガス中の電解重合PPyの耐熱性（ドーパント依存性）

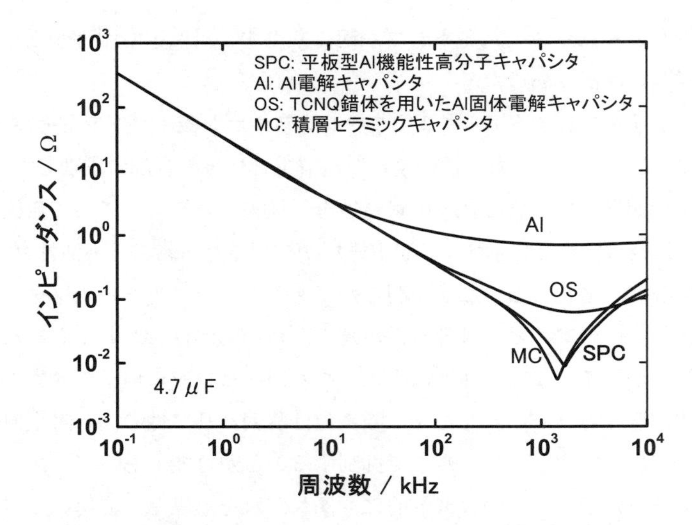

図3　各種キャパシタのインピーダンス—周波数特性の比較

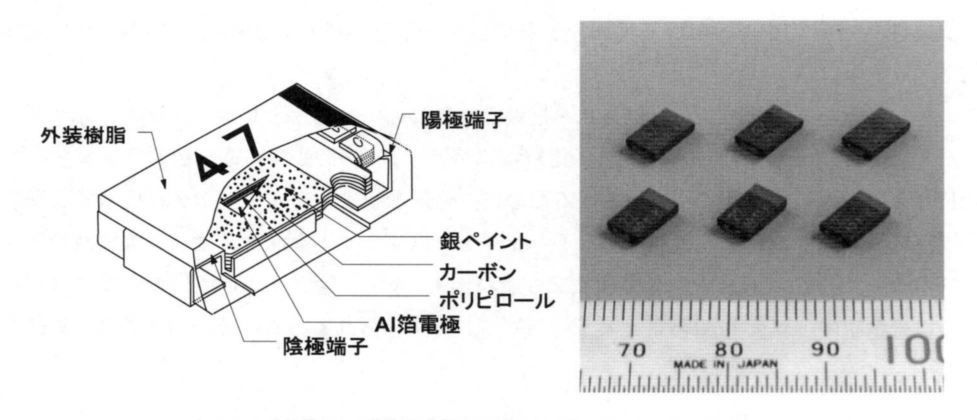

図4　アルミニウム機能性高分子キャパシタの構造と外観

4に示す[13]。本図から明らかなように，従来の巻回型Al電解キャパシタではなし得なかった小型化，低背化を実現することができた。そのため電解重合PPyを用いたAl機能性高分子キャパシタは，電子機器の性能向上のみならず小型化にも大きな貢献を果たしている。

なお，電子吸引性置換基を有するフェノール誘導体を添加剤として用いることにより，電解重合PPyの電気伝導度のみならず耐熱・耐湿性がいっそう向上することも見出した[14]。この添加剤を用いて合成されたPPyを用いれば，無外装の状態でも特性の劣化を大幅に抑制できることを明らかにした。また我々が開発した電解重合PPyを用いたAl機能性高分子キャパシタは，ハーメチックシールをすれば150℃でも劣化がなく連続使用できることを報告した[11]。

さらに，ナフタレンスルホン酸より分子嵩の大きいアントラキノンスルホン酸イオンをドープした導電性高分子を用いた場合は，耐熱性のいっそう高い機能性高分子キャパシタが得られることを明らかにした[15,16]。

2.3　新規化学重合ポリピロールの開発ならびにタンタル機能性高分子キャパシタへの応用

エッチングピットの深さが40 μm程度のエッチドAl箔表面には電解重合膜が容易に形成される。ただしTa電解キャパシタ焼結体電極素子においては，さらに深部まで細孔が形成されており，電解重合でその全てを被覆することは困難であった。そのためTa機能性高分子キャパシタを実現するためには，化学重合法を用いる必要があった。

化学重合においては，原則的に酸化剤のアニオンがドーパントとして取り込まれて導電性が発現する。化学重合PPyの場合も分子嵩の大きいドーパントの導入が安定性向上のために不可欠であった。我々はアニオン界面活性剤を添加した水媒体を用いれば，比較的疎水性の高いピロールモノマーが無数のミセルに取り込まれ，その中で重合反応が進むため，短時間で高収率のPPyが得られることを見出した[17]。この重合においては，嵩高で脱ドープしにくい界面活性剤アニオンが選択的に取り込まれるために，耐熱性の優れた化学重合PPyが容易に得られる。またこの化学重合においても，電子吸引性置換基を有するフェノール誘導体の添加により，初期電気伝導度ならびに耐熱・耐湿性が向上することを明らかにした[18]。図５に界面活性剤（アルキルナフタレンスルホン酸塩）とp-ニトロフェノールの添加が耐熱性に及ぼす影響を示す。ドーパントの分子嵩に依存して，またp-ニトロフェノール誘導体の添加によって，耐熱性が改善されていることが分かる。なお不活性ガス中では，電解重合で得られたPPyと同様に（図３参照）アルキルナフタレンスルホン酸イオンがドープされた場合には150℃でも劣化はほとんど見られなかった。

この化学重合PPyを形成したTa機能性高分子キャパシタを1996年に発表した[19]。このキャパシタのインピーダンス－周波数特性を図６に示す。従来のMnO_2よりも1000倍もの高い電気伝導度

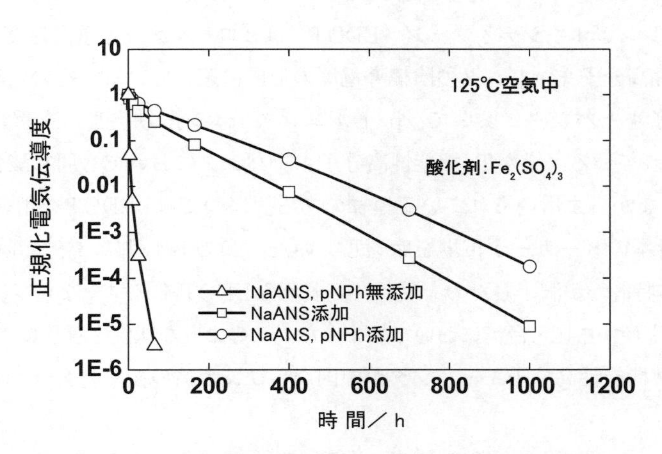

図５　アニオン界面活性剤（ドーパント）ならびに添加剤（p-ニトロフェノール）がPPyの耐熱性に及ぼす影響

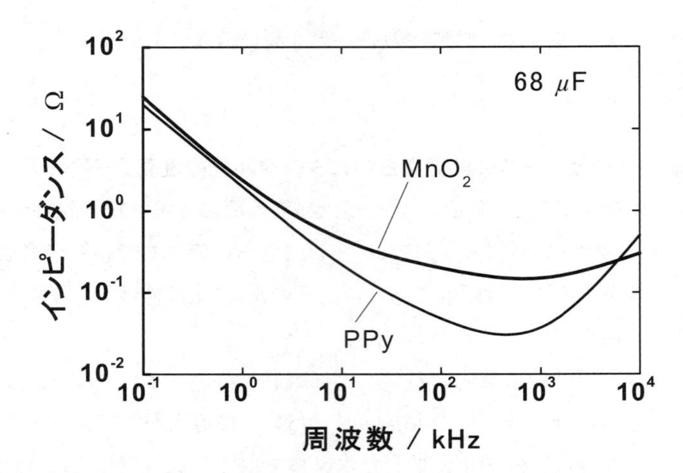

図6　化学重合PPyを用いたタンタル機能性高分子キャパシタと従来のタンタル固体電解キャパシタの周波数特性の比較

を有するPPyを陰極導電層に用いているために，優れた周波数特性を有することが分かる。また，従来のMnO_2を用いたTa固体電解キャパシタより高い耐湿性を有することも特徴として挙げられる。

なお，化学重合PAを用いたTa機能性高分子キャパシタも開発された[20,21]。ただし現在も上市されているかどうかは不明である。

2.4　新規化学重合ポリエチレンジオキシチオフェンの開発ならびにタンタル機能性高分子キャパシタへの応用

化学重合PEDOTならびにこの化学重合PEDOTを用いたキャパシタはバイエルによって開発された[22,23]。エチレンジオキシチオフェン（EDOT）はピロールよりも重合速度が遅いために，特に巻回型Al機能性高分子キャパシタの陰極導電層の形成に適している。そのためほとんどの巻回型Al機能性高分子キャパシタにおいて，p-トルエンスルホン酸鉄（Ⅲ）を重合酸化剤に用いたPEDOTが使用されている。またTa機能性高分子キャパシタにおいても同じ酸化剤を用いた化学重合PEDOTが少なからず用いられている模様である。かつてはPEDOTを用いたAl機能性高分子キャパシタは日本のメーカーが市場を席巻していた。2009年4月にバイエルのPEDOTの化学重合に関する基本特許[22]が満了したのを受けて，安価なEDOTモノマーならびにp-トルエンスルホン酸鉄（Ⅲ）の生産が中国・台湾において始まった。このような状況を背景に，現在ではPEDOTを用いたAl巻回型機能性高分子キャパシタが中国ならびに台湾の多くのメーカーでも造られるようになった[24]。

ところで，p-トルエンスルホン酸鉄（Ⅲ）を酸化剤として用いたPEDOTの場合，大量の重合残渣が生成し，それを洗浄除去することが困難であった。後述の図7に示されるように，PEDOT

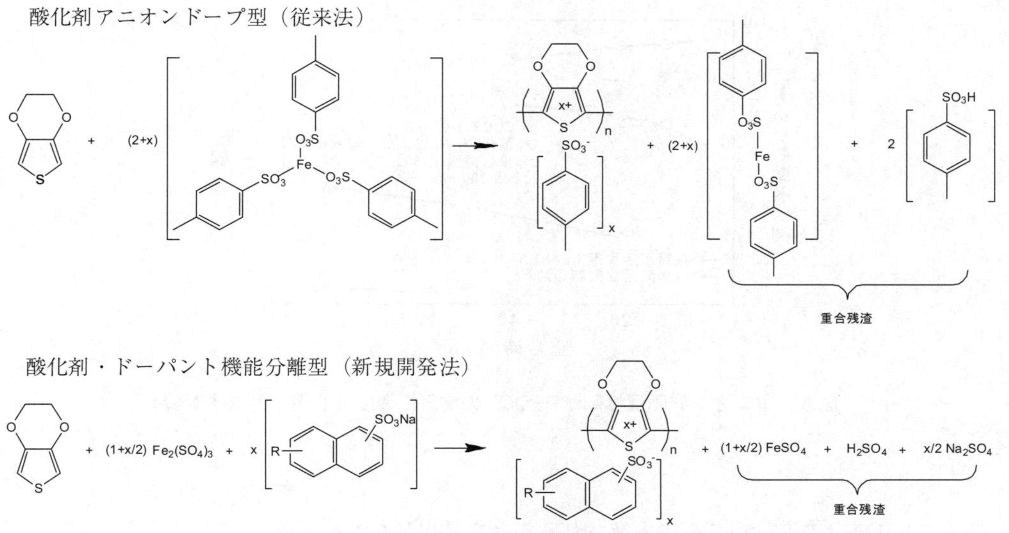

酸化剤アニオンドープ型（従来法）

重合残渣

酸化剤・ドーパント機能分離型（新規開発法）

重合残渣

図７　酸化剤・ドーパント分離型PEDOT重合スキーム

（ドープ率を33モル％と見込んだ）の収率が100％と仮定し，化学量論量の比率のEDOTとp-トルエンスルホン酸鉄（Ⅲ）が重合反応に供された場合，PEDOTの6.5倍（重量比）の残渣が副生すると算出される。これは結果として，合成された導電性高分子層の電気伝導度を低下させる。加えて残渣に含まれるp-トルエンスルホン酸ならびにその塩は水分共存下でAl陽極酸化被膜を溶解させるという課題がある[9]。

我々は水媒体中でEDOTをアニオン界面活性剤で乳化させ，無機の遷移金属塩を酸化剤として用いることにより，重合残渣が極めて少なくかつ洗浄除去が容易な重合方法を開発した[25]。従来の重合方法では酸化剤アニオンがドープされるのに対し，この新規重合方法では，脱ドープしにくい嵩高なドーパント（界面活性剤として用いたアニオン）を過剰に添加することなく選択的に導入することができる。水媒体を用いているために環境負荷が少なく，さらにピロールモノマーよりも疎水性の高いEDOTが界面活性剤ミセルに高濃度で取り込まれ，その中で重合するため，重合速度が飛躍的に大きくなる。我々はこの重合方式を酸化剤・ドーパント機能分離型と称している。この重合スキームを従来の酸化剤アニオンドープ型と比較して図７に[26]，またこの方法で得られたPEDOTの収率と電気伝導度を界面活性剤がない場合と比較して図８にそれぞれ示す。硫酸鉄（Ⅲ）を酸化剤として用いた場合，上述と同様の仮定の下に算出されるPEDOTに対する重合残渣重量比率は1.7倍まで低減する。図８から，アニオン界面活性剤添加により電気伝導度，収量ともに桁違いに大きくなっていることが明らかである。

我々が開発した化学重合PEDOTを陰極導電層として形成したTa機能性高分子キャパシタは，前述の化学重合PPyを用いた場合と同等の優れた周波数特性を示す[27]。

またこのPEDOTの乳化重合に際して，電子吸引性置換基を有するフェノール誘導体を添加す

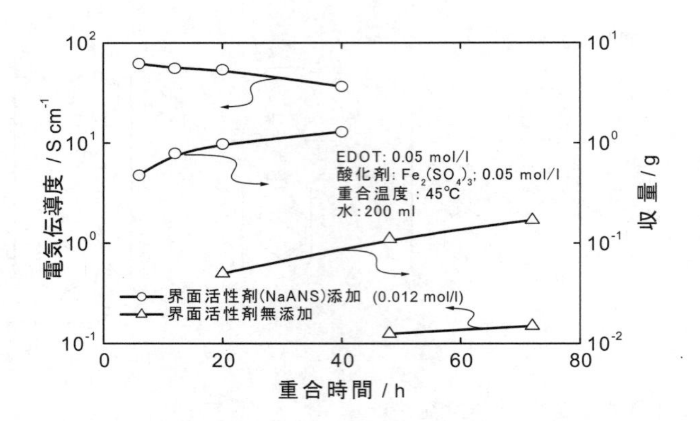

図8　アニオン界面活性剤がPEDOTの電気伝導度・収量に及ぼす影響

ることにより重合の進行がさらに促進されることを見出した[28]。

なお，電解重合では特殊な高分子電解質を用いた場合にしか均質なPEDOT膜が得られない[29]。このため，電解重合PEDOTを用いた機能性高分子キャパシタは実用化されていない。

2.5　おわりに

導電性高分子を用いた3種類の機能性高分子キャパシタが実用化され，電子機器の高機能化，小型化に大きな役割を果たしている。それらのインピーダンス—周波数特性の比較を図9に示す[30]。電解重合PPyを用いた積層型Al機能性高分子キャパシタが最も優れた特性を示し，以下巻回型Al機能性高分子キャパシタ，Ta機能性高分子キャパシタの順になっている。これは生成する導電性高分子層の構造ならびにキャパシタ構造に依存した有意な差のある結果である。

電解重合PPyの下地層として，熱分解MnO_2のほか可溶性PAも用いることができる[31, 32]。可溶

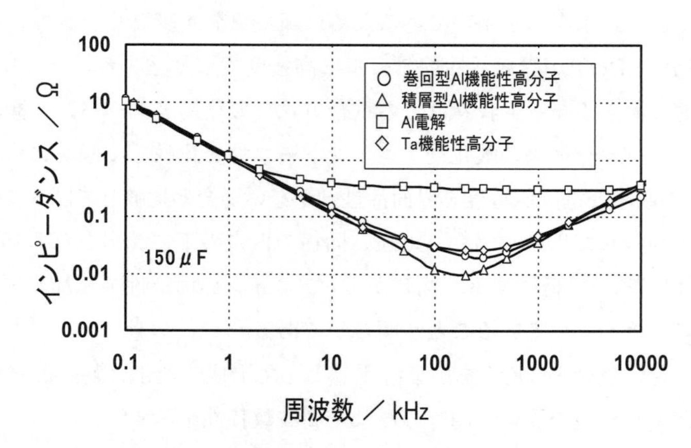

図9　各種機能性高分子キャパシタの周波数特性の比較

性PAを用いる利点として，Al電極箔の陽極酸化被膜が受ける熱ストレスによるダメージの低減が挙げられる。可溶性PAに関しては清水らの報告がある[33, 34]。

導電性高分子のほとんどが熱にも溶媒にも溶けないために，キャパシタの陰極導電層の形成にこれまでは「その場重合法」が用いられてきた。バイエルはPEDOT微粒子のディスパージョンを開発した[35]。これを用いることにより耐圧の高い導電性高分子キャパシタが実現可能との見通しが得られている[36, 37]。本技術の基本特許が2011年2月に満了を迎えた。これを機に多くのメーカーが参入を目論んでおり，さらなる特性・使い勝手の向上とともに，かねて懸案とされていた価格の大幅な低減も実現するものと見られる。

1990年に事業化されて以来四半世紀近くが経過し，機能性高分子キャパシタは着実にシェアを伸ばし，キャパシタの中で重要な地位を占めるようになった。さらなる広範な用途開拓のためには，導電性高分子のいっそうの高機能化が不可欠である。その視点の一つに，高い電気伝導度を持ち，耐熱・耐湿性ならびにコストパフォーマンスに優れた分散型導電性高分子あるいは可溶性導電性高分子の実用化が挙げられる。導電性高分子の材料科学と技術の進展が大いに期待されるところである。

文　　献

1) H. Shirakawa, E. J. Louis, A. G. MacDiarmid, C. K. Chiang, A. J. Heeger, *J. Chem. Soc., Chem. Commun.*, 578 (1977)
2) R. Myers, *J. Electron. Mater.*, **15**, 61 (1986)
3) A. F. Diaz, K. K. Kanazawa, G. P. Gardini, *J. Chem. Soc., Chem. Commun.*, 635 (1979)
4) T. Yamamoto, K. Sanechika, A. Yamamoto, *J. Polym. Sci., Polym. Lett. Ed.*, **18**, 13 (1980)
5) H. Naarmann, P. Simak, ドイツ特許DE3338906 A1 (1985)
6) C. A. Ferreira, S. Aeiyach, M. Delamar, P. C. Lacaze, *J. Electroanal. Chem.*, **284**, 351 (1990)
7) K. K. Kanazawa, A. F. Diaz, M. T. Krounbi, G. B. Street, *Synth. Met.*, **4**, 119 (1981)
8) J. Prejza, I. Lundstron, T. Skotheim, *J. Electrochem. Soc.*, **129**, 1685 (1982)
9) 工藤康夫，土屋宗次，小島利邦，福山正雄，吉村進，信学論C-Ⅱ，**J73-C-Ⅱ**，172 (1990)
10) 工藤康夫，土屋宗次，小島利邦，福山正雄，特開平2-130906 (1990)
11) Y. Kudoh, M. Fukuyama, S. Yoshimura, *Synth. Met.*, **66**, 157 (1994)
12) 土屋宗次，小島利邦，工藤康夫，吉村進，特開平1-310529 (1989)
13) 工藤康夫，応用物理，**71**, 429 (2002)
14) M. Fukuyama, Y. Kudoh, N. Nanai, S. Yoshimura, *Mol. Cryst. Liq. Cryst.*, **224**, 61 (1993)
15) 工藤康夫，土屋宗次，小島利邦，福山正雄，吉村進，特開平3-34304 (1989)
16) Y. Kudoh, S. Tsuchiya, T. Kojima, M. Fukuyama, S. Yoshimura, US Patent 4,959,753

(1980)
17) Y. Kudoh, *Synth. Met.*, **79**, 17 (1996)
18) Y. Kudoh, K. Akami, Y. Matsuya, *Synth. Met.*, **95**, 191 (1998)
19) 工藤康夫, 小島利邦, 電気化学, **64**, 41 (1996)
20) 天野公輔, 石川仁志, 佐藤正春, 小林淳, 特開平6-234852 (1994); K. Amano, H. Ishikawa, E. Hasegawa, US Patent 5,586,001 (1996)
21) 佐野真二, 遠藤英治, 濱良樹, 大上三千男, 1997年電気化学秋季大会講演要旨集, 133 (1997)
22) フリードリッヒ・ヨナス, ゲルハルド・ハイバング, ベルナー・シュミットベルグ, ユルゲン・ハインツエ, 特開平1-313521 (1989)
23) フリードリッヒ・ヨナス, ゲルハルド・ハイバング, ベルナー・シュミットベルグ, 特開平2-15611 (1990)
24) http://capacitor.web.fc2.com/solidcapacitor.html (2011.09.19)
25) Y. Kudoh, K. Akami, Y. Matsuya, *Synth. Met.*, **98**, 65 (1998)
26) 工藤康夫ほか, PEDOTの特性・合成手法とデバイス応用, p.67, 情報機構 (2011)
27) Y. Kudoh, K. Akami, Y. Matsuya, *Synth. Met.*, **102**, 973 (1999)
28) Y. Kudoh, K. Akami, H. Kusayanagi, Y. Matsuya, *Synth. Met.*, **123**, 541 (2001)
29) H. Yamato, K. Kai, M. Ohwa, T. Asakura, T. Koshiba, W. Wernet, *Synth. Met.*, **83**, 125 (1996)
30) 工藤康夫, 新田幸弘, 工業材料, **50**(6), 44 (2002)
31) 細川知子, 尾崎潤二, 特開平11-265941 (1999)
32) 竹田幸史, 新田幸弘, 細川知子, 特開2004-340096 (2004)
33) S. Shimizu, T. Saitoh, M. Uzawa, M. Yuasa, K. Yano, T. Maruyama, K. Watanabe, *Synth. Met.*, **85**, 1337 (1997)
34) 鵜澤正志, 斎藤隆司, 清水茂, 高柳恭之, 特開平7-196791 (1995)
35) フリードリッヒ・ヨナス, ベルナー・クラフト, 特開平7-90060 (1995)
36) 野上勝憲, 近畿化学協会エレクトロニクス部会平成23年度第1回研究会予稿集, 22 (2011)
37) 寧大陸, 平成23年10月度電解蓄電器研究会資料 (2011)

第20章　帯電防止コーティング

1　導電性高分子をコートした導電性繊維シートの用途展開

江上賢洋*

1.1　はじめに

近年，高機能化や安価を目的とした樹脂材料があらゆる分野で使用されている。その反面，静電気の発生が増加傾向にある。各用途において，複合的な静電気対策が必要不可欠である。静電気対策品の形態として，フィルム，シート，樹脂成型品，繊維などがある。

その中で導電性繊維は，フレキシブル，軽いなどの特長を併せ持つので幅広い用途展開が期待できる。

一般的に導電性繊維は，カーボンフィラーと樹脂とを混合して得られるカーボン糸を部分的に用いて作製された導電性繊維，界面活性剤を繊維にコートもしくは練り込んで得られる導電性繊維，繊維に金属メッキコートした導電性繊維，導電性高分子を繊維表面にコートした導電性繊維が，すでに製品化されている。

湿度依存性が無い，元の繊維のフレキシブル性を損なわない，高い除電性能を付与できることから，導電性高分子をコートした繊維に着目した。これらに関する製造方法，具体的な用途例について紹介する。

1.2　各種導電性繊維シートの比較

カーボンを混合した導電糸を部分的に使用した導電性繊維シートは，幅広い用途で使用されている。しかし，カーボンを混合した導電糸の割合が増えると導電性は向上するが，一方でフレキシブル性が損なわれたり，コスト高になる。また，カーボンの脱離を嫌う電材用途では使用できない場合もある。界面活性剤を塗布した導電性繊維シートの主な用途は，とにかく安価で帯電防止機能を利用したい用途に限定されるだろう。しかし，湿度依存性があり，洗濯耐久性に乏しく，接触物を界面活性剤で汚染する可能性があるので，使用には注意が必要である。金属コートされた導電性繊維シートの主な用途は，電磁波シールドやノイズ抑制シートであり，清掃時に傷のつく可能性があるのでワイピング用途や金属を嫌う用途などには不向きである。

導電性高分子分散溶液とバインダーを混合させて，それをコートした導電性繊維シートは，フレキシブル性は損なわれないが，導電性を向上させるために導電性高分子のピックアップ率を上げていく必要がある。その結果，染色摩擦堅牢性が損なわれ，使用できる用途が限定されることになる。

---

*　Yoshihiro Egami　テイカ㈱　大阪研究所　第一課長

各種導電性繊維シートの欠点を解決するには，導電性高分子を繊維シート表面で重合させる方法が効果的であると思われる。以下，それらの特徴について説明する。

1.3 導電性高分子を繊維シート表面で重合させる方法

1.3.1 材料の選定

(1) モノマーの選定

代表的なモノマーとして，アニリン，ピロール，チオフェンおよびそれらの誘導体などがあるが，反応性，高導電性，価格，水系で扱えるなどを考慮すると量産化において，一番取り扱いやすいピロールを選定した。

(2) 酸化剤の選定

多くの酸化剤種の中で，金属イオンを含まない，水系で扱える，安価であることからペルオキソ二硫酸アンモニウムを選定した。

(3) ドーパントの選定

ドーパントは，導電性高分子のキャリアの移動を助ける働きをする。ドーパントとなりうる物質の分子構造や相互作用をしている位置などにより，その影響は異なると考えられる。一言でいえば，ドーパント種・量により導電性高分子の導電性が変化する。その他，導電性高分子の耐熱性，柔軟性，安定性などにも影響する。特に柔軟性（導電性を付与しない元の繊維シートの風合いと比較して）においては，大きく変化することがわかった。

多くのドーパント種の中から，上記のことを考慮して，パラトルエンスルホン酸塩，ドデシルベンゼンスルホン酸塩を選定した。

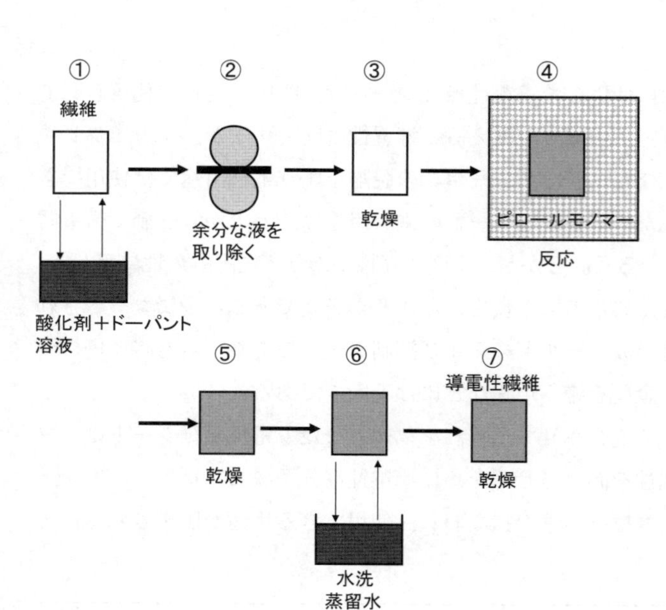

図1　ポリピロールをコートする導電性繊維の作製方法

1.3.2 ポリピロールをコートする導電性繊維の作製方法（図1）[1,2]

①酸化剤とドーパントを含む水溶液（以下，溶液Aと称する）に繊維シートを含浸させる。

②繊維シートに含まれる過剰な溶液Aをエアーで吹き飛ばしたり，搾り機などで取り除く。

③ピロールモノマーのガスを充填させた容器に，溶液Aを含浸させた繊維シートを入れる。

④繊維の表面で重合させる。

⑤得られた導電性繊維シートを容器から取り出し，乾燥させる。

図２　連続処理で得られた導電性繊維の外観

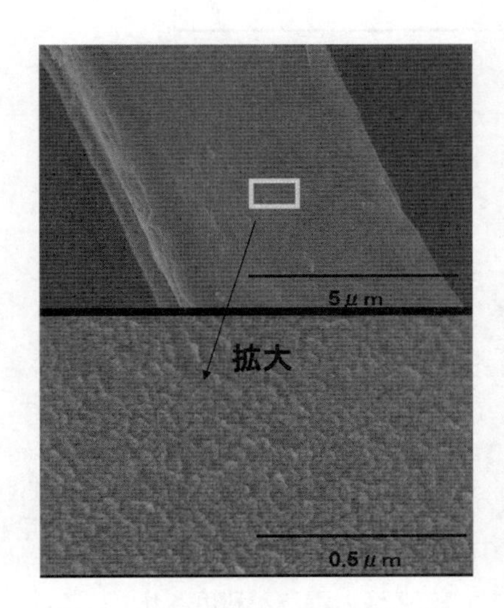

図３　導電性繊維中の糸のSEM像

⑥イオン交換水などで，十分に洗浄し，乾燥させる。

得られた導電性繊維の写真を図２に示す。

※溶液ＡのpH，酸化剤濃度，反応時間などにより導電性は変化する。

1.4　得られた導電性繊維シートの特長[2)]

ポリエステル85%，ナイロン15%で構成される繊維シートの一例を示す。

(1)　繊維表面に形成されたポリピロール

繊維表面に薄く均一にポリピロールのナノ導電性粒子が付着していることがわかる（図３）。

(2)　染色摩擦堅牢性

導電性繊維の表面抵抗率を10^6 Ω/□レベルに調整した場合，染色摩擦堅牢性（JIS L0849）は，乾式で４～５級，湿式で４級であり，強固な堅牢性を示した。

1.5　ポリピロールをコートした繊維の用途例

以下，具体的な試作品の一例の写真を図４に示す。

①帯電防止用ワイピングクロス

②タッチパネル駆動などに用いる導電性手袋

③導電糸

導電性ワイピングクロス

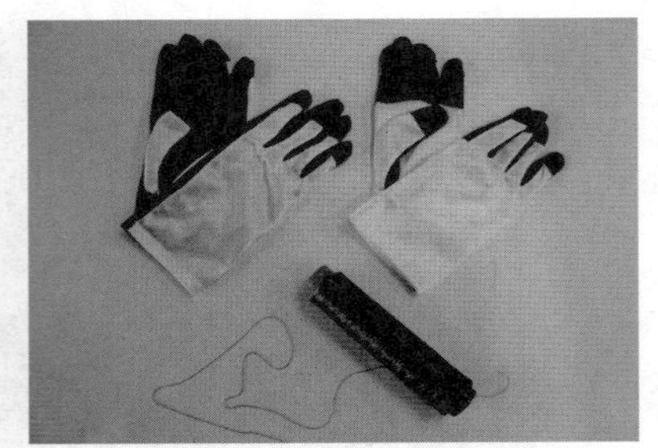
導電性手袋と導電糸

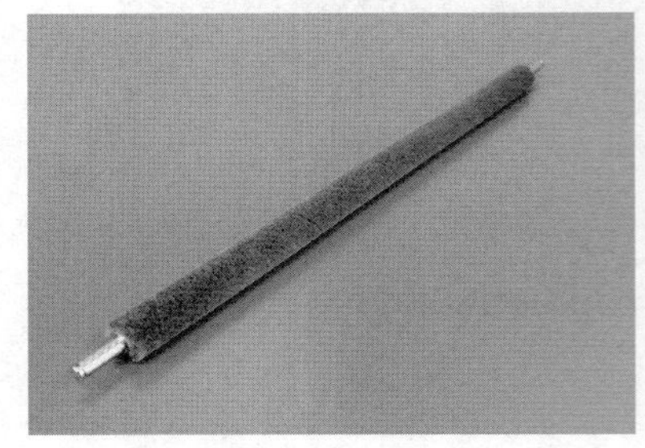
導電性ブラシ

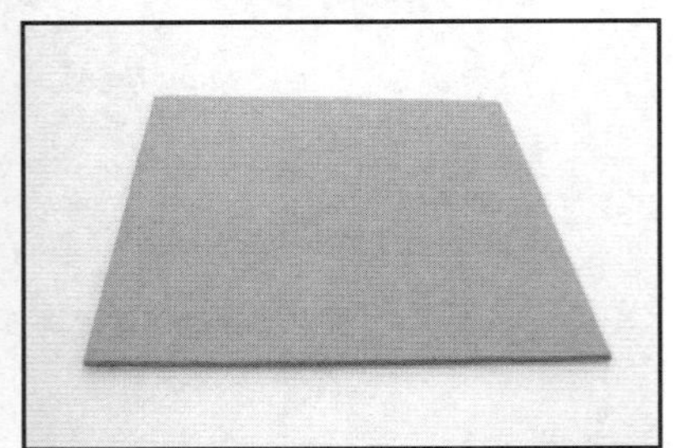
電波吸収シート

図４　導電性繊維を用いて作製された試作品

④複合機などに使用される除電ブラシ
⑤導電性繊維を積層させた電波吸収体

1.6　電波吸収シート

1.6.1　電波吸収体の概要

誘電性や磁性を有する材料に電波を照射した場合，一部の電波は反射するが，大部分の電波は材料の内部に吸収され，熱エネルギーに変換される。このような材料を電波吸収体と呼ぶ。現在，情報通信分野において，技術革新が急速に進み携帯電話（800 MHz～2 GHz）やETC（Electronic Toll Collection，自動料金支払いシステム，5.8 GHz）[3]など数GHz帯域の電波が利用されている。また，ETCにおいては，電波干渉防止用として，電波吸収体が用いられている。今後は，高画質動画など高容量のデータを無線で送受信させるために，さらなる高周波領域の電波が使用されることが予想される。それらに伴い，高周波領域における電磁波環境が悪化し，電子機器の誤動作や情報漏洩などに対する懸念がある。これらを防止するために，高周波で広帯域に電磁波を吸収する材料が求められることとなる。狭帯域（共振型）電波吸収体と広帯域電波吸収体の違いを図５に示す。尚，電波を最低でも90％吸収しなければ実用的な電波吸収体とはいえない。

1.6.2　ポリピロールをコートした導電性繊維（不織布）[4]

作製方法は先に述べたのと同じであるので，ここでは省略するが，電波吸収体に用いる導電性繊維は，表面抵抗率で少なくとも10^4 Ω/□以下でないとほとんど機能しない。一般的に，高導電

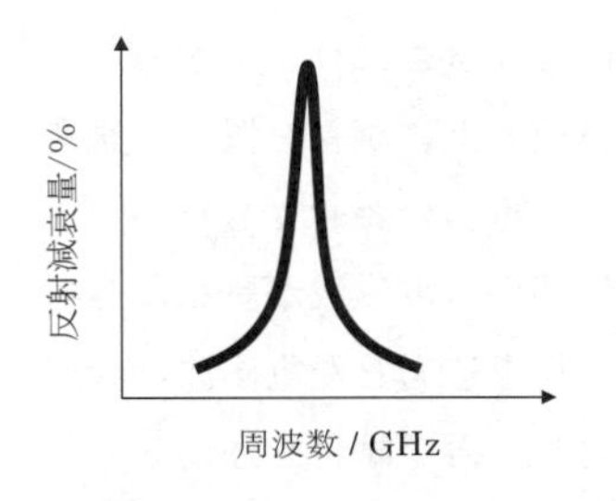

狭帯域（共振型）電波吸収体

反射減衰量/%
周波数 / GHz

広帯域電波吸収体

図5　狭帯域，広帯域電波吸収体の比較

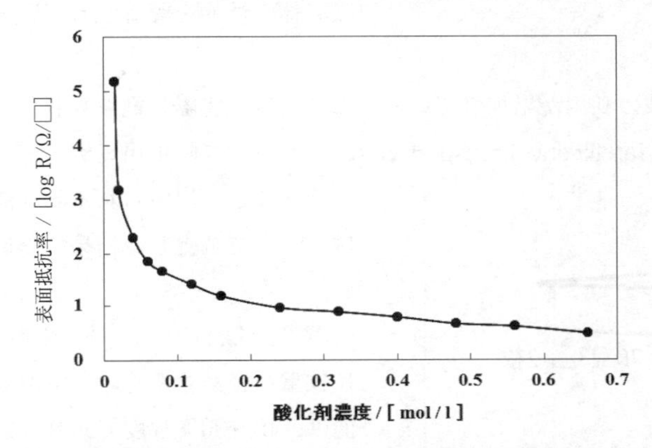

図6　酸化剤濃度と得られた導電性不織布の抵抗率の関係

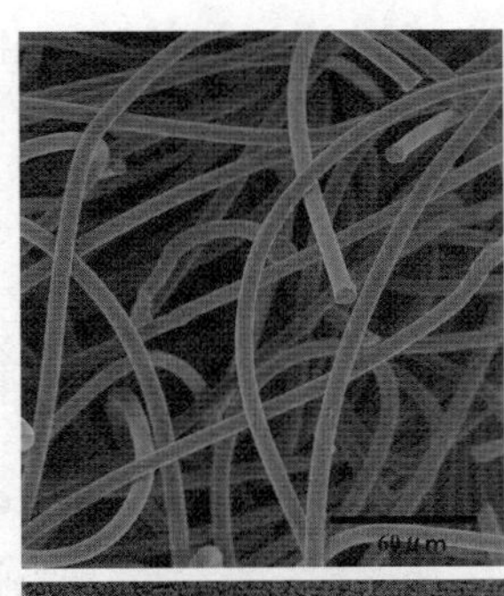
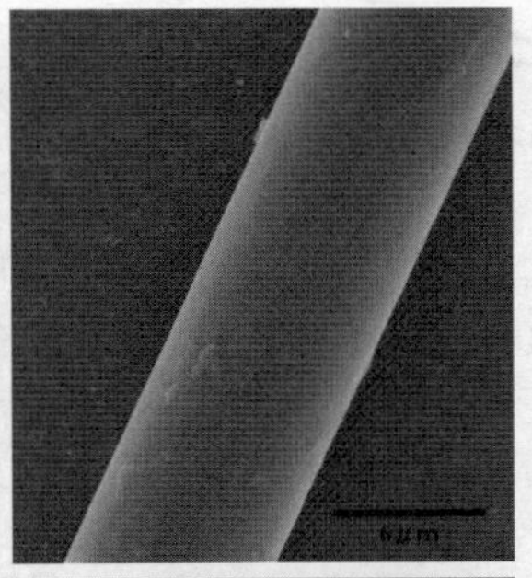

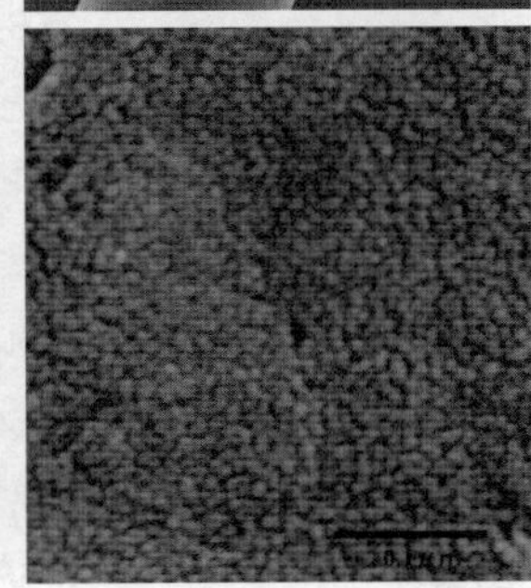

図7　導電性不織布中の糸のSEM像

性を得るためには，繊維の選定も重要な因子である。

選定される繊維は，導電パスがより多くなる高密度で，繊維径の小さいものが要求される。

以下，電波吸収体に用いる繊維（不織布）の一例を紹介する。

使用した不織布の物性は，目付量150 g/m^2，厚み0.45 mm，繊維径が約5ミクロン，ポリエステル100％（以下，150 Pと呼ぶ）である。

150 Pを含浸させる溶液Aの酸化剤濃度を変化させた時の表面抵抗率を図6に示す。

得られた導電性不織布の表面抵抗率は，3.0 Ω/□～1.5×10^5 Ω/□までコントロールできることがわかった。

また，得られた導電性不織布の表面には，ナノ粒子が均一に生成していることがわかる（図7）。

1.6.3　電波吸収性能評価方法[3, 5)]

①測定試料である導電性不織布を測定する前に，試料無しの状態で，送信部から電磁波を照射し，金属板（50 cm×50 cm）で反射した電磁波を受信部で受けた時の電磁波の減衰量（空間での電磁波の減衰）を測定し，その減衰量をゼロと補正し，試料を測定する。

②測定する導電性不織布を金

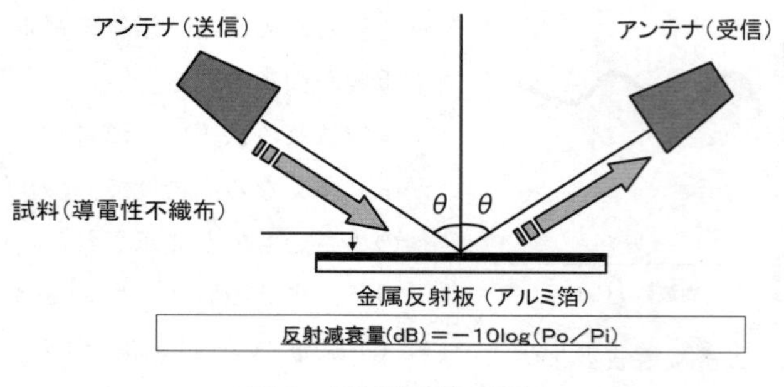

図８　反射減衰量の評価

属板と同じ大きさにカットする。

③金属板の上に試料を置く。試料は，複数枚重ね合わせても良い。

④送信部から電磁波が試料に照射され，試料を透過した電磁波は金属板で反射し，再び試料を通過して受信部に達する。送信部から受信部に到達した電磁波を計測することで電波吸収体の性能を評価する（図８）。

1.6.4　電波吸収体の性能

先に述べたようにGHz帯域の電磁波の利用が増加している。ここでは，実際に電波吸収体が使用されている高度道路交通システム（Intelligent Transport Systems）やテロ防止用ボディースキャナーなどに用いられるミリ波領域について調査した結果の一例を報告する。

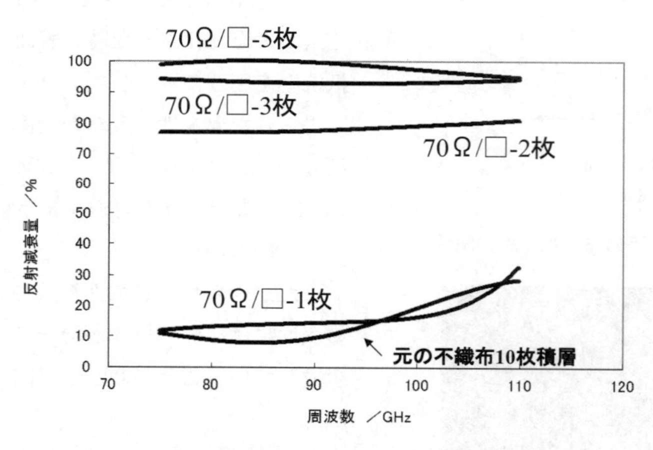

図９　積層枚数による電波吸収性能

導電性を付与していない150Ｐを10枚重ね合わせた時の，電波吸収能は，10～30％程度であり，電波吸収体として機能しないことがわかった。また，70Ω/□の表面抵抗率の導電性不織布１枚でも，同様な結果となり，電波吸収体として機能しないことがわかった。70Ω/□の表面抵抗率の導電性不織布３枚では，75～110GHzのすべての帯域において，90％以上の電磁波を吸収する広帯域電波吸収体として機能することがわかった（図９）。

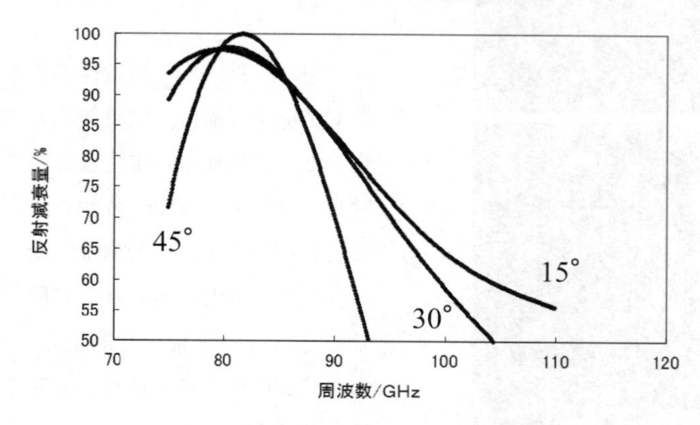

図10　入射角度による電波吸収性能
（狭帯域電波吸収体の一例：カルボニル鉄とチタンのゴムシート）

また，比較対象として，カルボニル鉄と酸化チタンを含有するゴムシートの一例を示す（図10）。共振型であるこの吸収体は，特定の電磁波のみ高い吸収性能を持つことがわかる。さらには，電磁波の

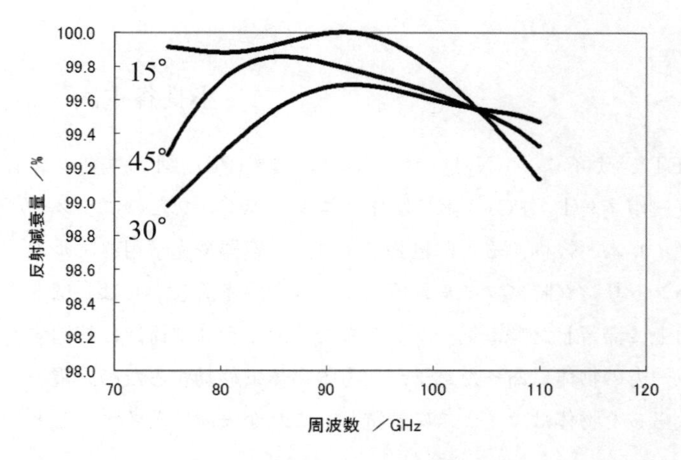

図11　入射角度による電波吸収性能
（広帯域電波吸収体：70 Ω/□の表面抵抗率の導電性不織布10枚の積層）

入射角により，吸収性能が大きく異なることもわかる[3)]。

次に70 Ω/□の表面抵抗率の導電性不織布10枚では，75～110 GHzのすべての帯域において，入射角15, 30, 45°でも，ほぼ99％以上の電磁波を吸収する優れた広帯域電波吸収体として機能することがわかった（図11）。この電波吸収体は，不織布で構成しているので，軽い，フレキシブル，加工が容易などの特徴も持つ。

1.7　おわりに

本製造方法を用いて作製された導電性繊維シートは，導電性高分子であるポリピロールを薄く，均一に，強固にコートすることができ，数Ω/□レベルの高導電化も設計できる。その結果，様々な用途展開が期待できる。特にミリ波領域では，広帯域電波吸収体として利用できることがわかった。今後は，最適な導電性，積層の組み合わせを駆使して，さらなる性能向上を試みていく。

文　　献

1）　最新 導電性高分子全集，第６章，第２節，p.185，技術情報協会（2007）
2）　Y. Egami, K. Suzuki, T. Tanaka, T. Yasuhara, E. Higuchi, H. Inoue, *Synth. Met.*, **161**, 219（2011）
3）　Y. J. An, T. Miura, H. Okino, T. Yamamoto, S. Ueda, and T. Deguchi, *Jpn. J. Appl. Phys.*, **43**, 6759（2004）
4）　T. Yamamoto, Y. Egami, K. Nishida, K. Suzuki, H. Inoue, *Jpn. J. Appl. Phys.*, **50**, 09NF04（2011）
5）　Y. Egami, T. Yamamoto, K. Suzuki, T. Yasuhara, and H. Inoue, *Adv. Technol. Mater. Process. J.*, **12**, 31（2010）

2　帯電防止材

小長谷重次*

2.1　はじめに[1,2)]

ポリエチレンテレフタレート（PET），ナイロン（Ny），ポリプロピレン（PP），ポリエチレン（PE），ポリスチレン（PS），ポリカーボネート（PC），ポリ塩化ビニル（PVC）などのプラスチックフィルムやシート（ここではフィルムと総称する）は包装フィルム・容器や光学用フィルムに用いられる。フィルム加工時やハンドリング時にフィルム同士が引き合い密着し，しばしばトラブルを招くが，これはフィルム面上に滞留した静電気（プラスまたはマイナス電荷）に起因する。絶縁物同士を強く摩擦すると，一方の物体にあった電子が他方の物体に移動するため，電子を失った物体はプラスに，電子をもらった物体はマイナスに帯電し，これが表面に滞留することで静電気となる。

表1に示したごとく，フィルム基材の帯電のしやすさは表面抵抗値（Ω/□）に関係する。フィルムの表面抵抗が大きいほど電荷が滞留（帯電）し，逆に低表面抵抗ほど静電気は放電や電気伝導などにより空気中または他部へ移動し除電される。しかし，表面抵抗が低すぎると電気が流れやすいために電荷が逆流し，帯電防止効果が消失する可能性があるので，基材表面は半導性が好ましい。プラスチックフィルムはその表面抵抗が10^{13}Ω/□以上なので，摩擦によりフィルム表面に静電気が滞留しやすい。静電気はフィルム製造，加工，使用時に，①ちりやゴミの付着，②フィルム同士の密着，ローラーなどへの巻き付き，③スタティックマークの発生，④インクの付着不良やひげ発生，を招く。

表1　表面抵抗値と帯電現象および帯電防止能との関係

表面抵抗値（Ω/□）	帯電現象	目的	例
10^{13}≦	静電気蓄積	絶縁	絶縁材料 プラスチックフィルム
10^{12}～10^{13}	帯電する	静電気障害防止（静的状態）	埃付着防止
10^{10}～10^{12}	帯電するがすぐ減衰	静電気障害防止（動的状態）	フィルム製造工程での帯電トラブル回避
10^{8}～10^{10}	帯電しない	蓄電防止	ICパッケージ トレイ
10^{6}～10^{8}	帯電しない	積極的な帯電防止	キャリアテープ
10^{3}～10^{6}	帯電しない	導電性付与	ESD（静電気放電）シールド
＜10^{3}	帯電しない	導電性付与	透明導電膜（電極） EMI（電磁波障害）シールド

＊　Shigeji Konagaya　名古屋大学大学院　化学・生物工学専攻　応用化学分野　教授

プラスチックフィルムの静電気によるトラブルを防ぐには，フィルム表面での静電気発生を抑制する，または発生した静電気をアースで逃がすか，反対荷電で中和・消失する必要がある。除電方法には，物理的方法（アース，除電器，加湿）と化学的方法（帯電防止処理材使用）があり，本稿では導電性高分子を用いた帯電防止材（導電材）を中心に述べる。

2.2　帯電防止材[3~9)]

フィルムの表面抵抗値を低く保てば，フィルム表面は電気が流れやすくなり静電気の発生や滞留がなくなる。帯電防止の目的で様々な導電材（いわゆる帯電防止材）がフィルム表面にコートあるいはフィルム全体に充填される。帯電防止材は，イオン電荷移動に基づくイオン伝導型と，電子移動に基づく電子伝導型に大別され，電子伝導型はイオン伝導型より電荷移動が速いので，静電気の減衰も速く，帯電防止効果も大きい。表2に示したごとく用途に応じて帯電防止レベル（表面抵抗）は決定され，それに見合った帯電防止材が選択される。

帯電防止材はプラスチック表面に生じる静電気のトラブルを回避するのみで十分であったが，次いでエレクトロニクスの発展に伴い，より低い表面抵抗（高導電性），持続性かつ透明性が要求され，最近では無機系高透明導電材インジウムスズ酸化物（ITO）代替材料開発が目標となりつつある。時代とともに，帯電防止材の質が変化している。帯電防止材を三世代に分類すると，第一世代は単に静電気除去（帯電防止）を目的とした導電材である界面活性剤，導電性カーボン粒子，第二世代は第一世代導電材の問題点（低導電性，界面活性剤溶出やカーボン微粉脱落）を克服した親水性高分子，導電性高分子，インジウムスズ酸化物（ITO）のごとき導電材，そして，

表2　帯電防止材の特性

導電タイプ	帯電防止材	表面抵抗値 （Ω/□）	主な用途	長所	短所
イオン伝導	界面活性剤	10^{9}～10^{13}	埃の付着防止	低価格 高透明性	低導電性 湿度依存性 低持続性
	親水性高分子	10^{9}～10^{12}	埃の付着防止	低価格 高持続性	低導電性 湿度依存性大 物性低下
電子伝導	導電性カーボン	10^{7}～10^{-2}	キャリアテープ ICトレイ	高導電性 湿度依存性なし 安価	物性低下 透明性低下 粉発生
	導電性高分子	10^{4}～10^{10}	キャリアテープ トレイ	高導電性 湿度依存性なし 合成可能	高価格 難加工性 着色
	酸化物半導体	$<10^{-2}$	EMIシールド	高導電性 湿度依存性なし 透明性	外観不良 粉発生 高価格

第三世代は，入手困難となりつつあるITO代替材料開発で，高導電化導電性高分子，新規酸化物半導体（例えばZnO），ナノ炭素材料，銀粒子・銀ファイバーなどの導電材で，高透明高導電性膜材料に研究開発ターゲットが移りつつある（表3）。

表3　帯電防止材の動向

年代	技術	導電材
第一世代 （1970～）	帯電防止	界面活性剤 導電性カーボンブラック
第二世代 （1990～）	高帯電防止 透明導電	親水性高分子 酸化物半導体（ITO） 導電性高分子
第三世代 （2005～）	ITO代替高 透明高導電	高導電化導電性高分子 新酸化物半導体（ZnO） 銀粒子，ナノ炭素粒子

2.2.1　第一世代

初期はイオン伝導型の界面活性剤や電子伝導型の導電性カーボン粒子が主で，電子伝導型はイオン伝導型より帯電防止効果が大きく，湿度依存性がない特徴を有する。ともに安価で，長年の使用実績があり，安全性も高く，用途に応じて選択され，フィルム基材内部への練り込み充填あるいはフィルム表面へ塗布されている（図1）。

(1)　界面活性剤[9]

イオン性（カチオン（陽イオン）性，アニオン（陰イオン）性，両性）界面活性剤または非イオン性界面活性剤があり，代表例としてはテトラアルキルアンモニウム塩，トリアルキルベンジルアンモニウム塩（以上カチオン性），アルキルスルホン酸塩，アルキルホスフェート（以上アニオン性），グリセリン脂肪酸エステル，ポリオキシエチレンアルキルエーテル（以上非イオン性）が挙げられ，いずれも導電性は低い。アニオン性帯電防止材はカチオン性帯電防止材より，耐熱性に優れ変色し難い。また，非イオン性帯電防止材は高分子への溶解性が優れるので，高分子に練り込み使用される。

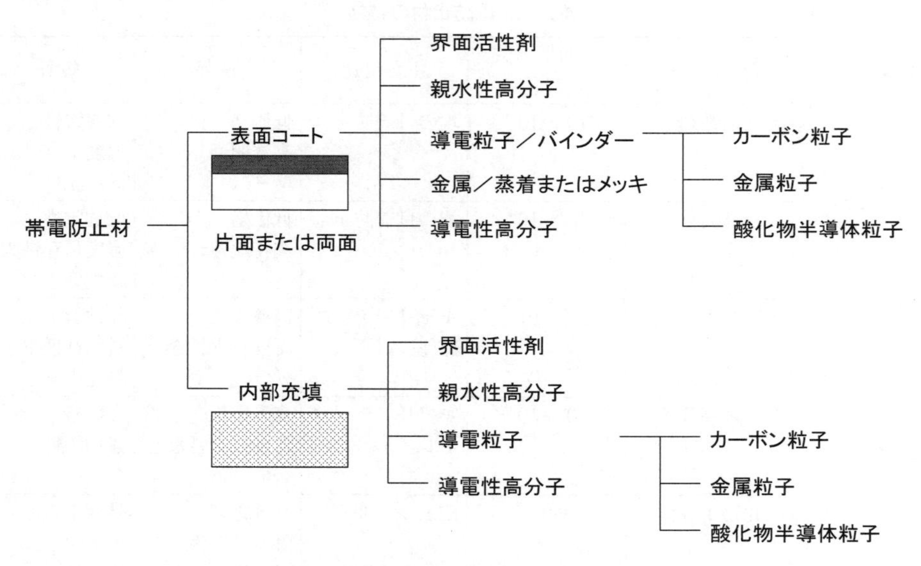

図1　帯電防止材の種類と加工方法

(2) 導電性カーボンブラック粒子

種々の製法で製造される導電性カーボンブラックは，一次粒子（径20～60 nm）の状態で存在し難く，一次粒子の凝集体（二次粒子）で存在する。カーボンブラック粒子の基材中での分散性はカーボンブラックの種類により異なり，同充填量でもフィルム基材単位重量あたりの一次粒子数が異なる。その結果，パーコレーション（導電ネットワーク）形成のしやすさ，すなわち得られる帯電防止性もカーボンブラック種により異なる。なお，カーボンブラック粒子のパーコレーションは高分子バインダーの組成，ガラス転移点，成分数などにも影響を受ける[10)]。

2.2.2　第二世代

電子材料の小型化，高密度化に伴い，電子部品包装容器・フィルムに高導電性，高透明性，高寿命，高クリーン度が要求され，帯電防止材の溶出や脱落などの問題を抱える界面活性剤や導電性カーボン粒子では克服し難いケースが多くなってきた。また，液晶ディスプレイやプラズマディスプレイなどの薄型テレビの普及に伴い，画面上の塵や埃の付着防止のみならず，高透明性・高導電性（高透明高導電化）の要求が高まってきた。第一世代帯電防止材の問題解決と高透明高導電性が要求されるようになった。この要求に応えようとした親水性高分子（高分子型帯電防止材），酸化物半導体，導電性高分子につき以下に述べる。

(1) 親水性高分子（高分子型帯電防止材）[11, 12)]

界面活性剤の欠点（帯電防止効果の低持続性，表面特性低下，低耐熱性，高湿度依存性）を克服した帯電防止材が，親水性ユニット（例：ポリエチレンオキシド）を持つ親水性高分子である。アニオン性，カチオン性，両性，非イオン性のタイプがあり，スルホン酸塩，4級アンモニウム塩，ポリエーテルユニットなどの導電性ユニットを有する高分子化合物が代表例である。高分子であるため基材から帯電防止材が溶出し難く多数回の水洗でも帯電防止効果が消失しない。しかし，イオン伝導タイプであるので，電子伝導タイプの酸化物半導体や導電性高分子以上の帯電防止性は得られない。

(2) 酸化物半導体粒子

ディスプレイ用透明導電膜に必要な表面抵抗値は10^9 Ω/□以下なので，界面活性剤，高分子帯電防止材では対応できず，ITO半導体酸化物が用いられる。ITO系透明導電膜は気相中でフィルム基材上にITOを積層成長させる成長法（真空蒸着法，スパッタリング法）で製造される。そのほかITO超微粒子をフィルム基材上に塗布し，ITO薄膜を形成する塗布法（ゾルゲル法，塗布熱分解法，そして微粒子分散法）がある。塗布法は，比較的低コストで大面積および複雑な形状を大量生産可能であるが，成長法による透明導電膜並の特性は得難い。酸化物半導体導電粒子系は導電性カーボン粒子系より着色度，透明性の点で優れるが，高導電性を得るには多量添加が必要となる。導電性粒子系は延伸成型追随性に難があるので，この課題を克服しようと導電性高分子が検討されている。

(3) 導電性高分子[13, 14)]

ノーベル賞受賞のきっかけとなった導電性高分子ポリアセチレンは空気中で不安定なため実用

表4　導電性高分子の帯電防止材としての特性

導電性高分子	導電性 (S/cm)	安定性	透明性	成膜性	ポリマーとの複合	価格
ポリアニリン系	10〜50	○	○	○	○	△
ポリピロール系	50〜100	○	△	△〜×	△〜×	△〜×
ポリチオフェン系	100〜500	○	○	○	○	△〜×
ポリアセチレン	50〜500	×	×	×	×	−

化されなかったが，それを契機に数多くの導電性高分子が合成，発見され，応用検討が行われてきた。その中でポリアニリン，ポリピロール，ポリチオフェンは帯電防止材として応用検討が行われてきた。導電性高分子の種類により導電特性は異なり，ポリチオフェン系が最も高導電性を与える（表４）。導電性高分子は緑や赤褐色などに着色し高価であるのみならず，溶融せず水や有機溶媒に不溶なため加工性に欠け，帯電防止材として利用し難い。ピロールモノマーをフィルム基材表面上で直接重合し，導電性高分子ポリピロール積層体を生成する方法があるが，一般的ではない。そこで，帯電防止材として利用しやすい形，すなわち，基材へのコートや練り込みを可能にするため，導電性高分子の化学的変性やドーパント種の工夫を行い，水や有機溶媒への溶解性あるいはナノ分散性を高める必要がある。水への溶解性向上には導電性高分子にスルホン酸基やカルボキシル基の導入，有機溶媒への溶解性向上には導電性高分子に長鎖アルキル基が導入される（図２）。また，高分子量あるいは嵩高い有機化合物をドーパントに用いて導電性高分子の水や有機溶媒への分散性・溶解性を向上させることができる（図３）。

代表的な市販帯電防止コーティング剤には，塩基状態のポリアニリンに機能性ドーパントであ

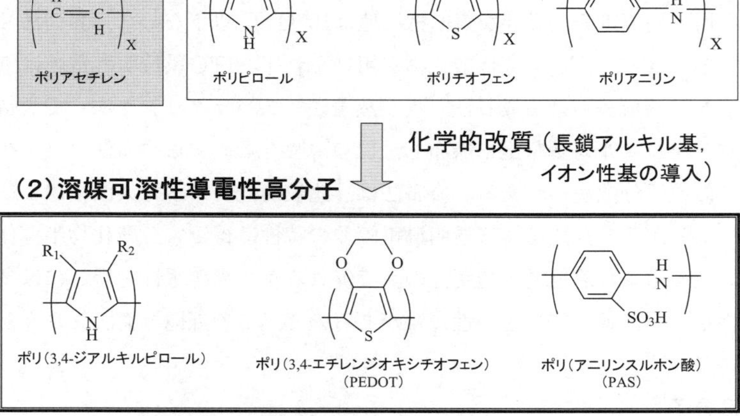

図２　水または有機溶媒可溶性導電性高分子

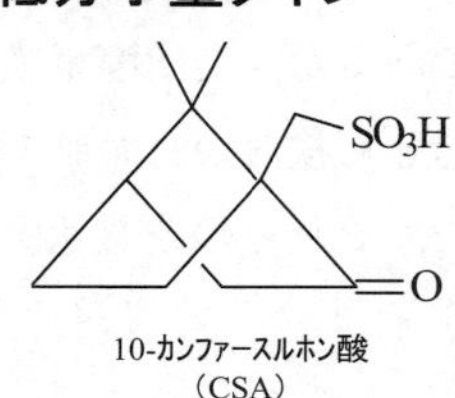

図3　導電性高分子の可溶（含擬似溶解）化を促すドーパント例

るカンファースルホン酸（CSA）やドデシルベンゼンスルホン酸（DBSA）を加え，m-クレゾールやキシレンに可溶化した有機溶媒可溶型ポリアニリン（Panipol），有機酸をドーパントに用い有機溶媒に高度に分散させた溶媒分散型ポリアニリン（Ormecon）がある[15]。それらが開発された同時期に，3,4-エチレンジオキシチオフェン（PEDOT）にポリスチレンスルホン酸（PSS）をドーパント添加したPEDOT/PSS水分散体（Baytron）が開発され，写真用フィルムなどの帯電防止材として用いられた[16]。なお，高導電性かつ淡青色コート面を与えるPEDOT/PSSはITO代替材料として盛んに研究されている。また，この頃ポリアニリンの水溶性を高めた自己ドープ型導電性高分子スルホン化ポリアニリンも上市され始めた[17]（表5）。

2.2.3　第三世代

ITO系透明導電フィルムはフラットパネル電極，太陽電池電極，有機EL，電子ペーパー，タッチパネルなどの用途で，その重要度は年々高まっているが，ITO原料であるIn（インジウム）の供給不足，価格高騰の影響でITO代替素材開発の動きが活発化している。

表5　導電性高分子を用いた帯電防止材

製造会社	商品名	導電性高分子	特徴
Panipol社	Panipol	ポリアニリン	機能性スルホン酸でドープした有機溶媒可溶型ポリアニリン
Ormecon社	Ormecon	ポリアニリン	有機酸をドーパントに用いた溶媒分散型ポリアニリン
Bayer社	Baytron	ポリ(3,4-エチレンジオキシチオフェン)	ポリスチレンスルホン酸をドーパントに用いた

(1) ITO代替化を目指した導電性高分子系導電材

導電性高分子は帯電防止性能を目指すには十分な導電性であるが，透明導電膜材料としては導電性不足である。そのため導電性高分子の導電性向上を目指した検討が行われている。特に，ポリチオフェン系およびポリアニリン系ではその動きが顕著で，それらの改質状況および特性を紹介する。

① ポリアニリン系

ポリアニリンは水や有機溶媒に不溶であるが，ドーパント種や製法の工夫により溶解性の改善を図ってきた。ドーパントとしてカンファースルホン酸，ポリスチレンスルホン酸，スルホン酸基結合ポリエステルオリゴマー，イオン性界面活性剤などを併用することでポリアニリンの溶解性は改善され，一部，実用化されつつある。倉本らはアニリンに界面活性剤を添加しながら重合することにより高導電性のポリアニリンコート液を得ている。開発されたポリアニリンは従来タイプに比して1～2桁高い導電率300 S/cmを有し，有機溶剤（トルエン，キシレンなど均一溶液）に可溶である。出光興産㈱はこの新ポリアニリンを用いて導電性フィルムを開発している[18]。

三菱レイヨン㈱が開発した水溶性導電性高分子，スルホン化ポリアニリンはスルホン酸基やメトキシ基などの置換基を主鎖に結合しているため，通常のポリアニリンに比して導電率が1～2桁ほど減少する。水溶性，ドーパントが溶出し難いなどの特徴を有するため，特殊な帯電防止用途に利用されている。例えば，富士通研究所㈱は，半導体素子の帯電防止用の材料に用いていると推察される。この新材料は，感光性ポリマーに，ポリアニリン系の導電性高分子を分子レベルで均一に分散したもので，スルホン化ポリアニリンと推定される。ナノスケールの複合化技術で帯電防止性能と透明性を両立させられたことから，フォトリソグラフィーによってパターンを作製できるようになり，世界最小サイズの20 μmレベルにまでパターンを微細化することに成功した。各種LSIの実装工程，ディスプレイ，ハードディスク，高密度CCDの製造工程など，従来材では難しかった領域にまで適用範囲を広げられるようになるという[19]。

また，スルホン化ポリアニリンが水溶性なため，他の汎用ポリマーとの複合化が容易で，小長谷らは，スルホン化ポリアニリンと水分散ポリエステルバインダーとの併用で，高透明高導電性シートを開発上市している。さらに，スルホン化ポリアニリンに有機系あるいは無機系のナノ粒子などを組み合わせることで導電性が向上することを見出している[20～22]。

② ポリチオフェン系

PEDOT/PSSは優れた導電性を示すが，擬似溶解体（すなわちナノ粒子で水に分散）であるため，薄膜化すると透明性は上がるが導電性が下がり，導電性と透明性の両立は難しい。この原因は，PEDOTナノ粒子サイズやPSSドーパントの存在状態にあると考えられ，これらの観点からPEDOT/PSSの導電性を向上しようとする試みが数多く見られる[23]。

厳虎らは，①遠心分離器によってPEDOT/PSS粒子サイズを揃える，②エチレングリコール溶媒を添加してPSSを除去する一連の操作（粒子サイズ均一化および溶媒効果）により，PEDOT/PSSの導電性を著しく向上させ透明性と導電性を両立させることに成功している。2009年，厳虎らはこの新規な材料を用いて透過率89％で電導度を443 S/cmまで高めた有機透明薄膜を作製した[24]。三洋電機㈱と東京工業大学・山本教授はPEDOTの重合方法を工夫することにより，その導電性を1200 S/cm以上まで向上させた[25]。また，旭化成㈱はPEDOTのドーパントをPSSからビニルスルホン酸ポリマーに変更することにより，その導電率を100倍以上向上させた[26]。

このように，数々の工夫によりPEDOTの導電性を向上させることが可能となり，PEDOTはITO（酸化インジウムスズ）代替素材として注目されつつある。

③　ポリピロール系

ポリピロールは水や有機溶媒に不溶なため基材への積層は特殊な方法（ピロールを気相または液相で重合しポリピロールを得る）が採用されている[27]。最近，低コスト化を目指して，導電性ポリピロールのナノ分散ポリピロール液の開発がアキレス㈱により行われ，フィルムへのコートが検討されつつある[28]。

2.3　導電性高分子を用いた帯電防止フィルム（表6）

2.3.1　導電性高分子を用いた帯電防止フィルム[29]

1990年から2000年にかけて開発された帯電防止を目的とした導電性高分子を用いた導電性フィルムを以下に紹介する。

(1)　STポリ（アキレス㈱）

本フィルムはプラスチックフィルム基材表面で導電性高分子モノマー（ピロール）を重合する

表6　上市・開発中の帯電防止フィルム

フィルム用途	開発メーカー	製品名	導電材	表面抵抗値／全光線透過率（Ω／□／％）
帯電防止	東洋紡績㈱	PETMAX	スルホン化ポリアニリン	10^7/88
	アキレス㈱	ST-APET	ポリピロール	10^5/60
	マルアイ㈱	SCN･N	ポリアニリン	10^6以下
	油化電子㈱	HIPERSITE W1000	カーボンナノチューブ	10^4～10^{12}
	出光興産㈱		ポリアニリン	300（S/cm）
透明導電	帝人デュポンフィルム㈱	CurrentFine	ポリチオフェン（PEDOT）	600/87
	富士通コンポーネント㈱ 富士通研究所㈱		PEDOT	700/95
	日油㈱	クリアタッチ	PEDOT	800/＞87
	長岡産業㈱		PEDOT	400/＞90
	リンテック㈱		導電性高分子	200～1000/80～89
	王子製紙㈱		PEDOT	270/89
	グンゼ㈱		銀(Ag)ワイヤ	0.5/78, 1.6/88
	東レフィルム加工㈱		銀ナノワイヤ	150～250/＞90
	東レ㈱		銀ナノ粒子	＜50/80

方法で得られる。具体的には，化学酸化重合開始剤をコートしたフィルムをピロールモノマー蒸気相内に投入し，フィルム面上で化学酸化重合を引き起こし，フィルム上にポリピロールの薄膜層を形成する方法である。この方法では100%ポリピロール導電層がフィルム上に形成され，その厚みは重合条件によりコントロールされる。導電層の厚みは，フィルムの導電性のみならず，透明性（光透過性）にも影響を与え，用途に応じて導電層厚みをコントロールする必要がある。本フィルムの表面抵抗は$10^{6\sim8}$Ω/□と低く，湿度依存性がない。

(2) SC-NEO（マルアイ㈱）

本フィルムの導電層には倉本らの開発した可溶性ポリアニリンが使用されていると推定される。すなわち，ポリアニリンの化学酸化重合時，特定の界面活性剤を共存させるとジメチルホルムアミドなどの有機溶媒に可溶なポリアニリンが生成し，これをポリメチルメタクリレート（PMMA）などと複合化し，PETやPVCフィルム上に積層させ，導電性フィルムを得ていると推定される。本技術の特徴は１%の上記可溶性ポリアニリンをPMMAに混合充填しただけで，帯電防止に十分な表面抵抗（10^{9}Ω/□）が得られる点である。本導電性フィルムはポリアニリンの特徴である緑色を呈しているが，その表面抵抗は10^{6}Ω/□以下で湿度依存性がない。

(3) PETMAX（東洋紡績㈱）

本フィルムの特徴は，分子内にドーパント能を有する官能基を結合した自己ドーパント型導電性高分子スルホン化ポリアニリンを使用している点である。自己ドーパント型導電性高分子の長所は，ドーパントが導電性高分子に結合しているため，電子包装材料・容器に問題となる低分子酸性物質などのコンタミ発生が少ない点にある。置換基スルホン酸基があるため導電性はポリアニリンより劣るが，複合材に使用する高分子バインダーの工夫により導電性の低下を防いでいる。

2.3.2 ITO代替高帯電防止フィルム[29)]

ITO代替素材としては，導電性高分子，銀粒子，銀ナノワイヤ，ナノ炭素粒子（カーボンナノチューブ（CNT），カーボンナノファイバー（CNF），グラフェンなど），そして酸化亜鉛（ZnO）が検討されている。以下にITO代替帯電防止フィルムの動向につき紹介する（表６参照）。

(1) ポリアニリン系

出光興産㈱は，世界最高300 S/cmの高導電率を有し，有機溶剤（トルエン，キシレンなど均一溶液）に可溶なポリアニリンを用いて，電子部品搬送用導電トレイを発表している。0.2 μm厚の膜の場合，表面抵抗は150 Ω/□，全光線透過率は約90%とポリアニリン使用系では高透明高導電性のフィルムである。用途としては，トレイ以外に透明導電性フィルムや有機熱電変換材料，太陽電池用電極材料，導電性インクなどを挙げている[18)]。

(2) PEDOT系

富士通コンポーネント㈱と富士通研究所㈱はPEDOTを用いて，高導電性かつ高透明性で，既存品に比べて10倍以上の耐久性を有するタッチパネル用導電性フィルムを開発した[19)]。長岡産業㈱は，PEDOTと推定される導電性高分子をPETフィルム上に塗布し，透明導電性フィルムを開発した。本フィルムは光線透過率90%以上で，表面抵抗値400 Ω/□を実現し，抵抗膜式タッチパネルへの応用が可能である[30]。帝人デュポンフィルム㈱は導電性高分子をポリエステルフィルム上に数十nmの精度でコーティングする技術で，柔軟性，透明性，生産性に優れた次世代透明導電性フィルム（カレンファイン®）を開発した。全光線透過率も87％と高く，柔軟性が高く曲げても導電層にクラックが入らないので，タッチパネル電極や電子ペーパーへの応用が期待される[31]。王子製紙㈱はPEDOT/PSSの表面抵抗値を変えずに，光線透過率を高めることに成功した。表面抵抗値270 Ω/□で光線透過率は89％で，光線透過率を４％ほど向上させている[32]。リンテック㈱も導電性高分子（恐らくPEDOT系）を用いて，ITO系フィルムと遜色のないタッチパネル用透明導電フィルム（表面抵抗値450 Ω/□，光線透過率88％）の開発に成功した[33]。日油㈱もPEDOTを用いてタッチパネル用，電子ディスプレイ用透明導電性フィルムを開発した[34]。

⑶　銀粒子や銀ナノワイヤ系

グンゼ㈱は安価に製造できるスクリーン印刷法を利用し，銀（Ag）ワイヤをフィルム上にパターンを形成した透明導電フィルムを開発している。最大1300 mm幅のロール・ツー・ロール用フィルム基材に印刷可能で，フィルムの表面抵抗値は，光線透過率78％で0.5 Ω/□，光線透過率88％で1.6 Ω/□と低いのが特徴である[35]。東レフィルム加工㈱も銀ナノワイヤインクを用いたウェットコーティング法で，全光線透過率90％以上，表面抵抗値150～250 Ω/□という透明導電フィルムを開発している。優れた透明性と導電性，そしてフレキシブル性を有し，自然な色調と耐久性，加工性を備えることから，タッチパネルや太陽電池，有機ELの電極などへの応用も考えられる。

東レ㈱は銀ナノ粒子のウェットコーティング技術で，透明性と導電性に優れた自己組織化透明導電フィルムの開発に成功している。従来，連続塗工を行った場合，自己組織化が十分に起こらない，塗布欠点が発生するなど，工業化に対して多くの課題を抱えていたが，これらの課題を一挙に解決し，透明性（全光線透過率80％），導電性（１～50 Ω/□），および耐屈曲性に優れ，ニュートラルな淡いグレー調を特徴とした導電性フィルムを開発した。応用例としては，透明フィルムヒーターなどの面状発熱体，電磁波遮蔽フィルム，太陽電池，透明電極，アンテナなどが期待される[36]。

富士フイルム㈱は導電性材料と微細な銀線パターンを組み合わせることで，ディスプレイやタッチパネルの電極用途に向けた新しい透明導電性フィルムを開発した。導電性材料の組成は明らかにしていないが，ITO導電膜に比べて，シート抵抗値が低く，かつ幅広い範囲でシート抵抗値を設計でき，高い屈曲性などの特徴を有する。これは透明電極で利用されるITOの置き換えを狙ったもので，液晶パネルやPDP，タッチパネル，無機ELを使った平面光源，太陽電池など幅広い用途が摸索されている[37]。

⑷　ナノ炭素材料

米Unidym社は，カーボンナノチューブ（CNT）を用いて，表面抵抗値は500～600 Ω/□で全光線透過率は87～88％の，ITOフィルム並のCNTフィルムを開発している。なお，本フィルムを用いて韓国Samsung Electronics社がフレキシブルなカラー電子ペーパーを試作済みである。東レ㈱が開発したCNTコーティングフィルムは優れた透明導電性（表面抵抗値500 Ω/□，全光線透過率90％以上），良好な色目，高屈曲耐性，優れた耐湿熱性を示し，タッチパネル，電子ペーパー，電磁波シールドなどの用途へ検討されつつある。三菱マテリアル電子化成㈱は樹脂分散可能なカーボンナノファイバー（CNF）をコンパウンドした樹脂から表面抵抗値10^5Ω／□のCNF充填ポリカーボネートシート（PC）を得ている[38]。最近，韓国の成均館大学校の研究員がグラフェンを活用したタッチスクリーンを開発している[39]。このように，ナノ炭素材料を用いたITO代替素材およびその高透明高導電性フィルム開発が活発化している。

2.4　おわりに

上述したごとく，導電性高分子は界面活性剤や導電性カーボンブラックの欠点を解消した帯電防止材（導電材）として応用実用化されたが，現在は，高透明高導電性材料として有用なITO代替材料として注目されつつある。ITO代替化を目指して，導電性に優れた導電性高分子の開発，重合法や添加剤の工夫によるPEDOTやポリアニリンの高導電化，CNTやグラフェンなどのナノ炭素材料の応用研究が行われている。近い将来，導電性高分子やナノ炭素材料を用いたITO代替材料および高透明・高導電性フィルムが出現することを期待したい。

文　　献

1）フィルム成形・加工とハンドリングのトラブル実例と解決手法，技術情報協会（2002）
2）帯電の測定方法と静電気障害対策，サイエンス＆テクノロジー（2008）
3）小長谷重次，カワサキテクノ短信，**27**(4)，11-24（2006）
4）小長谷重次，カワサキテクノ短信，**28**(1)，10-20（2007）
5）村田雄司，静電気の基礎と帯電防止技術，日刊工業新聞社（1998）
6）赤松清監修，帯電防止材料の技術と応用，シーエムシー出版（2002）
7）田畑三郎監修，透明導電性フィルム，シーエムシー出版（2002）
8）赤松清監修，導電性樹脂の実際技術，シーエムシー出版（2000）
9）北原文雄，玉井康勝，早野茂夫，原一郎，界面活性剤―物性・応用・化学生態学―，講談社（1979）
10）G. Wu, S. Asai and M. Sumita，*Macromolecules*, **35**(3)，945-951（2002）
11）三洋化成工業㈱，*JETI*, **51**(5)，86-88（2003）
12）http://www.sanyo-chemical.co.jp/tech_info/pdf/jpn/pk88.pdf
13）倉本憲幸，はじめての導電性高分子，工業調査会（2002）
14）吉野勝美，導電性高分子のはなし，日刊工業新聞社（2001）
15）B. Wessling, *Synth. Met.*, **93**(2)，143-154（1998）
16）ナガセケムテックス㈱，ポリファイル，**42**(491)，59-60（2005）
17）S. Shimizu, T. Saitoh, M. Uzawa, M. Yuasa, K. Yano, T. Maruyama, K. Watanabe, *Synth.*

Met., **85**, 1337-1338 (1997)
18) http://techon.nikkeibp.co.jp/article/NEWS/20081029/160347/
19) 富士通コンポーネント㈱資料, *FIND*, **26**(1), 36-39 (2008)
20) S. Konagaya, *JPI Journal*, **37**(3), 13 (1999)
21) S. Konagaya, K. Abe, H. Ishihara, *Plastics, Rubber and Composite*, **31**(5), 201-204 (2002)
22) 小長谷重次, 清水茂ほか, 成形加工, **17**(8), 543-547 (2005)
23) J. Ouyang, Q. Xu, C.-W. Chu, Y. Yang, G. Li, J. Shinar, *Polymer*, **45**, 8443-8450 (2004)
24) http://www.nikkeibp.co.jp/article/news/20090518/153140/
25) http://journal.mycom.co.jp/news/2009/03/13/041/index.html
26) http://www.asahi-kasei.co.jp/asahi/jp/news/2009/ch090528.html
27) 伊藤守, 静電気学会誌, **21**(5), 202-205 (1997)
28) http://www.achilles.jp/news/2008/1015.html
29) 小長谷重次, プラスチックスエージ, 2011年8月号, 56-62 (2011)
30) http://www.nagaoka-sangyou.jp
31) http://www.teijin.co.jp/news/2007/jbd070227_5.html
32) http://techon.nikkeibp.co.jp/article/NEWS/20101111/187351/
33) http://www.chemicaldaily.co.jp/news/200905/01/01401_2121.html
34) 日油㈱, 透明導電性フィルム「クリアタッチEX」資料
35) http://techon.nikkeibp.co.jp/article/NEWS/20100219/180438/
36) http://www.toray.jp/films/news/pdf/110422_transparent.pdf
37) http://www.nikkeibp.co.jp/article/news/20110121/257912/
38) http://www.mdnanotech.jp
39) http://techon.nikkeibp.co.jp/article/TOPCOL/20110112/188687/

第21章　分子素子への展望と課題

小野田光宣*

1　はじめに

これまで述べてきた導電性高分子とそれを用いた素子，デバイスは多種多様で高度な可能性を秘めているが，実用化ということでは課題も多く必ずしも容易とはいい難い。しかし，それらの研究は次世代の素子，夢の材料，デバイスと考えられる分子素子，デバイスを実現するための第一段階とみなすこともできる。一方，導電性高分子は生物の高度な諸機能と密接な関連を有している可能性があり，その機能を理解する上でのモデル物質としても興味がある。本章では導電性高分子の多少とも生物機能，分子素子などと関連している点について問題点や課題を浮き彫りにしながら紹介する。

分子は物質の究極の最小単位であり，固有の機能を持っている。分子機能は基本的にその電子状態の変化によって発現する。例えば，バクテリアの鞭毛モータは生物界で唯一の回転機構を持ち，水素イオン（H^+）の流れで電子状態を変化させ毎秒1,000回転することが可能であることから，生物に学ぶということが極めて重要になってくる。また，電子によって分子機能が引き起こされる典型的な例は，電子のトンネリングによるスイッチングである。分子で考えられる情報伝達の担体としては，H^+，光子，励起子，電子，フォノン，ソリトンなどがあり，情報伝達距離は数十nm以下で従来のエレクトロニクス素子に比べて極めて小さいことが特徴であるが，分子による電子の流れの制御はまだ現実のものとはいえない。分子素子を実現するためには，次の４項目の克服が極めて重要となる。

(a)　機能分子の材料化

(b)　機能分子の集積化

(c)　電子遷移を制御する分子系の組立

(d)　分子レベルでの構造制御

などである。(a)は電気化学重合法（電解重合法）に見られるように機能分子を分子論的に容易に取り込むことが可能で，エレクトロクロミズム，光電変換，センサなど種々の機能を持った機能性導電膜を得られ，既存の有機，無機高分子と複合化することが考えられる。(b)は(a)とも関係するが，分子機能材料を構築する上で機能分子そのものの機能集積化による多機能化は重要であり，アゾ基とキノン基を持つ化合物で高機能化を目指した報告がなされている。(c)は電子の流れを電界や光などによって自由に制御できる分子系が人工的に構築できれば，情報変換機能，エネルギ

---

*　Mitsuyoshi Onoda　兵庫県立大学　大学院工学研究科　教授

ー変換機能などを有する分子素子が現実のものとなる。(d)は機能分子の持つ情報を的確に伝達，反映，制御するために超微細化素子の実現に重要な課題で，具体的にはラングミュア・ブロジェット（LB）法（単分子，累積膜），自己組織化膜（単層膜，多層膜），泳動電着膜，光パターン（二次元，三次元）などが考えられ，分子論的な制御が必要である。

現在，種々の有機機能材料が合成され，それらを用いた素子も種々提案されているが，いわゆる分子素子といわれるものは概念が先行しているとはいえ，少しずつ現実味をおびているように思える。例えば，これまでに初歩的ながら有機材料が本来有している電子光機能を具体化したものとして，電界発光素子，分子膜メモリ素子，アクチュエータ素子などが提案されている。これらの主たる機能源としては，π電子，双極子，スピンおよび異性化，相転移などが考えられ，分子設計，合成技術などの進歩や有機／有機あるいは有機／無機界面における電子現象の解明によって今後この分野の大きな発展が期待される[1]。

本章では，上述した分子素子を実現する上で最も基礎的で重要な4項目に焦点を当て，最も有効な手段となる電解重合法に注目して，機能性有機材料として期待されている導電性高分子の有機電解合成を中心に，電解重合法と反応機構，電解重合膜の機能応用例などについて述べ，界面電気化学現象の研究の現状を通じて分子エレクトロニクスに対するその重要性と役割について指摘する。

2　分子システム設計—本研究における機能分子の材料化の基本的考え—

主鎖にπ電子共役系が高度に広がった導電性高分子は，相対的に小さい禁止帯幅を有する有機半導体と考えられ，物理化学の分野では新素材としてその基本的性質や機能応用などが活発に研究されている。今日まで，半導体素子やオプトエレクトロニクス素子として導電性高分子の様々な応用が提案されている。しかし，二次電池やコンデンサを除いて，これらの応用は実使用の段階に達していないのが現状である[1]。これら導電性高分子の有する潜在的能力を十分活用するためには，環境安定性に優れ，高分子の形状で加工できること，さらに，優れた電気的，光学的，機械的性質なども有していることが望ましい。

一方，自然界の中で最も高度な機能を有しているのは人類であるが，植物や動物からなる生物の持つ優れた機能を真似るという考えは当然の姿であろう。生体の神経／筋肉系の動作では，神経からの微弱な電気パルスが筋小胞体からカルシウム（Ca）イオンの放出を促し，アデノシン三燐酸（ATP）の加水分解エネルギーを使って蛋白質であるアクチンとミオシンが引き合うことで筋肉が収縮すると説明されている。生体内では官能基の受けた刺激を協奏反応により増幅して巨視的挙動を制御できる機能が備わっている[2]。したがって，生体機能としての分子シンクロナイゼーションを人工的に構築することができれば，人工筋肉の実現も可能であると考える。例えば，図1に示すように導電性高分子をフラクタルの形態で成長させると，フラクタル成長は生体の神経系におけるニューロン類似の形態をしているので先端同士を接続することにより情報を伝送す

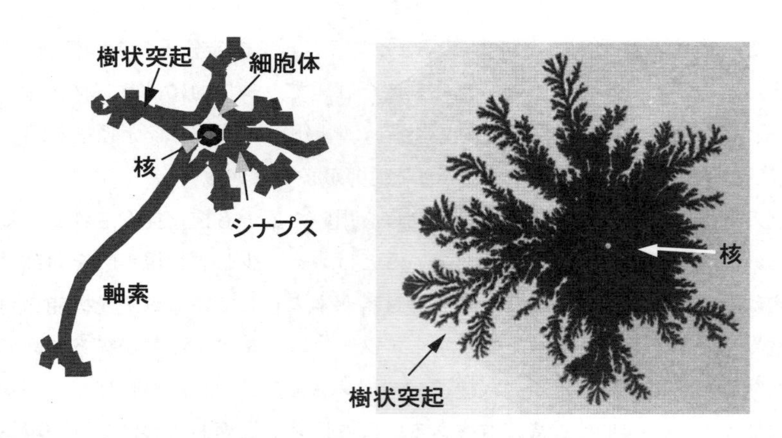

図1　電解重合法で得たフラクタルパターン状のニューロン型導電性高分子（ポリピロール，PPy）

ることが可能であろう。いい換えれば，外部刺激によりこの接続を制御することができれば，分子を介した情報通信システムの構築が可能になる。また，導電性高分子の電解（酸化／還元）によるアクチュエーション機能を利用することで生態系の分子モータを模擬した機能発現の源の追求が可能となる。機能の源となる様々な異種界面における電荷輸送，分子配列などを分子の形状，分子のベクトル（大きさと方向），分子の密度など幾何工学という観点から検討することにより，生命体システムを念頭に置いた分子設計，材料設計が可能となるであろう。いずれにしても，反応点では電極との電子の授受を伴うモノマーと電解質イオン，それに溶媒が関与するダイナミックな分子の動きがあるはずである。問題を複雑にしているのは，電解重合が電極近傍の限られた場所で進行する不均一系の反応であり，反応点へのモノマーや電解質イオンの供給を考えなければならないことが挙げられる。電解重合のフラクタル成長形態は[3]，自然界の様々なところで見られるが，神経線維，特にニューロンの先端部の形とも類似している。したがって，広葉状の導電性高分子をニューロンの核部に対応させると，針葉状導電性高分子はニューロンの樹状突起（軸策）とみなせる。この知見をもとに特定の枝を選択的に成長させ，針葉状導電性高分子の先端同士を接触させることができる。接続される針葉状導電性高分子の本数，長さ，太さなどは重合条件に依存する。現状では，広葉状導電性高分子のどの箇所から針葉状導電性高分子が発生するかは特定できないが，フラクタル成長の形状，方向，大きさなどは制御可能になっている。このような接続を多数のニューロン型導電性高分子間で行えば，ネットワーク化が行われ，ニューラルネットワークを形成する素子となる。ニューロン型導電性高分子では，特定の枝を選択的に成長させてニューロン先端（針葉状導電性高分子）同士を接触し，ドープあるいは脱ドープに伴う導電性の変化を利用して情報の符号化を行い，分子通信類似の情報受信システムの構築を行う。すなわち，針葉状導電性高分子はニューロンの軸策に対応するので，核部に対応する広葉状導電性高分子との間でシナプス類似の働きをさせることができる。この場合，ネットワークを流れる信号に応じて針葉状導電性高分子の導電率が変化するなら，シナプスを介して情報の授受，学習効

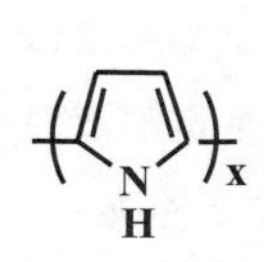

ポリピロール

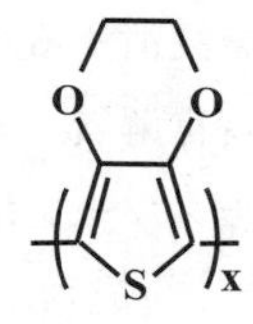

ポリ(3,4-エチレンジオキシチオフェン)

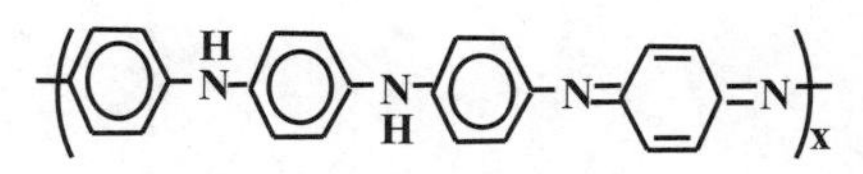

ポリアニリン（エメラルディン塩）

図２　環境安定性に優れているポリピロール（PPy），ポリ(3,4–エチレンジオキシチオフェン)（PEDOT）やポリアニリン（PAn）の分子構造

果が付与される。同種導電性高分子のニューロン先端同士を接続すると，双方向の情報伝達が可能になる。一方，電子状態が大きく異なる異種ニューロン型導電性高分子の接触では，情報を一方向へ伝送する情報伝達が実現できる。針葉状導電性高分子が発生する箇所と節点数を確実に制御する技術の開発が鍵となるので，電気化学的性質からの検討が中心となる。

今日まで，数多くの導電性高分子が合成されているが，図２に示す分子構造を持つポリピロール（PPy）は，ドーピング状態が極めて安定で，ポリ(3,4–エチレンジオキシチオフェン)（PEDOT）やポリアニリン（PAn）とともに優れた環境安定性や比較的高い導電率を有する魅力ある材料の一つである。電解重合条件も個々の導電性高分子によって多様性があり，その理由も明確になっていない。しかし，上述した導電性高分子のネットワーク化や形態制御，いい換えれば導電性高分子を用いた分子通信や分子機械の基礎研究を念頭において，針—平板電極構成とした電解セルを用いてピロールの電気化学的重合（電解重合）を行い，重合条件（溶媒の種類，支持電解質の種類や濃度など）がPPyの成長形態に及ぼす影響について述べる。いい換えれば，電解重合における分子や電子の動きを電解重合反応に及ぼす諸因子の影響から調べ，分子素子の実現を目指した基礎研究を紹介する。

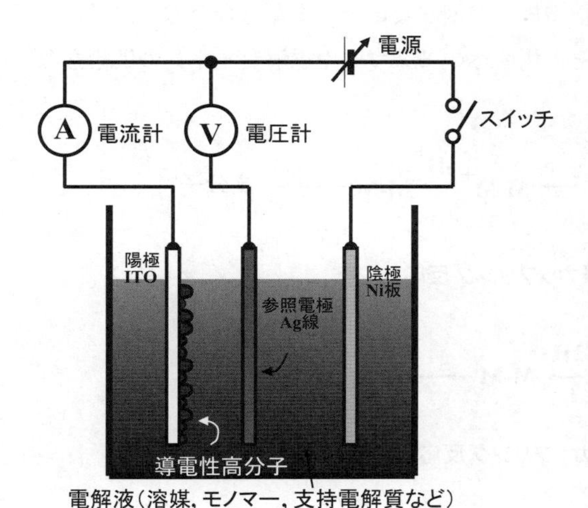

図３　電解重合反応装置

3　電気化学的重合（電解重合）法

一般に電解重合法は図３に示す電解重合反応装置を用いて行われる。すなわち，重合しようとする芳香族化合物モノマーを適当な支持電解質を含む溶媒に溶解し，この溶液に浸漬した電極対に適当な電圧を印加するとモノマーは陽極表面で酸化あるいは陰極表面で還元されて膜状，粉末状あるいはときに樹脂状などの形態で重合する。

特に，陽極表面でモノマーが酸化され重合する場合を電解酸化重合と称し，それに対し陰極表面でモノマーが還元され重合する場合を電解還元重合と呼んでいる。なお，必要に応じて参照電極を浸漬する場合がある。この重合法で最も重要な点は，電解液の組成，すなわち溶媒の種類と支持電解質，モノマーの種類や濃度の違いなどが重合反応に大きな影響を及ぼすことである。同一モノマーを用いた場合でも電解液の構成が異なると生成物の形態も大きく異なり，ときにはまったく生成物が得られないこともある。このような電解重合反応の支配的因子としては，このほかに印加電圧や電流密度の大きさおよび重合温度などが考えられ，場合によっては電極の材質，電極間距離なども大きく影響を及ぼすことがある。

4　電解重合反応機構

電解重合法による導電性高分子合成の反応機構は，電解液の組成や電解条件など種々の諸因子が非常に複雑に電極反応と関与しているため明確には解明されていない。したがって，重合反応条件は個々の導電性高分子について異なっており，最適条件が経験的に採用されている。しかし，定性的には次のような反応機構が一般に受け入れられている。いずれにしても電解重合法では，電極と電解液界面において電子の授受を伴うモノマーと電解質イオン，それに溶媒が関与する分子のダイナミックな動きが生じている。

通常，電解重合反応によって２～2.5個の電子が消費され，そのうち２個は重合反応に，残りはドーピングに使われる。その結果，重合に使われた電子の数に相当するプロトン（H^+）が重合液に蓄積することになる。したがって，重合反応はモノマーからの電子の引き抜きによって起こり，生成したラジカルカチオン（陽イオン）を活性種とするカップリングと脱プロトン反応が繰り返されて進行するものと考えられる。重合反応としては図４の反応１：親電子置換カップリング反応あるいは反応２：ラジカルカップリング反応のどちらかであると考えられるが（ここで，Ｍはモノマーを示す）得られた重合体が不溶不融で構造解析が困難なこと，また重合反応は電極近傍の限られた場所で進行する不均一形の反応で，その場所へのモノマーや電解質イオンの供給を考

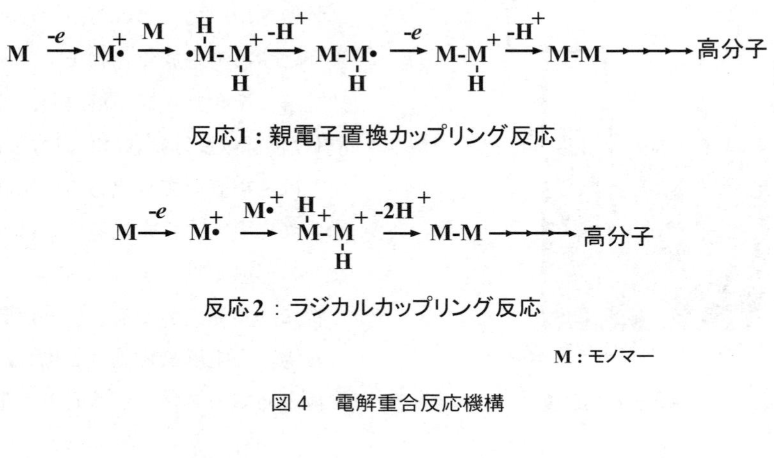

$$\mathrm{M} \xrightarrow{-e} \mathrm{M}^{\bullet+} \xrightarrow{\mathrm{M}} {}^{\bullet}\underset{}{\overset{\mathrm{H}}{\mathrm{M}}}\text{-}\underset{\mathrm{H}}{\mathrm{M}}^{+} \xrightarrow{-\mathrm{H}^+} \mathrm{M}\text{-}\underset{\mathrm{H}}{\mathrm{M}}{}^{\bullet} \xrightarrow{-e} \mathrm{M}\text{-}\underset{\mathrm{H}}{\mathrm{M}}^{+} \xrightarrow{-\mathrm{H}^+} \mathrm{M}\text{-}\mathrm{M} \rightarrow\rightarrow\rightarrow \text{高分子}$$

反応1：親電子置換カップリング反応

$$\mathrm{M} \xrightarrow{-e} \mathrm{M}^{\bullet+} \xrightarrow{\mathrm{M}^{\bullet+}} \overset{\mathrm{H}}{\mathrm{M}}{}^{+}\text{-}\underset{\mathrm{H}}{\mathrm{M}}^{+} \xrightarrow{-2\mathrm{H}^+} \mathrm{M}\text{-}\mathrm{M} \rightarrow\rightarrow\rightarrow \text{高分子}$$

反応2：ラジカルカップリング反応

M：モノマー

図４　電解重合反応機構

慮しなければならないため重合反応機構そのものが非常に複雑となり統一的な見解は得られていない。すなわち，電解重合は電圧印加による電解液中のモノマーの酸化反応あるいは還元反応により開始し，芳香族化合物のラジカルカチオンあるいはラジカルアニオンが生成され，その後，カップリング反応と脱プロトン化を繰り返して重合が進行すると考えられる。電解重合反応に及ぼす溶媒，支持電解質，重合電圧，重合温度など種々の支配的因子の影響については十分に明らかになっていないが，例えばモノマーにより低い電圧で溶媒が電気化学反応を開始するのは避けなければならない。したがって，重合しようとするモノマーの種類によって溶媒のドナー数[4]を考慮して選ぶ必要がある。例えば，電解重合反応では溶媒の塩基性（親核性）がモノマーのそれより小さければ重合体が得られるが，モノマーの塩基性を超える溶媒を用いるとラジカルカチオンは溶媒と相互作用し重合反応は進まないことが分かっている。すなわち，用いる溶媒の極性は電解質の解離とラジカルカチオンの安定性に影響し，その塩基性が重合体形成の有無に関係している。また，電解重合を定電流で実施した場合，単位時間当たりのラジカルカチオンの発生量は一定となるので，ラジカルカップリング反応を仮定すると反応活性種の濃度はモノマー濃度に無関係で電流効率（通過電荷量に対する重合体生成に使用された電荷量の割合）は変わらないと考えられる。しかし，チオフェン，ピロール，ベンゼンなどを重合する場合，電流効率に対するモノマー濃度の影響を調べると電流効率の増大が観測される場合がある。例えば，ベンゼンはニトロベンゼンのような低塩基性の溶媒では重合反応が進み，ベンゾニトリルのような塩基性溶媒を用いた場合には重合物は得られない。しかし，ベンゼンの低電流電解重合における電流効率のモノマー濃度依存性を調べてみると，極めて高いモノマー濃度で突然ポリ(*p*-フェニレン）が高い電流効率で重合できることが分かっている。これは，溶媒によって安定化されたラジカルカチオンの溶媒和が，モノマーの濃度を増加することにより破れ，反応確率が増すためと考えられている。したがって，親電子置換カップリング反応が支配的であると考えられる。

5　PPyの成長形態の制御

第2節でも述べたが，PPyの成長を制御できれば，情報を伝送できるニューロン型素子を構築でき，分子通信の基礎技術と深く関連すると考えられる。このような観点から，ここでは定電流電解重合の定電流値を種々変化させて，PPyの形態制御を試みた。PPyを形態制御するためにPy濃度を変える方法と印加電流を変える方法の2種類を試みた。いずれの方法でも期待した成長形態を得ることができた。印加電流を変える方法は，反応系外部から操作できるためより容易である[5]。

図5は，印加電流を3,1および5 mAと順番に変化させて定電流電解重合を実施したとき，適当な通過電荷量で撮影したPPy成長形態を示す。溶媒はアセトニトリル，支持電解質はテトラ-n-ブチルアンモニウム*p*-トルエンスルホン酸，$(n\text{-}Bu)_4p$-TS 0.01 mol/*l*，Py濃度は5 mol/*l*として調製した重合液（10 m*l*）を用いた。電流値を変えるのは通過電荷量0.5および2.5 Cで回路を一時

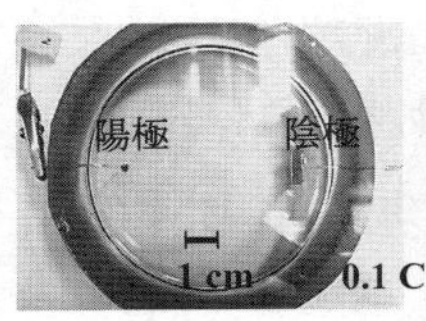

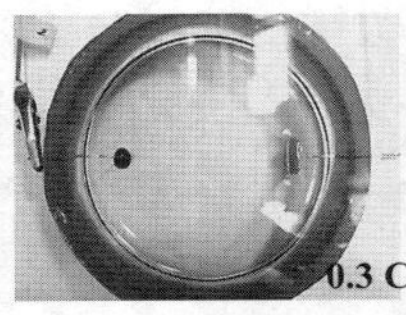

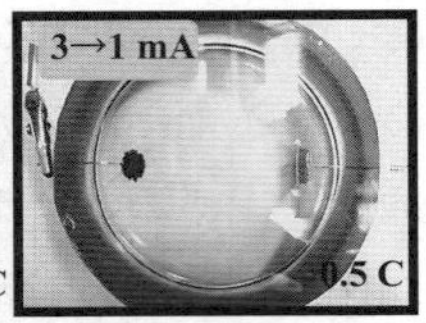

（ステップ1） 印加電流 3 mA

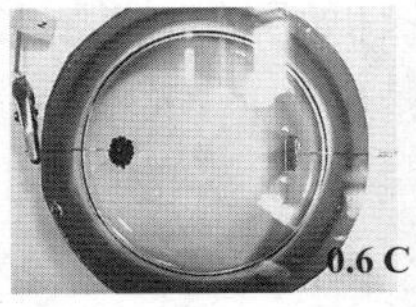

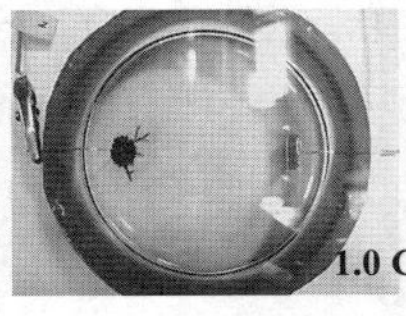

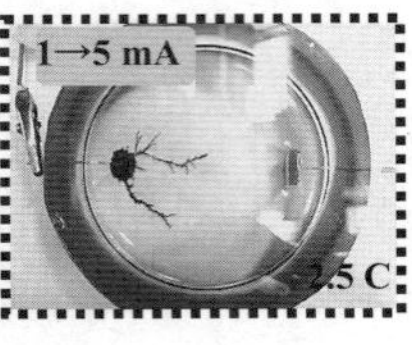

（ステップ2） 印加電流 1 mA

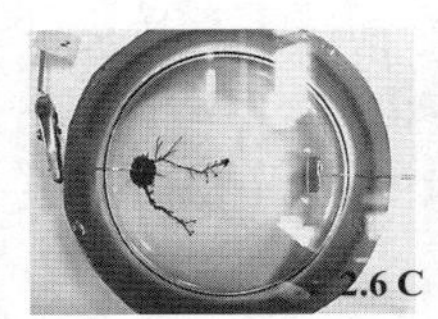

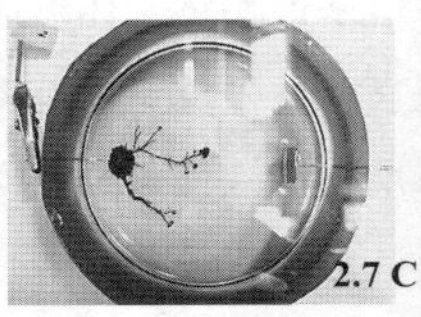

（ステップ3） 印加電流 5 mA

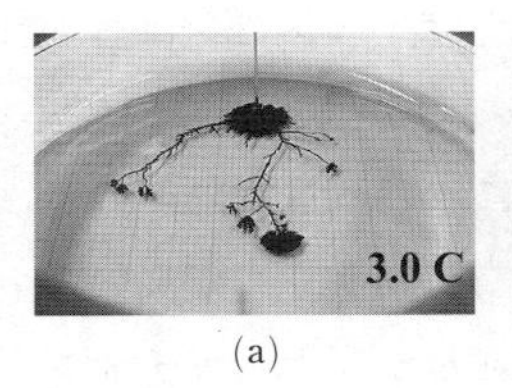

(a)

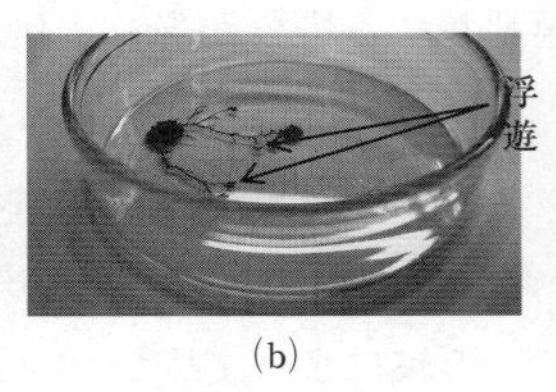

(b)

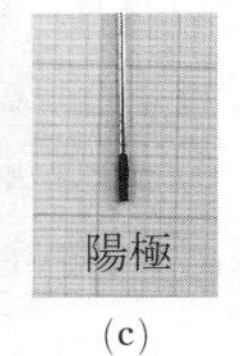

(c)

図5 印加電流によるPPy成長形態の制御（I）
ピロール：5 mol/l，アセトニトリル／0.01 mol/l (n-Bu)$_4$$p$-TS，
電解重合液容積：10 ml

開放し，5～10分間静置してから再び電流を印加した。図5に示したPPyは，広葉状，針葉状および広葉状と段々に成長形態が変化しており，重合電流を変えることで形態制御が可能であることが確認される。また，同図(a)，(b)および(c)に重合終了後のPPyを示す。PPyの広葉状の部分はディッシュ底面にしっかり張り付いており，針葉状の部分は底面から浮いていたが，これらの写真からその様子がうかがわれる。

図6は，溶媒をアセトニトリル，支持電解質を(n-Bu)$_4$$p$-TS 0.01 mol/$l$，Py濃度を5 mol/$l$とした重合液で定電流電解重合を実施し，適当な通過電荷量で撮影したPPy成長形態を示す。ただし，通過電荷量が0.3，1.3および2 Cに達したとき重合電流を3 mA→1 mA→5 mA→1 mAと順番に変化させた。図6に示すように，重合電流を1 mAとしたときは広葉状PPyが得られ，3あるいは5 mAとしたときは針葉状PPyが得られた。重合終了までにPPyは広葉状形態と針葉状形態が交互に連なったような形態に成長した。これらの結果から，重合電流を比較的大きな値から小さな値に変化させても，反対に比較的小さな値から大きな値に変化させても，PPyの形態制御は可能であることが分かった。

既に述べたように定電流電解重合では，単位時間当たりのラジカル発生量は一定と考えられる。したがって，重合定電流が比較的大きいときは，Pyラジカルカチオンの発生量が多く，図4に示す反応2：ラジカルカップリング反応が支配的となり二次元的に面状の成長形態となる。一方，重合定電流が比較的小さくなると，Pyラジカルカチオンの発生量が少なく，図4に示す反応1：親電子置換カップリング反応が支配的となり樹枝状の三次元的成長形態となる。

溶媒をアセトニトリル，支持電解質は（n-Bu)$_4$$p$-TS 0.01 mol/$l$，Py濃度は0.1および5 mol/$l$とした2通りの電解重合液（各々10 m$l$）を用意し，定電流電解重合（印加電流1 mA一定）を実

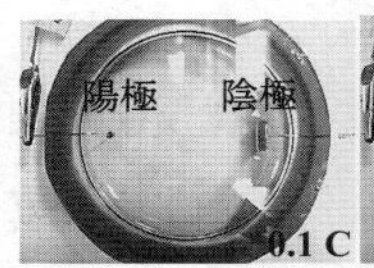

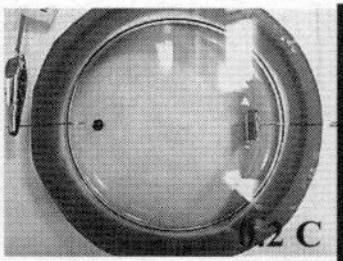

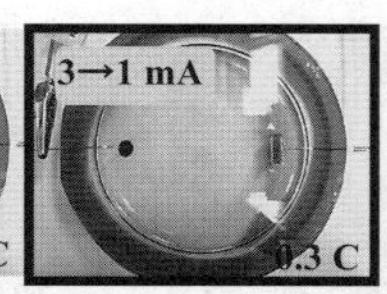

（ステップ1）印加電流 3 mA

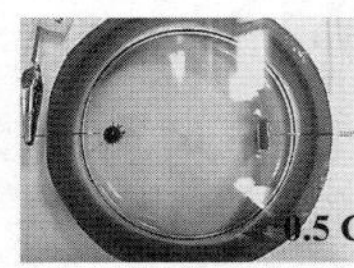

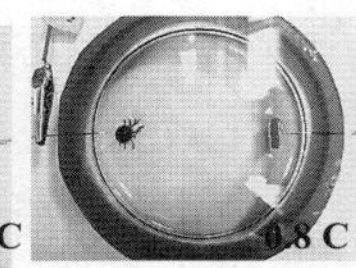

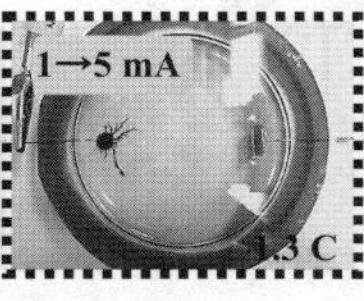

（ステップ2）印加電流 1 mA

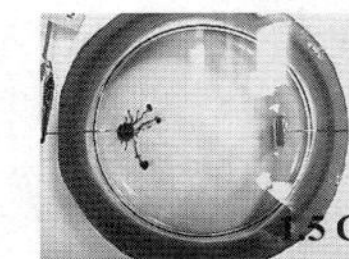

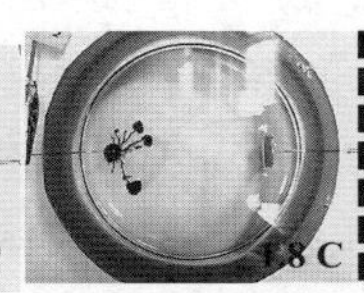

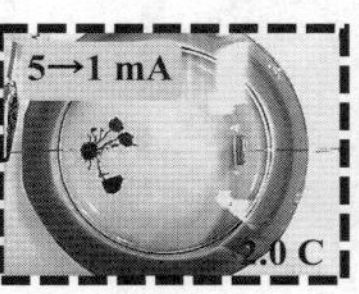

（ステップ3）印加電流 5 mA

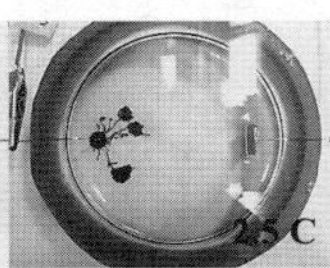

（ステップ4）印加電流 1 mA

図6　印加電流によるPPy成長形態の制御（Ⅱ）
ピロール：5 mol/*l*，アセトニトリル／0.01 mol/*l*（n-Bu)$_4$*p*-TS，電解重合液容積：10 m*l*

施して，途中で重合液を入れ替えて通過電荷量3 Cまで重合した。Py濃度は，0.1 mol/*l*で開始し，0.5 Cで5 mol/*l*，1.5 Cで0.1 mol/*l*，2.1 Cで5 mol/*l*に順々に切り替えてPPy成長の様子を観察した。図7はこのときの各通過電荷量におけるPPyの様子を示す。同図に示すように，PPyは広葉状と針葉状の異なった形態が交互に繰り返されて成長した。すなわち，広葉状PPyから針葉状PPyが成長し，続いてその尖端に広葉状PPyが生じた。さらにその続きに数本の針状PPyが成長した。したがって，Py濃度を変えることでPPyの形態制御が行えることが明らかとなった。

6　溶媒と電解質アニオンの塩基性効果

電解重合によって共役系が生成するためには，カップリング反応に引き続いて脱プロトン化反応が起こる必要がある。脱プロトン化には，プロトンを引き抜く，あるいは受け取る物質の存在が不可欠であり，電解重合反応系では，溶媒や電解質アニオンがこの役割を果たしていると考えられ，脱プロトン化反応も溶媒と電解質アニオンの塩基性に影響される。*p*-TS$^-$の塩基性物理量である*p*Ka値（酸性度）をドナー数に換算すると，約30であり使用したすべての溶媒より塩基性が強い。したがって，反応中間体であるラジカルカチオンからの脱プロトン反応はアニオンである*p*-TS$^-$が担っていると考えられる。しかし，前節の図7で述べたようにPPyの成長形態はPyの濃度に依存する。すなわち，モノマーの濃度が比較的濃い場合は針葉状で電解液中に，逆に比較的薄い場合はディッシュ底面を広葉状に成長する。いい換えれば，PPyの成長形態はモノマーの濃度に依存するので，カップリング反応機構が成長形態の差（針葉状あるいは広葉状）として現われていると考える。すなわち，モノマーの濃度が濃い場合は，モノマーMとラジカルカチオン$M^{\cdot +}$の，モノマーの濃度が薄い場合には，$M^{\cdot +}$同士のカップリングが生じていると推論できる。図8は脱プロトン化反応を担う電解質アニオンと溶媒の反応モデルを示す。

電解重合法による導電性高分子合成の特徴的な成長形態について検討した。成長形態はラジカ

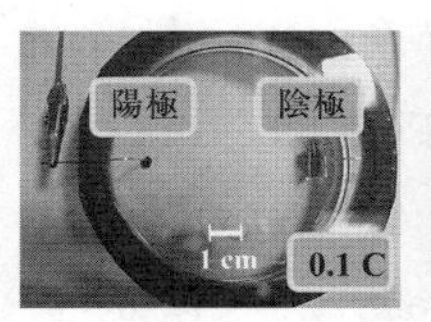

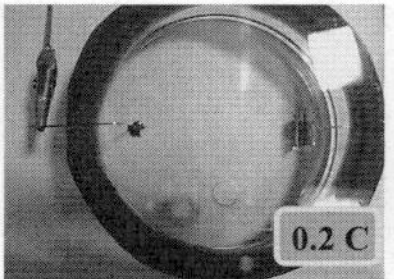

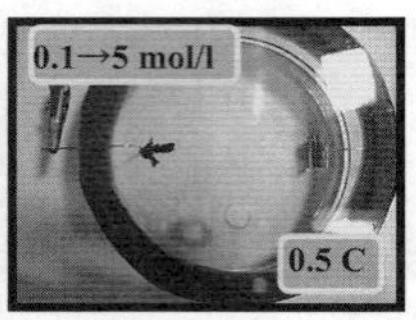

(ステップ1) Py : 0.1 mol/l

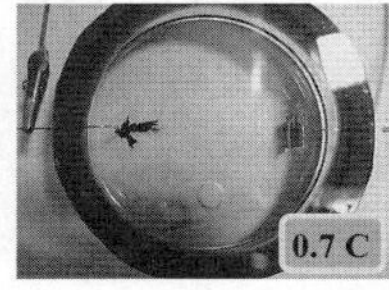

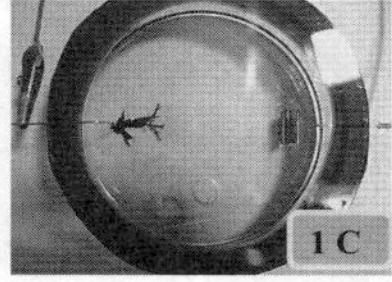

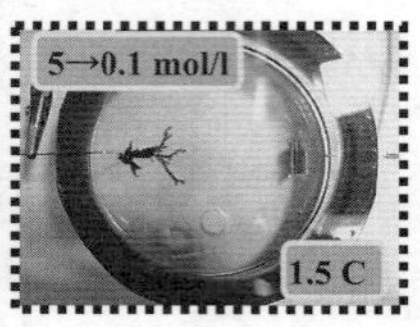

(ステップ2) Py : 5 mol/l

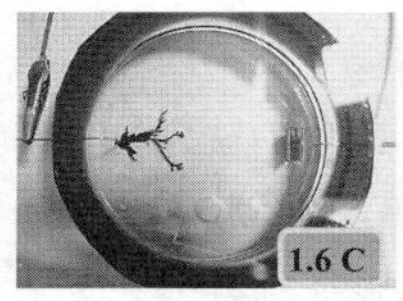

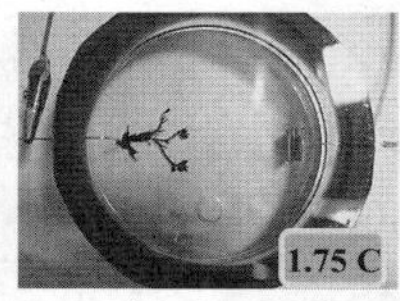

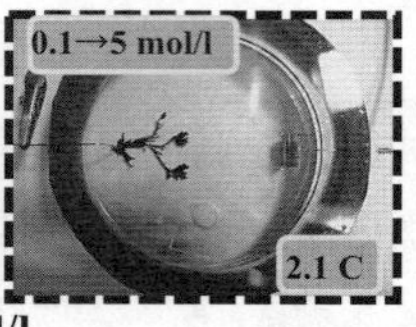

(ステップ3) Py : 0.1 mol/l

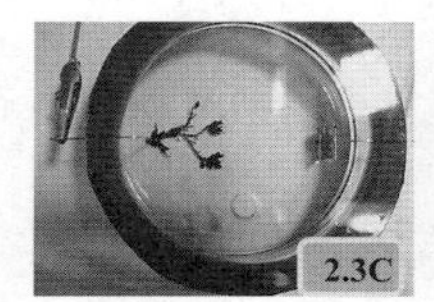

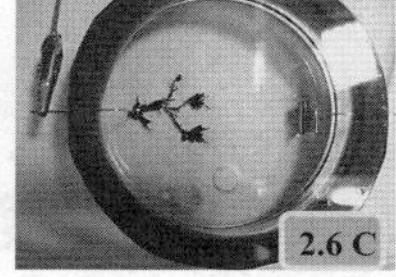

(ステップ4) Py : 5 mol/l

図7　Py濃度によるPPy成長形態の制御
印加電流：DC 1 mA，アセトニトリル／0.01 mol/l $(\text{n-Bu})_4p$-TS，電解重合液容積：10 ml

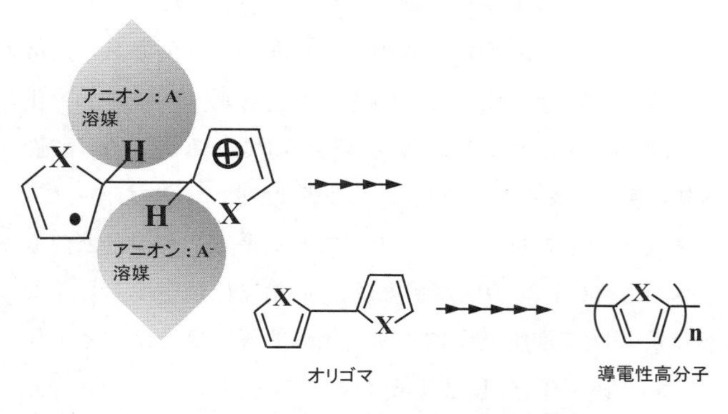

図8　脱プロトン化反応を担う電解質アニオンと溶媒の反応モデル図

ルカチオンのカップリング反応，それに続く脱プロトン化反応と深く関係しており，使用する支持電解質や溶媒の種類や濃度によって劇変する。すなわち，親電子置換カップリング反応が支配的になると三次元成長が，ラジカルカップリング反応が支配的となると二次元成長が観測される。さらに，重合時の定電流の値を変えることにより容易に成長形態を制御でき，導電性高分子を用いたニューロン型素子による分子通信研究へと展開が可能となる指針が得られたと考える。

7　あとがき

巻頭言に述べた有機分子素子工学は，有機分子およびそれらで構成される構造体の持つ性質と特徴をあらゆる工学分野で活用するために必要となる工学体系である。有機分子素子工学では，電子光機能発現の源をミクロな観点から追及することが極めて重要となり，分子コンピュータを目指した単電子トランジスタや分子電子素子などナノテクノロジーと深く関係している。特に，生体超分子の大きさはnm～μmであり，生物の巧みな機能や能力はナノメートルオーダの分子の組合せからなっており，生物は巨大なナノマシンの集合体と考えられる。筆者らは，21世紀中頃までには，生物における情報処理をナノサイエンスから人工的に実現できると確信している。

本章では，電解重合法による導電性高分子合成の特徴的な成長形態について検討した。成長形態はラジカルカチオンのカップリング反応，それに続く脱プロトン化反応と深く関係しており，使用する支持電解質や溶媒の種類や濃度によって劇変する。すなわち，親電子置換カップリング反応が支配的になると三次元成長が，ラジカルカップリング反応が支配的となると二次元成長が観測される。さらに，重合時の定電流の値を変えることにより容易に成長形態を制御でき，導電性高分子を用いた次世代の分子素子を基本とする分子通信研究へと展開が可能となる指針が得られたと考える。

分子素子は無機半導体素子と比べて極めて高密度かつ作製や動作，いずれの過程においても省エネルギーの素子で，非常に興味深い高度な機能を発揮する理想的な素子といえる。しかし，その素子構造，動作原理，構築法を含めて解決すべき課題が山積されているといってよい。したがって，分子素子，デバイスの研究は長期的な視点を持って多くの研究者が協力して努力すべき，まさに学際領域の夢の多い研究テーマであり，その基礎を確立する上で有機エレクトロニクスの研究開発は非常に重要な位置にあると考えている。特に，分子系超構造の確立によって機能分子の集積化，分子レベルでの構造制御など，これまで考えられていた限界を超越する機能が実現できるだけでなく，量子効果機能の発現による新規な機能をも付与，創出されることが期待できる。したがって，様々な情報に対する超高密度記憶素子，記録素子，分子レベルで駆動する分子機械などを実現するために超分子化学の視点から分子素子を設計，構築することが今後ますます重要になると考える。

文　　献

1) 吉野勝美，小野田光宣，高分子エレクトロニクス，pp.350-355，コロナ社（1996）
2) M. Onoda, Y. Abe and K. Tada, *Thin Solid Films*, **519**, 1230-1234（2010）
3) J. H. Kaufman, A. I. Nazzal, O. R. Melrey and A. Kapitulnik, *Phys. Rev. B*, **35**, 1881-1890（1987）
4) V. Gutmann, *Electrochimica Acta*, **21**, 661-670（1976）
5) M. Onoda, M. Okada and K. Tada, *Physics Procedia*, **14**, 124-133（2011）

有機電子デバイスのための導電性高分子の物性と評価《普及版》(B1264)

2012年 6 月 1 日 初 版 第1刷発行
2018年 12 月 10 日 普及版 第1刷発行

監 修 小野田光宣 Printed in Japan
発行者 辻 賢司
発行所 株式会社シーエムシー出版
東京都千代田区神田錦町 1-17-1
電話 03(3293)7066
大阪市中央区内平野町 1-3-12
電話 06(4794)8234
http://www.cmcbooks.co.jp/

〔印刷 あさひ高速印刷株式会社〕

ISBN 978-4-7813-1301-6 C3054 ¥5600E